松岡幹夫

MATSUOKA Mikio

比較環境思想的考察

京都学派とエコロジー

論　創　社

まえがき

本書の内容は、筆者が早稲田大学大学院社会科学研究科において執筆した修士学位論文「環境思想と大乗仏教――西田幾多郎・和辻哲郎に見る大乗仏教的環境思想と現代――」を改稿し、東京大学大学院総合文化研究科の博士課程入学審査用に提出した論考からなる。最終原稿が完成したのは一九九九年末だから、今から十三年ほど前の研究成果を公刊するわけである。

研究の目的は、二十世紀後半、アメリカを中心に広がったラディカル・エコロジー（radical ecology）の諸問題を把握するとともに、仏教的な自然・環境観がそれらの解決に向けいかなる視座を提供しうるかを、いわゆる京都学派の中心人物とされる西田幾多郎・和辻哲郎の著作を通じて考察することにあった。方法論としては、比較環境思想的なアプローチを採用した。すなわち、西田と和辻の自然・環境観を取り上げ、現代のラディカル・エコロジーの諸思想と比較考察した。日本の近代化の渦中に生きた西田や和辻は、近代以前の日本における様々な思想的伝統、とりわけ仏教の思想的影響を強く受け、そこから西洋哲学の「自然」や「環境」の概念に言及し、それぞれ独自の哲学・倫理学を提唱した。彼らの著作は、仏教の環境思想を検討するうえで有意義なものであると考える。

二十一世紀に入り、中国、インド、ブラジル等新興国の目覚ましい経済発展が続く中、地球環境の問題はますます深刻化の度を増してきた。市場経済の拡大による大量生産、大量消費のライフスタイルの抜本的な見直しが必要なのはもはや自明であり、世界各国で日夜、地球環境に配慮した倫理や哲学、社会システム、国際協力などが熱を帯びて論じられている。しかしながら、それらの基盤となる環境の思想は、やはり科学技術と違って日進月歩とはいかない。人間と自然とのかかわり方は古くて新しいテーマであり、必然的に自己と世界の存在の根源的な意味を問う作業となる。「人間とは何か」「世界とは何か」という本質的な視座に立って、われわれは初めてヒューマニズムの功罪、生態系の意義、動物や植物の尊厳等を論ずることができよう。環境思想の探求においては、学的発見の蓄積よりも本質的な意味の追求の方が重要であると思われる。

したがって、筆者は今般、十年以上前の作であり、環境思想の最新動向が盛り込まれていない本書を、あえてほぼ原文のまま刊行することにした。最新の研究成果を反映させる代償として原著のオリジナルな構成を崩し、その思想的な趣を損なうことを恐れたのである。本書の眼目は世界の新たな意味づけにある。環境倫理や環境哲学は例によって西欧発の学問だが、日本におけるそれは、あまりにも輸入学問的である感が否めない。筆者が京都学派の哲学を題材に選び、仏教的な思考パラダイムにおける自然観や環境観を考察した理由の一端はそこにある。

仏教的なエコロジーなら、すでに色々とあるではないか。そう言う人もいよう。しかし、筆者に言わせるならば、それらは西欧近代の思考と同質的な二分法の枠内から一歩も出ていない。二分法を頑なに拒む神秘的一元論なるものは、二分法か非二分法か、という典型的な二分法の産物である。また、すべてを関係主義的に捉える非実体論的な主張の背後にも、関係論か実体論か、と取捨選択を迫る二分法が潜んでいるのを見落としてはいけない。

二分法を本当に超克するには、その根源に立ち帰る以外にないだろう。西田と和辻は、主観と客観が分裂する以前の根源の実在に迫ろうとした。根源を追い求める執拗さは、ハイデッガーなどよりも甚だしいようにみえる。それは、彼らが立脚した仏教の思想に、人間の区別的な思考を極限まで解体する志向があるためと思われる。

ただ、西田は「無」に、和辻は「空」に、それぞれこだわりすぎたところに、筆者としては致命的な欠陥を感じる。哲学者だった彼らは、区別癖がどうしても抜けなかった。「絶対」といっても、他の概念を批判して打ち立てられる限り、区別・相対の次元に堕している。所詮、哲学的論理によって仏教の真理に迫ろうとすれば、相対の思考に陥らざるをえないのである。

とはいえ、近代文明が中心に置く二分法の思考を最も徹底して解体し、そこから人間と社会、自然を定義し直した彼らの哲学的営為は貴重であろう。哲学と仏教を融合せしめた先駆的な業績を、環境思想の議論において、もっと活用すべきではないか。そう思った筆者は、仏教そのものでなく西田と和辻の哲学を取り上げ、新たな環境思想のあり方を考察した次第である。


ここで、読者の便を考え、いささか大部になりすぎた本書の内容を略述しておこう。

近代以降、自然破壊的な思想の中心軸となったのは、人間中心主義を推進したデカルト的ヒューマニズムである。しかしながら、デカルト的ヒューマニズムは、自然破壊という負の影響とともに、科学的な自然探求を通じて、われわれに生態学的知識やエコロジー的危機感という「光」をもたらした。デカルト的ヒューマニズムについては、その功罪両面が正当に評価されなければならない。かかる問題意識のもと、本書ではデカルト的ヒューマニズムの反動としての現代のラディカル・エコロジーを複眼的に検証する。それらは「生態系保護」にかかわる問題と、個々の動物や自然物の権利に関する問題とに大別できる。

「生態系保護」の問題については、全体論的な環境倫理、人間中心主義の環境倫理、一元論的アプローチの環境思想、それぞれの考え方を見ていく。このうち一元論的アプローチは、生態系保護と人間の利益の対立を解消しうるという意味で、理想的なあり方といえる。中でもソーシャル・エコロジーが単なる自然保護だけでなく、人間による自然改造を容認していることは、人間の反自然的な生活形態に即した環境思想として重要である。しかし一元論的な環境思想は人間優先の環境倫理が欠落しており、現実的ではないという難点を持つ。

また「自然の権利」の論議は、「人間の環境的責任」とのかかわりの中で論じるべきである。「自然の権利」論は、すべての生物個体の生存権を道徳的・法的に認めるべきであると主張するが、物理的自然を尊重する原理が欠如し、何より現実の人間優先主義との葛藤が解決できていない。一方、「人間の責任」の問題は、カントの「目的それ自体」の観念を再検討することを中心に展開される。それらは動物や有機体の目的価値を承認し、動植物を目的として扱うべきだと主張することで「自然に対する人間の責任」を説く。が、ここでは権利と義務の非対称性という問題が生ずる。そこで結局、以上の諸学説が持つ矛盾や欠陥を解消する可能性を秘めたものとして、プロセス神学のＪ・Ｂ・カブＪｒが提唱する「固有価値の階層理論」が検討される。だが、「経験」を感受する能力に応じて存在者の価値序列を規定するカブの理論は、ともすれば「冷たい能力主義」や「人間の尊厳」の否定につながるため、ディープ・エコロジーの自己実現のように自己感覚を他者へ拡張する理論が求められる。

本書の前半の結論として、ディープ・エコロジーの自己実現思想、ソーシャル・エコロジーの自然改造の観点、固有価値の階層理論に基づくプロセス神学の環境倫理を、ラディカル・エコロジーの卓越したメリットとして評価する。しかしながら、これらは相補的な思想であり、それぞれの欠点を克服するためには理論的に統合される必要がある。筆者はここで、一元論的な思想の伝統を有しつつ近代と対決した、西田と和辻の哲学に目を向けた。彼ら京都学派の自然・環境観を考察した本書の後半部分は、「ラディカル・エコロジー統合の可能性」というテーマを念頭に置いて進められる。

西田の『善の研究』において、すべての存在者は宇宙の統一的自己の現われであり、「純粋経験」であるとされた。それゆえ、統一的自己の自己実現という意味において、人間も自然も目的価値を有する。無機物や生物に関しては、目的価値と考えないこともできるとされるが、人間が「自己実現」を通じて自然と一体化し、自然愛護の感情を持つならば、自然の中に統一的自己を把握し、目的価値を見出すはずだと西田は説く。換言すれば、自然の固有価値を認めたうえで自然と一体化する「人格」に最高の価値を置くというのが、西田の自然観の基本的立場である。

この点を踏まえ、西田の諸著作の再検討を通じて、①近代ヒューマニズム批判と「客観的人間主義」の提唱②「創造的自然」の観念③自己実現の倫理④「創造的世界の創造的要素」としての人間による環境創造の思想④エコロジカルな人間優先の思想⑤「生命系」の社会・経済システム論への示唆、といった諸点を西田哲学に基づく環境思想として提示する。

次に、和辻の自然、環境観を考えるに際しては、はじめに『原始仏教の実践哲学』と「仏教倫理思想史」を取り上げ、和辻倫理学の仏教的基盤を確認する作業から始める。和辻は、あらゆる倫理の根底を大乗仏教の説く「空」に置き、倫理学の根本的な「再構築」を志向した。そこから考えられる環境倫理としては、①動物愛護の精神②植物や物理的自然の愛護③人間と自然の本質的平等性と現実的差別性（エコロジカルな菩薩道のヒューマニズム）④自己実現を目指す内発的な社会倫理の重視、といった諸点が挙げられる。その反面、社会変革の視点の欠如という問題点が指摘される。

また、現代のエコロジーからみた和辻風土論の今日的意義と問題点についても論ずる。その今日的意義について、「汝」としての自然観、人間主体的環境観、芸術的エコロジー運動との連結、という三点から考察する。なお、和辻風土論の問題点としては、主観性における観察者と他者の混同、環境創造の観点の欠如、という二点が考えられ、人間に先立つ自然の観念を和辻風土論に導入すべきとの課題が了解される。そこで、和辻の「風土」に生態学的客観性を付与しようとするA・ベルクのエコロジー理論を最後に検討する。しかしながら、ベルクの生態学的な自然は、人間の生産活動の対象としての客観的自然になりえていない。それゆえ、環境創造の観点は欠如したままである。

本書の全体を結論するに、西田・和辻は「主客合一」「自他不二」などの仏教的な世界観を基盤に置きつつ、それぞれ独特な自然・環境観を展開したといえる。そうした京都学派の自然・環境観を踏まえ、現代の環境倫理・思想に対して、①自己実現の環境倫理 ②宇宙論的ヒューマニズム ③環境創造の思想 ④内発的な環境的責任の倫理、という四つのエコロジー思想を提示する。これらはいずれも、今日のラディカル・エコロジー思想にはみられない新たな見解である。また、ディープ・エコロジーの自己実現思想、ソーシャル・エコロジーの自然改造の思想、固有価値の階層理論に基づくプロセス神学の環境倫理を、理論面ですべて包摂し、統合しうる可能性を秘めている。さらに、その内発的な環境倫理は、支配イデオロギーの転換ではなく一人一人の精神の内面的変革による自立を促すゆえに、思想的にラディカルでありながら、方法論的には穏健な漸進主義を取るような実践を導くに違いない。

しかしながら一方で、京都学派の自然・環境観には看過できない問題点も少なからずある。それらは、①生態学的自然観の欠如 ②個の主体性を軽視する傾向性 ③「自然の怒り」に対して無自覚的になる危険性、などである。中でも個の主体性が軽視される点は、東洋的な一元論思想の宿命的アキレス腱といってよい。一元論的な世界観の中で、安易に自然に身を任せることを是とするような人間の生き方では、自然破壊に対するエコロジカルな感受性が鈍ってしまい、生態学的知識も充分に活用されないだろう。この課題を克服しない限り、京都学派の自然・環境観を現代において、実践的に生かすことは難しいと考えざるをえない。

西田は超越的自然の観念を強調し、人間と自然との弁証法的な相互限定による歴史的世界の形成を説いた。が、しかし、根源の絶対無が非弁証法的な直接態であることにより、人間の主体性は薄れてしまう。また、和辻の風土論は人間主体的一元論であるが、客観的自然の観念がなく、人間と自然との弁証法的対立に欠けるために、結局は人間の自律的な主体性を確立できていない。京都学派を代表する、これらの哲学の検討を通じて、筆者は仏教的な自然・環境観にすぐれて今日的な意義があることを確認した。だが、それと同時に、解決すべき課題もまた多いのである。

以上、本書の主な内容を、順を追って説明した。引用文献について少し述べておく。外国語文献の引用に際して、邦訳がある場合は基本的にそれを採用した。ただし、種々考慮の上、筆者が自分で訳した箇所もある。また、岩波書店が二〇〇〇年代に入って『西田幾多郎全集』の新版を出したが、本書では他の引用文献の出版時期との整合性を保つため、旧版の西田全集からの引用をそのまま残した。なお、本文中の人物名については、学術論文の慣例に従い敬称を略するが、筆者とほぼ同時代の日本人には社会通念の上から敬称を付した。

R・ナッシュが主張したように、動植物や自然の権利に対する意識の芽生えは、われわれの倫理の画期的な進化と呼べるかもしれない。しかしながら、エコロジカルな目覚めは人間性を抑圧し、否定さえすることがある。「自然」「生命」「生態系」といった茫漠たる言葉のうちに、一人ひとりの人間の顔は、しばしば溶解させられてしまう。「人種」という生物学的用語には、人間の尊厳を忘れさせる麻薬的作用がある。ドイツのナチ党がエコロジカルな生命の空間を讃美し、党首のアドルフ・ヒトラーも熱心な菜食主義者だったことを、現代の環境主義者は夢寐にも忘れてはならない。ナチスがユダヤ人の大虐殺を行った背景に動物と人間の境界の曖昧化があった、と指摘する研究者もいる。

エコロジーから非人間性を取り去るために、われわれは「何のための学問か」という問いを常に自らに投げかけるべきだろう。エコロジカルな倫理に人間が従うのではない。あくまで人間が倫理を従えるのである。仏教では、自然を包む人間の主体性を理想とする。仏教のエコロジカルなヒューマニズムを現代に蘇らせることで、環境思想の新たな可能性が開けるのではないか。そうした期待を込め、本書を世に送りたいと思う。

古代インドのアショーカ王は、仏教に帰依した後、動物愛護の勅令を発したとされる。だが、同じように動物保護の法律を定めたナチスと違って、人間を動物の一種に還元することはなかった。仏教徒のアショーカは、むしろ人間をこよなく尊重し、暴力的統治が普通の時代に非暴力と寛容への道を歩んだのである。

京都学派とエコロジー——比較環境思想的考察　目次

序論

本書の主眼は、今日の地球環境問題を比較環境思想的な観点から考察することにある。エコロジーの倫理と哲学は二〇世紀に広がりをみせ、やがてラディカル・エコロジー（radical ecology）と呼ばれる、超近代的な思想群を生み出していった。本書では、この新たなエコロジー思想がはらむ理論的なアポリアを把握するとともに、東洋的、日本的な自然・環境観がそれらの解決に向けいかなる視座を提供しうるかを、いわゆる「京都学派」の哲学の中心を占める西田幾多郎・和辻哲郎の諸著作を通じて検討していく。

日本の近代化の渦中に生きた西田や和辻は、近代以前の日本における様々な思想的伝統――仏教や儒教、日本古来の人間、自然観など――の影響を強く受けつつ、そこから西洋哲学の「自然」や「環境」の概念を照射し、それぞれ独自の哲学・倫理学を提唱した。彼らは、東西の自然・環境観の融合を試みた先駆者と言ってもよく、西洋近代の自己批判として立ち現われたラディカル・エコロジーの問題意識を先取りしていた感がある。京都学派の哲学が、じつは現代のエコロジー思想と同じ思考の地平を切り開こうとしたことは、本書を読み進めるにつれて次第に明らかになるであろう。

ラディカル・エコロジーの定義

「ラディカル・エコロジー」という言葉は、アメリカの環境史家・C・マーチャント（Merchant）

の命名である。環境倫理・思想と呼ばれる分野は、地峡環境問題への人類的自覚の深まりとともに一九七〇年代初頭からアメリカを中心として盛んになり、いまや倫理学・哲学・自然科学といった既成のディシプリンを越え、新しい学際的研究の領野を開拓しつつある。そこでエコロジー思想家たちが真っ先に取り組んだ課題は、西洋近代の自然破壊的な思想パラダイムの批判であった。彼らは、自然と人間を二元論的に分離し、人間の自然支配を推奨してきたヨーロッパ近代の自然・人間観——ことにデカルト的ヒューマニズム——を厳しく批判し、近代以前のヨーロッパに見られた一元論的、有機体論的な思想的伝統、あるいは仏教や道教など東洋の神秘思想を見直し、現代のエコロジー思想として、再興させようとする試みを進めている。

マーチャントは、こうした反近代的で急進主義的な環境思想とその運動を総称して「ラディカル・エコロジー」と呼ぶ。彼女は主著『ラディカル・エコロジー』の冒頭において、次のような定義を行っている。

ラディカル・エコロジーは産業化された世界における危機意識から発生する。それは自然支配(the domination of nature)が人種、階級、性別における人間の支配(the domination of human beings)を必ず伴うものだという新しい認識に基づいている。ラディカル・エコロジーは、人間は自然を自由に支配して構わないし、社会のなかでは自由に他の人を犠牲にして構わないという幻想に対して、人間以外の自然と他の人間たちに私たちは責任があるという新しい意識を対置する。それは自然と人間を大切に育成する(nurture)新しい倫理を追求する。それは新しい社会のヴィジョンと、そして新しい倫理に合致した世界の変革を行う力を人々に与えるのである(1)

ここで見出されるのは、近代の産業社会が人間の自然支配を是認してきたことにより、自然破壊と人間の人間支配を同時に引き起こしているという現実認識である。それゆえマーチャントの説に従えば、ラディカル・エコロジーとは、環境問題の社会的原因を追求するなかでエコロジカルな新しい社会理論・社会倫理を打ち立て、人間と自然との支配なき共生関係の樹立を目指す思想と運動、と定義できるであろう。彼女は、こうしたラディカル・エコロジーに属する環境倫理・思想をディープ・エコロジー、宗教的エコロジーとしてのスピリチュアル・エコロジー、マルクス主義に基づいて展開されたソーシャル・エコロジーの三つに分類し、論じている。また、ラディカル・エコロジーの運動面に関しては、いわゆる「緑の政治」運動、エコフェミニズム運動、全地球的な「持続可能な開発」への取り組み、の三点を挙げている。

ラディカル・エコロジーの思想と運動に共通するものは、人間の自然支配を押し進めてきたヨーロッパ近代の思想パラダイムを転換せよとの主張である。それは近代の社会・経済・政治・法システムを抜本的に見直し、環境を守るために人間の自由権の制限を要求する。それゆえ、「多くの人がラディカル・エコロジーの目標に共鳴しないだろう」し、「大抵の人がラディカル・エコロジーの様々な活動に参加することを拒むだろう」とマーチャントは予測する。[2] ラディカル・エコロジーは即効的な社会的影響力を持ちえない。しかしながら、マーチャントはラディカル・エコロジーが、まず「社会と環境主義の主流を吟味し、分析するための批判的立脚点を提出する」[3] ことを期待する。そして、ラディカル・エコロジーの諸勢力が一体となって、根底的な社会パラダイムの変革に貢献することを望んでいる。すなわち長期的スパンに立ち、ラディカル・エコロジーの体制批判・運動の長期的影響力、社会への浸透力に意義を認めているのである。彼女はこう予言する。

おそらく次の五〇年間に全地球的なエコロジカルな革命が起こり、二十一世紀の中頃までには人間と自然環境の両方を持続させる新しい生産、再生産、そして意識の形式を私たちは手に入れているだろう。そのような転換（transformation）によってこそラディカル・エコロジーのヴィジョンと希望の多くが実現されるであろう(4)

ところで本書では、人間中心主義の環境倫理学や、カント的ヒューマニズムあるいは存在論的ヒューマニズムに基づく環境倫理・思想なども、ラディカル・エコロジーとして取り上げた。これらの環境思想は保守的な人間中心主義の倫理的立場に立つけれども、単に社会・経済・政治システムのエコロジカルな構造変革をもってよしとするのではなく、もっと根本的に近代的世界観のラディカルな思想転換をわれわれに迫っている。それゆえ、人間中心主義のエコロジーの中にもラディカル・エコロジーが存する。マーチャントがラディカル・エコロジーの運動として取り上げた諸潮流（「緑の政治」「エコフェミニズム」「持続可能な開発」）は、人間中心主義的な環境倫理を基盤にしている。

なおディープ・エコロジー、スピリチュアル・エコロジー、ソーシャル・エコロジーという三つの思想のうち、マーチャント自身はソーシャル・エコロジーの理論をラディカル・エコロジーの中核に置いているように思われる。彼女は、「人間の自然支配」＝「人間の人間支配」という事実認識をラディカル・エコロジーの定義に用いるが、この見方はまさにフランクフルト学派の社会理論を受け継ぐソーシャル・エコロジーの主張の焼き映しに他ならない。マーチャント自身、「ラディカル・エコロジーはソーシャル・エコロジーの分析の刃をとぎすましたものである」と述べている通りである。要するに、彼女の定義した「ラディカル・エコロジー」の思想は、ソーシャル・エコロジーの主張を中心とし、ディープ・エコロジーやスピリチュアル・エコロジーがそれを補完するという図式になっているのである。

西田・和辻の自然・環境観を探求する意義

次に、ラディカル・エコロジーとの比較環境思想の対象として、京都学派の代表的哲学者である西田と和辻の自然・環境観を取り上げた理由を、もう少し詳しく述べておきたい。

先にも触れたが、ラディカル・エコロジーにおいては東洋のエコロジカルな世界観や自然観が注目を集めており、様々な論及がなされている。例えば、ディープ・エコロジーやトランスパーソナル(transpersonal)・エコロジストと呼ばれる人たちは、仏教や道教、ヒンドゥー思想などの強い影響を受けつつ自説を構築したといわれる。そのゆえんはひとえに、自然と人間との一元的な連続性を説く東洋の自然観が彼らの問題意識と合致していたからであった。

しかしながら、ラディカル・エコロジストたちの東洋思想へのアプローチは、反近代の姿勢から東洋の自然観を礼賛するという傾向に流されがちであり、そのプレモダンへの回帰志向はわれわれの社会の現実から乖離した一種の空想論として批判されがちである。実践的な環境思想とは、現実のわれわれを取り巻く文化的・社会的環境の中から変革を促すような環境思想でなければならない。そうした環境思想を生み出すには、単に西洋近代へのアンチテーゼを唱えるだけではなく、「東西自然観の融合」という、古くて新しいテーマに取り組む必要があるといえよう。

その点から、西田・和辻など近代日本思想の思想家たちの自然・環境観を捉え直したとき、彼らの自然・環境思想はヨーロッパ近代哲学の内側から東洋の自然観を再生せしめんとする試みとして、今一度再評価されるべきであろう。明治維新前後の日本において、西洋近代の二元論的世界観の受容は、

「天人合一」といった近世の一元論的な自然観に安住してきた知識人のあいだに深刻な煩悶を呼び起こした。認識主体としての近代的自我観の浸透は、自然の懐に抱きかかえられて生きる近世的人間をもはや許容せず、当時の思想界に何らかの自然観の変革を迫った。西周は、儒教的伝統における素朴実在論的な自然観を通じて、近代の二元論的自然観を無批判に摂取し、その翻訳啓蒙に努めたといわれる。それに対し、むしろ近世的世界観の伝統のうえに立って近代を超克しようとする試みも、明治中期から徐々に現れてきた。それらは近代的世界観における主観と客観の統一をテーマに掲げ、東西思想の合一による中道の哲理の探求（井上円了）や、「現象即実在論」の提唱（井上哲次郎）などを唱えていた。この「近代における主客の統一」という意識は、その後、西田をはじめ多くの日本の思想家が共通して抱いたものである。それは決して、近代以前の日本思想が有していた一元論的世界観の再興ではなく、近代の二元論的自然観を超克せんとする、新たな自然観の探求であったといえよう。

また、このことは同時に、東洋思想が初めて西洋哲学と本格的に交流したという、重大な東西比較思想史上の意義を有していることを看過してはならない。西田研究で著名な現代日本の哲学者・上田閑照氏によると、西田は禅の教えを哲学の「第一原理」に換骨奪胎して『善の研究』における「純粋経験」の概念を生み出したという。そして上田氏は、その比較思想史上の意義について、「このことによってはじめて、『東洋の精神』が『善の研究』における説明の全過程が示すように、西洋哲学の根本的諸問題や実在論、認識論、倫理学などの基本的諸概念と哲学的に交渉することが出来るようになったのである」[5]と述べ、高く評価している。

総じて、日本の近代思想家による東西自然観の融合へのアプローチは、十分な思弁的反省に基づいた哲学的展開がなされている点において、現代のラディカル・エコロジーに比べると、より理論的な成熟性が感じられる。中でも、明治以降の哲学・思想家たちの営々たる自然観の探求の精華を存分に吸収しながら独創的な知の体系を構築し、日本近代思想史にエポック・メーキングを打ち立てた西田や和辻の哲学・倫理学は、自然・環境思想史から見ても非常に注目すべきであり、われわれが東西の比較環境思想を探求するうえで、多くの示唆を与えてくれるのではなかろうか。

「環境思想」をテーマとする理由

また本書は、副題に「比較環境思想」を掲げている。このことは、筆者が広く自然哲学・思想を取り扱うのではなく、「環境としての自然」を考察する目的から「環境思想」をテーマに掲げたことを意味している。

自然を「環境」と見るとき、そこには必ず人間とのかかわりが含意される。自然について考える思想は、西洋の伝統からいえば自然哲学である。それに対し、「環境倫理」や「環境思想」といった用語は、自然破壊の問題が深刻化した今世紀後半あたりから現れてきた。その意味で、「環境思想」は、自然哲学から派生した新しい学問である。

けれども、現代における人間と自然との危機的関係を鑑みるならば、われわれは従来の自然哲学の域にとどまるわけにはいかない。古今東西の自然哲学・思想を土台として、さらに一歩を進め、自然破壊に関する責任の所在を突き止めるとともに、理想的な人間と自然とのかかわり方を提示しうるような「環境思想」に取り組まねばならないのである。今道友信氏は『自然哲学序説』の中で、従来の倫理学や道徳が「人間の自然に対する態度を原理的に考えること」がなかったと指摘した後、「自然を哲学的に考察することによって、環境としての自然に人間がどのように対処すべきであるか、つまり自然に対して、人間はどのような態度をとるべきであるかという問いを含んだ新しい倫理学ないし道徳学をつくり上げてゆく手がかりを得るのではないか[6]という氏自身の構想を披瀝している。今道氏は、新しい自然哲学の探究を企図しているわけであるが、それは「環境哲学」、広くいえば「環境思想」と同義であるといえよう。「環境思想」とはまさしく、「環境としての自然に人間がどのように対処すべきであるか」を考えるという点で、自然哲学の新しい領野を開拓するものだからである。要するに、「環境」という角度から見た自然の哲学こそが今日、要請されているのである。

さらにまた、現代の複合社会において「人間を取り巻くもの」としての環境は、決して自然環境だけに留まらない。経済的・文化的・社会的に形成された諸システムが複合する世界で、われわれは生きている。そこでは場所的な自然と同じく、脱場所的な社会システムも人間にとっての環境であり、加えて一つのシステムが他のシステムを環境とし、相互依存関係を通じて各々の相対的な自律性を保っているという状況が現出している。ということは、地球環境問題はもはや「人間の自然支配」といった図式のみで割り切れるものではない。自然のエコシステムと社会システムとが複合した環境の現前をわれわれは認知している。現代における人間と自然との関係は、諸システムが織り成す複合的環境の中で考える必要があるのである[7]。この点からも、現代の我々にとって「環境としての自然」を考察することは不可避であることが首肯される。

また、かかる「環境としての自然」を思想的に考察する目的は、今日の地球的な環境破壊を抑止するために、広義の「思想」を通じてわれわれの「生き方」を根本的に変革し、人間の欲望をコントロールする必要性を痛感するからである。次項で述べるように、人間の生活用式は本来、反自然的なのであるが、それだけで今日の地球生態系の危機という事態が生じたのではない。明らかに、現代の地球環境問題は、近代西洋の文明が世界中を席捲したことを契機としている。近代合理主義がもたらした機械文明によって、人間の自由は飛躍的に増大し、それに伴って人間の欲望、ことに利己的欲望も肥大化した。地球環境問題とは、機械文明によって人間の欲望が肥大化し、その反自然的な自由性が幾何級数的に増幅された結果、生じた未曾有の事態として捉えることが可能である。すなわち人間の欲望は、機械文明を媒介として、地球生態系の均衡を揺るがすようになった。

ここに近代以前と異なり、人間の欲望をエコロジカルな方向に導き、人々に「生き方」の変革を説く「環境思想」が要請されるのである。なお、環境思想を探求する分野は、狭義にいえば環境倫理であるが、広義には各哲学・宗教における環境観もしばしば俎上に乗せられる。またディープ・エコロジーなど、倫理学化を拒否するエコロジー思想も一部にある。そこで本書では、最も広い意味で「環境思想」をテーマに掲げた次第である。

「環境問題」の本質と環境思想のアプローチ

さて、そもそも「環境」という概念は、ある主体の存在を前提としている。生物学者のJ・ユクスキュル（Uexküll）が発見したように、その主体は必ずしも人間に限られない。すべての動物が自らの主体的環境、多種多様な「環境世界（Umwelt）」を持っている。人間独自の「環境世界」もまた、存在すると考えられる。しかし、人間は他の動物のごとく、単に「環境世界」の中に生きるだけの存在ではない。M・シェーラー（Scheler）は、動物的な「環境世界」の概念を人間に転用することに反対した。シェーラーによれば、「動物はおのれの環境世界のなかへと自己を没入して忘我的に生きる」のであるが、人間は「環境世界」を対象化して「世界（Welt）」とすることができる。シェーラーは図式を用い、動物の行動形式が「動物（T）⇕環境世界（U）」であるのに対し、人間の場合は、「人間（M）⇕世界（W）→→…」になると述べている。[8] 前者は動物の「環境繫縛性（Umweltgefangenheit）」を、後者は人間の「世界開放性（Weltoffenheit）」を、それぞれ表わしている。

この人間の「世界開放性」こそ、われわれが「自然に対する人間のかかわり方」を注視するゆえんである。人間はその「世界開放性」によって環境を改変するが、同時に、改変された環境に縛られるという側面も持っている。シェーラーの図式における「人間⇕世界」の部分は、人間の環境繫縛性を示していよう。要するに人間は、自らの世界を拡張すると同時に世界に縛られてもいるような、両義的存在なのである。[9] また動物の「環境世界」が人間によって侵害され、かれらを苦しめるといった問題も、人間が主体となって引き起こした動物にとっての「環境問題」といいうるだろう。すなわち、人間の「世界開放性」が地上のあらゆる種の「環境世界」を改変し、それぞれの「環境世界」に繫縛される人間や動物を苛む――これがいわゆる「環境問題」の基本構造に他ならない。「環境問題」には、このように人間の「世界開放性」が根源的に関与している。

そして人間の「世界開放」のあり方は、「自然の改造」である。A・ゲーレン（Gehlen）は、人間が自然的本能によってのみでは生きていけない欠陥動物であると言う。それゆえ、人類は自然を改造させなければ生きていけないのだと主張している。

有機生体としてみれば、原始的かつ不備である人間は、生の原生的自然のまっただなかで生きていけない。有機器官的手段の不如意は埋めあわせを付けるほかなく、それならば世界を生活の役に立つようみずから造りかえるしかあるまい。……人間は生きていくうえに自然を改造（re-create）し克服するように、それゆえにまた世界を経験する可能性をめざして創られている[10]

なるほどゲーレンが言うように、自然の改造は有史以来見られる人間的な生の形式であって、何も近代に限った現象ではない。例えば、古代から続いている農耕一つとっても、決して動物にはなしえぬ自然の改造である。動物としての人間は、原生自然に適応できない。ために、農耕のように自然を改造し、いわゆる「第二の自然」を作り出す以外に生き延びる術を持たないのである。ゲーレンは、このように人間が造りかえた自然を「文化」と称している。「自分の手で生活に役立てるべく造りかえた自然の総体こそが文化」であって、言うならば「人手の入った、ひとり人間のみ生きられる自然」である[11]。すなわち、人間の世界は「文化世界」なのであり、それは人間の「世界開放性」による自然改造を意味しているのである。

かく考えれば、「環境問題」とは、人間の「世界開放」としての自然改造のあり方が、人間自身や動物の「環境世界」を侵害する問題と見ることができる。すなわち、ここでは「人間の自然改造による、あらゆる生物種の環境世界の侵害」として事態の本質を捉えたい。

こうした事態の解決のために、「環境思想」は人間を主体とする様々な環境世界への侵害を見据えつつ、その解決への道を模索する学問といってよいだろう。それは自然哲学・思想を基礎とするが、より実践的な思想たるべきである。現代の環境倫理・エコロジー思想はもちろんであるが、広く哲学思想一般における自然観やキリスト教・仏教などの宗教的自然観なども、それらが「自然に対する人間のかかわり方」という実践的観念に結びつくならば、「環境思想」と呼ばれて然るべきであろう。「西田・和辻の環境思想」などと筆者が称するのは、この意味においてである。もとより、環境問題が深刻化する以前に生きていた西田・和辻が意識的に「環境思想」を展開したわけではない。しかしながら、両者の哲学や倫理学は「自然に対する人間のかかわり方」に深く言及しており、現代の我々から見てまさしく「環境思想」と言うべきものである。

他方、いわゆる生態学的な自然観に関しては、それが実践上の議論に結びつくならば、一種の「環境思想」といえるであろう。「生態系」という概念は、一般に「ある地域のすべての生物群集と、その生活に関与する無機的環境を含めた系[12]」のことであって、主体を前提としない全体論的な立場を表明しており、人間存在は一生物種に還元される。したがって、生態学的な見方から、人間を主体とした自然へのかかわりに言及することは、理論的に困難である。その限り、生態学的自然観は「自然科学」であって「環境思想」ではない。けれども生態学関係の専門家のあいだでは、「エコロジー問題」「生態学的危機」などと言い、人為的介入によって生態系のバランスが乱されることを懸念する声が聞かれる。「問題」「危機」という語とともに「生態系」が語られるとき、そうした「問題」なり「危機」に関し、責任が問われる対象として人間の存在が浮上する。こうして「生態学的危機」という発想は、「環境思想」の領域に入ってくる。それは、自然科学的な因果連関の認識のうえから人類の「生き方」について見直しを求める声である。

以上述べたように、広義の自然哲学・思想を基盤に「自然に対する人間のかかわり方」を問い、そこから現代における自然破壊の問題の解決を目指す実践的学問が「環境思想」である。ゆえに現代の環境倫理・エコロジー思想は、従来の哲学思想における自然観から生態学的自然観、さらには宗教的自然観に至るまで、縦横無尽にそれらの思想的・科学的遺産を汲み取りながら、新たな自然保護思想を形成しようとしているのである。本書は、「環境思想」をかかる実践性において定義することにしたい。

環境問題の主体者としての「人間」とは誰か

また、われわれが環境思想において「自然に対する人間のかかわり方」を問うとするとき、そこにおける「人間」とは一体誰なのかも確認しておくことにする。自然破壊の問題は、欧米諸国で表面化し、やがて全世界に広がった。科学技術による自然破壊を開始したのが欧米人なら、それを真っ先に問題視したのも欧米人であった。その意味から、環境問題の主体者となっている「人間」とは、竹山重光氏が言うように「自然科学の人」「科学技術の人」「先進国の人」であると考えられる。[13]

しかし現代の環境問題の特徴は、自然の汚染や破壊の影響が、一地域環境の問題に止まらず、全地球的な環境にまで広がっているところにある。また、J・パスモアが指摘した通り、西欧の自然支配の哲学は、資本主義と共産主義のイデオロギーという形で東洋諸国に輸出され、その結果、東洋人も自然破壊の主体者の仲間入りを果たした。[14]アフリカなど第三世界も同様の経路を辿っている。しかも、先進国型の「大衆消費社会」が後進国へと徐々に広がるにつれ、非西洋世界の環境問題も、単に企業や国家単位の自然破壊だけに留まらず、素朴な民衆一人一人の生活そのものが自然破壊的になりつつあるという問題をはらんでいる。現代は、全人類が自然破壊の加害者であり、被害者でもあるという時代なのである。[15]

にもかかわらず、非西洋世界では、自然破壊を問題視する傾向が欧米ほど強くないのが実状である。それが事態を一層深刻にしている。自然破壊の問題を認識するには、自然科学的知識や生態学的知見の普及啓蒙が不可欠である。竹山氏はこの点を捉え、先進国の科学技術的素養を持った人々を環境問題の主体者に設定したのだろうが、全人類が自然破壊の加害者となった以上、それを問題化する主体も全人類でなければ真の解決につながらないことは自明である。すなわち、自然破壊の主体者・被害者として、非西洋世界の人々を含む全人類が地球環境問題に取り組む主体者たる「べき」である。それゆえにこそ、一九九二年のいわゆる「リオ・サミット」は、全世界から一八三（EUを一国として計算）の参加国を得て、「生存基盤である地球の生き残りをかけた、すべての国家、民族、地域、組織の総力をあげたイベント」[16]となった。歴史的経緯や地域格差はむろん考慮すべきであるが、地球環境問題の加害者は全人類に広がっている。この冷厳な事実から、われわれは決して目をそむけてはならないだろう。

「環境思想の比較思想的探求」にあたっての方法論的問題

最後に、「京都学派とエコロジー」というテーマのもと、東西の環境思想を比較思想学的に探求するにあたり、予想される方法論的ないくつかの問題について考えてみたい。

まず最大の難点といえるのは、西洋的な「自然」「環境」という概念が、明治以前の日本思想の中に存在しないということである。「自然」に関して言えば、この言葉自体は古くから日本にあったものの、元来、仏典の中の「自然《じねん》」という言葉が一般に定着したものであって、しかもそれは英語で言うところのnatureとは違った語義を有していた。末木文美士氏は『大阿弥陀経（無量寿経）』における「自然」の用法を分析し、1因果性を超越した自由の境地としての阿弥陀国における「自然」、2

因果性に縛られた必然性の世界としての此土の「自然」、という二つの意味があることを指摘している。[17] いずれも英語のnatureの語義とは異なるが、とくに前者の「自由の境地としての自然」など、西洋哲学のコンテクストから見れば、むしろ「超自然」「反自然」の意義に通じるものがある。さらに「環境」という言葉に至っては、西洋哲学でも注目され始めたのは今世紀に入ってからであり、むろん日本思想とは歴史的に無縁の概念である。

したがって、文献学的に言えば、日本思想独自の自然・環境観など元来なく、それを論じることも不可能なのである。とすれば、日本思想において、われわれが厳密に自然・環境観を論じることのできる対象は、西洋近代の「自然」「環境」の概念と出会い、その受容と超克を目指して苦闘する中で独特の自然思想を形成した近代以降の思想のみである。本書で、西田幾多郎と和辻哲郎の自然・環境観をテーマに取り上げたのは、かかる理由による。彼らは、伝統的な日本の世界観・人間観を西洋哲学の枠組みの中で捉え直し、日本思想の近代化を試みた先駆的存在であった。今、環境問題の解決へ向け、ポスト・モダンの自然・環境観の論議がかまびすしいが、いち早く東洋的な立場から近代の超克を模索した二人の思索は、われわれに多くの重要な視点を提供してくれるものと思われる。

もとより比較思想研究は、歴史的に接点のない二つの思想を比較考察するものであるから、果たして学問として成立するのかという疑問が、常につきまとっている。現代の環境倫理・思想と西田・和辻思想も、何ら歴史的接点を持たない。それゆえ、これらを比較するにあたっては、第三者たる筆者の主観性が混入することを覚悟せねばならない。文献学的な実証主義の立場からいえば、学問的態度に値せずとの批判を受ける恐れもあろう。

しかしながら、比較思想学の立場から見れば、主観性を伴なうことは当然であり、何よりも研究そのものが持つ思想性が重要なのである。相互に交渉のない二つの思想を比較する以上、比較する第三者の主観性を帯びない研究などありえない。研究者の主観性は、むしろ哲学するものの主体的自覚の現われとして不可欠なのではないだろうか。阿部正雄氏は、「哲学的主体的自覚に貫かれている限り、『比較』研究は勿論、『対比』研究の場合も、単に恣意的な談義に終わらぬ学問的研究が可能である（傍点原著者）」[18]と主張し、比較思想研究の方法論として「対決confrontation」[19]的研究を提唱している。

もちろん比較思想など学問ではないのだ、とする説も根強いものがある。が、そういう見方をとる限り、西欧がヘゲモニーを握って形成された現代の世界において、非西洋の思想・宗教は、いつまでたっても現代思想を内側から変革することができないのではなかろうか。それは、非西洋における思想文化の現代的意義の消失につながるであろう。科学技術文明をはじめとする西洋近代の文明は、明らかに今日のグローバル社会の中心パラダイムとして機能している。もしも将来、西洋化された地球文明が根底から覆るならば、事情も異なるだろうが、あまりに非現実的な想定であろう。要するに、大乗仏教のような非西洋の文化遺産を積極的に継承し、現代の人類社会に寄与せしめるためには、比較思想的研究によって西洋哲学と対峙させる以外にないのであり、そこには新しい哲学思想としての主体的自覚が伴わざるをえないのである。

本書における基本的な方法論的態度を説明すれば、かくのごとくである。

第一章　地球環境問題と近代の思想パラダイム

本章では、今日、地球環境問題を引き起こす要因となった近代の主要な思想パラダイムを歴史的に遡及する形でいくつか検討する。歴史的な経緯からいけば、やはり西洋近代の思想が問題となる。そこで、現代の環境倫理・思想において最も頻繁に議論の対象となる「人間中心主義」「機械論的世界観」「ユダヤ・キリスト教的世界観」という三つの思想パラダイムを選び、それぞれに検討していく。さらに、今日の地球環境問題の加害者は全人類に広がっていることを考えれば、東洋や第三世界における自然・環境思想も問題となろう。環境的責任の問題は、現代日本に生きる我々自身に引き当てて考察されるべきである。そのための一つの試みとして、第四節では日本の環境問題を例にとり、その思想的責任の所在を日本人の自然観との関連のうえから再考してみたい。

第一節　人間中心主義（anthropocentrism）

一九六〇年代から先進国では公害の問題が深刻化していたが、一九七二年にローマ・クラブの「成長の限界」が公表されると、工業化による地球規模の環境問題は世界的な注目を集めるようになった。人類は近代文明の反省を迫られ、ヨーロッパにおける一元論的、有機体論的な思想的伝統、あるいは仏教や道教などの東洋神秘思想を見直し、エコロジーの考え方の中に導入する試みも現れた。そのような動きに伴って、主に哲学者や生態学者のあいだで、エコロジー的な環境思想についての活発な議論が始まったのである。

彼らの一部は、従来の環境思想から自らの立場を区別して「生命中心主義」「生態系中心主義」「自然中心主義」と称するようになった。代表的なものとしては、ノルウェーの哲学者A・ネスが創唱したディープ・エコロジー（deep ecology）などがある。ネスらは、従来の近代的な思想パラダイムを「人間中心主義（anthropocentrism）」として批判し、「非人間中心主義（non-anthropocentrism）」へのパラダイムシフトを主張した。概して環境思想の研究者たちは、近代西欧の人間中心主義こそが環境破壊の元凶であるとみなしている。われわれは、今日の環境問題の思想的根源を追及するにあたって、まずは「人間中心主義」の問題に取り組む必要があろう。

anthropocentrismとhumanismの関係

ところで「人間中心主義」という日本語は、英語のanthropocentrismとhumanismの両方の訳語となっており、解釈上の注意を要する概念である。anthropocentrismは文字通り、人間を世界の中心とし目的であるとする世界観で、自然中心主義や神中心主義と対立する概念である。環境思想の中では他の動植物と比較して、人類という「種」を中心とする主義、「人類中心主義」の意で用いられることが多い。例えば、ディープ・エコロジストのJ・シードは、anthropocentrismの意味を次のように説明している。

Anthropocentrismまたはホモセントリズム（homocentrism）とは、人間優越主義（human chauvinism）

を意味している。それは性差別主義（sexism）に似ているが、「男」に代わって「人類」（human race）が、「女」に代わって「他のすべての種」が、それぞれ取って替るというわけである。人間優越主義、すなわち人間が被造物の頂点であり、すべての価値の源であり、万物の尺度であるという観念は、われわれの文化と意識の中に深く留められている[1]。

ここでのanthropocentrismはhomo-centrismと同義であって、人類（human race）の存在を他の一切の種よりも優先させるような思想を意味している。一切の存在の「生命中心主義的平等」を提唱する環境思想、ディープ・エコロジーやP・シンガーの「動物開放論」などにおいては、人類という「種」のみを価値的に優先したり、特別視することを否定する。その意味でanthropocentrismを問題視し、糾弾するのである。ディープ・エコロジーの創始者であるA・ネスは、彼が提唱するエコロジー原理の一つ、「生命圏平等主義（biospherical egalitarianism）」を説明するにあたり、「エコロジカルなフィールドワーカーにとっては、生を送り、開花させる平等の権利は直観的に明白であって、明らかな価値の公理である。それを人間に制限するのはanthropocentrismであり、人間自身の生活の質にとっても有害な影響をもたらすものである[2]」と述べている。ネスはここで、他の生物種の権利を念頭におきつつ、人類だけが権利を独占するという一種の類的エゴイズムをanthropocentrismと呼んでいるのである。

他方、humanismは、ルネサンス思想の「人文主義」の意味を別にすれば、一般に人間の価値と尊厳を重視する立場をあらわす[3]。すなわち、人間的本質を重視する人間性主義である。ところが、このhumanismもまた、環境危機の思想的要因として、多くのエコロジストから非難を浴びている。正確にいえば、批判の対象となっているのは、humanism一般ではなく、デカルト的二元論を起源とする近代のhumanismである。デカルトの主体性の形而上学は思惟実体（res cogitans）としての人間と延長実体（res extensa）としての自然を二元論的に分離したが、そこから人間理性を至上とする近代のhumanismが生まれ、今日の自然破壊、自然搾取の問題となっている。そう彼らは言うのである。例えば、環境史家のR・ナッシュは次のようにデカルトを断罪する。

デカルトは「我思う、故に我存り」を基礎的な公理とした。人間と自然を分離するという、この二元論（dualism）は生体解剖だけでなく、自然環境に対する人間のいかなる行為をも正当化したのであった。デカルトは、「人間は自然の支配者であると同時に自然の所有者である」ことを信じて疑わなかった。したがって、人間以外の世界（nonhuman world）はたんなる事物（thing）となったのである(4)

このように環境思想家たちは、デカルトが説いた二元論とhumanismをもって近代の人類による自然破壊、換言すればエコロジー的危機の思想的な元凶とみなす傾向がある。では、環境思想を考えるにあたって、われわれはanthropocentrismとデカルト的humanismの関係をどのように捉えればよいのだろうか。結論からいえば、デカルト的humanism はもっぱらanthropocentrismを推進する思潮になったという意味で、問題視されているのである。ディープ・エコロジーの主唱者のB・デヴァルとG・セッションズは、anthropocentrismとhumanismの関係について、次のように述べている。

近年、humanismの哲学は手厳しく非難されるようになったが、それは自然に対する尊大な人間中心主義的（anthropocentric）アプローチを推進し、さらに近代西洋の世俗的基盤に対し、人間に支配された人工的自然という見方を用意したからである(5)

環境思想の人間中心主義批判においては、anthropocentrismを推進し、人間の自然支配の観念を

図1

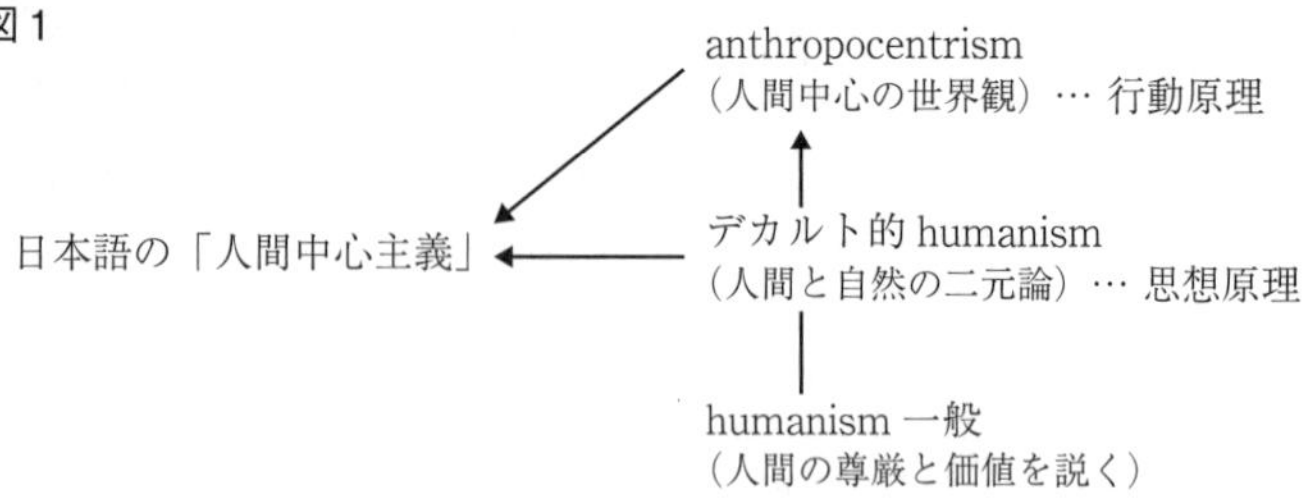

生み出した根源的イデオロギーとしてhumanismが批判されるのである。ここでいうhumanismは、明らかにデカルト的なhumanismのことである。デヴァルとセッションズは続けて、そうした意味でのhumanismを徹底的に断罪する。

> もしも、われわれのヒューマニスティックな決意が十分に強いものならば——良き社会がまだ建設可能かもしれない、と熱烈に信じている人たちがいる。私は同意しない。Humanismは都市産業社会の最良の精華であるが、しかし、humanismとそこから生ずるあらゆる文化や公共政策には、いまだに疎外（alienation）の悪臭がつきまとっている[6]。

このようにデヴァルとセッションズは、humanismそのものの中に自然を疎外する考えがあるとし、いわゆる啓蒙された人間中心主義によって健全な社会が建設できるとの見方を退けるのである。彼らにとっては、デカルト的humanismこそが環境破壊的なのであり、そこから勢いを得て現実の環境問題を引き起こしている近代思想の「特徴」がanthropocentrismということになる[7]。この場合、エコロジーの行動目標は現実のanthropocentrismの打破にあるが、環境思想の批判対象としてはデカルト的humanismということになる。今後の議論を混乱させないためにも、anthropocentrism、humanism一般、デカルト的humanismの三者と、日本語の「人間中心主義」との関係をここで明確にしておこう（図1）。

humanism一般は、環境破壊の間接的な要因であろうが、直接的な原因とは考えられない。現代の環境破壊の直接的な思想的要因は、デカルト的humanismである。デカルト的humanismという思想原理、anthropocentrismという行動原理が一体化し、われわれが問題にしている日本語の「人間中心主義」となっているのである。結局、anthropocentrismを推進した思想原理がデカルト的humanismであるがゆえに、環境思想の領域においては、デカルト的humanismの方をより根本的な考察の対象としなければならないだろう。

ハイデッガーのデカルト的humanism批判

ところが意外にも、管見の限りでは、反人間中心主義の環境思想においてデカルトのhumanism批判を本格的に論じた書物は見当たらない。彼らは、現実の切迫した環境危機を目の前にして、行動原理としてのanthropocentrismをいかに打破・改革し、自然との共生を実現するかに力点を置く。それはたとえば、自然の権利、動物の開放といった実践的テーゼに展開される中で、論じられるのである。それゆえ、デカルト的humanismの原理それ自体に言及することは少ないのが実状である。

われわれは彼らのデカルト的humanism批判の論拠をどこに求めればよいのだろうか。周知のごとく、デカルト的なhumanismへの批判は何も環境思想の分野で始まったわけではない。それは時代批判、近代批判のコンテクストの中で、多くの哲学者や思想家たちによって語られ、告発されてきた。今世紀に入ってデカルト的humanismの虚構性をいち早く感じ取り、批判した思想家といえば、第一にM・ハイデッガーであり、第二に一九六〇年代以降のフランス構造主義者たちであろう。

このうちハイデッガーの実存哲学は、反人間中心主義的な環境思想の成立に影響を与えたといえる。デヴァルとセッションズは、ディープ・エコロジー的見方の源泉（sources）の一つとしてハイデッガーの名を挙げている。「彼（ハイデッガー）は、プラトン以来の西洋哲学の発展を批判し、告発する視座を提供した。彼は、この人間中心主義的（anthropocentric）な発展こそが、自然支配を支持する技術的性格に対して道を用意したのだと結論した(8)」と述べ、その反人間中心主義の考え方に共感を寄せているのである。

そこで本節においては、ハイデッガーのデカルト的humanism批判の特徴を把握し、しかる後に環境思想における人間中心主義批判との関係を検討することにしたい。

ハイデッガーは『存在と時間』*Sein und Zeit*において、人間存在を形而上学的な〈主観—客観〉関係に先立って与えられているものとして捉え、これを現存在Daseinと呼んだ。現存在としての人間存在は、存在を了解しながら存在にかかわるところにその本質がある。ところがハイデッガーによれば、近代は「存在忘却」の時代となり、存在するものSeiendesだけを考察して存在Seinを忘却するために、人間の「故郷の喪失（Heimatlosigkeit）」という深刻な事態が生じている。そして、この「近世人の故郷の喪失は、しかも存在の運命から、形而上学という形で呼び起こされ、この形而上学によって固められると同時に形而上学によって故郷の喪失として蔽われている(9)」ということに他ならない。すなわち、形而上学の成立によって人間の「存在忘却」が始まった、とハイデッガーは言うのである。

さらに、こうした形而上学は近代のhumanismの基盤になっている。それゆえに、humanismはもはや存在の真理を問おうとすらしないと彼は批判している。『ヒューマニズムについて』*Über den humanismus*の中で、ハイデッガーは訴える。あらゆるhumanismは「人間らしい人間の人間性（humanitas des homo humanus）が自然、歴史、世界、世界の根拠、すなわち全体において存在するもの、のすでに確立されている解釈を考慮して規定せられている、という点では一致（傍点筆者）」しているが、それゆえに「人間本質に対する存在の関与を問わないばかり」か、存在の真理への「問いの妨げにさえ」なっている。「ヒューマニズムは、形而上学に由来している故に、この問いを識りもしなければ理解もしないから」である。humanismは「人間は理性的な動物（animal rationale）」であると考えているが、じつはこのhumanismの人間規定は形而上学の制約を受けている。形而上学は「存在するものをその存在において表象」するのみであり、「存在そのものの真理（Wahrheit des Seins selbst）」を問わない。したがって、形而上学は結局のところ「動物的人間（homo animalis）を考えている」に過ぎず、「それでは人間の本質はあまりに軽んぜられるし、その由来において考えられも」しないとハイデッガーは慨嘆するのである。[10] そういうわけで彼は、形而上学の制約を受けるという意味からhumanismを拒否し、反対の態度を示している。

では、こうした形而上学とは誰が作り、そして一体どのようなものなのだろうか。『世界像の時代』*Die Zeit des Weltbildes*においてハイデッガーは、「すべての近代の形而上学は、デカルトによって軌道を敷かれたところの・存在するもの（Seienden）の解釈と真理の解釈の枠内を動いている」[11]「デカルトが人間をスプエクトゥム（Subjectum）として解釈したために、かれは将来のすべての人間学の種類と方向のための、形而上学的前提を創っている」[12]と述べ、デカルトが近代の形而上学とhumanismのうえに及ぼした決定的な影響力とその意義について、詳しく論及している。

彼によれば、デカルトにおいて「われ思う」の働きは、すべての存在するものを「まえに－立てる」こと、すなわち表象し対象化することであるが、その際、常に疑いなく表象されているものとは「わたしが思うことは、わたしがあること me cogitare=me esse」である。こうした純粋意識こそ「絶対不動の基礎」「根本確実性（Grundgewißheit）」であり、純粋意識の確実性が人間を優れたSubjectumたらしめるのである。(13)

それでは「人間をSubjectumとして解釈」するとは、どういうことなのか。Subjectumとはラテン語であり、ハイデッガーは「ギリシャ語のヒュポケイメノン ὑποκείμενον〔基体〕の〔ラテン〕訳語だと了解」している。すなわち、「その上にすべての存在するものが、その存在と真理という仕方において基礎づけられているような、そのような存在するもの〔基体的主体〕」がSubjectumである。(14)そして、純粋意識の根本確実性において優位に立つ人間が、Subjectumという基体的主体となったところに近代の特質があり、この人間の基体性こそデカルト以降、人間の意味付けとしての人間学の形而上学的前提となってきた、とハイデッガーは説明する。そこでは人間が「対象的なものの意味において、存在するものの代表者（der Repräsentant des Seienden）となる」(15)のであり、世界を人間中心的に形成していく。すなわち一切の存在するもの、世界を「像（Bild）」として表象化するのであり、それは近代が「像として世界を征服していくこと」でもある。「人間はすべての存在するものに尺度を与え且つ準縄を引くような、そのような存在するものでありうるための地位を目指して闘う」(16)のである。

以上見たような〈人間—Subjectum—世界像の形成〉という連関のうえから、ハイデッガーは「世界が像になるところに初めて、ヒューマニズムが現れてくる」(17)と考える。humanismとは世界像を作るSubjectumとしての人間、換言すれば純粋意識としての人間を説く思想である。こうしたhumanismに基づく近代人の世界像形成は「存在忘却」を伴い、結果的に人間の本質まで対象化され、「動物性」として矮小化されてしまっている。ゆえにこそ、ハイデッガーはhumanismに対して警鐘を鳴らすわけである。

ハイデッガーの考えでは、本来、人間は「存在の隣人」として自己を抜け出で、「存在の明るみ（die Lichtung des Seins）」のなかに立つ「脱自存在（Eksistenz）」とされる。そして、彼は『ヒューマニズムについて』の中で、「存在への近さ」という観点より人間の人間性を考えるべきことを説き、デカルトが確立した近代humanismを超えた、新しい実存的humanismというべき思想を提示している[18]。

さて、ここまでハイデッガーにおいて、いかにデカルト的な主体性の形而上学やhumanismが批判され、乗り越えられるべき課題とされているかをみてきた。具体的人間ではなく、理論面での純粋意識としての人間が基体的主体となり、人間中心に世界像を形成していくというのは、近代以前にはなかった出来事であり、その意味で、デカルトこそ近代humanismの始祖となるのである。

当然のことであるが、ハイデッガーのデカルト的humanism批判は「存在忘却」という哲学的次元にとどまっており、決して現代の環境危機を直接に見据えた議論ではない。しかしながら彼のデカルト的humanism批判は、現代の生命中心主義的な環境思想の主張と密接にリンクしている。ハイデッガーが憂えた「存在忘却」の危機は、数十年後の現在、地球環境問題となって進展し、表面化したと考えることができるだろう。例えば、彼の説く近代の本質からいって、像としての世界征服を目指す人間が自然を単なる物として対象化し、自然から搾取するのは必然的な流れと考えられる。これは、ディープ・エコロジーが告発するデカルト的humanism・機械論的自然観の問題と対応している。また、デカルト的人間学が規定する理性的人間像は、多様な「種」において人間の相対的優位を確信させ、自然に対する人類優先主義を正当化するだろう。これは、まさしく環境思想が問題視するanthropocentrismに他ならない。

要するに、デカルト的humanismの中で「世界内存在」「存在の隣人」としての自己を忘れ、存在を忘却し、世界像を形成する主体となった〈人間〉が、その優位性において「人類中心主義」anthropocentrismを行動原理とするに至った。そして、他のすべての種を人間中心的に表象化し、物体視する中で、自然搾取が正当化され、今日の地球環境の危機を招いた。環境思想のanthropocentrism批判をデカルト的humanism批判から説き起こすならば、このような道筋が考えられる。

もちろん、環境破壊という人間中心主義の負の側面は、当の人間自身に跳ね返ってくる問題である。そして皮肉なことに、自然を対象化して捉えるデカルト的humanismは、自然と一体化した感性を重視する東洋思想よりも「自然の逆襲」に敏感であった（詳しくは本章第四節を参照）。自己反省を迫られた人間中心主義は、「自然の逆襲」に対する対抗原理として、エコロジカルな視点を取り入れた形態に変化しつつある。それは、地球の有限性を大前提とし、自然保護は人間の生存のために不可欠であるとする「啓蒙された人間中心主義」の立場として要約できる。しかしながら、自己中心的な立場から生態系保護を説けば、弱者を抑圧する「環境ファシズム」に陥る危険性がある。また、社会論的な人間中心主義によって自然保護が可能な社会改革を目指す方向もあるが、それも説得性を持った理論が展開されていないきらいがある。これらの問題に関しては、第二章の第二節で改めて考察するつもりでいる。

ともあれ、デカルト的humanismは人類に対し、科学文明を通じて未曾有の豊かさという恩恵をもたらした半面、環境危機という新たな問題をも突きつけた。このデカルト的humanismの功罪両面をわれわれがどのように評価するか。そこに、未来の人類の運命は託されているといっても過言でないだろう。

人間中心主義と近代自然権思想

さて、ここでデカルトのhumanismと並び、近代の人間中心主義の重要な思想的形成要因と考えられるものとして、いわゆる自然権思想にも触れておきたい。R・ナッシュなどの環境倫理学者が今日、唱導している「自然の権利」論は、自然権を人間のみに限定した近代自然権思想への批判を含意している。

自然権論は、各人の私的利益の追求を天賦の権利とする思想であり、その主な提唱者としてはホッブズ、ロックなどが挙げられる。近代政治システムの基軸となった「社会契約説」は、まずもって人間の「自然状態（a state of nature）」を考察することから始まっている。すなわち、原始の自然状態における人間は皆自由で平等であったと仮定し、各人の自由・平等の権利を政治社会＝コモン・ウェルスの中で保障するために社会契約を結ぶというものである。

ここでエコロジー的に問題となるのは、自然権理論において、自由・平等の権利が人間のみに限定されている点であろう。ホッブズやロックは、社会の起源をめぐる考察から人間の自由で平等な自然権を主張したが、人間以外の動植物の生存権については考察の対象から除外している。人間の自己保存を自然権と定めたホッブズにとって、善とは人間の生命を助長することであり、悪とはその逆を意味していた[19]。現代の環境倫理の観点から言えば、この考え方自体、近代の自然権論が人間中心の思想パラダイムであり、人間の自然破壊・支配を正当化する理論であるということにもなってしまう。一方、ロックは人間の自己保存権に加え、さらに私有財産の蓄積を正当化することに力点を置いて自然状態論を展開した。その際、彼はキリスト教の創造説に基づいて、他の被造物に対する人間の特権的地位を主張した。有名な『統治二論』では、「大地とそこに存在するすべてのもの（The Earth, and all that is therein）とは、人間がその生存を維持し快適にするために人々に与えられた[20]」と述べられている。人間が自然を自らのために利用することが積極的に肯定され、人間の私的所有権は自然権の一つとして理解された。ロックの自然権論には、人間中心主義のキリスト教倫理が色濃く反映されている。このように近代の自然権理論は――人間の自己保存権の主張と言い、私的所有権の正当化と言い、――すぐれて人間中心主義的な思想パラダイムであった。

したがって反面、自然権理論や社会契約説は、人間社会の平和と安全のためには細心の注意を払ったものの、人間の過度な自然利用、搾取に関しては何ら規制の手だてを持たなかったのである。人間どうしの自己保存の権利をめぐる闘い、いわゆるホッブズの「万人の万人に対する闘争（Bellum Omnium Contra Omnes）」は、社会契約の締結による主権者の設立と国家の誕生を通じて理論的には一応回避されうるだろう。ところが、人間どうしの闘争がそれによって回避されたとしても、「人間と自然との闘争」は依然として残されたままである。人間集団の自己保存のためには動植物の自己保存を犠牲にすることを正当視するのが、自然権理論に他ならない。ただし自然界の食物連鎖のごとく、人間が他の動植物を犠牲にしうる権利も、人間自身の生命維持に必要な分に限られるという見方は成立つだろう。とはいえ、言うまでもなく人間の欲望は動物のそれとは違って無限であり、単なる生命維持の域にとどめることはできない。いわんや科学技術という巨大な力を手に入れた人類の欲望はとめどなく肥大化している。ここに至っては、いかに人間の自然利用の欲望を自己保存の範囲内に統御するかが倫理的課題となるが、ホッブズ的な自然権論はそれに対する何らの回答も持ち合わせていない。ただ人間の権利のみを主張するだけなので、結局は人間中心的で自然破壊的な社会システムを支援する思想パラダイムとならざるをえないのである。またロックの所有権論は、後のフランス人権宣言やアメリカ独立宣言に大きな影響を与えたが、必然的に西洋近代の自然支配を理論的に後押しした思想と考えられよう。(21) かかる意味において、近代自然権思想が人間の自然利用＝自然破壊を積極的に推進したと考えることは、決して穿った見方とはいえない。

それゆえ、かつて人類が社会契約によって近代国家を誕生させ、それによって可能な限り多くの人間の自己保存を保障しようとしたように、われわれは、今度は自然に対する人間の過度の搾取を制御しうる、新しいエコロジカルな権利の基準なり、共同体概念なりを創出する必要に迫られているのである。今世紀の前半に、従来の社会共同体の概念枠を土壌、水、植物、動物を含んだ「土地（land）」にまで拡大することを提案し、その新しい共同体を「生物の共同体（biotic community）」と命名したA・レオポルドは、まさにその先駆者であったといえる。

以上のように、近代の自然権思想は、およそ人間中心主義的であったために自然保護に関する配慮を欠くきらいがあった。もっとも近代の自然権論の中に、人間以外のものの自然権に関する考察がまったくなかったわけではない。リベラル・デモクラシーを体系的哲学によって擁護した最初の哲学者と言われるスピノザは、人間に限らず動植物や物の自然権まで論じており、彼の哲学は、西洋近代のパラダイムとしての自然権思想がエコロジカルな視点を持つ可能性を残しているか否かを検証するには格好の題材となろう。

ホッブズの自然権理論は、人間が自己を保存するためにあらゆる手段を用い、あらゆる行為をなす自然的権利を説いているが、スピノザも人間の自然権が自己保存に向けた努力を行う衝動によって規定されるという。[22]けれども、スピノザにおける自然権（jus naturæ）は自然物一般に内在する自己保存力＝コナトゥス（conatus）を意味しており、自然の諸力には法則が働いているので、自然権は自然界全体に通ずる自然の法則であるとされる。したがって人間の自然権といっても自然法則に従う一自然力に過ぎず、他の生物には生物の、また物には物の自然権がそれぞれあるという。スピノザは、「私はこうして自然権〔自然法〕を、万物を生起させる自然の諸法則あるいは諸規則そのものと解する。言いかえれば、自然の力そのものと解する[23]」と述べている。

すなわちスピノザの自然権は存在論的な権利概念であり、「自然の仕組み（institutum naturæ）」として各個体が有する本性の諸規則に他ならない。一見、この考え方は、人間と自然における生存権の平等を謳っているかのように見える。ところが、存在者の生存権が自然の法則に従うのならば、まず自然界における弱肉強食の現実は倫理的に是認されねばならない。事実、スピノザは「魚は最高の自然権に依って水を我物顔に泳ぎ廻り、又大なるものが小なるものを食うのである[24]」と述べ、弱者の生存権が強者の生存権のために犠牲になることを容認している。ここに、やはりホッブズやロックと同様、スピノザにも、理性を駆使して自然界の最強者となった近代人の自然支配を許してしまうような理論的素地を認めざるをえないであろう。

もちろん人間を有機的全体としての自然の一部として捉え、そこから人間の権利を考察するスピノザの視点はエコロジカルであり、自然を人間にとっての単なる利用価値としか見ない近代の人間中心主義とは明らかに異なっている。言うなれば、スピノザの自然権思想は、エコロジカルな人間優先主義を暗示しているようにも思われる。しかしながら自己保存の努力においては、「各個物の自然権は、その物の力が及ぶ所まで及ぶ[25]」ものとされる。それゆえ、かりに人類が際限なく自然を利用し破壊しても、それが人類自身の自己保存の努力の中に、すなわち人間の自然権のうちに正当化されてしまうならば、結局は自然破壊的な人間中心主義に変質してしまう可能性を有しているのである。それを防ぐには、スピノザが政治的領域で展開した、「共通の権利（jura communia）」下における人間どうしの協力活動のごとく、人間と自然との共通の権利を論ずることで、可能態としての動植物の自然権を現実態のものとする道を模索する必要があるが、歴史的にそのような理論構築はなされなかった。

このように考えると、環境倫理の視点から見た近代の自然権思想は、ホッブズ・ロックら主流の自然権論はもとよりスピノザの存在論的な自然権概念に至るまで、おしなべて人間中心主義の思想パラダイムを強化する方向に機能したと見なされうることをわれわれは認識しておくべきであろう。

第二節　機械論的自然観

デカルトのhumanismが自然を対象化された「物」として捉えることは、前節に論じたごとくであるが、それは当然、近代以前の自然観の変容を伴っていた。

ヨーロッパ世界の自然観には、歴史的にみて、有機体的または目的論的自然観、機械論的世界観という二つの潮流があるといわれる。前者は物活論的・アニミズム的な世界観であり、アリストテレスの目的論的自然観に始まってヨーロッパ古代・中世の支配的な自然観であった。対する機械論的自然観は、機械論によって自然現象を説明する立場で、起源的にはギリシャのデモクリトス、エピクロスなどの原子論者まで遡ることができるが、支配的な自然観として登場してくるのは近世に入ってからである。すなわちデカルトやホッブズ、スピノザらの哲学者、またニュートンら物理学者の機械論が従来の有機体的自然観を全面的に批判、機械論的自然観を打ち立て、近代科学の形成に寄与したといわれている。

そうした中で、機械論的自然観を近代文明の思想パラダイムとして確立する原動力となったのは近代の啓蒙的合理主義者たちであり、わけてもデカルトとスピノザであったといえよう。デカルトの物心二元論が物質を延長実体として精神の領域から完全分離して以来、自然は他動的な原因性しか持たないとする観念や人体や動物を魂なき自動機械と見る考え方が定着した、という見方は広く支持されている。またスピノザは、デカルトと同様に機械論的な自然法則を信奉しながらも、デカルトの二元論を批判して汎神論的一元論を説いた。スピノザによれば、延長と思惟は永遠無限なる一実体（神即自然）の属性であって、神としての「能産的自然（Natura naturans）」における能力の両側面を表わしている。それゆえ延長する物質だけでなく思惟する人間精神もまた自然であり、ともに「所産的自然（Natura naturata）」とされる。スピノザにおける汎神論的自然は、それ自身内在因を有し、デカルトのごとき他動的な機械論的自然とは一線を画すものであった。もっとも、スピノザの自然観は、一般にはデカルトの機械論的自然観の継承であると見なされている。すなわち、スピノザの自然観はデカルトの物理学的な自然学を踏襲しており、合理論的・決定論的・機械論的汎神論を説く思想と捉えられる傾向があった[26]。スピノザの汎神論は反目的論的であるゆえに、なるほど機械論的自然観と矛盾を来さない。スピノザがじつは有機論的自然観を説いたとする解釈も近年盛んになってきたが[27]、歴史的に見れば、デカルトの機械論的自然観を啓蒙する役割を果たしたのがスピノザであったと言ってよい。

ともあれ、近代に確立したこの機械論的自然観は、環境危機の思想的要因の一つとして、環境思想の分野で大きく取り扱われ、問題視されている。近代の機械論的自然観こそが自然を搾取することを正当化し、動物を虐待する際の罪悪感を覆い隠し、今日の生態系の危機的状況を作り出した思想的パラダイムに他ならない。ゆえに、現代人はヨーロッパ中世あるいは東洋の有機体的・目的論的な自然観へと立ち戻り、人間と自然の生命的循環過程を恢復して今日のエコロジー的危機から脱すべきである——環境思想家の多くはこう訴え、現代社会のあり方に関して大胆な提言を行う。

折しも、一九六二年にT・クーンがパラダイム論を発表して以来、科学史・科学哲学の分野でも、累積的な科学的真理の客観性に疑義が唱えられ始めた。現代の環境思想は、そうした科学パラダイム批判ともパラレルな関係に立ち、改めて環境問題の視座から近代の機械論的自然観の罪を弾劾し、パラダイムシフトを呼びかけるのである。

環境倫理・思想の研究者で、エコフェミニズムの提唱者としても知られるC・マーチャントは、大著『自然の死』*The Death of Nature*において、ヨーロッパ中世の有機体的で生きた自然の見方が、機械論的な自然観にとって代わられたことで、《自然の死》という事態を生みだしたと主張する。彼女は機械論的世界観を生み出したものとして、十七世紀を中心に起こったヨーロッパの科学革命を挙げ、その先駆者たちの思想的功績、すなわち「フランシス・ベーコン、ウィリアム・ハーヴェイ、ルネ・デカルト、トーマス・ホッブズ、アイザック・ニュートンといった、近代科学創設の〈父たち〉の貢献」についても「評価しなおさなければならない」と述べている。[28]

マーチャントによれば、十六世紀のヨーロッパ人には、自然を生命体とみなす古代の思想体系のいくつかが、支配的イデオロギーであった。それは「有機的」という名のもとで包括されうる。こうした有機体的自然観においては、宇宙はアニミズム的であり、地球は生きた生命体＝慈母であって、この考え方が人間の自然に対する活動を規制する文化的、倫理的な抑制として機能してきた。[29] ところが、十七世紀に起こった科学革命は、自然を「外部からの力によって動かされる、死んだ自動力のない粒子からなるひとつのシステム」とみなし、「機械」という新しいメタファーによって、人間が「力」と「秩序」を用い、自然の「無秩序」を理性的に支配することを可能にした。これこそが自然を「死」に至らしめたのだ、とマーチャントは力説する。[30]

彼女は、十七世紀以降の機械論的自然観の功罪を再検討し、それを通じて近代以前、ルネサンス期の「生きものとしての世界」観を再発見すべきであると提唱する。なぜならば、「そのような価値観は、たぶん多少の修正を加えれば、今日の、そして明日の社会に再統合してみる価値があるもの[31]」だから、というのである。

次に、近代の機械論哲学をエコロジーの視点から糾弾するのがF・カプラ（Capra）である。物理学者出身で、ニューサイエンスの旗手と目されているカプラは、一九七五年に『タオ自然学』*The Tao of Physics*を著し、量子論や相対性理論など現代物理学の世界観が機械論的なものではなく、物質間のダイナミズムを存在の本質とみる点で、東洋の神秘思想と共通していると主張し、注目を集めた。その後、彼はエコロジー思想に関与するようになり、ディープ・エコロジーの提唱者の一人となっている。カプラは言う。人口問題、環境問題、種の絶滅など現代の主要な諸問題は、結局、「認識の危機」の問題に帰着する、と。「認識の危機」とは「宇宙を基本的構成要素から成る機械システムと見たり、人間の身体を機械と見たり、社会生活を生存競争と見る見方[32]」の危機である。

この点に関して、カプラは『ターニングポイント』*The Turning Point*において、近代の機械論的自然観を「デカルト＝ニュートン思想」と規定し、本格的な批判を展開している。カプラもまた、マーチャントと同じく、中世の有機体的な世界観が十六〜十七世紀の科学革命によって機械論的なものに取って代わられたとし、その科学革命の中核たる役割を担ったのがデカルトとニュートンであるとする。かれらの機械論的世界像は当初、法則的世界の外に造物主としての神の存在を暗示していたが、やがて科学が神に対する信仰を困難にさせ、造物主は科学的世界観から姿を消し、自然が世俗化していったと、カプラは論ずる[33]。そして、こうしたデカルト＝ニュートン思想が物理学・天文学はもちろんのこと、近代の医学、心理学、経済学、社会科学全般の思考方法に多大な影響を与え、学問的パラダイムとなっていった。しかし、今世紀に入って発達した量子論や相対性理論が提出する世界観は、機械論的な実体論を否定し、関係を重視する有機システム論的な世界観である。自然は生きた有機システムである。機械論的で還元論的な分析は、時に有効な面もあるが、完全な説明ではない。したがって、それは全体論的、ホーリスティックな統合的見方と相補的なアプローチを取る必要がある。いまやわれわれは、その新しい世界観のもとに医学・心理学・経済学など諸科学を再構築すべき「転換点」（ターニングポイント）にきている。以上が、カプラの主張である。

マーチャントも、カプラも、近代科学が持つ機械論的な自然認識の誤りや不充分さを指摘し、有機体的自然観への回帰を促している点は共通している。しかしながら、両者のスタンスには微妙な相違もみられる。マーチャントは近代の機械論的自然観を否定的に評価する傾向が強いのに対し、カプラの方は機械論的自然観の「功」の側面を認め、有機体的な自然観と相補的に結びつけようとする。

この違いは微妙であるが、本質的な問い——近代の機械論的自然観を生ぜしめた科学的精神や思考をどのように評価するか——を投げかけていよう。一般的に考えれば、近代科学的な認識をすべて廃棄し、プレ・モダンの時代に戻ることは不可能である。自然認識において、やはり科学的方法の果たした役割は大きい。それゆえ、機械論の還元論的アプローチに一定の意義を認めたうえで有機体的でホーリスティクな自然観も復活させ、両者を融合していくところに環境思想の役割が存するといえよう。その点、機械論と有機体論の相補的なアプローチの必要性を説くカプラの主張は、われわれが新しい自然観を構築していくうえで重要なヒントを与えてくれる。

誤解を防ぐためにいえば、マーチャントはたしかに機械論的自然観を批判するが、科学的精神そのものを否定しているわけではない[34]。一九九二年の『ラディカル・エコロジー』において、彼女はカプラの説く「合理的なものと直観的なもの、還元主義的なものとホーリスティックなもの、そして分析的なものと総合的なものとの、バランス」的見方を紹介し、引き続き「ディープ・エコロジーの科学的なルーツ」と題して、物理学者のD・ボーム、I・プリゴジン、電気学のE・ローレンツ、生物学のC・バーチ、化学者のJ・ラヴロックらニューサイエンス系の科学者の諸説を列挙している。そして最後に、「そのようなヴィジョンを統合したポスト古典的科学が社会的に創出され受容されうるであろうか。もしそうなるとすれば、その科学は環境と人間の関係性にとってのオルターナティヴな＝これまでのものに代わる倫理的指針を与えることになるであろう[35]」と述べ、新しい科学の前途に関して期待感を表明している。マーチャントは、機械論を乗り越えた「ポスト古典的科学」が、現代において有機体的自然観を確立するための倫理的指針を与えることを支持する。この点から、彼女が〈近代⇔前近代〉という単純な対立図式におけるプレモダニストでないことは明白である。むしろ、機械論的自然観を否定的に継承し、有機体的自然観の中へと包摂することを意図しているのである。

このように考えれば、ラディカル・エコロジストによる機械論的自然観への批判は、前近代の有機体的自然観との対比のうえからなされているが、科学を否定してアニミズム的な世界観へ逆戻りすることを目指しているのではなく、「生きた自然」のテーゼのもとに科学を方向づける方途を模索しているものと結論づけられよう(36)。

ただし現実的には、機械論的自然観はいまだ今日の産業資本主義の支配的な倫理であり続けている(37)。マーチャントによれば、現代の環境倫理の主流は彼女が「自己中心主義的な倫理」と呼ぶもので、それは機械論的自然観と結びついているとされる(38)。ゆえに、機械論的自然観の転換こそ環境問題の解決に不可欠であると環境思想の理論家たちは、ひときわ声高に主張するのである。

次に、機械論的自然観に関連し、主に環境倫理の分野で問題となっていることとして、動物機械論に触れておきたい。動物機械論の告発は、いわゆる動物開放・権利論争の中で取り沙汰され、デカルト哲学が動物を無感覚で非理性的な機械とみなした結果、今日に至るまで動物の虐待が正当化されてきたという主張である。動物開放論の先駆者であるP・シンガーは、次のように述べている。

デカルトは、意識を不死の魂（immortal soul）と同一視した。それは物理的な肉体が分解したのちも生き残るものとされた。そして、魂は神によって特別に創造されたものだと主張したのである。あらゆる物質的な存在の中で人間だけが魂をもっている、とデカルトは述べた……かくして、デカルトの哲学において、動物は不死の魂をもっていないというキリスト教の教義は、かれらはまた意識ももっていないという驚くべき結論に導かれたのである。動物はたんなる機械、自動機械（auto-mata）だと彼は言った(39)

シンガーは、デカルトがキリスト教における不死の魂の教えから動物機械論を導き出したと述べている。彼によれば、この頃、動物の生体実験の慣例がヨーロッパに広まった。麻酔薬もなかったこの時代、実験動物たちは極度の苦痛に苦しんだ。しかし、実験者たちはデカルトの理論によって良心の呵責から逃れることができたのだ、とシンガーは言う。彼は、このような動物機械論が人間の動物に対する支配的態度を強めていったことを強調している。

また、フランスのエコロジスト・哲学者であるL・フェリも、デカルト哲学が動物を自動機械と考えたことを指摘している。「主体、〈コギト〉*cogito* は、〈必然的結果として〉*ipso facto* 自然からあらゆる精神的価値が取り上げられない限りは、唯一の感覚の中心にはなり得ないからである。」かくして、「宇宙という単なる物でできた機械には、法的に人間が知り得ない不可思議はない。そしてもちろん、動物であっても規律にしたがわなければならない」と考えるに至り、デカルト哲学はそれ以前のアニミズムや物活論といった自然観と縁を切った、とフェリは言う(40)。さらに、やがてデカルトおよびデカルト主義者たちの非常識さに反発が起こり、当時のフランスで動物愛護運動が起こったことにも、フェリは触れている。

たしかにフェリが述べるように、デカルト主義の動物機械論に対する反発と動物愛護の運動は、早くも十七世紀に始まっている。ナッシュによれば、J・ロックなど、デカルトに反対し動物愛護を唱える思想家は、少数派ではあったが存在した。彼らは動物の自然権という考えは持たなかったが、動物を残虐に扱うことによって人間側が受ける影響を考慮していたと、ナッシュは理解している。十八世紀に入ると、ベンサムの功利主義が現れ、デカルトと意見を異にして、動物も苦痛を感じることが主張される。この時期にはJ・ローレンスのように、動物の権利を主張する者も出てきたという。そして十九世紀、一八九二年にヘンリー・S・ソールトが『動物の権利』"*Animal's Rights*"を著し、一般大衆の耳目を広く集めた。現代におけるシンガーやT・レーガンの動物開放・権利運動は、このソールトの議論を直接の基礎とする、とナッシュは言う[41]。いうまでもなく、シンガーの動物開放論はベンサムの功利主義を思想的根拠としている。

このように動物愛護・開放運動の歴史は古く、現代の動物開放論まで連綿と引き継がれているのであるが、現状ではデカルト的な動物機械論がいまだに支配的な倫理を形成している。なぜだろうか。それは、機械論的自然観が依然として近代文明の支配的な思潮であるからに他ならない。シンガーら一部の開放論者がいかに反対の声を上げ、菜食主義を謳おうとも、動物実験や工場畜産の流れはまったく衰えを知らず、世界中で常態化している。人間中心主義と表裏一体の関係にある機械論的自然観は、近代人の価値観として根深く浸透している。要するに、近代文明のパラダイム自体を変換しない限り、動物の開放が実現される見込みは薄いのである。

エコロジー思想を探求しているフランスの文化地理学者A・ベルクは、「近代人が動物に対してより残酷になったり、植物に無関心になった」わけではないという。問題は、「文明が全体として、動物や植物を機械のように扱い始めた」ところにある。「もっぱら効率だけを気にかけ、人間だけに意味のある目的の実現に全面的に適う単なる道具として、動植物自体の存在を考慮せずに、そうした」ことが、デカルトの動物機械論を現代に存続せしめていると、ベルクは説く[42]。機械論的自然観の超克は、何よりも近代文明のパラダイム転換を通じてなされねばならないのである。

第三節　キリスト教的世界観

さて次に、環境危機の思想的原因を近代に成立した人間中心主義や機械論的自然観に帰着させる議論に対し、一方では、より本源的な歴史的原因として宗教の問題、とくにキリスト教思想の持つ自然支配の性格を指摘する人たちがいる。この指摘は、カリフォルニア大学歴史学部教授のリン・ホワイトＪｒ（Lynn White Jr.）が一九六七年、雑誌『サイエンス』誌上に発表した「現在の生態学的危機の歴史的根源」という論文の中で初めて言及され、神学者のみならず、広くエコロジーの分野で論争を巻き起こした。

ホワイトの主張によれば、今日の生態学上の危機は、西洋において貴族的・思弁的・知的で上層階級のものだった科学と、経験的・行動志向型で下層階級のものだった技術とが、民主主義革命を通じて融合したことによって生じた現象であるという。しかし根源的に考えれば、「われわれの科学と技術とは人と自然との関係にたいするキリスト教的な態度から成長してきたもの[43]」に他ならないとして、ホワイトは現代の環境問題におけるユダヤ・キリスト教思想の影響を強調してやまない。「人間が自分たちの生態（ecology）にかんしてなすことは、人間が自分たちの周りの事物との関係で自分のことをどう考えているかに依存している。人間の生態はわれわれの本性と運命についての確信、つまり宗教によって深く条件づけられている[44]」と彼は書いている。

では、ホワイトが見たキリスト教の環境観とはどのようなものなのか。環境思想との関連の中で、一般的に引き合いに出されることが多いのは、旧約聖書『創世紀』の天地創造物語である。これによると、神は天地創造を行い、六日目に神に象った人間を創造し、男と女に分けた。そして、彼らを祝福して次のようにいったとされる。

ふえかつ増して地に満ちよ。また地を従えよ。海の魚と、天の鳥と、地に動くすべての生物を支配せよ(45)

この箇所は、明確に人間が自然を支配することを奨励していると受け取れる内容である。ホワイトは、この一節を以下のように解釈する。

キリスト教はユダヤ教から繰り返さず直線的な時間概念だけではなく、驚くべき創造物語を受け継いだ。段階を追って愛と全能の神は、光と闇、天体、地球、すべての植物、動物、魚を創造したのである。さいごに神はアダムと、それから考え直して男が淋しくないように、イヴを創造した。男はすべての動物に名前をつけ、このようにして動物すべてにたいする支配権を確立した。神はこれらすべてのことを明らかに人間の利益のためと、また人間にたいする命令として計画したのである。物理的創造のうちのどの一項目をとっても、それは人間のために仕えるという以外の目的をもってはいない。そして人間の身体は粘土から作られたけれども、人間は自然の単なる一部ではない。人間は神の像を象って作られているのである(46)

この見解に従えば、ユダヤ・キリスト教的な自然観は人間による自然支配を積極的に正当化している。それゆえ、ホワイトは「技術と科学の成長は、キリスト教の教義（Christian dogma）に深く根差す自然にたいする特別な態度というものを度外視しては、歴史的に理解のできないものである」(47)と結論づけ、「キリスト教はとてつもない罪の重荷（a huge burden of guilt）を負うている[48]」と弾劾している。ならば、現在の生態学的危機はいかにして乗り越えられるのか。その解決法を科学や技術に求めるのは不可能であるとホワイトは言う。「いまの科学もいまの技術も，正統キリスト教の自然に対する尊大さ（arrogance）であまりにも染まってしまっているため[49]」である。したがって、その解決法は本質的に宗教的でなければならないと彼は考える。

同論文の中で、ホワイトは人＝自然の関係をキリスト教的な見方とは逆の姿で考えている禅仏教やインド思想にも目を向けている。しかし、それらはアジア的な歴史によって深く条件づけられているがゆえに、西洋世界でも有効かどうかは疑わしいと述べ、最終的にはキリスト教史上で異端視されてきた中世のキリスト者、アッシジの聖フランチェスコの思想に着目している。ホワイトによれば、フランチェスコは「すべての被造物の民主主義」を築こうとした特異なキリスト者である。ゆえに環境危機の解決に際して、フランチェスコの思想が「自然のすべての部分の精神的自立性にたいする深く宗教的な、しかし異端的な感覚が、一つの方向を指しているかもしれない」とホワイトは期待を寄せ、「わたしはフランチェスコを生態学者の聖人におしたい」と綴って、擱筆している。

このように、環境危機の歴史的根源を正統キリスト教の教義におくホワイトの主張は、各方面で大きな論議を呼び起こし、様々な反論が提出された。キリスト教が科学技術の初期の成長に力を貸したことは認めるが、自然破壊の責任はあくまで科学者自身にある、とする生物学者の反論。または十七、十八世紀の民主主義革命と科学技術革命の衝撃を強調する社会科学者の意見。キリスト教的西洋だけが破壊的なのではなく、中国のような自然順応の伝統を持つ国でさえ自然破壊が行われているという地理学者の説。エコロジストでは、ルネ・デュボスが今日の生態学的危機はユダヤ・キリスト教的伝統と何の関係もなく短期的な経済的私利の追求によるものと主張し、ホワイトの説に厳しい批判を加えている[50]。それらとともに、オーストラリアの哲学者・J・パスモア（Passmore）によるホワイトへの反論はエコロジーの分野で注目され、様々な論文で取り上げられているので、ここで詳しく検討すべきであろう。

パスモアは一九七四年に『自然に対する人間の責任』*Man's Responsibility for Nature* を著したが、その中で真っ先にホワイトの説を取り上げ、その反論のために多くの紙数を費やしている。前述のごとく、創世紀を生態学的苦悩の源泉・起源とするホワイトの主張に対し、パスモアの反駁は次のようなものである。

人間の自然支配に関する旧約聖書的見解には、二つの見解がある。一つには、専制君主としての人間が儲けを目当てにしてのみ、この世界の世話をみようというもの。今一つは、プラトンの『国家』に出てくる「良き羊飼い」のように、人間はかれの支配を受ける生き物をそれ自体のために世話をするという見解である。聖書の解釈として、最近は後者の方が支持を受けるようになっているにもかかわらず、批評家たちは前者の見解において「キリスト教の尊大さ（arrogance）」を非難している。パスモアによれば、旧約聖書は「人間と動物とのあいだには埋め合わせることのできないギャップがあるとは主張」しておらず、「徹底的な神中心主義（theocentric）の立場[51]」をとるがゆえに、「自然は人間のために存在するのではなく、神の大いなる栄光のために存在する」立場を取るのだという。それならば「キリスト教の尊大さ」は元来、存在しないのか。パスモアは、キリスト教が尊大な人間観を生む可能性を認めている。すなわち、「キリスト教は自然に対してある特定の態度をとるように奨励したこと、自然は楽しみごとで観想されるべきものではなく専ら供給の源泉として存すること、人間はこれを思いのままに利用する権利を有すること、それは神聖なものではないこと、そして自然と人間との関係はいかなる道徳原理によっても左右されないこと」[52]は認めるのである。

しかしながら、とパスモアは但し書をつける。もしも、キリスト教から尊大な人間観が生まれたとするならば、「それはヘブライ＝キリスト教的尊大さではなく、ギリシャ＝キリスト教的尊大さである」[53]。ここで彼は、「尊大さ」の思想的根源が旧約聖書の創世記にあるのではなく、ギリシャのストア主義にあることを力説する。すなわち、ギリシャのストア学派の人間中心主義的な思想がキリスト教神学に影響を与え、それに尊大な性格を付与したというのである。パスモアの考えでは、ストア主義の教えとは、「宇宙はただ理性的存在者（rational members）――神々と人間――だけの利益に仕えるために、神意の統治下におかれた一つの大きな物体（a vast body）なのである」[54]とするものである。

このストア主義はまた、近代イデオロギーの淵源の一つとなったデカルトの思想にも影響を及ぼしたと、パスモアは説いている。「明らかにデカルトは人間を自然の統治者とみるあの態度を、ギリシャ＝キリスト教的伝統（Graeco-Christian tradition）から受け継いだのである……かれは人間の限界、罪深さ、謙虚の必要、苦悩の中からもたらされる恩寵を説くキリスト教の伝統の、その側面を無視する。要するに、かれはキリスト教のもつ一層独自な教えよりも、むしろキリスト教のなかに込められたストア主義の要素を受け継ぐのである」[55]。

以上の議論を踏まえて、パスモアは結論する。ギリシャ思想の影響を受けたキリスト教神学は、自然を資源の体系と考え、人間が自然と自由に関係することを認めるようになったが、それでも「神の作品」としての自然に改良を加えるのは人間の傲慢であるとみなす保守的な思考が存在した。しかし一方で、自然はむしろ人間が勝手気ままに改造するために存在する、とみる急進的解釈も可能であり、ベーコンやデカルトはこの解釈を採って近代西欧のイデオロギー、すなわち資本主義と共産主義のイデオロギーに影響を与え、それが東洋にも輸出されて今日の世界的な生態学的危機を招いた。それゆえ、生態学的危機の歴史的根源は、ホワイトが言うように旧約聖書の創世記にあるのではなく、ギリシャのストア主義思想にある、と主張するわけである。[56]

さらに、同書においてパスモアは、旧約聖書を生態学者の非難から擁護するのみならず、積極的にエコロジー思想として啓蒙しようとさえする。旧約聖書の人間観を動植物の世話をする神の僕＝「スチュワード」とみる「スチュワード精神」の提唱がそれで、パスモアは、英国国教会の主教H・モンテフィオーレ（Hugh Montefiore）の「人間は現在と未来にわたる環境の全体に対して、不可譲の義務と関心を持たざるをえない立場にある。そして環境に対するこの義務は同胞人にみならず、すべての自然、すべての生命をも含むものなのである」という言葉を「きわめて重大な結論」と評価している。[57]

パスモアの旧約聖書擁護と「スチュワード精神」のエコロジー化への試みは、キリスト教をエコロジー思想として積極的に展開しようとする、注目すべき試みといえよう。しかしながら、そのパスモアにしても、旧約聖書の内容の中に、今日の生態学的危機を引き起こした思想的原因となりうる可能性があることは認めざるをえなかった。またキリスト教神学がギリシャのストア学派の影響を受けたことをパスモアは強調するが、それは取りも直さず、キリスト教という宗教が自然に対して尊大な人間観を受け入れ、科学技術を駆使した自然支配と世界的な環境問題の源泉となったことを認める結果に終わっている。さらにいえば、同書を見る限り、キリスト教神学がストア主義から影響を受けたという明確な文献学的証拠は提示されていない。ただ両思想の類似性が指摘されるのみであり、厳密にいえば推測の域を出ないように思われる。結局、パスモアはホワイトの説を批判しつつも、キリスト教的世界観・自然観が今日の環境危機に対し、思想的に関与してきたことを承認しているのである。

けだし、近代の科学技術や社会構造が環境危機を生み出したことは、何人も否定できない事実であろう。そうした科学技術や社会構造は、紛れもなく西洋文明を基盤として発達し、そしてキリスト教思想は西洋文明の進展と歴史的に不可分な関係にあった。我が国や中国など東洋世界の環境問題を取り上げ、キリスト教文明だけが破壊的なのではないと反論する向きもあるが、これらの国々で環境問題が起こったのは、明らかに西洋の科学技術や社会理論のパラダイムを受容して以降のことである。

であるならば、旧約聖書など聖典の解釈問題は別にしても、キリスト教が少なくとも近代西洋文明の形成に際して親和的に関わり、環境危機を引き起こすような社会思想的状況に対して長年にわたって異議を唱えなかったという歴史的事実は、批判されてしかるべきである。(58) この意味で、キリスト教が現代の環境破壊的文明の思想的な背景の一つとなったことは明らかである。

もっとラディカルな見方になると、キリスト教思想が近現代において、人類の自然支配を推進する「環境倫理」として機能してきたという意見も、環境倫理学者のあいだから提出されている。

例えば、K・S・フレチェットは、アメリカの開拓時代を支えてきた倫理を「フロンティア（カウボーイ）倫理（Frontier or Cowboy Ethics）」と呼ぶ。そこでは際限のないフロンティアが前提とされ、「野生で」「野蛮な」ものの支配が「聖戦」とみなされ、新しい領土と富の獲得が賞賛された。フレチェットによれば、多くの人々がこの「フロンティア倫理」に従ってきたが、その理由の一つに「ほとんどの伝統的な哲学理論と、ユダヤ=キリスト教的思想の多くがよって立っている前提」があり、それは「人間が自然の支配者であり、人間以外の存在者は、人間が尊重せざるをえないいかなる権利のである。

も持っていないというもの」であるという。フレチェットは、この「フロンティア倫理」が「環境政策を定式化するのに従来用いられてきた有力なモデル」であったとも述べている[59]。彼女の主張からは、ユダヤ・キリスト教的思想が近現代の主流の環境倫理を形成する一因となったとの認識がみてとれるのである。

またマーチャントは、十七世紀にアメリカ大陸の経済発展を強化するのに役立った倫理として「プロテスタント倫理」を挙げている。自分自身の救いに責任をもつことを説く「プロテスタント倫理」は、創世紀の「生めよ、増えよ、地に満ちよ、地を従わせよ」というユダヤ・キリスト教的命令に「ぴったり適合」した、とマーチャントは言う。そして、第六代大統領のアダムズが合衆国の目的は「荒れ地をバラのごとく咲かせること、法律を制定すること、増え、増やし、地を従えることであり、我々はこれらをなすことを全能の神の最初の命令によって命じられているのだ」と述べたことなどを紹介している。このように彼女は、創世紀をはじめとする聖書の章句が、アメリカにおける自然の文明化を「神の命令」として正統化したと述べ、「プロテスタント倫理」を「自己中心主義的な倫理」の中に分類している[60]。

これまでの議論を整理しておこう。環境問題にキリスト教思想がどのように関わっているのかについては、環境思想の分野に限って言えば、おおよそ三つの主張があるといえる。一つはホワイトに代表されるように、創世紀など新旧聖書の章句が人間の自然支配を正統化したとする説である。二つには、パスモアの主張のごとく、近年における有力な聖典解釈に基づいて創世紀には自然支配の命令はなかったとする説である。すなわち、本来キリスト教において人間は神の代理人・執事であり、自然を支配するのではなく、むしろ管理・保護すべき責任を負うものと規定されているが、ギリシャのストア主義の影響を受けたキリスト教思想の台頭によって、自然支配の尊大さが付与されたとする説明である。第三に、近世のアメリカ開拓に見られるように、キリスト教が技術による人間の自然支配を進めるうえで、積極的に「環境倫理」として、エートス的に働いたとする説である。

一番目と三番目の主張では、キリスト教は環境問題の思想的要因としてはっきり認識されている。残るは二番目のパスモアの主張であるが、この背景にはキリスト教が「人間中心主義」でなく「神中心主義」であるとの認識がある。同様に、ホワイト論文以降、エコロジー神学を模索する人たちのあいだでは、神の創造を中心において「創られたもの」としての自然の聖なる価値を認めようという動きが出ている。そうした場合、自然は人間のためにではなく、神と自然自身のために価値を有することになり、例えば「神によって聖別された被造物としての自然のそのような意義ならば、自然が自分自身と神のために維持され保護されなければならないということの説得力のある宗教的基礎付けとなろう(61)」といった主張も可能である。

しかしながら、このような解釈はキリスト教の環境的責任が問われ始めた今世紀後半以降に出てきた、いわば新しい「エコロジカルなキリスト教思想」である。環境思想的責任のうえで問題となっているのは、現代のキリスト教思想でもなければ、非歴史的概念としてのキリスト教思想一般でもない。批判の対象は、あくまで環境破壊的な西洋の機械文明の形成に歴史的に関わった近代のキリスト教なのである。とすれば、パスモアが言うように、人間中心主義的なギリシャ思想の影響を受けたキリスト教神学が急進的な自然支配の解釈を生み出し、近代文明のパラダイム形成に関与したとして、少なくとも近代のキリスト教が、自然破壊的な近代思想を容認もしくは推進する方向に働いたと言うことはできるであろう。

結論的に、現代の地球環境問題における思想的な責任を考える場合、歴史的存在としてのキリスト教が西洋の近代文明を推進したという事実から見て、キリスト教の責任を追及する姿勢の正当性は、今のところ揺るぎそうにないように思われるのである。

第四節　日本の環境問題と仏教の責任

ところで、キリスト教は主としてヨーロッパ世界に広がった宗教である。これまでの論考は、キリスト教思想がヨーロッパ世界において人間中心主義の思想展開を生み、それが近代以降の世界的な環境問題に影響を及ぼしたという議論であった。それでは、われわれが暮らす東洋文化圏の代表的な宗教――仏教――は、環境問題に関して何の責任もないのだろうか。

一般に、東洋や第三世界では、西洋近代の合理主義とは裏腹に、人間と自然を一つの全体と見なす世界観があり、環境破壊的でない文明が形成されてきたといわれる。実際、少なからぬエコロジストたちが、仏教・道教・ヒンズー教など東洋の諸宗教の中に自然中心主義の環境思想を見出そうと努力してきた。ところがそのような、エコロジカルな宗教が伝播した文明圏が、いともたやすく西洋近代の人間中心主義を受け入れ、しかも時として欧米諸国よりも激しく環境破壊を推進している事実を、われわれはどう理解すればよいのだろうか。周知のごとく、環境危機は今日、非西洋世界にも広がりをみせており、とくに急速な近代化を推し進める地域においては、西洋世界以上に環境破壊の問題が深刻化しているという現状がある。

東洋文明圏に属するわれわれが環境思想を考える場合、こうした問題に関する反省的自覚を忘れてはならないだろう。すなわち、「環境問題の思想的原因」という問いを傍観者的にではなく、自らの課題と引受け、実存的問いかけとして具体化するために、東洋の思想・宗教との関連を無視するわけにいかない。その意味から、神学者のリン・ホワイトが環境危機に対するキリスト教の責任を真摯に自己反省したように、われわれが東洋文化圏の環境問題に対する仏教及び仏教思想の責任について考える必要もあろう。

ただし、インド仏教をはじめとして東南アジア諸国、チベット、中国、朝鮮、日本など、それぞれ固有な伝統と特殊事情を持つアジア諸国の仏教を統一的に論ずることは不可能である。そこで本稿では、日本の環境問題と仏教のかかわりに絞って考察していくが、その前に、仏教の環境倫理について概括的に触れておきたい。

一般に、東洋の世界観はアニミズム的、汎神論的であって、動植物や瓦礫に至るまで、すべての存在に魂が潜んでいるようにみる思想とされている。仏教の思想はその典型である。例えば、大乗経典の『大般涅槃経』の中で強調される一切衆生悉有仏性の思想は、人間のみならず、動物を含む「衆生」が、等しく仏性を持つことを説く。ちなみに、インド仏教には感情をもたない植物や非生物が成仏するという思想はなく、成仏しうるのは感情を持った人間と動物のみとされている。それに対し、東アジアの大乗仏教になると、「有情」でない「非情」にも生命の本質としての仏性があるとされ、植物や物理的自然の成仏が説かれる。中国仏教や日本仏教にみられる「草木成仏」という考え方がそれである。

いずれにせよ、仏教思想にみられる、このようにエコロジカルな世界観は、動物の殺生を禁忌する風潮など、たしかにキリスト教文化圏にはないような倫理を形成したものと評価できる。M・ウェーバーは、アジアにおいて仏教が果たした倫理的功績について、「仏教が、そしてアジアにおいては仏教のみが、どこであろうとつねに全被造物にたいする真摯な態度と人道主義的な慈悲心の特色を、一般の人々の情操のなかに植えつけた」[62]と述べている。

しかしそれならば、仏教国日本における環境破壊の現況をどう考えればよいのだろうか。パスモアは、日本に「自然崇拝と、これに結びつく精神、つまり最も繊細なしかたで自然を観想することを好むという精神」があるにもかかわらず、「何よりもまず目・鼻・耳に不快感をもたらすあの日本の工業文明の発展を阻止しないできた」という矛盾に疑問を呈している[63]。この問題には、多くの要因が複雑に入り組んでいると考えられ、一概に規定できる性質の問題でもないが、思想的にみて、いくつかの原因を指摘することは可能であろう。ここでは日本仏教との関連において、次の三点から考察を加えてみる。

人間の反自然的本性に対する仏教の無抵抗

第一にわれわれが認識すべきことは、日本に限らず何処であれ、人間という種は元来、反自然的な生活を営む動物であるという点である。近代ヨーロッパの科学文明は、人類の自然破壊的な生のあり方に順応していたがために世界性を獲得し、日本など非西洋世界でも広く受け入れられたと考えることすらできよう。

湯浅赳男氏は『環境と文明』という著書の中で、「人類の本性は反自然」であると規定し、「人類以外の動物は自然の中で自然の論理に従って、いわば自然と密着して生存している」と主張している。かりに動物の個体数が増加し自然を破壊しそうになっても、食物の不足と天敵の存在によって、個体数は最終的に制限される。湯浅氏はこのことを、実例を挙げながら論じている。ところが、「これに対し人間は自然の中で旧来の食物連鎖を切断して最高の捕食者になり上がることによって人口をとめどなく増大させてきた」と湯浅氏は強調する。理由は、動物が遺伝子によって与えられた肉体と経験によって環境に働きかけることしかできないのに対し、人間は肉体や経験だけでなく、道具や観念によって環境に働きかけるからであるという。(64)

それゆえ、人類による自然環境の破壊は何も近代に始まったわけではなく、有史以来、連綿と繰返されてきた。森や故郷の破壊・消失を悲しむ詩歌は、遠く西アジアの先史時代にもみられるという。(65)また日本に例をとると、開発公害はすでに八世紀の半ば、鉱山による公害は十六世紀半ばごろより深刻化したことが史料からうかがえる。安藤精一氏がまとめた『近世公害史』によれば、天平の時代、荘園のための用水開発で公害が発生し、農民の口分田が被害を受けたことが史料に記され、十六世紀終りごろからは製鉄技術などの発展普及により、空気汚染、土壌汚染、水質汚染などが問題化した。とくに後者の鉱山公害に関しては、農作物の被害を受けた農民たちが公害反対の百姓一揆を全国で起こし、公害対策や補償の問題がさかんに取り上げられたという。その他、安藤氏は史料に基づき、近世日本において新田開発公害、山林破壊公害、石炭採掘公害、ゴミ公害、交通公害などが多発した事実を紹介している。(66)これらの公害が、農作物に被害を及ぼしただけでなく、相当な自然破壊につながったであろうことは論を俟たない。

現代の日本人は、ともすれば「江戸時代の日本は、高度に発達したリサイクル社会であった(67)」などといって、エコロジカルな理想郷がプレ・モダンの日本に存在していたかのごとく考えがちである。しかし先に述べた通り、人間が反自然的な本性を持った存在である限り、程度の差こそあれ、環境問題は常にわれわれにつきまとう宿命的負荷なのである。西洋の科学文明の洗礼を受ける前の日本で、深刻な自然破壊が起きていたという事実を、われわれは看過すべきでない。

以上のように、日本人が歴史的に自然破壊をしてきた理由の一つは、人間の本質的な反自然性であると考えられる。この観点からすれば、日本の環境問題に対して仏教の責任はないようにみえる。けれども日本人の自然破壊行為を誡め、人間の反自然的本性を自然調和の方向にコントロールしようとしなかったという点で、日本仏教は、なお責任を免れえないのではないか。ちなみに、仏教以外の思想からは自然破壊への反対とエコロジカルな調和の提唱がなされていた、とする学説も現れてきた。

最近、日本の環境思想の研究者たちが、しばしば取り上げるようになった人物に、江戸時代の陽明学者・熊沢蕃山がいる。十六~十七世紀にかけて、日本の人口は爆発的に増加し、一説には一二〇〇万人から三〇〇〇万人になったという。この時期、増加した人口を養うために耕地拡大が行われ、城下町建設も盛んになされた。それによって森林の乱伐、山の荒廃という事態が生じ、大きな問題となった。当時、岡山の池田光政に仕えていた蕃山は、このような状況下で、森林保護の案を提案し、採取林業から育成林業への転換をはかっていった。蕃山は、宝永年間(一七〇四~一七一〇年)に著した『集義外書』の中で、「老人の物語」を紹介する形で、自然調和の必要性を説いている。

それ山林は国の本なり……山は木ある時は神気盛んなり木なきときは神気おとろへて雲雨ををこすちからすらなし……山川の神気うすく山沢気を通じて水を生ずる事も少ければ平生は田地の用水すくなく舟をかよはすことも自由ならずこれ山沢の地理に通じ神明の理を知人なき故なり(68)

山林は国の根本である。山に木がなくなると神気が衰えて、雨雲も起らず、水不足にもなり、水田の用水や舟の運航にも支障を来してしまう。蕃山は、このような「神明の理」を説いて、山林保護を訴えている。現代の生態学的知識からいえば、蕃山の理解は科学的であるとはいえないが、自然を対象化して捉え、「自然の嘆き」を聞き取ろうとするエコロジカルな視点を持っていたことは特筆に値する。近年では、彼を「現代エコロジーの先駆」と称える声も上がっているほどである。

一方、仏教教団はどうであったか。蕃山によれば、仏教寺院は当時、自然保護を訴えるどころか、山林破壊の元凶になっていたという。蕃山は、「仏者の奢りをきはめ、無道至極して、天下の山林を伐りあらしたれば、群国の浅き山は忽ちつき、吉野熊の木曾路土佐らの深山も日本国の材木を出す事なれば、田畑と心得て、材木に仍而露命をつなぐもの幾千万と言数をしらず」[69]等々と『宇佐問答』の中に綴り、非難している。陽明学者の蕃山が仏教攻撃の立場にあったことを差し引いて考えても、城下町建設にともなう寺搭建立にあたって、仏教僧が山林伐採に熱心であったことは歴史的事実である。

このことは日本仏教が、現実として人間の反自然性をコントロールできずに自然破壊を容認し、時には推進さえしてきたという歴史を浮き彫りにしている。現代の日本でも、日本の仏教界がエコロジー運動に関与する度合はそれほど高くないといわれる。日本の大乗仏教は、歴史的な環境問題への消極性という観点からまず、自らの責任を自覚しなければならないだろう。

仏教の感性的な自然把握

さて、日本の環境問題に関して第二番目に指摘しなければならないのは、われわれ日本人が総じて、自然に関する対象的認識を欠く傾向にあるということである。環境倫理学の創始者といわれるA・レオポルドは、人間が自然界における野生の事物に価値を置くようになったのは、機械化文明（mechanization）のおかげでわれわれの生活に余裕ができ、さらに「科学のおかげで動植物の起源や生態に関するドラマが明らかになって以後のこと」であるとの認識を示している[70]。レオポルドは、自然を対象化して捉える科学技術文明が、功罪両面――生態学的認識と自然破壊――をもたらしたことを公平に評価していた。

また、人間の自然破壊に対する「自然の復讐」を最も早く感知し、エコロジー的な問題意識の啓発に努めたのは、自然崇拝の精神的伝統を持った東洋の仏教者や思想家よりも、むしろ自然科学の教養を持った西洋の生態学者や知識人たちであった。アメリカの海洋生物学者R・カーソン（Carson）が一九六二年に著した『沈黙の春』*Silent Spring* は、単なる生態系保護の訴えにとどまらず、人間の自然破壊が人間自身に跳ね返ってくるという自然の反動的側面を、われわれに広く認識させたという意味で画期的作品である。カーソンは、農薬として用いられるDDTなどの殺虫剤が、土壌の汚染や食物連鎖を通じて、害虫だけでなくすべての生物を死滅させ、引いては人間自身を死滅させるであろうことを、多くの実証的データに基づいて指摘した。『沈黙の春』の中に、「自然は逆襲する（Nature Fights Back）」と題する章がある。カーソンはそこで、化学薬品の使用が自然の自己防御機能を弱め、生態系のバランスを崩した結果、害虫、毒虫が大発生して人間に危害を及ぼしているという実態を、多くの事例を挙げて説明している。彼女は警告する。「このまま先へと進んでいけば、どんなにおそろしいことになるか予測もできない疾病をまきちらす昆虫、作物をあらす昆虫が大発生して、前代未聞の被害をもたらすかもしれない[71]」――と。

人間が自然を破壊すれば、自然の一員にすぎない人間も破壊される。近代文明に対する「自然の復讐」を覚知したのは、東洋の自然尊重の精神ではなかった。それは、カーソンが用いたような、自然破壊の影響の生態学的分析だったのである。

むろん、こうした見方に対し、西欧は環境破壊の先進国であったために、東洋よりも早く環境破壊の問題に直面しただけだといった反論も一応の説得力は持つだろう。けれども環境危機の認識は、「自然」という概念が対象化されてはじめて可能になる。逆説的な言い方になるが、人間と自然を切り離す二元論的世界観あるいは機械論的な自然観がなければ、生態学的危機の認識もなかったのである。われわれ現代の日本人は、西洋近代のデカルト的二元論の洗礼を受けて育っているが、自然を対象化して捉える文化的伝統には乏しい(72)。それゆえ西欧と比較して、日本人の中に、自然破壊の反動としての「自然の復讐」に鈍感な傾向性があることは、否定できないように思われるのである。

間瀬啓允氏は、「自然愛好国民といわれる日本人が、明治以降最も甚だしい自然破壊者になっている。自然愛やアニミズム、パン・セイズムの伝統のもとにありながら、明治から大正、昭和にかけても、ついこの間まで、自然破壊を糾弾する思想は育ってこなかったのである。これはどうしてか」とわれわれに問いかけ、次のような見解を披瀝している。

自然と一体化することを理想とし、花鳥風月を愛でるという情緒的な、あるいは宗教的な自然理解が、かえってそれを拒んできたからではなかったのか。……このような感性的な自然把握の仕方からでは、自然環境の破壊の問題やエコロジカルな問題は、私たちの生き方や理想、あるいはモラルの問題には結びついてこないのである(73)

間瀬氏は、近代日本の無原則的な自然破壊が、日本人の感性的な自然把握の仕方に起因することを指摘している。感性的な自然把握は、自然破壊を糾弾する思想を育てないということである。自然を対象化して合理的に把握する姿勢が、エコロジー的観点から見ていかに重要であるか。間瀬氏が問題とした「日本が自然破壊の〈優等生〉であったという事実」は、そのことを雄弁に物語っているのである。

また梅原猛氏は、日本人が「自然の怒りという感覚をもてない」ままに自然支配を続けているという現状をやはり慨嘆しているが、その思想的な原因として、仏教の自然観を取り上げて論じている。梅原氏によれば、仏教は儒教に比べて自然主義の傾向が強く、平安時代に我が国に定着した密教、鎌倉時代に興った浄土宗、浄土真宗、禅宗などの新仏教は、一様に自然主義的傾向の強いものであったという。ここで氏が言う「自然主義」とは、「人間を自然と同一のもの、自然を人間の母と考える考え方」である。たしかに梅原氏の主張するごとく、東アジアの大乗仏教は「自他不二」の世界観を説くので、人間即自然、自然即人間という見方になるだろう。そうした「自然随順の色濃い仏教」を醸成してきた日本人が、容易に自然支配の哲学に転向したのはなぜか。梅原氏は、その理由を次のように言い表している。

この自然随順の哲学が、自然支配の哲学と矛盾なく結びついたのは、全く不思議であるが、私はそこに、自然をいくらつかっても、自然は依然としてわれらに恩恵を与えるという、自然に対する甘えがあると思うのである。母なる自然という考えは、われらにとって、親不孝の口実となったのである。自然の怒りという概念が、そこには喪失しているのである[74]

仏教的な自然は、自然支配という人間の背反を包容し、ただ慈悲の心で見つめているだけである。梅原氏は、日本仏教の自然主義のもとで、「母なる自然」への人間の「甘え」が許されていたからこそ、日本人は自然支配の哲学を受容できたとみている。梅原氏の見方には異論も多々あると思われるが、日本仏教の世界観から自然の対象的認識が生れなかったこと、そのことが日本人に「自然の怒り」という感覚を喪失せしめたということ、このように理解するならば、われわれの議論と大要においてパラレルなものである。

結局、日本の環境問題の悲劇性は、明治以降、自然破壊的な科学技術文明を導入したにもかかわらず、日本人の大多数が依然として感性的な自然把握の伝統に生きていたために、人間の環境破壊に対する「自然の怒り」を十分認識できず、自然に甘える形で欧米以上の自然支配を推進してしまった点にあるといえよう。渡辺正雄氏は、日本人の自然観の特徴として、「人間が自然の中に浸っており、しかも『甘えの構造』の中にある姿勢で自然の中に浸っている」[75]という点を強調している。「母なる自然」を説いてきた日本の大乗仏教は、この点でも日本の環境破壊に対して責任の一端を負うべきなのかもしれない。

もっとも、近世以降の仏教界の堕落や形骸化を考慮するなら、自然破壊を推進した日本人たちが果たして仏教の自然観に依拠していたのかという疑問はあろう。また、日本仏教あるいは日本人の感性的な自然把握が、エコロジー的観点から見てまったく無意味ということもない。むしろエコロジー運動の分野では、エコロジー的な感受性が非常に重視されている。しかしながらエコロジー的な感受性は、単なる感性的な自然把握とは異なるものである。それは自然の感性的かつ対象的な把握であるといえよう。先に述べたように、近代以前の日本において、熊沢蕃山など一部の思想家は、自然を対象的に捉え、自然の「気」を感じ取ることでエコロジー的危機感を抱いていた。また日本古来の山岳信仰も、アニミズム的に自然を対象化するゆえに、エコロジー的な感受性を持つといえる。現に近世において、日本各地で「山の神の祟り」を理由に、公害反対運動が行われたとの史実がある。[76]

これらの事例は、仏教の感性的な自然把握が同時に自然を対象化しえたとき、はじめて「自然の声なき声」を感知するというエコロジー的感受性が生ずることをわれわれに教えてくれる。この自然の対象化が、生態学的・合理的認識であれば尚更よいだろう。[77] けれども、たとえアニミズム的なものであっても、自然を対象化しうる感性は、自然保護への情熱というエコロジー的感受性を生むのである。間瀬啓允氏も、このような問題意識に立ち、「自然をただ情感的・宗教的にとらえるだけでなく、さらにそれ自体を事実的にみつめてその本性をとらえ、そして、これを知性的な言葉で説き明かしていくことが必要なのではないだろうか[78]」と提言している。

仏教の環境倫理の非現実性

最後に、仏教国の日本で深刻な環境問題を惹起せしめた、もう一つの思想的背景について考えてみたい。それは、大乗仏教のエコロジカルな自然観が、必ずしも日本人一般の環境倫理として大衆化されなかったという問題である。

いうまでもなく大乗仏教では、慈悲の精神を根幹にして、六波羅蜜をはじめ様々な菩薩道の実践倫理を説く。そして汎神論的な仏性平等論に基づき、生きとし生けるものの尊重を訴えている。その結果、前述したように、動物の殺生を禁忌する風潮がアジアの各地に広がった。しかしながら、中村元氏が「大乗仏教の所説がときには観念論的に走りすぎているために、慈悲の実践が空想的に考えられて現実性を持たない場合がある[79]」と指摘するように、大乗仏教の汎神論的世界観は、理想主義的なあまり、しばしば現実の差別的世界と矛盾し、対立する。

このことは、日本仏教の環境倫理を考えるうえで看過できない問題であろう。いくら動植物に仏性が具わることを説かれても、われわれは、日常的に動植物の殺生をしないと生きていけない。また封建時代では、武士階級の殺人行為も避け難いものがあった。大乗仏教の「因果応報」や「六道輪廻」の教えは、広く知られていたと思われる。殺生をすれば、因果応報で悪業の報いを受け、後生は三悪道、四悪趣の世界を輪廻することになる。けれども、この仏教的な倫理と現実とのギャップは、あまりに大きすぎた。数江教一氏は、鎌倉時代の民衆が仏教倫理と現実の狭間で煩悶していた様子を次のように説明している。

しかも武士が戦場で敵を倒し、猟師や漁師が魚・鳥・獣を殺し、農夫が畑で害虫を殺すことも、仏典はすべて罪として数え上げているから、彼らが真剣に己れの行為を反省すれば、もはや生活の道はとざされたに等しい。そこで人びとは六道輪廻の恐ろしさにおびえつつも、臭い物に蓋をの生活の知恵で日々をごまかすか、あるいは己れの犯す罪の重さに耐えかねて、苦しみもがいた末に、虚無の泥沼にはまりこむか、または救済の光を求めて悪戦苦闘するかのいずれかであったろう(80)

このように、大乗仏教の「一切衆生悉有仏性」の教えを日常倫理として実践化することは、不可能に近いことであった。それゆえ大多数の日本人にとって、大乗仏教の環境思想は、環境倫理として機能しなかったものと考えられる。大乗仏教の汎神論的な自然観を実践の中に取り込めたのは、社会から隔離された禅堂ぐらいのものであった。彼らは、菜食や禁欲主義を実践し、仏性平等論と現実の矛盾を最小限に食い止めようとした。もしも仏教者が、日本の封建社会の中で動植物の仏性の尊重を声高に主張していたならば、世俗の生の現実に反するものとして厳しく排撃されたであろう。
今、ディープ・エコロジーは、大乗仏教と同じく、人間と動植物の平等を説き、人間中心主義の環境倫理から反人間的、反社会的と非難を浴びている。彼らは、日本仏教と違って、現実社会とラディカルに対峙し、人間中心的な倫理の廃棄を迫っている。けれども、その平等観はやはり現実性を欠くものである。ゆえに、日本仏教の環境思想が一部の僧院生活の規範に影響を及ぼすに止まったのと同じく、ディープ・エコロジーも現状では、一部の啓蒙的な人々の心の糧となっているにすぎない。

仏教思想における個の主体性の軽視

以上、日本の環境問題と仏教のかかわりについて縷々論じてきた。まず人間の自然破壊的な本性に対し、日本の仏教が無抵抗であったという史実が確認された。次いで、日本仏教が自然を感性的にしか把握せず、対象化して認識する姿勢がないために、日本人に「自然の怒り」という危機意識を欠く傾向をもたらしたことを述べた。そして最後に、仏性平等論に基づく仏教の生物尊重は理想主義的である反面、現実性に欠けるために、世俗的な環境倫理としては有効に機能しえないことを指摘した次第である。要するに、日本の環境問題に関して仏教の責任が問われるとすれば、自然破壊に対する無抵抗、「自然」の対象的認識を軽視したこと、現実的な環境倫理を形成できなかったこと、この三点が問題となる。

しかしながら、以上の諸点に通底する根源的な問題として、日本仏教が歴史上、「個」としての人間の主体性を軽視してきた、という点があるのではなかろうか。自然を対象化してみるという姿勢も、仏教思想を現実化し環境倫理を形成しようとする努力も、個の主体性の確立が基本条件となるからである。日本仏教は、個々の人間を形而上学的実体と考えることを拒否し、「自他不二」「自他互融」などの一体化を実践理想としてきたといわれる。[81] ここで自他の一体化をより大きな自己の実現と捉えるならば、むしろそれは個の根源的主体性につながる論理ともいえよう。「無我」の教えは、裏を返せば「大我」の確立ともいえる。[82] 一元論的世界観は、「個の拡大」と「個の否定」という両極端の方向から見ることができるのである。倫理を考える場合、前者の見方が望ましいことは言うまでもない。

ところが日本仏教は、慈悲の実践を「個の否定」の方向から捉える傾向にあった。中村元氏は、大乗仏教の慈悲の実践を「自他不二の倫理」と解するが、それは「自己と他人とが相い対立している場合に、自己を否定して他人に合一する方向にはたらく運動であるということができる[83]」と言う。このような意味での「自己否定」の実践倫理は、日本仏教の中でも強調され、道元の「自他一如」などに代表されるように、自他の無差別性を知ることが肝要であるとされた。

そして、この大乗仏教の自他融即的な思想は、日本人の伝統的な思惟傾向と一致していたといわれる。中村氏の説によれば、日本人は人間を孤立的な個人と見なさず、「個人に対する人間関係の優越」を是認する思惟方法を持っている。「人間」という語は、元来「人々のあいだ」という意味の仏教語であったが、日本では「個人」の意味に使われ、その結果、「〈人間の重視〉が個別性を圧殺してしまった」と中村氏は言う。[84] 個人の立場を軽視する日本人の思惟傾向に、仏教思想が影響しているのかどうかは定かでないが、ともあれ、日本仏教が日本人に個の自覚を促す契機とならなかったことは事実であろう。

実際のところ、日本では、仏教を通じて個の主体性が育まれたという歴史的事例がまことに乏しい。

中村氏は、「宗教的信仰のために命をなげうった事例は、浄土真宗・法華宗およびキリシタンに対する迫害の際に見られるけれども、それらは日本史においてはむしろ異例的現象である[85]」とも述べている。かつてヘーゲルは『歴史哲学講義』の中で、中国の宗教を評して、「本当の信仰（Glaube）は、個人が外部から押しよせる権力をふりきって内面的に自立したとき、はじめて可能になる。だが、中国では個人がこのような自立性（Unabhängigkeit）をもたず、宗教においても外部の力に、それも、天を最高の存在とする自然の力（Naturwesen）に、従属している[86]」と述べた。中国人に宗教を通じての自立性が欠如している、との見方である。ヘーゲルの歴史観には、今日から見て、誤解に基づく偏見も多々あるかと思われる。しかし、このヘーゲルの言葉を日本人の主体性の欠如という問題に当てはめてみたとき、そこには日本仏教の封建的国家体制への迎合という歴史が浮かび上がるのではないだろうか。

とりわけ江戸時代の仏教界が、幕藩体制の下、いわゆる「檀家制度」に安住し、長期にわたって民衆の統制管理を旨としていたことは、日本人の大多数から内面的な自立性を奪い去る結果を招いたと考えられる。圭室文雄氏は、近世の浄土宗僧侶が布教のために用いた往生伝を分析し、「檀家の理想像が、封建社会における理想的民衆の姿と見事に重なり合っている」という特色を見出したが、それは「幕藩権力体制の中で、強力に統制されている仏教の姿でもあった」と述べている[87]。仏教界の封建体制への迎合が、日本人の内面的自立を阻害する方向に働いたことは容易に想像がつく。このように考えるならば、日本の環境問題における仏教の責任は、じつは日本の仏教者の責任でもあることに気づかされるのである。

以上の反省的総括を踏まえたうえで、われわれは、仏教の持つエコロジカルな世界観を環境問題の解決のために生かす努力をしなければならないだろう。すなわち、仏教思想は、人間の個としての主体性を容認する方向へと進むべきである。そしてそれは、西洋の近代哲学との融合を通じてのみ、可能になるのではないだろうか。吉田久一氏は、明治以降の日本型ファシズムの中で、仏教的な有機体観が市民的人間解放を挫折させるために使用されてきたと指摘した後、「仏教の有機体的発想が、近代社会の『自律的人間』と対決しながら、それをくぐらずにいる場合は、結果的には国家権力の封建性を説明する教説となるばかりでなく、仏教信仰の近代化を妨げることになる(88)」と警告している。

西洋近代の「自律的人間」と対決し、それを通過した仏教思想ならば、自然に対する合理的認識や倫理的主体性の概念を取り込むことも可能であろう。裏を返せば、西洋の近代哲学の側も、大乗仏教のエコロジカルな世界観と対決し、厳しい自己批判を通過することによって、新しい自然保護の哲学を構築しうるように思われる。両思想の融合が環境問題の解決に寄与するであろうことは想像に難くない。

思えば、相補的な側面を持つ東西両思想が融合することは、久しく「近代の超克」を目指す人々が念願してきたことであった。そして、その探求の道は、極めて険しいものであった。しかしながら、近代日本の哲学界の中に、そのような東西思想の融合を試みた先駆的存在もみられる。本書の第四、第五章で取り上げる西田幾多郎・和辻哲郎は、その代表格といえる。彼らのアプローチが成功した否かはともかく、われわれが西洋近代の自然観と仏教思想を融合するための手がかりを、彼らの思想の中に見出すことは可能であろう。

小結

環境問題の思想的要因として、本章では主に、人間中心主義（anthropocentrism）、機械論的世界観、キリスト教的世界観という三つの近代思想パラダイムを検討してきた。これら三つのパラダイムが相互に関係しあっていることは明らかである。歴史的な連続性から考えるならば、環境危機の歴史的根源はリン・ホワイトが洞察したように、キリスト教的世界観ということになるだろう。これはあくまで推論の域を出ないが、古代・中世のキリスト教的世界観（＝人間による自然支配の観念）がデカルト的humanismの中に受け継がれ、そこから機械論的自然観やanthropocentrismが派生して自然破壊・搾取が奨励され、今日の生態学的危機を招いたというわけである。

ただし、キリスト教が自然破壊と結びついたのはヨーロッパ近代の啓蒙時代以降なのだから、古代・中世のキリスト教それ自体に責任があるとはいえない。今日の生態学的危機に対する歴史的責任は、正確に言えば「『人間による自然支配』の奨励」という思想パラダイムの形成に参与した近代以降のキリスト教にある。それゆえ、共時的な非歴史的概念としてのキリスト教的世界観ではなく、ヨーロッパ近代のパラダイム形成に深くかかわった時期のキリスト教ないしキリスト教思想が、現代の自然破壊的思潮の歴史的根源となったというべきである。

また自然破壊的な近代思想の形成に関わったわけではないが、環境破壊に対して歴史的に無抵抗であり、西洋の反自然的な機械文明を無批判に受容し続けてきた非西洋世界の諸宗教にも思想的責任の一端が存すると考え、その一例として日本仏教の環境思想上の問題点を考察してみた。日本仏教は自然保護に関し、近代化以前は無自覚的・非現実的姿勢が目立ち、近代以降は自然破壊の積極的許容とも言うべき思想性を日本人に提供してきたと考えられる。その意味において、今日の世界規模の環境破壊について、仏教をはじめとする非キリスト教系宗教の思想的責任も間接的ではあるが、問われなければならない。

ともあれ、宗教の環境問題に対する責任は、西洋の近代思想との関係性の中で論ずることができる。なれば、デカルト的世界観の形成において重要な思想基盤となり、またロックの自然権論、とくに私的所有権論の基礎となった点からも、やはり近代以降のキリスト教思想は、今日の地球環境問題の歴史的根源として位置づけられよう。

とはいえ、人間中心主義、機械論的世界観、キリスト教的世界観の思想的な中心に位置するものは、あくまでデカルト的humanismである。第一節で述べたように、日本語で言うところの「人間中心主義」は、行動原理としてのanthropocentrismと、思想原理としてのデカルト的humanismという両義を含むが、anthropocentrismを推進したのは近代自然権思想もさることながら、根源的にはデカルトのhumanismであった。機械論的自然観もやはり、人間だけが精神を持つ存在であり、あとの自然は延長する物体にすぎないと考えるデカルト的humanismを基盤として成立している。キリスト教的世界観にしても、その「神の似像」としての人間観がデカルト的humanismと結びついたがゆえに、環境破壊的であると指弾を浴びているのである。したがってデカルト的な近代humanismこそ、環境破壊の思想的中心軸としての機能を果たしてきたといえる。

むろん、環境問題の思想的責任を一方的にデカルトのhumanismに押し付けることはできない。すでに述べたように人間の本性は反自然的、環境破壊的であり、環境問題は古今東西を問わず、常にわ

図２　地球環境問題の思想的構造

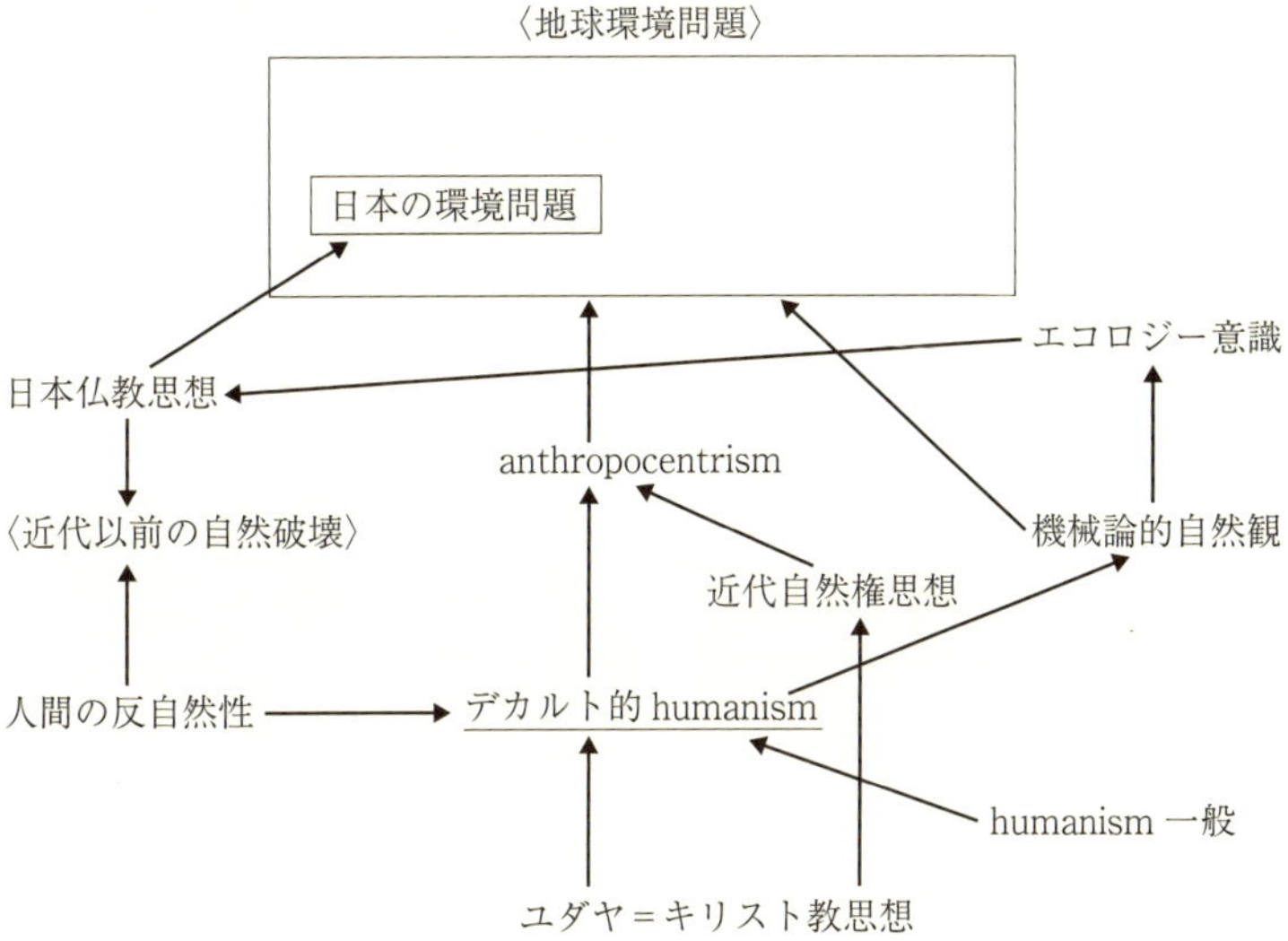

われわれに付き纏ってきたからである。またデカルト的humanismは、自然破壊という「影」とともに、科学的な自然探求を通じて、われわれにエコロジー的危機感という「光」ももたらしている。さらに、生きんがための自然破壊を続けてきた人類が、その反自然的本性に逆らってでも自然保護をしようとする背景には、エコロジー的危機感だけでなく、かつてないほど多くの人々の生活にゆとりが生れたという事情もあるだろう。そのゆとりが科学技術の発達によってもたらされ、科学技術の推進力となった思想がデカルト的humanismであったことは論ずるまでもない。デカルトのhumanismが持つこうした光と影、功罪両面は、正当に評価されるべきである。

しかしそのうえで、われわれはなお、デカルトのhumanismを批判せざるをえない。現在の地球環境問題は、人間の素朴な反自然的生活からは起りえなかった。近代以前の世界で自然破壊の問題があったといっても、せいぜい地域内の問題にとどまり、それが国家的、地球的規模に広がるなどという事態はなかった。ところが、デカルト的humanismが育んだ機械文明は人間の素朴な反自然性を飛躍的に増幅させ、結果として地球的な環境破壊を招来した。デカルト的humanismの弊害は、それが人類にもたらした生活の福利や生態学的知識という恩恵面をはるかに凌駕し、いまや人類と自然の両方を破滅へと導きつつある。

したがって、次章以下で取り上げる、ラディカル・エコロジーの諸論争も、根源的にはデカルト的humanismをいかに解釈し、超克するかをめぐって展開されているのである。

第二章　ラディカル・エコロジーの生態系保護思想

前章においてわれわれは、現代の地球環境問題を引き起こしている思想的な中心軸が、デカルト的humanismであることを確認した。そして、デカルト的humanismが行動原理としてのanthropocentrismと結びつき、人類の自然破壊行為が正当化されていると考えるに至った。本章では、近年のラディカル・エコロジーの諸潮流において、デカルト的humanismやanthropocentrismという人間中心主義がいかに批判され、乗り越えられようとしているのか、また、その際に行き当る思想的アポリアとは何かを考えてみたい。

近年における環境思想の動向を俯瞰すると、従来、主流の環境思想の座を占めていた人間中心主義を批判しつつ、その対抗理論として現れた一連の環境主義の理論が、一つの潮流を形成していることがわかる。それらは一九七〇年頃から台頭してきたが、おおよそ二つの立場に分れている。一つは全体論的な「生態系中心主義」の立場であり、今一つは個々の自然物を尊重する「生命中心主義」の立場である。ただし、いずれも「人間中心」のアンチテーゼとして「自然中心」を唱える点は共通している。そこで、自然を中心に考える環境思想として、広く「自然中心主義」と総称することができよう。

さて一方、人間中心主義の環境思想の側も、新しく台頭したラディカルな自然中心主義の主張に反発し、二十世紀後半、両者のあいだでは様々な論争が繰り広げられた。その中で、人間中心主義の側は生態系の認識を深め、次第に地球の有限性を考慮したエコロジカルな人間中心主義を提唱するようになった。いわゆる「啓蒙された人間中心主義」の立場や、H・ヨーナス、L・フェリのようなカント的ヒューマニズムの再解釈の動きがそうである。彼らの環境思想は、従来の人間中心主義の立場を保持しているが、世界観の大胆なパラダイム転換を提唱している点においてラディカル・エコロジーといえる。一方、自然中心主義の側もまた、ディープ・エコロジーのように関係主義的な世界観を説いて個と全体の一致を説いたり、人間中心主義と生態学的全体論の調和を試みたりしている。

このように、人間中心主義と自然中心主義のあいだで歩み寄りの努力が見られるものの、両者の根本的な融和に成功した理論は現れていない。とはいっても、両者による議論の争点は、数十年の年月を経て次第に二つの点へと収斂してきたように思われる。それは、「生態系の保護と人間の利益の対立をいかに解決するか」「個々の自然物の権利と価値をどのように考えるか」という二つの問題である[1]。前者は全体論的な生態系中心主義が、後者は個体中心の生命中心主義が、それぞれ提起した問題といえよう。この二点に関して、人間中心主義と自然中心主義の対立を止揚するような新しいラディカル・エコロジー思想が今日、求められているのである。以上の問題意識から、本章では前者の生態系をめぐる問題について詳しく検討し、考察してみたい。

第一節　全体論的な環境倫理の生態系中心主義

環境思想における人間中心主義と自然中心主義の二極構造

生態系中心主義の議論にはいる前に、まず環境思想における「人間／自然」という二極対立の構造を理解しておかねばならない。「人間中心主義／自然中心主義」の二極対立図式をはっきりと打ち出したのは、ディープ・エコロジー（deep ecology）の創始者といわれるA・ネス（Naess）であった。一九七三年、ネスは自らが編集に携わっていた『探究（Inquiry）』誌上に、"The Shallow and the Deep, Long-Range Ecology Movement: A Summary"と題する、わずか五ページの短い論文を発表した。この中でネスは、当時のエコロジー運動を「浅い（shallow）」が支配的影響力を持つものと、「深い（deep）」がさほど影響力のないエコロジーに大別し、両者の性格づけを試みている。

彼によれば、「浅い」エコロジーとは、汚染や資源枯渇のみに関心を寄せ、「先進諸国に住む人々の健康と富裕（affluence）」の保持を主たる目標としたエコロジーをいう。ここでネスは、人間と自然を二元論的に切り離し、外部の自然を技術で制御することを中心的な解決策とする「人間中心主義（anthropocentrism）」のエコロジーを批判的に「浅い」と名づけたのである。

一方、「深い」エコロジーは多様性（diversity）、複雑性（complexity）、自律（autonomy）、脱中心化（decentralization）、共生（symbiosis）、平等主義（egalitarianism）、無階級性（classlessness）など

の諸原理に関し、より深い関心をもつ。つまり、人間と自然の関係をより深く捉えるエコロジーである。同論文で、ネスはその特徴を七点にわたって論じているが、人間を相互連関的な「生命圏の網(biospherical net)」の「結び目(knots)」と捉え、生態系における人間の特権的立場を否定して、自然と人間の共生を目指している。[2] いわば、万物の相互依存からなる関係論的な世界観を説くのであり、ネスの意図は、後のディープ・エコロジーの思想的展開が示す通り、個と全体のシステム論的、一元論的な把握にあったといえよう。

しかしながら、前掲のディープ・エコロジー論文は、人間中心主義的な環境思想・運動を批判することに眼目があり、一種の対抗理論の色彩が濃厚であった。それゆえディープ・エコロジーは、「人間対自然」という二元論的な対立図式において、自然の側に立つ「自然中心主義」の立場の環境思想であると受け止められた。一九七三年のネス論文は、「人間中心主義／自然中心主義」の二項対立の枠組みを初めて鮮明にした意義があったといえる。同論文は当時、世界的なセンセーションを呼び起こし、ネスは一躍、ディープ・エコロジーの創始者として脚光を浴びた。このネス論文を契機に、エコロジーにおける人間中心主義と自然中心主義の論争が本格的に展開されることになる。

「生態系」への認識の確立

ここで、生態学的認識が生まれた背景について簡単に触れておく。英語のecologyという言葉は、十九世紀のドイツの生物学者Ｅ・ヘッケル（Haeckel）が造ったÖkologieという語に源を発する。これはギリシャ語のoikos（すみか・生活）とlogos（学問）を組み合わせたもので、住居としての環境に住まう有機体の生活活動を研究する学問、という意味合いを持っていた。R・マッキントゥッシュによれば、ヘッケルの定義は「生態学は自然の経済（筆者注：ここでのエコノミーは有機的組織を意味する）――動物とそれに関わる非生物的・生物的環境の総体、直接、間接にかかわらず、これらの動物と植物の協調的あるいは敵対的関係――についての知識体系を指している。生態学はダーウィンが生存競争の必要条件に挙げたこれらの複雑な相互関係を扱う学問なのである」[3]というものである。すなわち、動物と環境（植物）との複合的な相互関係を「自然の経済」として見ていこうとする学問の知識体系が、ヘッケルのいうÖkologieである。したがって当初、生態学は生物学の一分野として始まったという歴史がある。

その後、生態学はとくに植物共同体の研究によって長足の進歩を遂げ、二〇世紀初頭、まず植物生態学plant ecologyが体系化された。続いて、動物生態学animal ecology、人間生態学human ecologyが相次いで一応の体系を整え、一九二〇年代には、生態学における植物・動物・人間の三分科が出揃った[4]。

そのような状況の中で、エコロジーの歴史に新機軸を与えたのは、イギリスの植物生態学者のA・G・タンスリーであった。タンスリーは、一九三五年に初めて「生態系（ecosystem）」という概念を確立し、システム論的な生態系の把握を主張した。彼によると、生態系では生物も非生物も相対的に安定した動的平衡を維持している要素に他ならない。そして、初期のシステムに働く自然淘汰によって最も量的に安定した平衡を達成した生態系が、最も長く維持されるという。別言するなら、生物と非生物とが複合的な相互作用を通じて一つのシステムの動的平衡を維持していることを指し、「生態系」とタンスリーは称したのである[5]。英国生態学会（British Ecological Society）の初代会長を務めたタンスリーの影響は大きく、一九五〇年代から、新しい全体論的なエコロジーがタンスリーの生態系モデルを批判的契機として展開された。「生態系」の概念が台頭するにつれ、生態学は、生物と環境との相互関係を主題とすることから、生態系のシステム機能と構造を主に研究する学問へと様変わりをしていったのである。

われわれにとって重要なことは、この「生態系」の概念の確立によって、人間と自然とを全体論的アプローチから捉えるシステム論的研究への道が開けたということである。

レオポルドの土地倫理

「生態系」に着目し、全体論的な環境倫理を本格的に説いた最初のエコロジストといえば、アメリカの森林官出身のA・レオポルド（Leopold）をおいていないだろう。彼が提唱した「土地倫理（land ethics）」は、生態系の全体的価値を人間に優先させるというパースペクティブを初めて明示したものである。彼は、「あるものは、それが生物共同体の統合、安定、美を保つ傾向にあるならば、正しい。反対の傾向にあれば、間違っている」との有名な言葉を残し、生態系の尊重を唱えたが、これは現代の全体論的な環境倫理学の黄金律になっている。レオポルドは、社会共同体の概念枠を土壌、水、植物、動物を含んだ「土地（land）」にまで拡大することを提案し、その新しい共同体を「生物の共同体（biotic community）」と命名した。彼の意図は、第一に「土地」という生態系を健全に存続させることにあった。

土地倫理とは、生態系に対する良心（ecological conscience）の存在の表われであり、これはまた、土地の健康に対して個人個人に責任があるという確信をも示している。健康とは、土地が自己再生をする能力を備えていることである。自然保護（conservation）とは、この能力を理解し保存しようとするわれわれ人間の努力のことである[6]。

レオポルドによれば、自然保護は「もっぱら経済的動機に基づいている」ため、「『パン』である土地倫理の代用に用いられている『石』」のようなものであるという。「土地倫理」が提示するものは、もっと抜本的な次元の問題であった。それは、「征服者たる人間対自然界の一員（the biotic citizen）としての人間、人間の用いる剣の砥石としての科学対人間の住む宇宙全体を照らし出す光としての科学、奴隷であり僕である土地対有機的組織の集合体である、という図式[7]」において前者から後者への移行を促すような倫理なのである。人間は「土地」（生態系）の外にある支配者ではなく、生態系の一構成員にすぎない。食物連鎖の「生物ピラミッド」からみれば、「上から下にいくに従って個体数が増えていく」ピラミッドの中で、「人間は、肉食もすれば菜食もするクマ、アライグマ、リスなどと同じ中間の層に所属している」。要するに「土地倫理」とは、人間が生態ピラミッドの中間層という自らの生態学的ニッチ（地位）を自覚し、仲間の構成員である自然を尊敬しながら、「土地」（生態系）の健康（自己再生能力）を守るために努力すべきことを説いているのである。

土地倫理は、ヒト（ホモ・サピエンス）という種の役割を、土地という共同体（the land community）の征服者から単なる共同体の一員、一構成員へと変えるのである。これは、仲間の構成員に対する尊敬の念の表われであると同時に、自分の所属している共同体への尊敬の念の表われでもある[8]。

このように、レオポルドは極めてラディカルに人間中心主義を否定し、生態系の尊重を説いた。さらに彼は、生態系中心主義が倫理の拡大・進化の過程における必然的な筋道（sequence）であることを強調する。それによれば、倫理則の進化には三段階がある。第一段階は、個人どうしの関係を律するもので、モーゼの十戒はその一例である。第二段階は、個人と社会との関係を律するもので、「自分の欲することを他人に施せ」といった「黄金律（Golden Rule）」を指す。そして第三段階に「人間と、土地および土地に依存して生きる動植物との関係を律する倫理則」がくるのだが、これまでのところ、そのような倫理則は存在しない。しかし、「人間を取り巻く環境のうち、個人、社会に次いで第三の要素である土地にまで倫理則の範囲を拡張すること」は、「進化の道筋として起こりうることであり、生態学的に見て必然的なことである」とレオポルドは確信し、将来、必ず生態系中心の倫理が確立すると予言したのである。(9)

なお、レオポルドは「土地に対する愛情、尊敬や感嘆の念を持たずに、さらにはその価値を高く評価する気持ちがなくて、土地に対する倫理関係がありえようとは、私にはとても考えられない」とも述べ、生態系全体に対して「哲学的な意味での価値（value in the philosophical sense）」を認めている。(10)レオポルドにおいては、生態系の全体論的価値が最も重要なものとされ、生態系の一構成員に過ぎない人間の利益は二次的に扱われている。

このようにレオポルドの説は、一九七〇年代以降に起こった「生態系中心主義」「自然の生存権」「倫理の進化」といった環境倫理学の議論を先取りしたものであった。彼が「環境倫理学の父」と称されるゆえんであり、その思想が今日の自然中心主義の源流となったといっても差し支えないであろう。

キャリコットの倫理的全体論

現代においてレオポルドの土地倫理を忠実に継承し、発展させているのは、アメリカ環境倫理学の全体論（holism）の立場である。レオポルドの後継者を自負する全体論的環境倫理学は、「生態系中心主義」の正統な流れに立つといえよう。その代表的論者はJ・B・キャリコット（Callicott）である。彼は自分の全体論の立場を「倫理的全体論」と説明するが、それはオーストラリアの哲学者P・シンガー（Singer）の動物開放論に対抗する中で明らかにされた。そこでまず、シンガーの動物開放論について簡単に触れておく。

ネスのディープ・エコロジー論文が発表された一九七三年、シンガーは「ニューヨーク書評」誌に「動物の解放」と題する書評論文を発表し、人間中心主義の倫理に異議を唱え始めた。シンガーは言う。人間が「人間以外のもの」を差別しうる理由として「知性や統率力や合理性といった能力」が同等でない点をあげる人がいるが、「平等への要求は知能指数には基づかないということをはっきりさせた方がよい……知性や、人間が問題にするどんな能力をとっても、人間一人一人は明らかに違うからである。より高い知性を持つからといって、その人に他の人間を搾取する権利があるといえないなら、人間に人間以外のもの（nonhumans）を搾取する権利があるなどとどうして言えようか」[11]。シンガーはこのように、平等の基本的原理を知性や能力に置くことの非を訴え、知性を持たない「人間以外のもの」も平等に扱われるべきだと主張した。そして彼は、ベンサムの功利主義を採用し、平等の原理を「苦痛を感じることができるかどうか」という感覚能力の有無に求める。すなわち、シンガーが倫理的配慮の対象とする「人間以外のもの」とは感覚能力を有し、苦痛を感じうる動物全般を指す。
こうした点からシンガーは、彼が書評する『動物・人間・道徳』の著者の一人、リチャード・ライダーが用いたという「種差別主義（speciesism）」なる言葉を使って、現在行われている「動物実験」や「工場畜産」を激しく非難した。そして最後に、我々が暮し方を変革し、菜食主義者になる必要を説いて稿を閉じるのである。彼は一九七五年に、この論文の内容を骨子として『動物の開放』と題する一書を公刊している。[12]
シンガーの議論は倫理の対象を動物まで広げ、人間中心主義からの脱却をはかったものである。倫理の拡大という点で、動物開放論は生態系中心主義と同じ立場である。しかしレオポルドの土地倫理のごとく、生態系の全体論的な価値に言及し植物や土壌まで道徳的考慮の対象とするような考え方はシンガーにはみられない。
この点に着目して動物開放論を批判し、さらにそれを通じて従来の環境思想の対立図式を整理し直そうと試みたのがキャリコットであった。キャリコットは一九八〇年に「動物解放論争——三極対立構造」と題する論文を書いた。彼はレオポルドの全体論的立場を強調し、自らがシンガーの動物開放論とは全く別の理論的基礎の上に立つことを明らかにしようとする。結論からいえば、キャリコットは生命圏全体に究極の価値を与え、それを構成する個体の道徳的価値は全体の利益を基準に相対的に決定されると考えたのである。この立場は生態系を個体に優先させる全体論であるが、キャリコットは全体論こそがレオポルドの土地倫理の際立った特徴であると解している。こうした全体論からすれば、「希少な種や絶滅寸前の種には優先的な地位を与えるのが土地倫理の立場[13]」であり、従来の人間優先主義の倫理は否定されてしまう。彼は、生態系全体の利益になるならば「蛇より人間を撃ち殺す方がましだ」と言い切るE・アビーの極論さえ引用し、支持するのである。
キャリコットはこうした環境倫理を「倫理的全体論（ethical holism）」と呼び、通常の人間中心主義の環境倫理を「倫理的人間主義（ethical humanism）」、シンガーらの動物開放主義は「人道的道徳主義（humane moralism）」であるとして区別する。「倫理的人間主義」と「人道的道徳主義」は「還元主義的環境倫理（reductive environmental ethic）」であり、ともに多くの共通点を持つが、彼自身の「倫理的全体論」はこれら二つとは異質の「全体論的（holistic）環境倫理」であると言うのである。キャリコットは唱える。

近代の倫理理論は一貫して道徳的価値が個体に内在するものと考え、道徳的価値を持つ個体とそうでない個体を分けるため形而上学的な理由づけに奔走してきた。人道的道徳主義者も確固としてこの近代の慣習の内側にとどまり、個体の道徳的地位や道徳的権利を決定づける基準作りの上での競争に専心してきた。しかし環境倫理学においては究極の価値は生物共同体のものであり、それを構成する個体の道徳的価値は、生物共同体（biotic community）の利益を基準に相対的に決定するのである。おそらくこの点が、土地倫理と動物開放主義の理論の最も根本的な違いである[14]

かくして、動物開放論をめぐる「人間中心主義 vs. 動物解放主義」という二極対立は、キャリコットにとっては「倫理的全体論」（彼はこの立場を環境倫理学と呼ぶ）を加え、「〈人間中心主義 vs. 動物解放主義〉 vs. 倫理的全体論」といった三極構造に訂正される。キャリコットは動物解放論を人間中心主義の延長線上に見て、環境倫理をどこまでも「個体中心主義 vs. 全体論」の二極構造で捉えるのである。

以後、キャリコットはこの全体論的立場を堅持し続け、ヘッケル以来のエコロジーの歴史における新しい流れとして位置づけようとしている。一九八九年に発表した論文"The Metaphysical Implication of Ecology"の中で彼は、今世紀中葉以降に現れたレオポルド、P・シェパード(Shepard)、H・モーウィッツ(Morowitz)、そしてネスの環境思想を「新エコロジー(new ecology)」と名づけた。そして、「新エコロジー」がハイゼンベルグの量子論など「新物理学(new physics)」と共通性と持ち、いずれも生態学的全体論に立つことを示そうとした。これによれば、「新エコロジーから導かれる自然の概念は、新物理学のそれと同様に、全体論的(holistic)」である。なぜならば、「新物理学と新エコロジーにおいて一つの事物の概念は必然的にその他の概念を含むので、そこには原則として全体的システム(entire system)が含意されている」からである。また、全体論的な自然概念は十九世紀及び二十世紀初頭におけるドイツ・イギリスの理想主義——ヘーゲル、フィヒテ、ブラッドレー、ロイスなど——の相互関係(internal relations)の学説の再興であるとキャリコットは言い、生態学的全体論が形而上学の系譜の上にあることを強調している[15]。

ここで、キャリコットはネスのディープ・エコロジーを「新エコロジー」の中に含め、自らの全体論的立場と同一視しているかにみえる。なるほどキャリコットの倫理的全体論は生態系の尊重を説く点で、ディープ・エコロジーの生態系中心主義と同様である。しかしながら理論的にみれば、キャリコットの立場はディープ・エコロジーのそれに比べ、より急進的である。ディープ・エコロジーでは、あらゆる個的生命の権利を尊重することが生態系の保護と表裏一体の関係にあると説く。後述するが、ディープ・エコロジーの意図は、世界の主客一元論的な把握によって、全体による個の抑圧を避けようというものである。ところが、かたやキャリコットの理論は、はじめに生態系ありきであり、個々の生命は生態系全体に奉仕する手段的価値という点においてのみ尊重される。すなわち、ディープ・エコロジーが理想主義的に生態系の利益と個体の権利の一致を目指すのに対し、キャリコットは生態系の利益を最優先するという面で、より急進的な生態系中心主義なのである。

個体中心主義からの批判

ところでキャリコットの倫理的全体論にしろ、ディープ・エコロジーにしろ、明らかに近代的思考の対極をなす考え方であって、われわれに文明や生き方の抜本的な転換を迫っている。L・フェリが指摘しているが、それは人類がフランス人権宣言以来、築き上げてきた法律的ヒューマニズムとさえ真っ向から対立する。(16) まさに、マーチャントがいう「ラディカル・エコロジー」の真骨頂が、生態系中心主義の倫理なのである。この革命的な思想転換が成功すれば、たしかに近代の人間中心主義は超克されたといえるだろう。

しかしながら、生態系中心主義それ自体もやはり、多くの矛盾や課題を抱えているように思われる。それゆえ、生態系中心主義は従来の人間中心主義や個体中心主義のエコロジーから、激しい批判を受けている。

そうした批判の第一は、生態系中心主義が説くすべての種の平等という考えが、人間の生存権の否定につながるという指摘である。動物権利論を提唱するT・リーガン（Regan）は、レオポルドを源とする全体論的な環境倫理を「環境ファシズム（environmental fascism）」と呼んで憚らない。リーガンは、レオポルドの「あるものは、それが生物共同体の統合、安定、美を保つ傾向にあるならば、正しい。反対の傾向にあれば、間違っている」という例の言葉を取り上げ、「情緒的な意味合いを持つ半面、『環境ファシズム』の美しい焼き直しかもしれない考えの中に、個体の権利という概念がうまく収まるとは考えにくい」と批判する。レオポルド流の全体論とは、「権利を持つ個体への扱いを、集合的な考慮によって決めること」であるが、リーガンは「個体の権利は、このような考慮によって重く見られるべきではない」と反論している。彼は、次のような例を提示して全体論の非を訴える。

例えば我々が、希少な野草を一株殺すか、（数の多い）人間を一人殺すかという選択に直面したとする。もしその草花が、『仲間の一員』としてその人間以上に『生物共同体の統合、安定、美』に貢献しているならば、その人間を殺し、草花を救ったとしても、おそらく間違いを犯したことにはならないだろう。権利論はこのような立場に甘んじることはできない[17]

生態系という究極的な価値のために、個の権利、なかんずく人間の権利が抑圧され、時として生存の権利すら奪われてしまう。リーガンは、生態学上の「計算」が個の生存権を左右するという全体論の独裁的性格を「環境ファシズム」と呼んで弾劾したのである。リーガンの言うごとく、権利論は本来、個体主義的な性質を持つ。全体論的な自然が権利の源泉となるといった考えは、理論的にはおかしい。したがって生態系中心主義を標榜するならば、個の権利概念は放棄せざるをえない。少なくともキャリコットの倫理的全体論においては、そうならざるをえないだろう。

キャリコット自身はこうした批判に対し、土地倫理は決して非人道的（inhumane）ではないと強く訴える。彼は、生命共同体の倫理が人間共同体の倫理に影響を与えるにしても、人権の尊重を無効にするものではなく、人間以外の成員に人権を認めることもない[18]、と説明する。キャリコットによれば、土地倫理は共同体の成員にとって「環境的義務（environmental duties）」を課すものであるが、それよりも「人道主義的義務（humanitarian obligations）」の方が優先される[19]。換言すれば、生態学的全体論は人間の社会倫理に影響を与え、個人に対して環境的義務を課すが、あくまで人権を否定しない範囲に留まるということである。キャリコットはここで、熱狂的な環境主義者たちを「ひねくれている（perverse）」と厳しく非難し、彼自身は急進的な倫理的全体論と人間中心主義を一種の妥協によって調和しようとしている。彼が、条件付きではあるが、人間中心主義的な倫理を認容するという「弱い人間中心主義（weak anthropocentrism）」の立場に行き着いたといわれるゆえんである[20]。要するにキャリコットは、生態系の健全な自己更新を妨げない範囲で人権は十分尊重され、その限り人間は自由である、と言いたいのだろう。W・フォックス（Fox）の言い方を借りるならば、「生態系なり生命圏のメンバーは、『エコロジーをしのぐ存在なし（no entity is above the ecology）』という言葉であらわせるような枠内において自由[21]」なのであり、したがって倫理的全体論はファシズムというより民主主義的であるといった理屈である。

しかしながら、生態系の利益を最優先するような社会にあって、本当に人権は尊重され、人間は自由であるといえるのだろうか。キャリコットの理論は、豊かな先進国の人々に対しては、リサイクルや自然保護など軽い義務を課すにとどまるだろう。それならば、たしかに人権の尊重とエコシステム優先論は調和しうる。ところが、一方で人口爆発に悩む第三世界やアジアの民衆に対してはどうであろうか。生態学的全体論の倫理は、容赦なく法的な産児制限などを課し、人間の「生む権利」を侵害するに違いない。このことは先進国の人々に比べれば、明らかな配分的不正義である。さらに国連の環境サミットをみてもわかる通り、先進諸国は地球環境の保全の目的から途上国の開発路線に反対している。しかし途上国の開発は、その国民が先進国並みの生活水準を達成し、飢えや貧困という基本的人権の欠如状況から逃れたいという切実な願いから行われている。その場合、地球生態系の保護を最優先すれば、途上国の人たちの人権は否定されるに等しい。いわゆる「開発か、保全か」という論争には、南北格差に基づく人権問題がかかわっているのである。

このような国際社会上の諸問題を考えるとき、キャリコットの倫理的全体論はいささか雑駁な議論であり、厳しくいえば、先進国のエゴを代弁する学説といわれても仕方がないだろう。レオポルドやキャリコットの全体論が、弱者に対する「切り捨て」の論理を内包することは否定できない。その意味で、リーガンの「環境ファシズム」との批判は一面の真理を突いたものである。

生態系の全体論的価値と「自然主義的誤謬」の問題

また、全体論的な環境倫理は生態系に究極的な価値を認めよというが、果たしてそのような価値観が生態学的認識から導き出せるのかという問題がある。つまり、われわれが生物どうしの連関や自然と人間の相互依存といった生態系の有機体的全体性を認識したからといって、どうしてそれが倫理的な当為につながるのかという疑問である。リーガンやP・テーラーら個体中心主義者は、この理論的飛躍を「自然主義的誤謬（naturalistic fallacy）」と呼んで批判している。

「自然主義的誤謬」は倫理学者のG・E・ムーアが考えた言葉で、「…である」から「…べきである」を導き出すことの誤りを指摘したものである。ただし、この考え方自体は、すでにD・ヒュームが『人性論』で示しており、一定の思想的伝統を有している。ヒュームは、あらゆる道徳体系を検討する中で、次のような疑問を持った。

どの道徳体系においても常に気づいていたことだが、その著者は、しばらくは通常の仕方で論及を進め、それから神の存在を立証し、人間に関する事柄について所見を述べる。ところが突然、私は次のことを見つけ、驚かされる。すなわち、〈であるis〉とか、〈でないis not〉とかいう命題（proposition）に関する普通の連辞（copulations）のかわりに、私が出会うどの命題も、〈べきであるought〉または〈べきでないought not〉で結ばれているのである。この変化は気づきにくいが、しかし、極めて重大なことである。というのも、このoughtあるいはought notというのは、ある新しい関係、断言（affirmation）を表現するものだからである[22]

ヒュームは、道徳的義務〈べきである〉を存在の状態〈である〉と同一視して論ずることの誤りに気づいたのであり、それをムーアは「自然主義的誤謬」と表現したのである。

さて、この視点から生態学的な全体論的価値の主張を検討すると、たしかに「自然主義的誤謬」が当てはまる。「生態系は複雑な有機的秩序〈である〉」という認識から、「われわれは生態系に究極的価値を置く〈べきである〉」とする規範を導き出すことは、明らかな論理的飛躍である。生態学的な事実は、人間が生態系を価値づけする際の参考にはなっても、決して価値そのものの源泉とはならない。価値を人間から発生するものと捉える従来の考え方に基づけば、全体論的環境倫理の主張は理論的に破綻している。

けれども、もし生態系それ自体に人間から独立した客観的価値があると仮定するならば、「自然主義的誤謬」の指摘も成り立たなくなる。キャリコットを支持する環境倫理学者のH・ロールストンは、自然が客観的価値を持つとの立場から、自然界についての価値付けは自然界の中で行われねばならないと主張する。価値づけする主体自身も、身体や、感覚器官、手、脳、意志、情緒といった、価値を媒介する器官や心の働きも、すべては自然の産物であり、自然こそ価値の担い手であるとロールストンは力説する。

こうした考えに従えば、「〈べきである（ought）〉は、〈である（is）〉から導き出されるというより、〈である（is）〉と同時に見出される」[23]のであり、生態学的知見から生態系の全体論的価値を導き出すことは誤りでないことになる。「生態学的記述は統一、調和、相互依存、安定性、などを見出す。そしてこれらは価値評価を同時に伴なう（valuationally endorsed）」[24]と、ロールストンは断言する。彼によれば、全体論的な環境倫理は、自然がすべての価値づけの主体であるという前提に基づいた議論である。すなわち、「自然主義的誤謬」という批判に対し、自然主義そのものの正当性を訴えて反駁するのである。

いずれにせよ、生態系に究極の全体論的価値を置くような考え方の適否は、自然主義を容認するか否かによって定まるといえる。人間の超自然的な自由性、主体性を重んずる伝統的な人間中心主義（ここでは自由主義・主意主義の立場を指す）の倫理からは、人間の特殊性を自然の中に解消せしめるような自然主義は、到底容認できないだろう。他方、生態学的全体論が「自然主義」であるからといって、それを「誤謬」と呼ぶのは人間中心主義の側の論理にすぎない。主意主義と自然主義をめぐる論争は、どこまで行っても平行線を辿るのである。

とすれば、「自然主義的誤謬」の問題を決着させるには、二者択一的な論争ではなく、両者の統合ないしは和解という道を模索することも必要なのではないだろうか。つまり、生態系保護と人間の利益が調和するためには、自然主義的な客観的価値論と人間中心主義の価値観の理論的統合、それが無理ならば、何らかの和解がなされるべきだということである。

第二節　人間中心主義的アプローチからの生態系保護

さて次に、生態系中心主義とは逆の立場のラディカル・エコロジー、すなわち人間中心主義の立場から生態系の保護を考える環境倫理の検討に入りたい。この立場は、真の人間中心主義が生態系の保護と相互に結びついているという考え方に立つ。すなわち人類の存続のためには、生態系の保護が不可欠との現実認識から出発している。この背景には、増え続ける人口問題、地球規模の環境汚染、資源枯渇の問題など今日の人類が直面する切実な諸課題がある。これらの現実から地球の全体性・有限性を認識し、現在・未来世代の人間のために生態系の福利を考慮した賢明な対処をしようというのが、人間中心主義の生態系保護である。従来のように、経済的繁栄や工業化を直線的に追い求める人間中心主義とは区別する必要があるだろう。そこで、生態系保護を考慮した人間中心主義を一応「啓蒙された人間中心主義」と名づけておく[25]。「啓蒙された人間中心主義」の議論は、環境倫理学の分野で活発である。ここでは主だったものを紹介しながら、その意義と問題点を考えてみたい。

G・ハーディンの「救命ボート倫理」

G・ハーディン（Hardin）はカリフォルニア大学で「人間生態学」を講じた研究者であるが、主に人口問題に関して「共有地の悲劇」「救命ボート倫理」という急進的な論を発表し、広く物議をかもことになった。彼の主張は、当時の国連がとった人権擁護の姿勢と真っ向から対立する理論であった。一九六七年の末、国連で三十カ国が合意した議決は次のようなものである。

世界人権宣言は、家族を、社会の自然的かつ基本的な単位として認めている。したがって、家族の大きさについての一切の選択と決定はその家族自身に絶対的に帰属し、いかなる他者にも委ねられることがない(26)

国連は「生殖に関する自由」を基本的人権に帰属させ、いかなる権力もこの権利を奪うことはできないと宣言した。これに対し、ハーディンは「共有地の悲劇」と題する論文を書き、生殖の自由の承認は、結果的に人類全体を「悲劇」に導くことになるだろうと警鐘を鳴らした。ハーディンの理論は地球の有限性から出発する。彼は「有限なる地球は、有限な人口しか維持できない」という大前提を示し、しかも人口問題は「技術的解決なき問題」であることを強調する。つまり、科学技術の進歩によって有限な地球が無限になることはないと断言したのである。この認識に立てば、われわれの住む地球は、多くの人間が共有する閉じた土地であり、いわば「共有地」であることがわかる。ところが地球という有限な「共有地」において、一人一人が無制限の自由を手にしていることは「共有地の悲劇(the tragedy of the commons)」を招くことになると、ハーディンは懸念する。

では、「共有地における各個人の自由」が、なぜ「悲劇」につながるのか。「共有地の悲劇」とは、一八三三年にロイドというアマチュアの数学者が出版したパンフレットに描かれた筋書きに対して命名したものとされる。ハーディンによれば、「共有地の悲劇」は次のように進展する。まず、すべての人が使用できる牧草地を想像する。これは共有地である。それぞれの牧夫は、合理的人間として、できるだけ多くの牛を共有地に放そうとするだろう。なぜか。ある牧夫が共有地に放す自分の牛の数をもう一頭増やした場合、牧夫は増えた一頭の売却による利益をすべて手に入れる。正の効用はほぼプラス1である。だが反面、増えた一頭のために「過度の放牧」というマイナスの効果も生ずるだろう。しかし、そのマイナス効果はすべての牧夫によって負担されるのだから、牛を増やした牧夫に対する負の効用は、マイナス1の数分の一に過ぎない。したがって、すべての合理的な牧夫が、利得を極大化するために自分の牛の数を増やすべきとの結論に達するが、ここに悲劇が生ずる。「各人が、限りある世界において、限りなく自らの群れを増やすよう彼を駆り立てるシステム」では、「破滅こそが、全員の突き進む目的地」となってしまうからである――。ハーディンが「共有地における自由は、すべての者に破滅をもたらす」と主張する理由は、以上のごときものであった[27]。

こうした観点から現代の人口問題や汚染の問題を考えるとき、それらはいずれも「共有地の悲劇」が現れたものに他ならない。ハーディンは、自由放任で功利主義的な「合理的人間」像を前提に置き、アダム・スミス的な「見えざる手」による社会調和説も「亡霊」として退ける。そして、強制的な人口制限や汚染を防止するための法的措置の必要性を訴えるのである。ただし、この強制は決して「無責任な役人たちの恣意的な決定」ではなく、ハーディンによれば「利害のかかわる人々の多数によって相互に合意された、相互的強制（mutual coercion）」として正当化される[28]。

このような「共有地の悲劇」説に基づき、ハーディンは、ケネス・ボールディングなどが提唱した「宇宙船地球号（Spaceship Earth）」のイメージを排撃する。「宇宙船」のメタファーは、地球を「共有地」と見る考えに通じる。したがって、「宇宙船のイメージは、自殺的であるような政策を推進するためにも使われている[29]」と、ハーディンは非難する。そして彼自身は、新たに「救命ボート倫理（lifeboat ethics）」を提案するのである。ハーディンは、世界の中で豊かな国をほどほどの数の人が乗船している救命ボート、貧しい国を猛烈に混んでいる救命ボートに譬える。貧しい国の人は絶えずボートから落ち、豊かな救命ボートに乗船させてほしいと願っている。

そこで裕福なボートの人々は、貧しい混んだボートから落ちた人を助け、自分たちのボートに乗船させてあげるべきだろうか。ハーディンの答えはNOである。彼の計算によれば、貧しい人々の数は豊かな人々の二倍もいる。もしもキリスト教的あるいはマルクス主義的な理想（ハーディンによれば、各々の能力でなくして必要に従った分配、という理想）に従って、貧しい人全員に豊かなボートの乗船を認めるならば、裕福なボートも沈んでしまうだろう。「完璧な正義は完璧な破局に通じる（Complete justice, complete catastrophe）」のである。また、一部の人だけを選別して乗船を認めるにしても、選別の基準の問題があるし、乗員が増えることによってボートの「安全性」、すなわち先進国の乗客の福利が無視され、危険な状況にさらされることが考えられよう。ゆえに残された解決策としては、これ以上貧しい人々の豊かなボートへの乗船は認めず、それによって乗員の平凡な安全性（the small safety factor）を確保する、という手段しかないとする。[30]

ハーディンはここで「共有地の悲劇」説を持ち出し、もし地球の物資をすべての人の共有物とすれば、人々は自分自身の利益を最優先にするため、結局はすべての人が破滅するだろうと予想している。そこでは、キリスト教―マルクス主義的な理想主義（idealism）は、むしろ逆効果となる。「完璧な人間以下のものからなる混雑した世界において――そして、われわれは決して他人のことはわからないだろう――相互的破滅（mutual ruin）が共有地の中では不可避である。これこそ「共有地の悲劇」説の核心である」とハーディンは言う。[31]

それゆえ、彼は、地球を先進国と後進国の「共有地」とみることを拒絶することが必要であると説き、先進国から貧しい国への食糧援助（世界食糧銀行）や非制限的な移民政策といった人道的行為に反対する。「われわれが環境的破滅から地球の少なくともある部分だけでも救うべきならば、共有地の拒絶はまだ効果的であり、必要である」[32]。ハーディンはこのようにして、「救命ボート倫理」に従う方が長い目で見れば多くの生命を救うことになると主張するのであるが、彼の言う人命救護が先進国、ことにアメリカ合衆国の現在・未来世代の生命と安全の確保を意味するのは自明であろう。したがって、ハーディンの環境倫理は、地球生態系の保護を念頭においたものではない。

結局、「救命ボート倫理」が言いたいのは、地球全体を「共有の牧草地」、世界各国を利己主義的な「牧夫」、各国の「救命ボート」の中にいる人間を「牛」に見立て、無制限に「牛の数」を増やすような牧夫（貧しい国）を助ければ、共有地（地球）自体を破滅させることになりかねないということであろう。ハーディンには人間に関する怜悧な現実凝視がある。なるほど人間の欲望は、自律的に制御することが不可能なものかもしれない。それならば、人間の平等を理想主義的に追求しているうちに全人類の破滅を招いてしまうよりも、弱肉強食の現実を肯定して、先進国の環境的安全だけでも守った方が人命尊重につながる。このようなハーディンの環境倫理は、現実的効果という面ではたしかに期待できるものである。しかしながら実際、人類がそこまで追いつめられているのかどうか。その現状認識の適否は、議論が分かれるところであろう。

またハーディンの意見は、全体論的見地に立った発想でない点が問題である。「救命ボート倫理」は、一応は人間の福利を目的としている。ただしそれは、先進国の環境保護のみを対象としている。ハーディンの議論は、世界の人口問題を先進国の自己中心性によって解決しようという論理に他ならない。「救命ボート倫理」は生態学的な全体論ではなく、マーチャントが分類するように「自己中心的な倫理」なのである。したがって、地球環境の保護を目指す環境倫理であるとは言い難い。彼の理論は「自己中心的な人間中心主義」と呼んでも差し支えなかろう。

もっと根本的な問題を指摘するならば、ハーディンの「救命ボート」のメタファーは、豊かな国と貧しい国が相互の交渉を通して、現在の国際的な富の不均衡が形成されてきたという歴史的側面を見落としている。揶揄して言うと、「ハーディンの救命ボートは相互作用しない[33]」のである。物質的な繁栄を追い求めて地球という共有地を汚染させ、今日の世界的な環境問題を惹起せしめたのは先進国である。また豊かな国の多くは、過去の植民地政策などを通じて貧しい国から資源を搾取し、そのお陰で今、収容力の高い「裕福な救命ボート」に乗っているという事実も見逃せない。

さらに、ハーディンが人口増加に関する社会・経済的な側面に言及していないのは配慮不足であろう。W・マードックとA・オーテンは、貧困国における社会・経済的な諸条件（socioeconomic conditions）が人口増加に影響を及ぼしていることを指摘し、この点からハーディンを批判する。彼らは、人口問題の解決のために、単に僻地の貧困者を援助するだけでなく、「重要な制度的変化、すなわち意思決定の脱中心化と自律性のより一層の発展、そして協同農場のような地方団体や産業のために国家と地方の市場をより連環させること[34]」が必要であろうと主張している。ハーディンのように、食糧供給によってのみ人口が増減すると考えるのは、短絡的にすぎるわけである。

要するに、ハーディンの「救命ボート倫理」には、諸国家間や国家内における社会・経済的な要因がすっぽり欠落している。この観点を加味すると、現在の世界人口の問題を考えるにあたって、もはや「救命ボート」のメタファーでは不適当ということになってしまう。われわれは、社会制度的な観点を充分に考慮したうえで、地球環境問題を考えなければならないのである。

シュレーダー＝フレチェットの「宇宙船倫理」

ハーディンの「救命ボート倫理」は、従来の人間中心主義の倫理に比べ、地球の有限性を自覚した点ではエコロジカルなものだった。だが反面、先進国の人々の福利だけを守ろうとする自己中心的な倫理であり、社会・経済的な制度という重要な側面を等閑視していた。一方、キャリコットが説く全体論的環境倫理もまた、逆説的な形でエゴイスティックな倫理であり、社会的な配分的正義を実現できるような生態系保護ではなかった。われわれはそこで、自己中心性を乗り越え、グローバルな社会システムの変革をともなうような生態系保護を探究する段階に来ている。環境倫理学者K・S・シュレーダー＝フレチェット（Shrader Frechette）が公式化した「宇宙船倫理」は、そのような意味で検討に値しよう。フレチェットは一九八一年に出版された『環境の倫理』の中で、「フロンティア倫理」「救命ボート倫理」「宇宙船倫理」という三つの環境倫理体系を示している。

最初の「フロンティア倫理」とは、「カウボーイ倫理」とも呼ばれ、豊富な資源と際限のないフロンティアが存在するという神話を受け入れ、人間が自然の支配者であるという前提に立つ。アメリカ初期の開拓者たちのように、地理的経済的拡大を促進し、資源の急速な浪費をともなう環境政策のモデルである。しかし地球が有限な惑星であるとの認識にたてば、豊富な資源の神話は明らかに誤りである。「フロンティア倫理」の支持者はそれでも、科学がすべてを解決するだろうといった「科学至上主義の神話」によって「フロンティア倫理」を追求するが、この神話も誤りであることが現今の環境問題や人口問題をみれば明白である。こうした「フロンティア倫理」が引き起こす破局に対し、

G・ハーディンが提示する解決策が先に述べた「救命ボート倫理」である。しかしフレチェットは、「救命ボート倫理」に関して「公平、配分的正義、民主主義的決定、生き残ることの価値といった事項に関して、多くの問題をそれは十分解決しないまま残している」と評し、社会論的な視点の不備を指摘する(35)。ここに「フロンティア倫理」や「救命ボート倫理」とは別に、第三の環境倫理として「宇宙船倫理」が要請されるゆえんがある。

フレチェットによれば、人間と環境との関係を表わすシンボルとして「宇宙船地球号」のイメージを用い、このモデルを発展させてきた環境論者にケネス・ボールディング、バックミンスター・フラー、ウィリアム・ポラード、バーバラ・ウォードなどがいる。フレチェットは、彼らが提唱する倫理モデルを「宇宙船倫理」として一括し、代表としてフラーの主張を紹介しながら、「宇宙船倫理」について様々な角度から論じている。フラーは一九六九年に、『宇宙船「地球号」操縦マニュアル』*Operating Manual for Spaceship Earth*を上梓した。そこで彼は、地球を直径八〇〇〇マイルの「宇宙船」に見立て、この宇宙船が母船の太陽からエネルギーを供給し、独自の内的維持システムを持って生命の再生を繰り返してきたという。フレチェットは、この宇宙船のモデルのお陰で、われわれは浪費的な「フロンティア倫理」を捨てるべきことに気づくようになってきたと述べている。「『宇宙船倫理』は新しい世界観、われわれの惑星が本来有限で閉鎖的なものであるということに基礎を置く世界観を求めている」。

しかし、だからといって「宇宙船倫理」は、「救命ボート倫理」のごとく生殖や消費に対する非自発的制限を容認するものではない。貧しい国に対してだけ、強制的な措置を講じたりはしない。フレチェットは、「宇宙船倫理」の主張者の信念を次のように説明している。

彼らの信念によれば、資源が正しく配分され、人類が高価な軍備を控え、自分たちが必要とするものだけを消費するようになれば、大地は、そこに住む人々をすべて養うことができる。言い換えれば、救命ボート倫理を説く者は、環境保護の手段として、貧しい人々に対する政策の変革を第一に求めるのに対して、宇宙船倫理を説く者は、環境の安定を保つために、すべての人々、とりわけ裕福な人々の回心（a conversion in the hearts）を求めるのである[36]。

また彼女は、環境の福利を個々の人の福利に優先させることも否定する。同じく「宇宙船倫理」の主張者の信念によれば、「人類と自然の本来的な福利は、双方とも親密に結びついており、他方を徹底的に損なうことなしに、いずれか一方に優越性を与えるのは不可能」であるという。要するに、フレチェットが定義した「宇宙船倫理」は、いかなる人間の基本的人権も損なうことなく、しかも地球生態系を保護しうるような倫理モデルを指向する。

しかしながら、このような楽観的ともいえる生態系保護が果たして有効といえるだろうか。ハーディンなど「救命ボート倫理」の支持者は当然のごとく、「宇宙船倫理」を夢想的で実行不可能なものとして非難し、強制的手段以外に環境の危機は鎮められないことを強調する。これに対してフレチェットは、「人口が増えすぎた国々の住民の死を容認すること以外にも、汚染と資源枯渇を食い止める法的・政治的手段がたくさんある」と反論し、具体的な案として、小家族を奨励する税システムの採用、財産に関する法体系の改正、アメニティー権（amenity rights）や自然物の法的権利の承認などを挙げている[37]。これらは強制的手段と対極をなす民主的手段である。フレチェットによれば、「救命ボート倫理」は非民主的手段によって、社会的災厄から逃れようとするが、「この場合強制は互いに同意したものでもないし、最大限の公平さを目指してのものでもない」ために、疑問の余地があるという。
こうしてフレチェットは、民主主義的原理と生態系保護を結びつけようとする。彼女の立場は「民主的な宇宙船倫理」である。すなわち、エコロジカルな社会システムへの変革に期待するわけである。この社会変革の現実化に際し、大きな困難があろうことは彼女自身も認めている。民主的原理の実行は、独裁的なそれと比較すれば、たしかに効率がともなわないだろう。けれども、「もっとも厳しい条件による拘束の下でなければ、効率性のために公平さを売り渡すべきではない。きわめて理性的な人々ならば、おそらくその点に同意してくれるのではないか」とフレチェットは信ずる。彼女は「宇宙船倫理」の実践を説明するのに、子供の養育のアナロジーを用いる。気難しいティーン・エージャーに対して親が辛抱強く大人としての振舞いを教えるように、非強制的に地球号の乗組員としてのマナーを教えていくべきだと言うのである。その結果、外からの強制によっては不可能な「心の変革」が得られる。フレチェットは「宇宙船倫理」論文を次のような言葉で締めくくっている。
努力と教育とをもってすれば、『救命ボート倫理』の採用が提出する問題を回避することができる。この危機が持つ精神的・人格的次元（spiritual and personal dimensions）に気づけば、われわれは、自分たちの心（hearts）と環境に関わる習慣との双方を変革するために、『宇宙船倫理』をもちいることができるかもしれないのである[38]
このようにフレチェットの結論は、一人一人の「心の変革」によって民主的制度改革を実現し、そこに地球生態系保護の可能性を託すというものである。配分的正義に基づきつつ、人類の保存節約の実行を可能にするような社会システムへの移行が、フレチェットの理想とする生態系保護なのであろう。「努力と教育」による人類の「心の変革」を説く点で、彼女の「宇宙船倫理」はまさしく「啓蒙された人間中心主義」の立場である。

フレチェットは社会の差別構造を強く意識し、一切の強制的手段を排除することで、「環境ファシズム」に陥る危険性がないような生態系保護の方途を考えた。この点は、大いに評価できるものである。また、民主的手段による漸進的変革を説くのはあまりに理想主義的だという批判があるが、考え様によってはハーディンよりも現実的であり、実現可能なモデルといえよう。フレチェット自身が言及しているように、自己中心的な「救命ボート倫理」は国際社会から指弾されており、国連が取っている方向性は、むしろ民主的原理の肯定だからである。

ただしフレチェットの「宇宙船倫理」の不備なところは、自然と人間の相互的福利を説きながら、自然そのものの権利や価値について何ら論及していないことであろう。「宇宙船地球号」の乗組員は人類だけなのか。動植物は乗組員ではなく、自然環境は宇宙船の構成材料としての価値しか持たないのか。ならば、自然は人類の福利に資するという意味での手段的価値しか持たず、いかに自然の福利と言っても有名無実ではないのか。このあたりの不明瞭さは、フレチェットが訴える「心の変革」や「望ましい価値観」の内実がはっきりしないことにも表れている。彼女によれば、一人一人の「心の変革」が民主的手段によるエコロジー政策の実現のために必要とされる。しかし、「宇宙船倫理」が立脚すべき哲学原理としての世界観が明らかにされないことには、真の「心の変革」も起りえないであろう。

宇宙船倫理の世界観を明確にするには、地球における人間と自然との関係を哲学的に掘り下げることである。例えば「ガイア仮説」のように、地球それ自体を一つの生命体と見るような世界観に立てば、「宇宙船地球号」における「乗組員」（人類・動植物）と「船」（自然環境）とは、本質的に連続したものと見なされよう。そうなると、自然と人間の福利が本来、相互的であるという信念も無理なく導き出せるのではないか(39)。

「宇宙船倫理」が指し示す方向そのものは、最も国際的合意を得やすく、現実化される可能性も高い。それだけに、この倫理モデルを根拠づける哲学的基盤の整備が望まれるところである。

生態系保護と「世代間倫理」

さて、生態系保護を目的とした人間中心主義的な環境倫理として、「世代間倫理(intergenerational ethics)」についても触れておかねばなるまい。「世代間倫理」とは人類の未来世代の利益を考慮する倫理である。地球生態系の保護は、現在に生きる人類の福利のためのみならず、未来世代の人々が豊かな環境の恵みを享受するためにもなされねばならない。現在世代の環境破壊・汚染は、最悪の場合、未来世代の生存の権利すら奪いかねない。それゆえ現在世代は未来世代に対し、生態系を保護し将来に伝える義務を負うという倫理観である。端的にいえば、現在及び将来世代の利益を配慮して地球生態系を保護せよ、という通時的な人間中心主義の環境倫理を意味している。

しかしながら「世代間倫理」は、社会契約説に代表されるような、西洋の伝統的な倫理観とは異質の概念である。ホッブズ・ロック・ルソーらが説いた社会契約論は、あくまで共時的な権利・義務の体系であった。通時的な権利・義務概念はむしろ、仏教や儒教など東洋の倫理思想にみられるものである。したがって西洋的な倫理観の立場からは、「世代間倫理」の成立を疑問視する意見も出され、「未来世代の権利」をめぐって様々な論争が行われている。こうした疑問は、およそ三点に集約することが可能である。第一に、未来世代の権利の基礎として現在世代とのあいだの相互性（reciprocity）が成り立つのか、第二に、現在世代が未来世代の利害関心をどのようにして知ることができるのか、第三に、自然環境に関する将来の予測は不確実なのに、なぜ現在世代が未来世代のために権利を制限されなければならないのか、以上三つの疑問である。

第一の疑問は、まず未来世代を含めた道徳共同体の可能性にかかってくる。M・P・ゴールディングによれば、道徳共同体は、顕在的な社会契約か、あるいは相互の社会的取り決めによって設立される。しかるに現在の世代は、未来の諸世代に対し、そのどちらもなしえない。両者の関係は一方的であって、相互的でない。ゴールディングはこのような論理に基づき、未来世代は道徳共同体の成員でないのだから権利を有することはないと主張している[40]。

これに対して、世代間の相互性は可能であるとする説もある。W・ワグナーは、未来世代と現在世代が「社会契約」を結ぶ可能性は否定するものの、両者のあいだに相互性は成り立つとの見地に立つ。彼によれば、「未来に関心を持つのは、まさに人間の本性」であり、「自己愛（self-love）的な理由から、われわれは、現在において自己を可能な限り実現するために、未来に向かって行為するべき」だという。そして、これこそ「未来に対する義務の基礎にある」と断ずる。つまり、われわれが未来世代の権利を守ることは自己愛の要求に基づいており、人間の自己実現にとって不可欠なものなので、そこに相互性、互酬性が成立すると主張するわけである[41]。ワグナーの「自己愛に基づく未来世代への義務」という考え方は、カント的な人格倫理の応用のようにみえる。

他方、フレチェットはワグナーよりも積極的な形で、世代間の相互性を擁護するための議論を展開する。彼女は、「われわれの先祖たちがいろいろな仕方でわれわれのためになってきたのだから、われわれは遠い将来の子孫を手助けする義務を有している」と述べ、この考えに基づけば世代間の社会契約が可能であると主張する。すなわち、「この社会契約の前提条件は、A世代がB世代のためになり、その逆でもある、ということではなくて、AはBのためになり、BはCのためになり、CはDのためになる等々、ということである」[42]。フレチェットは、このような世代間の相互依存性が、もっともよく議論されてきた古い概念であり、東洋の通時的な倫理観である日本の「恩」思想によって、はっきり定式化されると述べている[43]。

しかし、〈A→B→C→D〉と一方向的に流れる「恩」の義務が世代間の相互性を表わすとは、どうしても考えにくい。世代間の相互性を承認する説は論理的な証明が難しく、それだけにわれわれの道徳的心情に訴えかける性格が強いものであることがわかる。

次に、第二の疑問へと移ろう。この疑問は、未来世代はわれわれと違う価値観を持っているはずだから、世代間倫理は成り立たないということである。J・グローヴァーの世代間倫理批判がこれにあたる[44]。考えてみれば将来、テクノロジーの進歩によって現在レベルの環境問題が解決されていたり、遺伝子工学の発達から種としての人間それ自体が変化していたりする可能性もある。将来世代が置かれる状況は、われわれには予測不可能であり、したがって彼らの利害関心がどこにあるのかもわからない。

フレチェットはこの疑難に対し、一旦はわれわれの未来世代への無知を認めたうえで、しかし「彼らにとってきわめて危険であろうものについて、われわれはいくつか想定を持っている」と反撃する。彼女が示す具体例は、プルトニウムおよびＤＤＴである。これらは永続的な毒性を持ち、有害な突然変異誘発効果と発ガン効果を有している。いかに価値観が変わろうとも、危険な薬物による環境汚染が未来世代の生存を脅かすのは自明である。そう考えるなら、少なくとも未来世代が一定の利害関心を持つことは真実であろう。フレチェットは「無知の状況が存在するとき、道徳的に責任ある方針は、可能な権利を破ることのもっともなさそうな立場に従うことである」と説き、現在世代と未来世代の関心はそれほどかけ離れていないだろうという想定に立って行為すべきことを説く[45]。

またフレチェットは、自説の中でJ・ファインバーグの論を援用しているが、彼も未来世代の権利の擁護論者である。ファインバーグの権利論は「インタレスト原則（interest principle）」を骨子とする。これは、「さまざまなインタレストを持っている（或は持ち得る）存在者だけが、正にさまざまな権利を持つ事が出来る存在者たり得る」という倫理原則で、関心（interest）を持った主体には権利を付与すべきだという学説である。この考えに立てば、「彼ら（未来世代）にインタレストの所有権（interest-ownership）があるという事実は、明々白々である。よって、未来世代の諸権利に関する現在の論議が首尾一貫するように保証することが、まさに必要なのである[46]」とファインバーグは力説している。ファインバーグは、多くの「代理人（agents）」が現在において、未来世代の関心を代弁していると考えている。

フレチェット、ファインバーグはともに、未来世代の利害関心は現在世代のそれから類推可能とする立場であるが、世代間の相互性に関する議論と同様、やはり最終的にはわれわれの常識的信念に訴えるような展開となっている。

最後に、第三の疑問を見てみよう。この疑問は加藤尚武氏によれば、「現在世代の未来世代への犯罪は立証不可能だという論法[47]」である。環境汚染が起る因果関係は極めて複雑であり、容易に断定することはできない。したがってD・カラハンもいうように、不確実な推論によって現在の人々の権利を奪ったり、自由を制限したりはできないということになる。けれども、すべての汚染が因果不明なわけではないだろう。たしかに因果関係が不明な汚染はあるものの、反面、フレチェットが指摘するようなプルトニウムやＤＤＴなど、有害性がはっきり認識されている事例も多い。それらについて、われわれが未来世代に及ぼす罪科は明らかであるとはいえまいか。

ところが、事ここに及んでも、科学技術の進歩史観を信奉する人たちからは異論が出される可能性がある。将来、科学技術の進歩によって、現在の汚染の有害性が克服されるかもしれない。現在世代が未来世代に及ぼす影響はあくまで不確実である、と彼らは主張するであろう。加藤氏は、このような「時代が変わればすべてが変わる」といった考えを「たてわりの歴史相対主義」と呼び、変化しない歴史を含んだ「歴史の多層な流れ」を誤解するものとして批判している。しかしながら人間に未来を完全に予知する能力がない以上、未来の出来事と現在の事実の因果関係を論理的に証明することは不可能である。それゆえ、論理的には「時代が変わればすべてが変わる」という可能性も完全に否定はできない。

「世代間倫理」と仏教思想

そろそろ世代間倫理について、何らかの結論を出すべきであろう。当然の帰結といえるが、未来の事項にかかわる世代間倫理の必然性を論理的に根拠づけることは不可能である。われわれはこの点で、不可知論に立たざるをえない。しかし、われわれが信念に基づき、心情的に世代間倫理の必要性を人類全体に訴えることは可能である。ワグナーが自己愛の要求による未来世代への義務を説いたのも、フレチェットが「恩」によって世代間の相互性を定式化しようとしたのも、いわば常識的直観を基礎とした道徳的共感の訴えと解されよう。

しかしながら問題は、われわれが未来世代へ道徳的に共感することが、現実には非常に困難であるということである。われわれは、自分の子供や孫など近い世代に関してなら、比較的容易にシンパシーを抱くこともできよう。だが、百年、千年、一万年先の未来世代の生活を想像し、共感を抱くことが、果たして可能だろうか。エコロジー的な政策の効果は、長年月を要するものである。遠い未来の世代の福利に配慮し、われわれの現在の生活を犠牲にするという決断をなすためには、単なる道徳的共感のみでは弱いと言わざるをえない。そこに、近代人の「生き方」を抜本的に変革するような宗教的感情が必要になってくるという意見もある。なぜならば、世代間倫理は共時的な空間世界だけでなく、通時的な時間世界までを射程に入れた倫理であり、そのような世界観は宗教的な次元と深くかかわるものだからである。

例えば、フレチェットは「恩」を日本思想として紹介したが、元来、「恩」とは仏教用語であって「なされたことを知る者」(パーリ語のkataññū) という意味を持つ。すなわち、一切衆生は輪廻転生を無限に繰り返し、共時的にも通時的にも相互依存しているという縁起的世界観から「恩」の思想は生れている。大乗仏典の『大乗本生心地観経』に次のような一文がある。

衆生の恩とは、すなわち無始よりこのかた、一切衆生は五道に輪廻して百千劫を経、多生中において互いに父母となる。一切の男子は即ち是れ慈父にして、一切の女人は即ち是れ悲母なり……この因縁を以って、諸々の衆生の類、一切時において亦大恩あり。実に報じ難しと為す。かくのごときの事を、衆生の恩と名づく[48]

仏教的な輪廻思想によれば、現在世代と未来世代とは「多生中において互いに父母となる」関係にあり、未来世代は過去世においてわれわれの父母であったことになる。このように「恩」の原義からは、われわれと未来世代とのあいだに直接的な相互性が成立することになり、フレチェットが否定した「A世代がB世代のためになり、その逆でもある」ような社会契約の可能性も生れるのである。もちろんフレチェットは、あくまで世代間の相互性への信念の好例として、日本社会の「恩」に言及したにすぎず、その宗教的世界観を採用するつもりなど、もとよりないだろう。また、ワグナーも輪廻転生をアニミズムと同一視し、宗教的世界観を拒否している。

けれども、現代に生きる人類が遠い未来世代と何らかの関係性を持つという想定なしには、道徳的共感は現実的に不可能となるだろう。それゆえ、仏教などのインド思想が説く輪廻の宗教思想が人々に未来世代への共感を呼び起こし、世代間倫理を側面から支援することが望まれるのである。宗教的世界観は反証不能な前提を含むゆえに、環境倫理学の理論の中に組み込むことは難しい。しかし、宗教的世界観に基づいて「生き方」を変革し、未来世代への配慮からエコロジカルな節制を実行する人々が増えれば増えるほど、環境倫理学の世代間倫理が説くところの「未来世代への道徳的共感」が、受け入れられやすいような民衆的土壌を生み出すことになるのではなかろうか。

そう考えれば、環境倫理学と宗教的エコロジーは、何も対立する必要などなく、互いに未来世代に配慮するという倫理的エートスを広げるために、協力し合う関係を樹立すべきであろう。例えば、宗教的見地から未来世代への配慮を説き、エコロジー思想として広く展開しようとしているJ・メイシーの主張なども、世代間倫理の説く「未来世代への道徳的共感」を人類に啓蒙するための一助となりうるだろう。

メイシーは、ディープ・エコロジーの立場から仏教的なエコロジーを追求している仏教学者である。彼女は、自らが主宰するディープ・エコロジーのワークショップの中で、「進化の記憶を呼び起こすエクササイズ（evolutionary rememberings）」を実践している。そこでは「地球の一生を包含するところまで時間感覚を広げてゆく」ことによって「私たちは気まぐれや一人ひとりのはかないエゴによってではなく、五十億年続いてきた全生命をしっかりと代表して行動できるようになる」[49]という。つまり、進化の過程を思い出しながら、過去のあらゆる生命とのつながりを感じとろうとするわけである。同様にメイシーは、未来の生命とのつながりに関しても、「私たちの体内で脈打つ生命は、地球のはじまりに端を発するだけでなく、これから生れてくる者たちの鼓動をも宿している。彼らが私たちの呼吸に合わせて息をしていることや、雲のように漂いながら私たちを見守っていることが感じられるだろう[50]」と述べている。ネスやトランスパーソナルな「自己実現論」者がエコロジカルな自己同化を空間的次元に限定しているのに対し、メイシーの仏教的な「自己実現」は時間的な拡張、すなわち過去・現在・未来のすべての生命との一体化を志向している。このような時空を超えた「自己実現」が、瞑想を主体とした実践によって可能になるとメイシーは説く。彼女の手法は、瞑想によって自己感覚を未来世代にまで広げるというもので、そこに未来世代への配慮が生れるとするのである。

メイシーの仏教的エコロジーは極めて宗教性が強く、一般化するには難しい実践内容をともなっている。しかしながら未来世代へ「共感」を広げるという観点それ自体は、基本的にワグナーやフレチェットの説く道徳的共感の主張と重なり合っている。それゆえ、こうした運動が広がっていくことは、世代間倫理の地球的普及を推進することにつながると考えてもよいだろう。

結論としていえば、人間中心主義の環境倫理学では、未来に生きる人々への道徳的共感から自然保護を求めるという世代間倫理を説く。しかし、未来世代への道徳的共感を人類的規模に広げることは困難な作業である。かかるゆえに、宗教的感情に基づいて「生き方」を変革する人々が増えていくことが、世代間倫理の普及を側面的に支援することになる。仏教的な輪廻転生の世界観や、メイシーの説く「未来の生命との一体化」という仏教的実践は、そうした点において環境思想としての現代的意義を有するものといえる。

第三節　生態系の利益と人間の利益の一致

これまで「生態系の保護と人間の利益の対立をいかに解決すべきか」という問題について、二つの角度から論じてきた。第一節では全体論の立場から、生態系の保護を最優先すべきであるとの論議を、第二節では人間中心主義の立場から、現在および未来世代の人類の福利という発想に立った生態系保護を、それぞれ検討したわけである。そこで本節では、第三の立場として、人間と自然との一元論的アプローチについて考察する。はじめに「生態系の利益と人間の利益の一致」を目指すディープ・エコロジー、次にディープ・エコロジーを批判しつつ、自然哲学的な一元論のアプローチをとるソーシャル・エコロジーの環境思想を、それぞれ検討していきたい。

ディープ・エコロジーの世界観

一般的に、ディープ・エコロジーは全体論的立場の環境思想と捉えられているようである。この理由として、一つにはネスが自然の権利を強調して極端な人口削減を主張していることがある。この点は後に詳述する。また、ディープ・エコロジストを名乗る一部の環境保護運動家たちによる過激な直接行動も、ディープ・エコロジーに対する全体論的な印象を強めているといえよう。彼らは、環境保護のためなら既存の社会構造を攻撃することもやむなし、とする行動主義を信条とするが、その代表が「アース・ファースト（Earth First!）＝地球優先」という団体である。

彼らの捨て身の行動は、マスコミに取り上げられ、大きな反響を呼んだ。しかし反面、破壊活動を辞さない過激さのあまり、攻撃対象とされた企業・施設の所有権を侵害し、時として死傷者まで出すという深刻な社会問題を引き起こしている。この「アース・ファースト」は、ディープ・エコロジーから影響を受けているといわれ、実際に同団体の会員になっているディープ・エコロジストもいると伝えられる。[51]「アース・ファースト」に限らず、ディープ・エコロジーを信奉するエコロジストたちは、急進的な環境保護を主張する傾向にある。L・フェリは、「ディープ・エコロジーは今後〈全体論〉と〈反ヒューマニズム〉を現代に対する闘争の明白なスローガンにするであろう[52]」と予測している。

いずれにしろ、ディープ・エコロジーが生態系を人間の利益より優先させる全体論であるという見方は、一般に定着しつつあるように思われる。果たしてディープ・エコロジーは、本当に全体論なのだろうか。ディープ・エコロジーは関係論的な世界観を説く。ネスは、世界を「関係的・全体的場(the relational, total-field)」と表現するが、個物の諸関係を見るという意味で、ディープ・エコロジーが全体を捉える見方に立つことはたしかである。しかしながら関係論的な世界観は、もとより個と全体という二分法それ自体を拒絶するはずである。個と全体は不可分な関係にあって、どちらか一方を優先することはできない。この統一論的な見方は、単なる生態学的知見からは出てこないものであり、ネスは哲学的直観に基づく洞察によって個と全体の不可分性の概念を得ようとしている。

『エコロジー・共同体・ライフスタイル』において、ネスは「生命は根本的には一つである(Life is fundamentally one)[53]」という自らの哲学的洞察を表明し、そこから万物の根源的統一性を説き明かそうとしている。W・フォックスは、ネスのこの言葉を「われわれも他のすべての存在たちも、ただ一つの展開しつつあるリアリティ(a single unfolding reality)の異なった側面(aspect)であるということ[54]」と解釈する。かかる哲学的直観を受け入れるならば、生態系も人間も究極のリアリティの顕現に他ならず、それゆえ両者の利益は究極的に一致するといえるだろう。すなわち、ディープ・エコロジーの関係主義的な世界観は、生態系の利益と人間の利益の一致を説くのである[55]。

ただし、この考え方は発出論的な一元論のようにもみえる。もしそうなら、個の独立性は否定され、結局は極端な全体論、すなわち生態系中心主義に陥ってしまうだろう。ところが一方で、ネスは生命個体の多様性も尊重する立場を明言している。彼は、あらゆる生物種の「生存し開花する普遍的権利」をはっきりと宣言している。彼の真意は全体論と個体主義、一元論と多元論といった二者択一の発想を退けることにあった。ネスは、R・カーソンが人間を「生命の流れにおける滴」に過ぎないと述べたことに言及する中で、次のように述べている。

「生命の流れにおける滴」という表現は、もし滴の個体性が流れのなかに失われてしまうという意味を含んでいるとすれば、誤解を招きかねない。ここに辿るには難しい尾根がある。私たちの左側には有機的・神秘的見解（organic and mystic views）の大海が広がり、右側には原子論的個体主義（atomic individualism）の深淵が横たわっているからである[56]

有機体論的な全体論、原子論的な個体主義、そのいずれにも、ネスは否定的な態度を取っている。ネスの立場は、いわば「一即多元論」のごときものである。フォックスは、ネスの世界観について「あらゆる存在が根本的に同一だという意味でもないし、またそれらが百パーセント独立している（autonomous）という意味でもない。それは、あらゆる存在が相対的に独立しているという意味でしかないのだ」と解説し、「このことは、生態学だけではなく、物理学、進化生物学、自己創出システムおよび散逸構造を扱う最近のシステム論的研究といった分野でも明らかになってきている」と主張している[57]。たしかにネスの世界観は、今日のシステム論的な世界観に近いといえるだろう。例えば、A・ケストラーは、「見方によっては部分的に全体（partly as wholes）として、あるいは全体的に部分（wholly as parts）として振舞う、階層の樹状構造（hierarchic tree）の節目を示す言葉」を「ホロン（holon）」と呼び[58]、「人間は島ではない。彼は一個のホロンである」と主張した[59]。個でありながら全体に生きる「ホロン」の考え方は、ディープ・エコロジーの関係論的世界観とよく似ている。実際、F・カプラをはじめとする一部のディープ・エコロジストは、システム論やニューサイエンスの物理学などに基づいて、ディープ・エコロジーの世界観を説明しようとしている。

以上見てきたように、ディープ・エコロジーの世界観は関係論的・システム論的である。それは全体的な見方を特徴とするものの、レオポルドなどの生態学的全体論とは異なり、個と全体の根源的な一致を説くものである。ここに、人間中心主義と生態系中心主義の対立を止揚する新たな地平が開けてくる可能性も考えられる。われわれは次に、ディープ・エコロジーがその世界観から、どのようにして生態系の利益と人間の利益を一致させるような環境思想を展開するのかを見ていくことにしたい。

生命中心的平等

B・デヴァルとG・セッションズは一九八五年の『ディープ・エコロジー』において、ネスが深い哲学的・宗教的レベルの問いかけからディープ・エコロジーの「二つの究極的規範あるいは直観」を展開した、と語っている。それが「自己実現（Self-Realization）」と「生命中心的平等（biocentric equality）」の二つの規範である。(60) この二つの規範に沿って、ディープ・エコロジーの環境思想を理解することにしたい。なお、ここではディープ・エコロジーの思想展開の順序に従い、「生命中心主義的平等」の規範の方から説明していく。

「生命中心主義的平等」の考えは、ネスの「生命圏平等主義（biospherical egalitarianism）」の提唱に端を発している。ネスは一九七三年の「ディープ・エコロジー」論文の中で、「『環境における人間』というイメージを退け、関係的、全体的場（total-field）のイメージを支持する。生物とは固有な諸関係の場における結合点である」と述べ、人間主体的な環境観から関係主義的世界観への移行を説いた後、「原則としての生命圏平等主義（biospherical egalitarianism — in principle）」という考え方を提示した。「原則として」というのは、人間の生存のために必要な最低限の殺戮は避けられないという認識から付された一節である。すなわち、そのような例外を除けば、生態系のすべての生命が平等に尊重され、「生を送り、開花する平等の権利（the equal right to live and blossom）」を有するというのが、ネスのいう「原則としての生命圏平等主義」である。[61]

デヴァルとセッションズは、このネスの意図を「生命中心主義的平等」という言葉で表現したのである。「生命中心主義的平等」とは、「生態圏におけるあらゆる有機体と存在者は相互に関連した全体の中の部分として、その固有の価値において平等であること」を意味し、「あらゆる人間ならびに人間以外の個体すべてを、全体の一部（parts of the whole）をなす独自の存在として尊重することを我々に教える」ような規範である。[62]ここで彼らは「相互に関連した全体の中の部分」「全体の一部」という表現を忘れていないが、生命中心主義的平等は、「生態系中心主義」を前提としている。デヴァルはまた、別のところで次のように述べている。

ディープ・エコロジーの第二の究極的規範は、「生命中心主義（biocentrism）」または、「生態系中心主義（ecocentrism）」と呼ばれるものである。人間中心主義（anthropocentric）、あるいは人間の中心の世界観（human-centered worldview）とは対照的に、生態系中心主義の世界観では、人間は「生命の網（web of life）」の一部であり、創造物の頂点でなく、他の多くの創造物と平等な位置にある[63]

デヴァルは、生態系中心主義のもとに生命中心主義的平等が成立すると考えている。生態系の利益が最優先され、そのうえで個体の権利・平等性が説かれるわけである。生態系の健全な均衡の中で、人間を含むすべての生命が生の多様性を謳歌し、平等の権利を有し、共存共栄する――しかしながら、このような考え方は、先に述べたディープ・エコロジーの関係主義的・システム論的な世界観と異なって、個よりも全体を優先する生態学的全体論の発想に他ならない。生態系中心主義と生命中心主義的平等を説明するだけでは、ディープ・エコロジーの世界観の特徴である「個と全体の根源的一致」という哲学的直観が盛り込まれてこないのである。

じつは、この統一性への直観は、次に述べる「自己実現」という規範の中で展開されている。生命中心主義的平等の意義は、「自己実現」の規範と相まって初めて明らかにされるのである。

自己実現

デヴァルとセッションズの『ディープ・エコロジー』によれば、「自己実現」とは「『大いなる自己の中の自己』の実現（the realization of "self-in-Self"）」として要約できる。「大いなる自己」（Self）とは「有機的全体性（organic wholeness）」とされるが、地球生態系とみてよいだろう。すなわち「自己実現」とは、われわれの「小さな自己」（self）が地球生態系という「大いなる自己」（Self）と一体化することである。それは、われわれが「西洋近代の自我を超越」し、「家族、友人から最終的には種としての人類に至るまで他の人間と一体感」を持つのみならず、「人間を超えて人間以外の存在とも一体感を持てるようになることである」とデヴァルらは言う。[64] ここにおいて、生態系の利益と個の利益は完全な一致をみる。地球生態系と一体化した自己（self-in-Self）の状態では、生態系（Self）の利益がそのまま個（self）の利益となるからである。ネスの「すべての生命は根本的には一つである」という直観は、こうして「自己実現」として規範化される。

ただし現実的に考えれば、自発的に「自己実現」を展開しうる個は人類、それも一部の啓蒙された人々のみであろう。ネスが「自己実現」の模範としてマハトマ・ガンディーを挙げていることをみても、[65] その実践には相当な心身の啓発が必要となる。とすれば、啓発されない人間および人間以外の動植物の「自己実現」はどうなるのか。この点に関してデヴァルとセッションズは、たとえ少数の啓蒙された人々の「自己実現」でも、それを通じてすべての存在が一体化するのだから、結局はすべてが「救われる」と考えているようである。逆にいえば、すべての存在が救われない限り、啓蒙された人々もまた救われないということになる。ネスがいうには「誰であれ、その人の完全な自己実現はすべてのものたちの自己実現にかかっている」ということであり、デヴァルらの『ディープ・エコロジー』では「我々全員が救われなければ誰も救われない」という句で表現されている。個人の「自己実現」には終わりがないのである。全人類、すべての生物と無生物が救われるまで、啓蒙された人々の「自己実現」も決して成就しない。ここで想起されるのは、菩薩が一切衆生を救うまで自分も涅槃に入らないことを願う、いわゆる大乗仏教の「無住処涅槃」の思想であろう。D・ローゼンバーグは、次のように指摘している。

だれか一人が〈自己実現〉に達するというようなことはけっしてありえない。完全なる〈自己実現〉とは、すべての実現だからだ。これは、一切衆生とともにでなければ、だれかが一人で涅槃にはいるというようなことはありえない、という仏教の考え方と通ずる。それはプロセスであり、ひとつの生き方（a way to live one's life）でしかありえないのである[66]

「自己実現」とは、われわれ人間の「生き方」を示すものであって、現実に達成されることは不可能と考える以外ない。目覚めた人間が自己感覚を拡大する中で、生態系の利益と自己利益が一致するような生き方を提唱し、自ら実践する。それによって、他の人間や生物もまた、生態系と調和するような生き方へと導かれていく。ディープ・エコロジーの「自己実現」は、実践的には「ライフスタイルの変革」を説くものといえよう。例えば、彼らがレオポルドの「山となって考える（thinking like a mountain）」という標語を用いるとき、それは自然と一体感を持てるような生き方を意味している。

以上のように、「自己実現」のライフスタイルの提唱は、生態系中心主義の全体論と生命中心主義的平等の個体中心的な見方を融合させ、ディープ・エコロジーの関係主義的な世界観を十全に表現するものである。ネスは、「（Self-Realizationの）この大文字のSが偏狭な自己（narrow selves）を超えたものを意味するために用いられ」るとともに、「個体の中心的位置を復権させる」と述べている。[67]また彼は、このような「自己実現」に近い考えとして、ルネサンス時代の「小宇宙（microcosm）は大宇宙（macrocosm）を映し出しているというもの」や、現代物理学者D・ボームらが提唱する「ホログラム的思考（hologram thinking）を挙げてもいる。[68]ディープ・エコロジーの環境思想は、「自己実現」の概念を加えることによって、全体論と個体主義の融合という、彼ら独自の立場をより明らかにしたといってよい。

「原則としての生命圏平等主義」の実践論的アポリア

ところで、ネスとデヴァルは一九八四年、それまでの十五年に及ぶディープ・エコロジーの原理をめぐる思索をまとめ上げ、『ディープ・エコロジー』の中で八項目にわたる「根本原理（basic principles）」を発表した。[69]

（1）地球上の人間そして他の生物の繁栄には、固有価値（intrinsic value）がある。人間以外の生物の価値は、人間の狭い目的のためにこれら生物がもつ有用性からは独立している。

(2)生物種の豊かさと多様性はそれら自身価値であり、地球上の人間と他の生物の繁栄に寄与する。
(3)人間は自らの生存に必要な場合を除き、この豊かさと多様性を損なう権利をもってはいない。
(4)人間以外のものの世界に対する人間の現在の干渉は度を越しており、その状況は急速に悪化している。
(5)人間の生活と文化の繁栄は人口のかなりの減少と両立する。人間以外の生命の繁栄のためにはそのような人口の減少が必要である。
(6)より善きものを求める生活状況の意味ある変革には政治の変革が必要である。これは経済・技術・イデオロギーの基本的構造に影響を及ぼす。
(7)イデオロギーの変革とは主に、高い生活水準への執着ではなく、むしろ生き方の質を理解する変革である。
(8)以上これらの点に同意する人は、必要とされる変革の実行に直接的ないし間接的に参加する義務がある。

彼らはここで、ディープ・エコロジーの実践的なガイドラインと言うべきものをいくつか提示している。すなわち不要な殺生の禁止、人口の削減、政治の変革、「生き方の質」を理解するイデオロギーへの変革である。このうち不要な殺生の禁止、人口の削減の二つは、一九七三年の「ディープ・エコロジー」論文以来、批判が絶えない指針である。いずれもディープ・エコロジーの実践論の本質にかかわる主張なので、詳しく検討してみたい。

まず「人間は自らの生存に必要な場合を除き、この豊かさと多様性を損なう権利をもってはいない」という指針であるが、これはネスが「原則としての生命圏平等主義」として説明した原理である。

地球上では、弱肉強食の食物連鎖が自然な形であり、その連鎖の一部である人間も他の生物を殺すことなくして生存できない。他の生物の生存権を犠牲にすることによってのみ、捕食動物の生存権は守られる。それゆえネスは「自らの生存に必要な場合を除き」との但し書をつけ、人間による動植物の殺生を禁止するのである。しかしながら、例外的とはいえ、なぜ生存権の否定が認められるのか。殺される生物の権利はどうなるのか。彼はこの問題に理論的に答えていない。ただ生存に関わる必要について、ネスは人間優先主義の立場を表明している。ネスが生命圏平等主義について、次のような説明をしている箇所がある。

> 平等の権利について定義された生命圏平等主義の原理は、これまで時々誤解され、人間の必要は人間以外のものの必要に決して優先されるべきではないことを意味していると受け取られた。しかしこのような意図はまったくない(70)

ネスはここで、生存権に関して人間優先主義を取ることを暗示している。ただし、なぜ人間の生命が最優先されるのか、という問題には依然として答えていない。

こうした理論的欠陥を補う一つの方法としては、生物間に価値の序列を設け、「すべての生物は固有価値を持つが、それは相対的であり、序列化できる」といった見方を採用することも考えられよう。環境思想においては、プロセス神学などがこの立場を取る。しかしネスは、一九八九年の『エコロジー・共同体・ライフスタイル』の中で、生物の価値序列という考え方が「どれも十分に正当化されたためしはない」と述べ、「よく考えたうえで、生命の統一性と生存し開花する権利に関する基本的直観と向かい合うと、色あせてしまう」と批判している。そしてネスは、最終的に一種の直観主義によって、生存のための殺戮を承認しようとする。

「私の方が価値があるから、私はおまえを殺すことができる」と言うのは、生命の統一性に対する私の直観に反している。むしろ、「おまえを殺すのは私が空腹だからなのだよ」と言う方がその直観に反してはいない。後者の場合、「すまないね（Sorry)。おまえを殺すのは私が空腹だからなのだよ」という、言葉にならない無念さ（an implicit regret）が含まれているように思われる[71]。

ここで「言葉にならない無念さ」が強調されているが、ネスの直観とは、最小悪としての「殺す行為」は容認しても怒りを持った「殺す心」は否定する[72]、といったことであろう。ネスがこのような倫理的直観主義に頼るのは、生命中心主義的平等の規範を理論的に正当化することは不可能と考えているからである。ディープ・エコロジーが目指すのは、われわれ一人一人の「内面性の変革」である。生命中心主義的平等の原則は内面的な規範であって、実践論的にはあくまで「指針（guideline)」にとどまる。したがって現実との若干の矛盾は致し方ない。われわれは、ディープ・エコロジーの生命中心主義的平等をそのように理解するしかないであろう。とはいっても、生存権に関する人間優先主義の根拠が示されていないということは、やはり問題として残されるわけである。

人口削減論に関する問題点

次に、人口削減の指針であるが、ネスらが主張する「人口のかなりの減少」とは、世界の人口の九〇％とも、世界の総人口を十億人にすることともいわれている[73]。それだけの人口削減が「人間以外の生命の繁栄のために」必要であると説くのだから、従来の人間中心主義から異論が出るのは当然であろう。第一に問題なのは、このようなディープ・エコロジーの人口削減の主張が、生命中心主義的平等という自らの主義と矛盾していることである。人口削減を強いられる個々の人たちは、他の生物のために生殖の自由を制限される。これでは種としての平等はあっても、個体としての平等はない。生殖の自由を制限されない他の種の個体と比べれば、これは明らかな不平等である。もっとも、ネスは、「生命圏平等主義は未来研究、可変的な過密度の再解釈を暗示するものである。それゆえ、人間だけではなく、一般的な哺乳類の過密と生命平等性の喪失は深刻に受けとめられている」[74]とも述べており、人間だけではなく哺乳類の数の削減も暗に求めているが、基本的な差別構造は同じである。いずれにせよ問題の根は、人間を一生物種として扱い、人口の削減を求めていいのか、という点にある。

また、概してディープ・エコロジーは、生態学的な観点に偏って人口削減を主張する傾向にあるが、現在の食糧難や飢饉を必然的で変更できないとみなすのではなく、社会構造上の産物として捉える視点も必要であろう。ネスは、人口の大幅削減を提案した第五番目の基本原理の前提に「経済と技術を十分に深いところから変えられる確率があまりにも低く、勘定には入れられない、という事情がある」と述べており、社会・経済構造の改革を通じた人口削減に関し、悲観的な観測を示している。しかし、こうした考えには異論も多い。マーチャントは、「人口がどのように環境に影響を及ぼすかは、生物学的再生産と社会的な再生産のコンテクスト、ならびにそれら再生産と生産の相互作用のコンテクストの中で考察されなければならない」と述べ、様々な実証的データを駆使して、次のような結論を下している。

世界の食料生産は現在のところ、世界人口を養うのに必要なレベルを上回っている。そして、食糧供給の増加率は人口の増加率より大きい。ところが、その食料は均等に分配されていない。アフリカ諸国などいくつかの国では非常に多くの人が飢えているのに対し、合衆国など他の国々は食料の大きな余剰を抱えている。〔発展途上の国々での〕人口動態の転換を加速するためには、単に持続可能な農業の推進だけでなく、食料と資源の再分配が必要なのである(75)

このように、ディープ・エコロジーの人口削減論をめぐっては二つの問題点――ディープ・エコロジーが人間を一生物種とみなし、なおかつ社会構造上の問題も考慮しないこと――が考えられ、一般的には、過激で全体論的な人権抑圧であるとの批判が強いのが実状である。また実際には彼らが策定した八つの「根本原理」の中で、とみに強調された政治変革の必要性については、ネスらがさほど熱心にコミットしていないという実態も、ディープ・エコロジーの実践論的問題点として指摘しておくべきだろう。

ソーシャル・エコロジーからの批判

こうしたディープ・エコロジーの生態学的人間観について、最も厳しい批判を浴びせてきたのは、M・ブクチン（Bookchin）に代表されるソーシャル・エコロジー（social ecology）であった。ソーシャル・エコロジーの諸理論は、マルクスとエンゲルスのエコロジー的視点と社会に対するアプローチに依拠しているといわれ(76)、人間の条件を重視する意味で、生態系中心主義のエコロジーと鋭く対立している。

ブクチンは、ディープ・エコロジーは環境問題の責任をわれわれの人間中心主義的な世界観に帰すが、彼らは事実認識を誤った荒唐無稽な「人間嫌いのエコロジー」であると非難する。じつは「ほとんどすべてのエコロジー問題は社会問題」なのであって、人間の人間に対する支配、社会のヒエラルキー的秩序こそが自然支配を生み出したのだと、ブクチンは理解する。この〈社会の人間支配＝人間の自然支配〉という構造的捉え方は、M・ホルクハイマーやTh・アドルノが第二次大戦後まもなく出版した『啓蒙の弁証法』の中で、すでにみられるものである。ホルクハイマーとアドルノは、その中で、人間が自然の暴力から解放されるために自然を支配する過程と、人間社会における体制の暴力の増大が、同時進行的に起るという不条理さを摘発した。[77] ブクチンは、彼らフランクフルト学派の社会理論を批判的に摂取しつつ、「弁証法的自然主義」と呼ばれる独自の自然哲学を展開する。

ブクチンによると、今日の社会的イデオロギーのほとんどすべてが「人間の支配」という概念を理論の中心においてきたのであり、その歴史的な信念とは「自然世界を利用する（harness）ためには、奴隷、農奴、労働者の形で人間をも利用することが必要であるということが、長年にわたって論じられてきた」ということであった。[78] したがって、人間の自然支配を止めるには、何よりも「人間による人間の支配」という社会理論を終焉させねばならない。ところが、それにもかかわらず、「『ディープ・エコロジー』の教皇（pontiff）であるアルネ・ネスがしたように、『ディープ・エコロジー運動の基本原理は宗教や哲学の中にある』と宣言することは、社会理論の視点が著しく欠落した結論を導くことになる」[79] と、ブクチンは批判している。

この批判に関しては、エコロジー問題を女性差別の問題として捉えようとする思想、いわゆるエコフェミニズムも同様の立場をとる。すなわち人間の自然搾取は資本主義的な家父長制によるが、それは男性による女性支配の社会構造を意味している。したがって、家父長制的社会構造の変革がエコロジー問題解決のための先決問題であるというわけである。このようなエコフェミニズムは、やはりディープ・エコロジーの生態系中心主義に対しては批判的立場を取る。例えば、A・K・サラー（Salleh）は、ネスの「生命圏平等主義」が男性による女性支配の歴史を考慮に入れてないと批判する[80]。

このエコフェミニズムからの批判はさておき、ディープ・エコロジーに社会的視点が欠如している理由は、その生命中心的平等が人間を単なる「生物種」として扱うからだと、ブクチンは考えている。そこでは、「特権的な白人と有色人種、男と女、金持ちと貧乏人、抑圧するものと抑圧されるもののあいだに存在する広範な違い、しばしば激しい敵対関係（antagonism）となるものを覆い隠す『人類』といった曖昧な言葉や、『ホモ・サピエンス』という動物学用語[81]が使われ、「諸階級が神秘的な人間という生物種によって置き換えられる」[82]。ブクチンにとって、このような人間の生物学的理解は、世界と自己を変革する能動的行為者としての人間の能力を否定することに他ならない。ブクチンの批判の核心は、ディープ・エコロジーが人間の本質を一生物種に貶めるものであるという点に存する。

以上のようなブクチンのディープ・エコロジー批判からは、次のことが明らかとなろう。すなわち、ディープ・エコロジーは人間を一生物種とみることで社会構造上の問題を隠蔽し、その結果、極端な人口削減論を提唱して人権の抑圧を正当化しているということである。しかも人間が一生物種に過ぎないのならば、「すべての生命は平等なのに、なぜ生存権に関して人間優先主義が認められるのか」というディープ・エコロジーの実践論的アポリアは、ますます解決困難なものとなってしまうであろう。

このようにソーシャル・エコロジーからの批判は、ディープ・エコロジーが人間の本質をどのように考えるかという問題に取り組まざるをえないことを示唆している。自らの世界を拡張しうる人間は、明らかに環境世界に繋縛された動物とは異なり、シェーラーの人間学でいう「世界開放性」を有している。これまでディープ・エコロジーの理論には、人間中心主義に対する批判はあっても、人間観の本格的な洞察がなかったといってよい。

ただし、ネスの『エコロジー・共同体・ライフスタイル』には、この問題が若干言及されている。同書の第一章は、「人類は、自らの個対数を意識的に制限し、他の生命形態との持続的・動態的な平衡状態をもって生きる知的能力を備えた、地球上では最初の種である」[83]という一節から始まる。ここでは、人間という種が地球上で唯一、「知的能力」を備えた特殊な存在であることが認識されている。しかし、だからといって人間が価値論的に他の生物よりも優先されるわけではない。むしろ、人間は特殊能力を持つゆえに、他の種の自己実現に配慮すべき「責任」を負い、そうした行動を取ることが期待されている、とネスは考える。彼は、「人間の成り立ちの独特な特徴とは、他の生物が有している自己実現への衝動（the urge）を人間というものが意識的に捉えるがゆえに、私たちとしては他のものたちに対する自らの行動（conduct）にある種の責任を負わなければならないことである」[84]と述べている。そこで、ネスは聖書にみられる「管理人」の思想、エコロジー神学で「スチュワードシップ」と呼ばれる考え方を検討する。「スチュワードシップ」とは、神の命を受けた人間が「管理人」として、神の被造物たる自然を保護する責任を負うという環境思想であるが、ネスはそれが「管理人としての傲慢」から「優越の観念」に進むことを危惧している。[85]ネスにとって人間の責任とは、その特殊能力に基づくものであっても、決して価値的な優越観念によるものではないのである。

しかし、それならば、やはりディープ・エコロジーの人間観は「特殊能力を有する動物」に過ぎないということになる。これでは、ソーシャル・エコロジーの指摘は当を得たものだった、と言われても仕方がない。能力論的な観点から、自然に対する人間の責任を導き出すというのであれば、一種の「自然主義的誤謬」に陥ってしまう。知的能力が「ある」という事実から、その能力を使って自然を守る「べき」だとの当為は導き出せない。生態学的な平等観に基づく人間観をいかに深め、哲学的・倫理的に展開していくか。単なる生物の一種としてではなく、目的論・価値論のうえから人間をどのように捉えていくのか。いかに拒否しようと、ディープ・エコロジーの理論にはこの課題が宿命的につきまとう。

人間中心主義を包含する自然主義——ソーシャル・エコロジーの意図

ちなみに、ディープ・エコロジーの生態学的な人間観を批判するソーシャル・エコロジーは、いかなる人間観を提示しているのだろうか。ディープ・エコロジーの思想をより深く理解するためにも、ここでブクチンの主張をみておきたい。

彼の人間観は、その自然観を基礎としている。ブクチンにとって自然とは、決して人間活動の受動的な受け手ではない。それは人間の労働を転換させる能動的作用者である。すなわち、人間と自然は相互に働きかけあう関係にある。「私は、自然を本質的に創造的、指示的、相互的（mutualistic）、豊穣（fecund）で、補足性（complementarity）によって特徴づけられるものとして見る」[86]。ブクチンはこう述べている。彼の自然観は、残酷で悪魔的な自然を人間の理性によって統御し支配するといったイメージ、あるいは容赦ない競争的な市場としての自然のイメージとも異なり、人間と自然を相補性の見地から捉えるものである。

このような能動的自然観からは、人間と自然を連続的に考える視点が生れるだろう。ブクチンの考えでは、まず自然のエコシステムにおいてすべての種は対等であり、人間が食物ピラミッドの頂点にいるわけではない。そのうえで、人間は自然進化の産物である。彼は、社会哲学で用いられる「第二の自然」の概念を用い、自然進化が人類の段階に到達したとき、「第一の自然」から社会的な「第二の自然」が生れたと考える。いささか長文となるが、彼自身の言葉を引いておこう。

したがって、人間以前の自然については、個性、意識、自由の基礎がまだ非常におぼろげで萌芽的であるために十分に自発的なものとはいえないという意味で、「第一の自然（first nature）」として語ることができる。私たちは主として霊長類の世界において、多くの自己意識に近似的な存在に出会うことさえできる。しかし、私たちが人類の段階に到達するまでは、この潜在的な可能性が新しい社会的なあるいは「第二の自然（second nature）」を獲得して、その完全な実現に乗り出すことはない。人類は、精神、例外的なコミュニケーション能力、意識的な共同、自覚的に自己と自然世界を変える能力を完全にもっている、進化の産物（product）なのである[87]

人類は自然が生み出した偉大な進化の産物である、という認識に立つブクチンは、ここでさらに、ディープ・エコロジーなどが主張する生命中心主義的平等の考え方を「単純にばかげたこと」と一蹴する。そして、「人類がまさに自然進化の産物として自然に介入できるという事実」を認識すべきだとし、人間の自然への合理的介入は「第一の自然」を超越し、「自由な自然」への道を開くものであるとブクチンは説示している。こうしたブクチンの「弁証法的自然主義」に関して、自然を主体化し人間と自然の根源的同一性を説いたシェリングの自然哲学を想起するのは、おそらく筆者一人ではなかろう。少なくともブクチンが、人間の精神を自然の一部と捉えていることは間違いない[88]。

しかし、それならば、人類による現実の自然破壊はどう解釈すればよいのだろうか。ブクチンによれば、そうした歪みは「民衆が能動的に自然に介入してそれを変えること自体ではなくて、人類の社会的発展が歪められているがために彼らが自然を破壊するような形で能動的に介入しているということなのである[89]」とされる。自然破壊の原因は、階級差別など社会の発展の歪みが生んだ弊害なのである。本来、人間の自然への介入は、「自由な自然」へ向かう自然進化（natural evolution）の過程であるとブクチンは考えている。「自然は、人間の合理的な介入（rational intervention）の結果として、意図性（intentionality）、より複雑な生物種（life-forms）を発展させる力、自ら分化する能力を獲得するようになるだろう[90]」。

こうした進化論的な自然哲学のアプローチは、自然と人間を連続的に捉え、両者の二元論的対立を解消する。そして、「自然と人類は相互に働きかけ合い、自然的世界と人間の社会的世界に共通に存在する潜在的可能性を現実化する[91]」のである。社会発展の歪みが象徴しているように、「人類はまだ『人間以下（less than human）』のもの」であり、いまだ自然進化の完成ではない。その意味で、「現実は常に形成的（Reality is always formative）」であり、「自由な自然」を実現させうる「潜在的可能性（potentialities）」を実現化（actualization）する過程にあるとされている。ブクチンはここで、ヘーゲル的な弁証法を進化論と結びつけて論じている[92]。ブクチンの「弁証法的自然主義」は進化論、自然哲学、ヘーゲル的弁証法の三者を包括的に含む思想と言うことができよう。「弁証法的自然主義」の確立によって、ブクチンは「人間による自然の完成」という能動的視点を得たのである。ちなみにこの立場は、やはり自然哲学的立場を取りながら、なおかつ人間の特殊な能力と価値を重視するH・ヨーナスの目的論的形而上学と酷似している。

以上がソーシャル・エコロジーを代表するM・ブクチンの人間観であるが、エコシステムの中ではすべての種が対等であるということ、しかし人間だけが例外的な特殊能力を有するということ、こうした認識においては、ディープ・エコロジーのネスと基本的に変わるところがない。また人間と自然を一元論的に捉えようとする姿勢も、ディープ・エコロジーと同じである。しかし、自然がそれ自身の完成のために生み出した進化の産物として人間を捉え、人間による能動的な自然開発を容認することと、そして人間による自然開発が自然破壊にならないようにエコロジカルな社会構造への変革を提唱すること、この二点はソーシャル・エコロジー独自の環境思想であり、ディープ・エコロジーにはみられないものである。ソーシャル・エコロジーは、人間と自然の一元論的アプローチを説きつつも、人間がイニシアティヴを取る形で自然と共生するあり方を考えている。すなわち、「弁証法的自然主義」とは、「人間中心主義を包含した自然主義」を意味するのである。マーチャントはそれゆえ、「ソーシャル・エコロジーは人間の条件、転換の経済的基盤を重視し、そして生態系中心的な倫理に対立するものとしての人間中心的な倫理を重んじる。この点はディープ・エコロジーと異なる」[93]と述べ、ソーシャル・エコロジーを「人間中心的な倫理（homocentric ethics）」の中に分類している。

このようなアプローチは、生態系と人間の利益を根源的に一致させ、しかも人間中心主義を取ることで人間優先の対応も可能にする。さらに、社会論的観点も重視されるので現実的であり、エコフェミニズムの主張を包含することもできる。とすれば、ソーシャル・エコロジーの環境思想は、ディープ・エコロジーの持つ理論的欠陥をすべてカバーしているようにみえる。

ところが理論的には、ソーシャル・エコロジーのように自然主義から人間中心主義を包含するという試みは、必ずしも成功していない。第一に、いくら人間が特殊能力を持ち自然進化の頂点に立つといっても、決して人間が他の生物より優先され、人間が中心になるという根拠にはならない。人間中心主義には、人間が他の生物よりも価値的に優れるという価値論的根拠が必要であるが、能力論や進化論から価値の問題へと飛躍することは許されないのである。第二に、人間中心主義は主意主義の立場に立つので、元来、自然主義と矛盾するはずである。ブクチンは、人間の自由を自然主義の文脈から理解しようとするのだが、それでは、もはや「自由」とはいえないのではないか。ブクチンはヘーゲルの弁証法やフランクフルト学派の社会理論などを援用して、何とか人間中心の理論を自然主義の中で確立しようと腐心するが、十分な理論的統合がなされているとはいえない。

こう考えると、「人間中心主義を包含する自然主義」というブクチンの意図は、人間と自然の利益を一致させる理想的な環境倫理を目指している点は高く評価すべきであるが、①人間中心主義の価値論的根拠がない②人間の「自由」と自然主義とが理論的に十分統合されていない、という二つの矛盾を抱えるため、その試みが理論的に成功したとは言い難いのである。

一元論的アプローチの環境思想が持つアキレス腱――環境倫理の不備

ところで、ブクチンの「弁証法的自然主義」において人間の自由性がうまく理論的に組み込まれないという二番目の矛盾点は、環境倫理の欠落という問題となっても現れる。この問題は当然、反ヒューマニズムを掲げるディープ・エコロジーの場合にも当てはまり、一元論的アプローチを説く環境思想が共通に持つ理論的アキレス腱といってよい。人間が自然の一部であり、自然に同化してしまうならば、もはや説教じみた倫理など押しつけられる謂れはない。人間と自然の根源は一つであり、自然保護は人間本然の要求のはずである。エコロジーにおける一元論者は、往々にしてこう考えがちである。それゆえにディープ・エコロジーは、人々の「自己実現」さえあれば、環境倫理は不要であ

判する通りである。ル・エコロジーも、環境倫理をさほど重視しては来なかった。「ソーシャル・エコロジーは、環境倫理に対して十分な注意を払うこともしてこなかった」(94)とマーチャントが批判する通りである。

彼ら一元論者の環境倫理不要あるいは軽視論は、一面において理に適っている。ディープ・エコロジーのいう「自己実現」を達成して自然全体にまで拡張された自己にとっては、自然破壊とは自己の破壊であり、自然を守ることは自己利益に他ならない。またブクチンがいうように、自然進化の産物としての人間の自由な能力は本来、自然を完成させるために与えられたものであるとすれば、自然を保護し、豊かに開発することは自然の摂理であって、倫理による強制など不必要になる。

しかしこうした考え方は、人間の現実、ことに人間の欲望というものをあまりに軽視しているのではないだろうか。ディープ・エコロジーの説くエコロジカルな自己の実現は、日々の生活防衛に汲々としている一般大衆には無縁の境地である。また、社会が変わりさえすれば自然破壊はなくなるというブクチンの主張も楽観的であり、人間の欲望を如実に凝視しているとはいえない。例えば、大衆消費社会の一員として、われわれは生活ゴミを排出し、車に乗り、自然破壊や大気汚染に日常的に関与し続けている。ところがエコロジカルな自己や社会が実現すれば、もしかすると車を手放し、生活水準は必要最小限に押え、近代科学技術がもたらした利便や福利の多くを放棄することになるかもしれない。そのとき、われわれの欲望とエコロジカルな自己とのあいだで、深刻な葛藤が生じるのではないか。一部の宗教家や知識人はさておき、一般的な人間ならそうなるはずである。すべての人がガンディーのごとく禁欲的にはなれない。だから、様々な欲望に翻弄される一般的人間からみて、確固たる人間観に基づく環境倫理を持たない思想は、いかに理想的であっても、まさに絵に描いた餅にすぎないのである。

ソーシャル・エコロジーの一元論的アプローチは、ディープ・エコロジーの生命中心主義的平等を克服し、人間中心的な倫理に基づく社会のエコロジー化によって自然と人間の弁証法的発展・統合を試みた。しかしながら環境倫理を軽視し、人間の行動規範を明示しないので、空理空論化する恐れがなきにしもあらずである。そもそもソーシャル・エコロジーの理論には、目的論や価値論が含まれていない。ソーシャル・エコロジーが環境倫理化できないのは、このためである。倫理の問題は、進化論からは説明できず、社会理論によって根拠づけることもできない。それは、価値論や目的論によって、すなわち自然における人間の位置を哲学的・宗教的に考察することによって、可能になるのである。


もっともブクチンは、進化論的見解から「自由な自然」という目的論的観念を提示しているようにもみえる。彼は、生命中心的アプローチを批判する理由として「目的のある活動に従事するという人類の最も特徴的な特性（trait）を薄めてしまうこと」[95]を挙げているが、この一文からは目的論的な進化を遂げつつある人間、というイメージが看取できる。ところが、自然進化のうえで過程的な頂点にあるはずの人類が、社会発展の歪みから自らの母体である自然を破壊しているという現実に立ち返るならば、進化の過程は必ずしも目的論的に価値づけられていない。ブクチン自身、自然進化を予定調和的な目的論と見る意図はないと言うゆえんである。してみれば、進化論的アプローチを目的論と結びつけ、そこから環境倫理を説明する試みも破綻せざるをえない。

ディープ・エコロジーと同様、ソーシャル・エコロジーにも、価値論や目的論を通じて人間観を深め、環境倫理をいかに確立するかという課題が残されているといえよう。

小結

これまで、全体論的な環境倫理、人間中心主義の環境倫理、人間と自然との一元論的アプローチを説く環境思想について、それぞれの生態系保護の考え方を見てきた。全体論的な環境倫理は、生態学的知見に基づいて生態系の全体論的価値を最優先するが、リーガンが指摘するような「環境ファシズム」に陥りやすく、とくに社会的弱者の人権を抑圧する傾向をはらんでいる。また生態学的全体論に関しては、「自然主義的誤謬」の問題も指摘されている。

次に、人間中心主義の環境倫理として、G・ハーディンの「救命ボート倫理」を考察した。この倫理は地球環境の有限性を自覚し、世界人口の激増による地球全体の破滅を憂慮する。そして先進国の環境だけでも保護しようとする、自己中心的な人間中心主義の倫理を提唱する。しかし、ハーディンは歴史的に形成された社会的・国際的不均衡の問題を等閑視している。一方、フレチェットが説く「宇宙船倫理」は、ハーディンや全体論的環境倫理に欠けていた社会論的視点を重視し、民主的・非強制的な方法で生態系保護へ向けた社会の漸進的変革を説く。この考え方は、現時点で最も国際的合意を得やすい環境倫理であろう。「持続可能な開発（sustainable development）」を目指す国連の方向性は、まさにフレチェットの立場に合致している。フレチェットのような、エコロジー的に「啓蒙された人間中心主義」は、国際世論の主流となっていくだろう。

しかしながら、「啓蒙された人間中心主義」の難点は、その実践の困難さにある。フレチェットは、一人一人の「心の変革」による民主的変革に期待をかけるけれども、ただ「心の変革」を説くだけでは茫漠として説得力に乏しい。近代人の肥大化した欲望をコントロールするのは、至難の技である。「自然を守らないと、人類自身が破滅する」といった知識の啓蒙だけでは不充分と言わざるをえない。「心の変革」の主張は、「世界観の変革」をともなわない限り、事態の根本的な解決につながるとは考えにくいのである。第一章で指摘したように、地球環境問題は単なる人間の自然破壊的な本性から起った問題ではなく、デカルト的humanismの主客二元論的な世界観がもたらしたものである。われわれには今、いかなる世界観が必要なのか。フレチェットは「心の変革」の内実を明らかにすべきである。人間中心主義の環境倫理学が提唱する「世代間倫理」についても、同様のことがいえる。「未来世代への道徳的共感」は重要なエコロジー的視点ではあるが、全人類の心情に訴えるだけの普遍性を持ったメッセージとなりえていない。

そこで、われわれは最後に、デカルト的二元論を批判し、エコロジカルな一元論的世界観を提唱する環境思想について考察を進めた。ディープ・エコロジーの世界観は関係主義的で、個と全体の根源的一致を説く。また「自己実現」の思想を展開することで、生態系の利益と人間の利益とが一致するような環境思想を試みる。この考えは、実質的に「啓蒙された人間中心主義」の立場と同じことになる。しかも、フレチェットが明らかにしなかった「心の変革」の内実を一元論的世界観として明示している。「啓蒙された人間中心主義」に欠落していた「世界観の変革」を、ディープ・エコロジーは提供できるであろう。

ところがディープ・エコロジーは、現実には「啓蒙された人間中心主義」とみなされていない。まず彼らは、最終的に人間を一生物種とみなすため、極端な人口削減を求めるなど、全体論的な環境倫理に同ずる結果となっている。また「生命中心主義的平等」の理念は、現実の人間優先の価値観と激しく衝突する。現実の世界は、人間中心主義である。これを自然中心主義へとラディカルに変えることは、ほとんど実現不可能な「革命」といってよい。結局、ディープ・エコロジーの世界観は、人間と自然を根源的な一元性において捉えるものの、実際の主張においては自然主義的な見解に偏り、「自然主義的な一元論」となっている。このような「自然主義的な一元論」の環境思想は、何らかの形で人間中心主義を取り入れない限り、現実的ではなく、とくに人間優先の環境倫理を持つ必要がある。しかし、ネスらは環境倫理を不用視している。

そうしたところ、ソーシャル・エコロジーは徹底したディープ・エコロジー批判を通じ、人間中心主義を包含する自然主義への道を模索した。ソーシャル・エコロジーの旗手・M・ブクチンが用いた手法は、進化論、シェリング的な自然哲学、弁証法、フランクフルト学派の批判的社会論などの理論的統合であった。ブクチンは、人間の持つ特殊能力を尊重し、社会理論を重視した人間中心的な倫理の立場に立つ。しかも、人間の精神を自然の一部と見る自然哲学の見解を採用する。そして自然と人間が相互に働きかけ合いながら、弁証法的に進化発展するような自然哲学的環境倫理を目指す。とりわけ、人間による自然の改造をエコロジー的に是認したことは特筆すべき点である。人間の生の形態は反自然的であり、自然保護とはどうしても対立する。しかるにブクチンの「弁証法的自然主義」においては、人間の反自然的行為を自然の弁証法的発展の過程として容認することが可能となる。いわゆる「環境創造」の思想の萌芽が認められるのであり、人間の反自然的本性に根差した環境思想の形成が可能となるであろう。

ただし、ブクチンはヘーゲル的な弁証法に基づき、人間の働きかけによる「自然の可能性の顕現」を強調するに留まり、人間が環境を「創造」するというところまで踏み込んでいない。この点は、人間の自由性が自然主義の中に飲み込まれる危険性も感じさせる。ソーシャル・エコロジーが人間中心主義の側に立つというならば、人間の自由性・創造性を理論的に確保する必要があるが、その試みは成功しておらず、結局はディープ・エコロジーと同じく「自然主義的な一元論」に留まるといってよい。したがって、ソーシャル・エコロジーには環境倫理の欠落という問題も生ずる。

さらに、人間に関する価値論・目的論的な考察が欠如しているために、ソーシャル・エコロジーは人間中心主義の立場を十分理論的に確保できていない。ブクチンは、人類が生態学的に他の種と平等であるとしながら、そのうえで人間の持つ特殊能力や進化論によって人間中心主義を根拠づけようとする。けれども、能力論や進化論（事実）をもって人間中心の倫理（当為）を導くことは、明らかな「自然主義的誤謬」である。それゆえブクチンが唱導するソーシャル・エコロジーは、環境倫理としては未成熟な感が否めない。

このあたりで本章の議論に結論を出しておこう。人間の利益と生態系の保護を一致させようとするラディカル・エコロジーのアプローチには、フレチェットの「宇宙船倫理」、ディープ・エコロジーの自己実現思想、ソーシャル・エコロジーの「弁証法的自然主義」の三つがあった。このうち最も理想的な学説を展開したのは、ソーシャル・エコロジーであった。しかし惜しむらくは、ソーシャル・エコロジーにしても、その理想的なアプローチ――弁証法的自然主義の中へ人間中心主義を統合する試み――が理論的にうまく説明されていないために結果的には自然主義へ傾き、環境倫理として機能しえないという問題が残されたのである。このことは、ソーシャル・エコロジーが人間の生存を他の動植物より優先する価値論的根拠を持たないという問題と表裏をなしている。人間中心主義とは、人間に自然以上の価値を与える思想に他ならないからである。

したがって逆から考えてみれば、人間優先主義の価値観を「弁証法的自然主義」に導入することで、人間中心主義を自然主義の中に理論的に包含する道が開けてくるともいえる。そこで人間優先の価値観について、その理論構築の可能性を探ってみると、ソーシャル・エコロジーよりも、むしろディープ・エコロジーの自己実現思想が——ネスらが倫理化を頑固に拒否しているにしても——多くの可能性を秘めていることに気づかされる。なぜならば、ソーシャル・エコロジーが拠り所とする進化論と異なり、「自己を実現する」というベクトルそれ自体に、すでに一定の価値づけが見られるからである。自己実現思想に価値論を導入するならば、人間優先主義は必然的に帰結されるであろう。ディープ・エコロジーは「すべての生命の平等」と「自己実現」を二大規範として掲げるが、そもそも「自己実現」の生き方を意識的に実践できる存在は人間をおいて他にない。また、仏教の「悟り」に等しいとされる宇宙論的な「自己実現」を達成する潜在能力は、人間だけが持っている。ゆえに「自己実現」の程度には、人間と他の動植物・自然とのあいだで一定の格差があって当然である。他者や自然を慈しみ、それらに配慮し、一体化するような「自己実現」の能力において、明らかに人間は他の生物と隔絶している。その「自己実現」の能力の格差こそ、人間の生存権が最優先される根拠となり、人間が一生物種としての立場を超えた存在者であることの証明であるとはいえないだろうか。

生命中心主義的平等を可能な限り現実化しようと思うならば、その「自己実現」の度合に応じて個体を尊重すべきであろう。なぜならば、高度に「自己実現」された生命は、他の多くの生命と自己同化しており、「自己実現」の度合が低い生命と比べて、はるかに豊かな価値を有するはずだからである。ここで生命の価値に関する洞察が要請されてくる。もっともデヴァルの考えに従えば、一人の自己実現は万物との一体化を意味し、したがってすべての存在者の自己実現でもあるから、存在者の自己実現に格差があるなどはナンセンスということになろう。しかしネスが念告したように、ディープ・エコロジーの世界観は決して個を全体の中に消失せしめる有機体論的な全体論ではなく、システム論的な世界観を指向している。この世界観を考慮するならば、自己実現の世界とは、異なった自己実現レヴェルを持つ個々の生物・無機物が生態系の中で共生している状態と表現されるのが至当ではなかろうか。前述したが、ネス自身は生命の価値序列化を倫理的直観に反するものとして拒否する。けれども、存在者の自己実現に格差があるという視点を一度容認した時点で、自己実現の度合に応じた現実的な価値の序列を設定せざるをえなくなるであろう。そうすれば、ディープ・エコロジーは人間中心主義的な社会理論や環境倫理を持つことができ、生命中心主義的平等の理念も保持できる。価値的に優先される「自己実現」の高い人間は、慈しみの念を持って「殺す心」なく生存の必要を満たす。こうして「生命は一つである」というネスの直観に反することなく、人間優先の倫理を導き出すことが可能となる。

われわれは、ソーシャル・エコロジーの「弁証法的自然主義」が有する理論的不整合の問題を解決するという課題に最終的に逢着した。そしていまや、ディープ・エコロジーの自己実現思想の中にその克服の可能性を認めるに至った。すなわち、ソーシャル・エコロジーの「弁証法的自然主義」とディープ・エコロジーの自己実現思想を統合しうるような、新たな環境倫理を検討していく段階に入ったのである。

第三章　ラディカル・エコロジーにおける「自然の価値・権利」論

ラディカル・エコロジーが環境倫理として社会的に機能するには、自然の価値や権利に関する綿密な考察が是非とも必要である。これは見方を変えれば、自然に対する人間の責任を問うことでもある。

一九七〇年代の初頭、法哲学者のC・ストーン（Christopher D. Stone）が「自然の権利」論を発表し、センセーションを巻き起こした。一方、環境倫理学においては当初、自然の価値は人間によって決定されるものとする人間中心主義が主流であった。ところが、そのような考えに疑義を抱き、自然には人間の判断に左右されない固有の価値があり、したがって権利があるのではないかという主張が、ディープ・エコロジーを中心とした自然中心主義のエコロジストによってなされるようになった。こうして自然の価値・権利に関する本格的な論争が始まった。また人間中心主義的な立場に立ってカントの人格倫理をエコロジーの立場から再検討し、「目的それ自体」の観念を自然物にまで適用しようとする試みも現れている。本章では論争の歴史的経緯に従い、「自然の権利」の問題から順に、ラディカル・エコロジーにおける自然の価値・権利論を検討していく。

第一節　「自然の権利」論

巷間、論議されている「自然の権利」論は、もっぱら「自然の生存権」を意味しているが、それには大別して二つの類型がある。第一に、環境倫理学が主題とする「自然の倫理的・道徳的権利」であり、第二には実際の訴訟で争われている「自然の法的権利」である。後者をさらに、訴訟法上の原告適格をめぐる「法律学上の自然の権利」と、自然保護法に関する「法律に基づく自然の権利」に分ける考え方もある。(1) まず、これら自然の諸権利に関する主張の適否を見極めるのが本節の狙いである。

「倫理の進化」論

「自然の権利」の主張は、一般的に、動植物や自然にも人間と同様の道徳的・法的な生存権を与えよとの訴えであるが、そこには近代的なコミュニティー概念のラディカルな変容という革命的発想が横たわっている。すなわち、ホッブズやロックが主張したような社会契約説に基づき成立している近代の人間社会のコミュニティー概念を、自然を含めた生態系全体のコミュニティーにまで拡大することを意味している。前章で述べたように、A・レオポルドは、このことをいち早く提唱し、「倫理の進化」を説いた人物であった。

一九七〇年代から活発化した自然中心主義の環境思想・倫理は、レオポルドの「倫理の進化」の提案を受け継ぎ、動物や自然物の権利を承認することは倫理の進化の必然的道筋であると強硬に主張するようになった。環境史家のR・ナッシュ(Nash)は、そうした「倫理の進化」論を総括し、自らも権利概念を自然にまで拡大することを提唱している。『自然の権利』の中で、ナッシュは「『倫理学は人間(あるいは、人間の神々)についてのみ関心を寄せ、没頭することから転換し、その関心対象を動物、植物、岩石、さらには、一般的な〝自然〟あるいは〝環境〟にまで拡大すべきである』という思想が比較的、最近に登場してきたことを検証[2]したが、この倫理の拡大を担う思想が「環境倫理学」であり、「アメリカ自由主義（American liberalism）」の到達点を示す思想であるとする。

彼はそこで、イギリス・アメリカにおける権利概念の拡大の歴史を図示し、「抑圧されてきた〝マイノリティー〟の権利を拡大していく歴史的伝統の過程を図式的に描」いた。それによると、権利概念は〈イギリス貴族（マグナ・カルタ：一二一五年）→アメリカ入植者（独立宣言：一七七六年）→奴隷（開放宣言：一八六三年）→女性（憲法修正十九条：一九二〇年）→アメリカ先住民（インディアン市民権法）→労働者（公正労働基準法：一九三八年）→黒人（公民権法：一九五七年）→自然（絶滅危険種保護法：一九七三年）〉と歴史的に拡大してきた。この歴史の上から見れば、現代の環境倫理学は、人間によって抑圧されてきた自然の開放を主張するものといえよう。ナッシュは、その意味で、環境倫理学こそ「人間の思想過程における道徳のもっとも劇的な拡大」であると評価するのである[3]。

倫理の進化論は、このように権利概念の拡大の歴史をもって主要な論拠とするのであるが、人間社会における権利拡大の歴史をそのまま自然に当てはめることには、かなりの無理があると言わねばならない。人間社会の権利概念は、必然的に義務の観念をともなっている。労働者や女性、黒人などは、義務遂行能力を持った主体たりうるゆえに、権利を与えられて然るべきなのである。動植物が人間と同じように、義務を遂行することなど不可能であろう。したがって、「『自然の権利』という観念はその原則自体において首尾一貫性を欠いている[4]」といった批判は多い。しかし、この問題に関しては、単に倫理の進化論だけでなく、個々の自然物や動物の権利を主張した諸理論を綿密に検討しなければ、最終的な結論を下すことはできないだろう。

さてレオポルドが「土地倫理」において強調した「生物共同体」の概念は、人間と自然とが契約を結んで共同体をつくるという意味にも解釈できる。この主張を採用することは、従来の社会契約説に則った近代の社会体系を根底から覆すことにつながる危険性をはらんでいる。しかし一九九〇年、フランスの哲学者M・セール（Serres）は『自然契約』*Le contrat naturel*と題する書物を出版し、人間と自然とのあいだで共生関係の契約を結ぶべきことを提唱した。ヒューマニズムの立場に立つL・フェリなどは、セールの「自然契約」の主張を手厳しく批判しているが、レオポルド流の「生物共同体」の理論的可能性を探るには格好の題材となろう。

セールは、社会契約・自然法・人権宣言という、近代を形成した三つの法が地球上から「世界」を消してしまったという。社会契約は、われわれを自然状態から離脱させ社会を形成させたが、そのとき以来、自然は無限のかなたに忘れ去られてしまった。また、自然法においても「自然**nature**は人間の本性**nature humaine**に帰せられ、人間の本性はあるいは歴史にあるいは理性に帰せられる」とされ、「世界は姿を消してしまった」。さらに残された理性は法律や権利を基礎づけ、人権の概念を生んだ。したがって、「社会契約同様、人権宣言も世界については無視しており、触れずに済ましている」[5]。

セールはそう述べた後、社会契約や近代自然法において人間だけが権利主体となり、「世界は蚊帳の外に置かれ、所有の受動的対象という地位に貶められてしまった」ことに憂慮の念を示している。本来、比喩的にいえば、自然は「宿主（hôte）」であり、人間は「寄生者（parasite）」である、とセールは言う。ところが「寄生者」は、唯一の権利主体として「宿主をむさぼり尽くし死に至らしめる」ようになっている。そこで、セールは「自然は主体として振舞う」べきであると大胆に主張し、人間と自然の互恵的な「共生契約」として「自然契約」の締結を提案するのである[6]。

しかし自然が主体として振舞い、人類と契約を結ぶなど、どのようにして可能なのだろうか。セールは解説する。「確かにわれわれは世界がどんな言語を話すのかを知らない」が、「実際、地球は諸力や諸関係や相互作用ということばでわれわれに語りかける」のであって、「契約を結ぶにはそれで十分なのである」[7]と。すなわち、人間に対する自然からの恵みや災厄こそ自然の「ことば」であり、双方の利益や負担の均衡に関し、自然が人間と契約を結ぶことは可能である、とセールは考えている。だが、契約とは義務と権利の相互的な取り決めである。それゆえ契約上の主体は、あくまで倫理的主体でなければならない。なるほど自然はわれわれに対し、何らかの働きかけをする。その点で、自然は主体的存在ともいえよう。しかし、自然は倫理的主体ではありえない。A・ベルクの言うように、「いかなる倫理もコブラに子供を噛んではいけないということを押しつけるわけにはいかないし、プレート・テクトニクスに地震を起こして神戸を破壊してはいけないと言うことはできない」[8]からである。したがって、「自然契約」を「社会契約」とパラレルな関係において捉えることはできない。フェリは、セールの主張を「厳密な論証と言うよりもむしろ、隠喩に富んだ寓話上の話（metaphorical fable）[9]」「詩法上の破格（poetic license）[10]」などと揶揄しているが、「自然契約」の発想は契約概念の革命的な変換がない限り、空想の産物で終わる可能性が強いだろう。

しかしながら、地球と人間との互恵的な共生関係を改めて認識し、生活空間の中で自然とのパートナーシップを深めていくうえでは、「自然契約」の考え方が一つの有効なスローガンとなるかもしれない。科学技術の発達のおかげで、人類は大宇宙に浮かぶ有限な地球を見ることができる。セールも指摘するように、いまや「すべての人間がひっくるめて宇宙飛行士になっている」[11]時代である。かけがえない地球の中で、われわれは、人間と自然の双方が「相手に自らの生命を負うており相手が死ねば自分も死ぬ運命にある」ことを悟らざるをえない。われわれは、自然と人間の相互的福利を認識することを迫られている。セールは、人間の契約相手としての地球を一つの生命系とみなすが、J・ラヴロックの「ガイア（Gaia）」仮説のように、このような考えを科学的に論証しようとする動きも宇宙時代に入ってから盛んになっている。いずれにせよ、セールの「自然契約」説は、「地球有限主義」の時代における人間の「生き方」を示唆するものと考えれば、重要な視点を提供しているのである。

C・ストーンの「樹木の当事者適格」論文

以上のような「倫理の進化」論や「生物共同体」論を背景として、現代における「自然の権利」の主張は、様々な展開をみせている。その口火を切り、「自然の権利」論に法律的な正当性を与えようとしたのが、アメリカ南カリフォルニア大学の教授で、法哲学者のC・ストーンであった。ストーンの論文「樹木の当事者適格」"Should Trees Have Standing?"は一九七二年に発表され、各方面に「自然の権利」に関する広汎な議論を巻き起こした。この論文は、一九六五年に起こったウォルト・ディズニー社と有名な自然保護団体シエラ・クラブとのあいだの訴訟を背景に執筆されている。

ディズニー社はシエラ・ネバダ山中のミネラル・キング渓谷に大規模なリゾート開発を計画し、アメリカ内務省がそれに同意、許可を与えた。それに対し、シエラ・クラブは許可の違法宣言と事業の執行の差し止めを求めて提訴した。この際、原告であるシエラ・クラブの「原告適格」「当事者適格」が問題となった。従来の合衆国憲法では、行政機関のした決定を争うには、住民側に行政機関の行為によって侵害される法律上の利益がなければならないと解釈されてきた。ところがシエラ・クラブは自己の権利を侵害されたとは言わずに、自分は公益の代表者であるとして訴訟を提起したのである。第一審で同クラブの原告適格は認められたが、高等裁判所は一審判決を覆し、原告の訴えを却下した。そこでクラブは連邦最高裁判所へ上告し、審理が開始された。

その頃、この訴訟がストーンの目に止まった。ストーンは、自然の法的権利を認めるべきだという持論を開陳する好機としてこの訴訟を捉え、「樹木の当事者適格」を執筆して最高裁のダグラス判事のもとへ送付した。最高裁の判決は、四対三の僅差でクラブの上告を棄却したものの、ダグラス判事は反対意見を提出し、その中でストーン教授の論文を援用しつつ、自然物の権利を認める方向へと時代が進むべきであることを示唆した。このことによって、ストーン論文は一躍全米の注目を集め、環境思想史のエポック的な評価を下されるようになったのである[12]。

この論文でストーンが訴えたことは、樹木や森、川などの自然物も法的権利を持ち、訴訟を起こすための当事者適格を有するという主張である。その理論的根拠として、彼が示したのは「後見人方式」の適用であった。ストーンは次のように問題提起している。

川や森に当事者適格が認められないのは、それらが話すことができないからだということは、理由になっていない。法人だって話せない。国家、財産、幼児、無能なもの、地方自治体、大学だって話せない。法律問題に関して、法律家が普通の市民のためにこれまで弁じてきたように、それらに代わって弁ずるのである。私は、自然物に関する法律問題は、法的に無能なもの――例えば植物人間になってしまった者――に関する場合と同様に扱われるべきものと考える……こうして後見人guardian（「管理者」「委員」など用語はさまざま）が、法的問題に関しては、その無能

なものを代表することになる(13)

ストーンは、法人や幼児、植物人間など、法的に無能な「話せない」ものの権利を法律家が代弁するように、自然物の権利も後見人を立てて提訴しうる法システムを作るべきであると提案した。しかしながら、自然物の後見人制度を実際に適用しようとすれば、必ずぶつかる疑問がある。それは、後見人が自然物の要求をいかに判断するのか、という問題である。この問題は、山や川の要求を人間が判断することの困難さのみならず、自然物の要求が人間の都合のいいように設定される危険性を含意するが、とくに前者にかかわる批判が多く寄せられているようである(14)。

じつはストーン自身、この批判を想定して論文の中で反論を試みていた。それによれば、自然物の要求は不明確なものではない。例えば、「芝は私に、水を欲していることを、葉や土の乾き具合によって――さわってみればすぐに分かること――またはげた部分や黄色に変色した部分が現れたり、人が上を歩いた後の弾力性のなさによって、知らせる」し、「スモッグで危機に晒された松の木立ちの後見人＝弁護者には、その依頼人がスモッグを止めてほしいと要求していることがわかるであろう。」これらの要求は、「アメリカ合衆国」が司法長官にコミュニケートしたり、「会社の管理者が、『その会社』は配当の発表を欲していると言うことより、ずっと確実」ではないか、とストーンは訴えるのである(15)。

たしかに法操作主義的な側面からは、ストーンがいうように、環境それ自体の損失を認めることができるだろう。しかし、その損失が人間中心主義的な価値観によって「主観的に」算出される可能性は依然として残るのではないか。ナッシュの指摘を借りるならば、「ストーンも、裁判所がもう一方の当事者である人間の側の利益（just another human interest）に影響されてしまう可能性が十分にあるという点については確信がなかった」[16]のである。結局、法操作主義的な側面だけでは捉え切れない、自然の普遍的・客観的価値の問題が解決しない限り、真の「自然の生存権」の確立は不可能であると言わざるをえない。

さらにまた、そもそも感覚や関心がないと思われる自然物が要求を持ち、したがって権利を持つと主張することは、理論的な説得力に欠けるのではなかろうか。この点を指摘するのが、倫理学者のJ・ファインバーグ（Feinberg）である。すでに第二章で述べたが、ファインバーグの権利論は「関心（interest）を持った主体には権利を付与すべきだ」という「インタレスト原則」を基礎としている。その原則に照らし、樹木にはインタレストがないので権利もない、というのがファインバーグの意見である。彼は、自然物にも目的因を認めるアリストテレスの立場を「断固として拒絶」する。なぜならば、インタレストは「何か信念（*belief*）めいたものの存在が、或いは自覚して認識出来る能力のようなものの存在が、前提条件となっている」のであるが、植物には独自の目的があるとしても「信念」はなく、したがって欲望や欲求といったものも有りえないからである。換言すれば、「精神を持たない生物（mindless creatures）は、それら自身のインタレストを持たない」[17]のである。

ファインバーグはさらに、われわれが植物にインタレストがあるかのごとく思うのは誤解であり、それは人間の持つ様々なインタレストの投影に過ぎないと述べている。例えば、一本の樹木には太陽と水が必要だと言うときには、その樹木の成長や生存が人間の関心の的になっているということが背景にある。「植物は自らの機能（functions）を果たすために様々なものを必要とする。だが彼らの機能と言ってもそれは人間の持つさまざまなインタレストによって割り当てられただけで、彼ら自身のインタレストではないのである」[18]とファインバーグは説明する。

ファインバーグの権利論では、このように樹木の権利を否定する。ファインバーグに言わせれば、ストーンの言う「自然物の要求」は「人間の持つさまざまなインタレスト」によって割り当てられたものに他ならず、決して自然物それ自体のインタレストではない。したがって、代理人を立てて法的権利を主張することも不可能、という結論になる。結局、ストーンのように、インタレストの存在を前提として自然の権利を主張することは困難である。P・テイラーは、存在がインタレストを持つということのは「諸目的(ends)を持ち、それらを達成するための手段(means)を追求するという意味において」[19]であると述べているが、樹木がそのような能動性を持つとは考えにくい。樹木や無生物を含む「自然」の権利を主張するならば、インタレスト以外の原理によって基礎づけられなければならないことは明らかである。

T・リーガンの動物権利論

さて次に、アメリカの環境倫理学において「自然の権利」がどのように論議されているかを見ていきたい。環境倫理学では、インタレスト原理を超え、自然それ自体に客観的価値を認めるような環境倫理の方向性が模索されている。その中で、自然それ自体の価値を根拠に、自然の一部、動物の権利を認めるべきだと主張しているのが、T・リーガンである。彼の「動物権利論」は、P・シンガーの「動物開放論」を批判することから始まるといってよい。

前述したように、シンガーは功利主義の理論に基づき、動物も快苦を感じる感覚能力があるのだから、インタレストの平等な配慮の原則に従って、人間と同じように配慮されるべきであると説いた。

ところがリーガンから見れば、このようなインタレストを基準とした功利主義的な配慮では、もっぱら動物の扱われ方だけが問題となり、動物そのものに道徳的価値が置かれない。また「最大多数の最大幸福」といった功利主義の原則を適用すれば、全体的な功利の最大化のために特定の個体を犠牲にすることが正当化される。現にシンガーは、この意味における動物実験の正当性を認めている[20]。要するにリーガンは、シンガーの功利主義的な動物開放論が、個々の動物それ自体に客観的な道徳的価値を認めない点を批判するのである。

そこでリーガンは、動物がそれ自身で固有価値(inherent value)を持つと想定されることを理由に、動物の権利を主張するに至る。固有価値とは、彼の説明によれば次のようなものである。

個々の道徳行為者(moral agents)の固有価値は、彼らの諸経験(例えば、快pleasuresや選好の充足preference satisfactions)に属する内在的価値(intrinsic value)とは概念的にまったく別なものとして、すなわち後者の類の(内在的)諸価値に還元できず、これらの価値とは不釣り合いなものとして、理解されるべきである[21]

固有価値は、個人の内的な快楽充足によって規定されるような内在的価値ではなく、道徳行為者それ自体に帰属する絶対的価値なのである。リーガンは、この違いを「カップのアナロジー」によって説明している。すなわち、カップの中に入るもの(快や選好の充足)が内在的価値であり、カップそれ自体(個人それ自身)は固有価値を持つと考えてみるのである[22]。そうすれば、固有価値が内在的価値の総計によって決まるわけでも、より教養ある選好を持つ者がより偉大な固有価値を持つわけでもないことがわかるだろう。固有価値は、道徳行為者それ自体の「器(receptacle)」に備わるものなのである。

ここでリーガンは「道徳行為者」という言葉を使っているが、これは「熟慮したうえで、道徳的になされねばならないことの決定を生むための、公平な道徳原理をもたらす能力をとくに含むような、様々に洗練された諸能力を有する諸個人」と定義されている。したがってリーガンの考えでは、「正常な成人（normal adult human beings）」が「道徳行為者」の模範（paradigm）とされ、動物や子供、知的に後退した人間などは「道徳不能者（moral patients）」に分類される[23]。

では、このような「道徳不能者」は固有価値を持たないのか。リーガンは、われわれが固有価値の概念を道徳行為者だけに限定するのは恣意的であるとして、道徳不能者にも固有価値を認める道を模索していく。そして、道徳行為者と道徳不能者がともに共有できるような特徴が「生きている」ことであり、シュバイツァーが説いた「生命への畏敬（Ehrfurcht vor dem Leben）」の倫理に思い当たるが、より一般的な原理を求めたリーガンは「生命主体という基準（subject-of-a-life criterion）」に到達する。この概念を正確に把握するために、彼の定義をそのまま引用しておこう。

個体が生命主体であるのは以下の場合である。信念（beliefs）や欲求、知覚、記憶、自己の未来を含む未来への感覚、快苦の感情をともに備えた情緒的生命、選好と福利へのインタレスト、欲求と目的（goals）を追求する行動を起こす能力、時間に関する心理学的な自己同一性（identity）、経験的生活がうまくいったり悪かったりという意味での個体の福利が論理的に他者の功利から独立し、また、いかなる他のインタレストの対象となることからも独立していること。これらを有する個体ならば、生命主体である[24]。

道徳行為者の基準のような洗練された知的能力は、ここでは求められていない。われわれが常識で「意識を持った生命」と考えるような基準が、インタレストを中心に列挙されているとの印象を受ける。しかし、その解釈の幅は相当に広いものと言わざるをえない。リーガンも線引きはかなり難しいとしながら、最終的に「一歳以上の正常な哺乳類」が生命主体であると規定している。

しかしながら考えてみると、リーガンは生命主体の認識から固有価値へと移行する筋道を、いまだはっきりと示していない。彼はただ、固有価値を有するものは生命主体であると措定したのみである。逆に、生命主体であれば固有価値を持つとなぜいえるのか。この問いに答えなければ、リーガンの理論は、事実から当為を導き出すという誤り、いわゆる「自然主義的誤謬」に陥っているとの謗りを免れないだろう。

リーガン自身もこの点を意識しており、道徳行為者のような個体が等しく固有価値を持つと見ることは自然主義的誤謬ではなくて一つの「要請（postulate）」であり、「理論的想定（theoretical assumption）」であると反論している。[25] 彼によれば、そのような要請に基づく判断は、「われわれが偏頗なく、合理的、冷静、そのような類のものであるように、最善を尽くした時にのみ抱く熟慮された信念（considered beliefs）」なのであり、かかるゆえに「われわれの思慮深い直観（reflective intuitions）に最もよく適合する原理こそ、合理的に望ましい（preferable）」とされる。[26] すなわち、われわれの熟慮された信念や直観に訴えることで、生命主体が固有価値を持つということを「望ましい」原理として採用すべきだと言うのである。生命主体という条件も、彼の原理にとっては絶対的な必要条件でなく、十分条件にすぎない。生命主体の条件を満たすならば固有価値を持つはずだ、といった直観主義的な原理こそ、リーガンが求めているものである。

次に、このような直観主義的原理が、いかに権利論へと展開されるのかについて見てみよう。リーガンの動物権利論は、すべての生命主体、すなわち「一歳以上の正常な哺乳類」が固有価値を持つゆえに権利を有するというものである。この権利は「基本的な道徳的権利（basic moral rights）」を意味するが、リーガンはそれを法的権利から明確に区別している。法的権利は社会の法的な背景によって様々に変化する。しかし、基本的な道徳的権利はいかなる者の故意の行為からも独立し、普遍的（universal）であり、すべての生命主体に平等なものであるという。彼が動物の権利として承認を求めているのは、あくまで「尊重された扱い（respectful treatment）を受ける権利」なのである。

ところで、固有価値を持つことが尊重された扱いを受ける権利につながるというのは、なぜだろうか。それは、人間が尊重される権利を持つからには、人間と平等の固有価値を持っている動物も同じ権利を持つはずだ、と考えられるからに他ならない。リーガンは、「人間がお互い同士に対してもっている義務についての最良の理論に到達するために、われわれは個人としての平等の固有の価値を認識しなければならないのだから、理性——感情（sentiment）でも情緒（emotion）でもなく——がわれわれに要求するのは、これらの動物たちの平等な固有の価値（inherent value）を認識することである。そのことによって、彼らの平等の権利が尊敬をもって取り扱われる」[27]と述べ、理性的に動物の固有価値を認識できるならば、人間の権利のアナロジーから動物の権利は導かれるだろうとしている。

以上がリーガンの動物権利論の概要であるが、ストーンの権利論との違いは、まず権利を持つ対象を「一歳以上の正常な哺乳類」に限定し、植物の権利を認めないことである。この点は、ファインバーグのインタレスト原理に基づく権利論と基本的に同じである。ただし、ファインバーグのインタレストは、信念や認識可能な自覚などと説明されているものの、リーガンの生命主体よりも高い基準のようである。それは、ファインバーグが「一般的に言って動物は、意味深長に、その権利が肯定（predicated）されたり否定されたりできるような存在者の部類に属している」[28]といい、動物がインタレスト原理を満たす権利主体であると明確に規定しえなかったことからも推察しうる。リーガンは、インタレストの基準をファインバーグより低く設定することで、動物を生命主体に含め、動物権利論を成立させたと見ることができる。

また、動物の生命それ自体の価値は考慮されないシンガーの動物開放論に比べて、固有価値論に基礎を置くリーガンの動物権利論は動物個体の生命の尊重を説く。[29] リーガンの生命尊厳の姿勢は、感覚主義的で時には植物人間の安楽死すら容認するようなシンガーの論よりも、はるかにわれわれの常識的信念に適合するものといえよう。

動物権利論の理論的限界

とはいえ、動物権利論には問題点も多々ある。それらは次の二点に集約されよう。第一に、無生物や植物はもちろん、植物人間や胎児、下等動物など、リーガンが規定した生命主体の基準を満たさない生命の権利はどうなるのかという問題がある。第二に、人間と動物が平等の固有価値と権利を有するならば、ディープ・エコロジーの生命中心主義的平等と同様に、現実の人間優先主義との矛盾という問題が生ずるであろう。

第一の点に関して、リーガンは「生きていないもの——たとえば、岩や川、木や氷河——が固有の価値をもっているかどうかについては、われわれは知らないし、今後もわからないだろう[30]」という立場をとるが、無生物や植物が考慮されるような理論も追求している。それが「道徳的地位（moral standing）」という考え方である。リーガンは、道徳的地位のことを「われわれがある行為を実行すべきかどうか、ある政策を採用すべきかどうかを決定する過程で、Xがどのように影響を被るかをわれわれが道徳的に決定しなければならない、Xがそうした存在者である時、その時に限り、Xは道徳的地位を持つ」と説明し、「意識を持たない存在者も道徳的地位を持つ」と主張している。この道徳的地位という観点から見れば、人間や動物に限らず、植物や岩、山なども考慮されるべき対象となる。また、リーガンは胎児や新生児などについて、生命主体であるか否かは不明としても、彼らを生命主体であるかのように、道徳的権利を持つかのように、見ることを提唱している。要するに、植物や胎児など判定不可能な存在は、権利を持つかのごとく扱われ、考慮されるべき道徳的地位を持つとリーガンは考えるのである[31]。

リーガンの動物権利論は、植物や山河といった自然を考察の対象外としている。しかし、それでは環境倫理としての有効性は皆無に等しい。そこで「道徳的地位」の理論を導入し、自然保護の理論化を試みたわけだが、その結果、彼の説く権利の概念がますます曖昧になってしまったことも否めない。権利を持つ個体も、持たない個体も、同じように扱われるならば、権利概念それ自体の実質的意味がなくなってしまうのではないか。かといって、動物権利論を環境倫理へと展開するために、生命主体の対象範囲に植物や山河などを含めてしまえば、もはやわれわれの常識的直観を超えた理論となってしまい、リーガンの直観主義による権利論は破綻する。すなわちリーガンの権利論は、環境倫理としては成立しないということである。

また二番目の問題であるが、人間と動物が平等の固有価値を有するということは、少なくとも両者が平等の生存権を持つことを意味している。リーガンは、この信念から動物実験や商業的畜産の全面的廃止を訴え、菜食主義を道徳的義務としている。しかし、現実に人間と動物の利害が衝突した場合はどうなるのか。例えば、ある地域の生態系の均衡を維持するために人間や動物の数の削減が求められるとしたら、リーガンは動物も人間も均等に削減することを提案するのだろうか。動物権利論はこのような問題提起に合うと、たちまち歯切れが悪くなる。一応、リーガンは権利論を展開する中で、人間と動物の優先権の問題を考察している。彼はそこで、人間四人と犬が一匹、救命ボートの上で生存しているケースを想定する。ボートには四つの個体を収容する能力しかなく、ともかく一個体をボートから投げ出さないと全員が死亡してしまう。この時どうするか。リーガンが長い議論の果てに辿り着いた結論は、「例外的ケースとして」犬が犠牲になり、四人が救出されるべきということであった。(32) しかし、人間の生存権が優先される根拠は明示されていない。動物権利論に限らず、生命中心主義的な平等理論が抱える共通のアキレス腱がここにある。われわれの常識的信念や直観に照らせば、生存権に関しては、人間優先主義をとるのが正しいということになろう。リーガンもそうした直観を是認したわけであるが、一方で固有価値と権利の平等という直観に基づく理論は、その時点で首尾一貫性を失うのである。

以上述べた二つのディレンマは、動物権利論の理論的限界を暗示しているといえないだろうか。結論的にいえば、動物と人間が平等の固有価値を持つことまでは承認できても、平等な道徳的権利を持つという主張は、われわれの常識的な直観に反するのである。さらに、権利の概念によって自然の尊重を主張すると、植物や景観的自然は除外され、どうしても環境倫理としての有効性が損なわれてしまう。植物などを権利主体と考えることはインタレスト原理によっても、また、われわれの常識的直観によっても不可能だからである。われわれは、より常識的で、現実的な有効性を持った環境倫理の基準の考察に移らねばならない。

P・テイラーの「生命中心主義」

リーガンが動物権利論を中心として環境倫理に言及したのに対し、「自然尊重の態度（the atitude of respect for nature）」という概念を根幹に、環境倫理を展開するのがP・テイラー（Paul W. Taylor）である。テイラーは、「私は権利という観念に頼らずに環境倫理の理論を構築し、擁護したいと考えた」(33)と自ら述べているように、「権利」よりも幅広い解釈が可能な「態度」を鍵概念として選び、より有効な環境倫理の構築を目指している。彼の主張の軸は「生命中心主義的な見方（biocentric outlook）」であり、この見方が「自然尊重の態度」の根拠となっている。そのため、テイラーの学説は「生命中心主義（biocetrism）」と呼ばれている。

では、「生命中心主義的な見方」とは何なのだろうか。テイラーによれば、それは、われわれの「信念の体系（belief-system）」であり、核となる信念は次の四つである。(34)

（1）人間は、地球共同体の成員である。それは、人間以外の生物がその共同体の成員であることと同じ意味・同じ条件において、そうである。

（2）他のすべての種と同様、人類という種は相互依存のシステムの中で不可欠な要素（integral elements）である。それゆえ、各々の生物の生存は、豊かにあるいは貧しく暮らす可能性と同様に、単なる環境の物理的条件だけではなく、他の生物との諸関係によっても決定される。

（3）すべての有機体は、生命の目的論的な中心（teleological centers of life）である。それは、各々がそれ自身の善（good）をそれ自身の方法で独自に追求するという意味である。

（4）人間は、他の生物よりも本質的に（inherently）優れているわけではない。

一見してわかるように、四つの信念の中には、生態系中心主義や生命中心主義的平等の見方、すなわち自然中心主義的な見解が含まれている。しかるに、「生命の目的論的中心」という有機体観に関してはテイラー独自の主張であり、これがテイラーの生命中心主義の特徴となっている。テイラーによれば、この有機体観は生物学や物理学の進歩にかかわっている。彼は、「各動植物を注意深く、細心に研究した科学者たちの多くは、それら動植物の主体が、自己同一的な個体であると知るようになった」と言う[35]。そこに、有機体を「自己保存に励み（strive）、その善をそれ自身の独自的やり方で実現しようとする生命の目的論的な中心[36]」と見るような信念が生れる素地がある。

しかしながら、このような有機体観は、人間の特徴を動植物の中に「読み込む」ような、一種の誤った擬人化（anthropomorphizing）から生れた信念ともいえないだろうか。この疑問に対し、テイラーは次のように答える。「生命の目的論的な中心」という理解は何も、木が意識を持ち、意図的に自己保存を目指したり、死を避けようと努力したり、生死を気にかけたりする、というような考え方ではない。すべての有機体は、意識のあるなしに関わらず、生命の目的論的中心である。その意味は、「各々（の有機体）が、統合され、一貫して秩序づけられた目的志向的（goal-oriented）な諸活動のシステムであり、それが有機体の存在を守り、維持するという不断の傾向（tendency）を有すること[37]」なのである。それならば、目的志向的な機械は「生命の目的論的中心」なのか、という問題も生ずるが、答えは否である。機械の目的は人間によって設定されるので、機械に固有なものでない。したがって機械に独自の目的志向活動はない、というのがテイラーの見解である。要するに、有機体の自己保存、生へと向かう固有の「傾向」をこそ、テイラーは生命の目的論的な活動と捉えたのである。

「生命の目的論的中心」であるところのすべての有機体、すべての生物個体はそれら自身の善を持ち、目的志向的な活動を行う。ゆえに人間、動物、植物など、すべての生命個体が本質的に平等であり、地球共同体の成員として、相互に依存しあう不可欠の要素である。以上がテイラーの説く、生命中心主義的な見方の「信念の体系」である。現時点でそれは、科学的に証明された真理ではない。けれども彼は、「信念の体系」が単なる推測ではなく、合理的な知識に基づいていることを強調している。道徳行為者がこの信念を受け入れるのは、「彼らが合理的で、知識を持ち、現実を認識しているからである」とテイラーは言う。いわば、合理的信念の主張である。たしかに、現代の生態学や生物学、物理学などの知識によって、われわれがテイラーの説くような生命中心主義的な信念を受け入れることは可能であろう。換言すれば、科学の前進が生命中心主義的な見方を可能にしたわけである。

そこでテイラーは、われわれが生命中心主義的な信念を受容しうるとの前提に基づき、すべての生物個体が固有価値（inherent worth）[38]を持つことを説明しようとする。「いかにして存在が固有価値を持つと知りうるのか」――この問いへのテイラーの答えをみてみよう。

ある人が固有価値を持つという主張の真実性を確立することは、人をこのようにみなすことによってのみ、すべての人が合理的で、価値づける存在――意識的生命の自律的な中心――であるという概念と矛盾しないことを示せば、可能である。……同様の議論が、自然界のすべての動植物は固有価値を持つ、という主張にも適用できるだろう。われわれは、その主張の真実性を確立できる。すなわち、動植物をこのようにみなすことによってのみ、自然に関する生命中心的な見方という信念の体系を受け入れた時にわれわれが彼らを理解するやり方と、矛盾しないことを示せばよいのである[39]

人間は、その自律的な生命活動のゆえに固有価値を持つとみなされる。この見解は、やはり一種の合理的信念に基づくといえよう。同じように、「生命の目的論的中心」である動植物も、それゆえに固有価値を持つと考えることができるではないか、とテイラーは訴えるのである。人間が固有価値を持つならば、動植物が固有価値を持つことも認めざるをえない。それは、すべての生物個体が「生命の目的論的中心」である、というわれわれの合理的信念による。すなわちテイラーは、〈動植物→生命の目的論的中心→人間との類似性→固有価値〉といった移行を説くのであるが、それぞれの移行を引き受ける原理は、結局、合理的信念に他ならないのである。

とすれば、テイラーの理論の最終到達点である「自然尊重の態度」も、われわれの合理的信念から導かれることは想像に難くない。テイラーは、動植物が固有価値を持つことを説明したときと同じように、人間倫理のアナロジーを使って、固有価値を持つ動植物が尊重の対象になることを説明している。人間倫理において、人間は単に人間である、というだけで尊重されることはない。人間は固有価値を持つとみなされたときに、尊重の態度の適切な対象と考えられる。人間以外の生物に対して尊重の態度が取られるのも同じことであって、彼らが固有価値を持つとみなされるからである[40]。このように人間倫理のアナロジーによって、動植物への尊重の態度を引き出すということも、合理的な信念の媒介なくしては不可能な展開であろう。テイラーの理論展開の特徴は、人間倫理のアナロジーを使って、われわれの合理的信念に訴える点にある。

P・テイラーの権利論

ところでテイラーの生命中心主義は、最初に述べたように、「自然の権利」を中心にした展開を避け、「自然尊重の態度」を主に論じている。しかしながら、「自然の権利」を完全に否定しているわけではない。結論を端的に示せば、テイラーの考えは「生物個体の法的権利は認めるが、道徳的権利は認めない」というものである。このことは、リーガンが動物の法的権利を否定し、道徳的権利を認めたのとは正反対である。

まず、第一に、テイラーのいう生物個体の法的権利とは何を意味しているのか。ストーンのように、樹木が後見人を立てて提訴できるという主張なのだろうか。テイラーは、自然の法的権利の問題を考えるにあたり、アメリカで一九七三年に成立した「絶滅種保護法（the Endangered Species Act）」を引き合いに出し、そのような自然保護の法律を含んだ法システムを持つ社会と、持たない社会を区別する。そして、前者の社会では動植物が権利を持つし、後者の社会では彼らも権利を持たない、と客観的に述べた後、「そうした（自然保護の）法律は、自然尊重の態度の表現ないしは具体化というる」[41]と評価し、動植物の法的権利を擁護する立場を表明している。してみれば、テイラーが考えているのは、「絶滅種保護法」が目的とするような生物個体の生存権の承認であろう。生存権を侵害された動植物は代理人が提訴できるのであり、その意味で、テイラーの立場はストーンに近いものと考えられる。

その一方で、テイラーは動植物の道徳的権利を強く否定している。彼は、道徳的権利の適用範囲が本来、人間の領域であることを強調する。それを概念的に拡張し、動植物に帰すことは馬鹿げた話でないとしながらも、動植物の道徳的権利を望む人々が達成を望むようなものは、すでに彼の説く「自然尊重の態度」や「生物の固有価値」という思想によって成就されている、とテイラーは言う[42]。ゆえに、道徳的権利の原義を崩して無用な混乱を招く必要はなく、従来通り、人間の道徳的権利だけを認めればよい、という結論になるのである。

テイラーの意見は以上であるが、道徳的権利を人間に限定することは、すべての生物個体が固有価値を持つという彼の立場がもたらした必然的帰結のように思われる。リーガンの権利論は、その適用範囲が「一歳以上の正常な哺乳類」に限られていたので、人間のアナロジーにより動物の道徳的権利を主張しても、われわれの常識的直観に反することはなかった。ところがテイラーの場合、植物や単細胞生物まで固有価値を有するわけであり、それらが人間と同じ道徳的権利を持つとはどうしても考えにくい。リーガンやテイラーの説を見てもわかる通り、「自然の権利」の主張は、われわれの常識的直観や合理的信念に支えられている。常識や合理性を欠く主張は致命的といえよう。テイラーが動植物の道徳的権利を認めなかった理由の一つは、このあたりに存するのではないだろうか。

しかし反面、テイラーの汎神論的ともいえる固有価値論は、環境倫理としてはまことに有意義な側面を持っている。リーガンの論では権利を与えられず、道徳的地位を有するだけだった植物や下等動物――テイラーはそれらに人間と同じ固有価値を認め、平等な尊重の態度を人間に課した。その態度は、動植物の生存権の法的保護を包含しており、テイラーの理論が実効性の高い環境倫理たりうることを示唆している。またストーンの「自然の権利」論は、インタレスト原理を採用したばかりに、植物の法的権利を訴える主張に無理がみられたが、テイラーの場合は固有価値論を根拠にしているので、われわれが合理的な信念の体系を共有さえできれば、動植物の生存に関する法的権利は十分に承認可能である。

しかし問題は、どれだけ多くの人々が、生命中心主義的な見方の信念の体系を共有できるかであろう。テイラーは、生態学などの知識に基づく合理的な信念を受け入れることを勧めるが、彼の説く信念の体系は、いまだに一般的な常識的信念とはかけ離れている。例えば、我が家の犬とハエが同じ固有価値を持ち、平等な尊重の態度を取るよう義務づけられるとしたら、どれほどの人が実行できようか。この点では、むしろ植物や昆虫に固有価値があると断定しないリーガンの説の方が、われわれの常識的信念に適合している。すなわちテイラーの理論は、その信念の体系を多くの人々に啓蒙する努力なくしては完成しえない。

またテイラーの生命中心主義は、景観的自然などの無生物に関する理論が不備である。山河渓谷等の保護は、環境倫理の大きな課題である。テイラーは、川などの物理的な自然環境は道徳的主体(moral subject)でないので、われわれの自然環境に対する義務はない、と言い切る。しかしながら彼は、道徳行為者たるわれわれは、物理的環境内にいる道徳的主体――例えば、川の中の魚――に対して義務があるゆえに、川などを汚染しないようにする義務があると言うのである[43]。物理的自然には、固有価値はおろか、いかなる道徳的地位もないことになり、これでは地球上の生物の少ない地域で乱開発が容認される危険性がある。やはり物理的自然に関しても、リーガンの道徳的地位のように、何らかの環境倫理的な規範が必要であると思われる。

生命中心主義と人間優先主義の関係

さてテイラーは、彼のような生命中心主義的平等の論者が必ずといっていいほど陥るディレンマ——生存権に関して人間優先主義をとる現実との矛盾——に関しても、積極的に回答を試みている。彼は、「人間倫理と環境倫理の衝突」の問題を考える中で、その解決は「人間倫理と環境倫理双方の領域を超越（cut across）する一組の優先原理（priority principles）を見つけること」[44]にあると提唱している。テイラーが提案する「優先原理」とは、①自己防衛（self-defense）の原理②比例（proportionality）の原理③最小悪（minimum wrong）の原理④配分的正義（distributive justice）の原理⑤回復的正義（restitutive justice）、という五原則である。このうち、②③に関していえば、人間の基本的でない利益と野生の動植物の基本的利益が衝突した場合、ともに固有価値の保有者として、両者ができるだけ平等に尊重されるような実践規範を設定しようというものである。⑤は、その平等性をできるだけ完全なものにするために設けられている。したがって、それらはここで詳しく論じない。

問題は、人間と動物の生存権が衝突する場合の①と、人間が食用のために動植物を殺す場合の検討を含んだ④の原理である。①は、テイラーは野生動物によって生命に及ぶ危害を加えられるケースを想定した規範であり、人間と動植物の生存権にかかわる問題となる。テイラーは、道徳的権利の授与を人間だけに制限したが、同時に動植物の法的な生存権も認めている。したがって動植物が道徳的権利の保有者でないからといって、人間の生存が動物より優先される根拠とはならない。そもそもテイラーの平等原理の根拠は、固有価値の平等な保有にある。

しかしテイラーは、何とかして人間優先主義を採用し、現実とのディレンマを克服しようと努める。そこで「自己防衛の原理」を持ち出すのである。すなわち道徳行為者は、自己の生命に危害を及ぼす有機体（道徳行為者でない）を殺害することが許されるという原理である。テイラーはここで、「自己防衛の原理」を正当化する際に、またしても人間倫理とパラレルな考え方を提示する。われわれは、他者から命に及ぶ危害を加えられそうになったとき、他に方法がなければ、正当防衛として相手を殺害することが認められる。人間による動植物の殺生が正当化される場合も、同じことであるというのである。しかし本来、すべての生物個体は平等の固有価値を持つゆえに、そうした手段の行使は「最小悪（least evil）」に止めるべきであるとも、テイラーは付け加えている。

また④の「配分的正義の原理」に関して、テイラーは、人間が動植物を食用にすることの是非を検討している。この場合、動植物は人間に危害を及ぼすわけではない。人間の側も、生命共同体の成員として、動植物との共存を願っている。それでも、生きるために動植物を食べるという人間の基本的利益と、人間以外の動物の平等な基本的利益とがしばしば衝突することは避けられない。動植物の食用をやめれば、ある地域の人間は死んでしまう。そんな時は、両者が利益の公平な配分を受けるように行為するという「配分的正義の原理」に従って、人間が動植物を食用のために殺戮することが道徳的に許容されうる、とテイラーは言う。しかし反面、動物が人間を食用とすることは、人間の「自己防衛の原理」に照らして認められない。それゆえ、やはり生存権に関して、テイラーは人間優先主義を「優先原理」とするのである。

このようにテイラーは、苦心して生命中心主義の現実的ディレンマを乗り越えようとするのだが、理論的整合性という点では多くの疑問が残る。第一に、「自己防衛の原理」が人間倫理のアナロジーによって成立するならば、少なくとも人間倫理と環境倫理を超越した優先原理とはいえない。それは人間倫理の拡大に他ならないだろう。また、テイラーが人間倫理と環境倫理を分離して考えること自体、人間を含めた生態系あるいは生命圏という観点が欠如しているとの指摘もある。(45)

第二に、道徳行為者だけに「自己防衛の原理」が認められるというのは、あからさまな人間優先主義であり、生命中心主義の理念に反するのではないか。道徳行為者と判定されるのは、目下のところ人間だけだからである。この疑問に対し、テイラーは次のように反論する。自己防衛のために動物殺害を容認することは、動物が人間より価値的に劣っていることを含意しない。ただし人間の方も、自分が動植物に劣らぬ価値を持つと信じている。それなのに、もしも危険な動物のために命を捧げる義務を人間に課したならば、逆に動物が人間より大きな固有価値を持っていることになってしまう。それゆえ、人間が自己犠牲の原理を選択する余地はない。(46)「配分的正義の原理」の場合も、テイラーは同様の主張をする。人間が動植物を食べる。それは悪いことである。「しかし、そうすることは許されうる。なぜなら、われわれが動植物のために自分を犠牲にする義務はないのだから」(47)。テイラーはこう断言するわけだが、動物の側からいえば、人間のために犠牲者となることを「原理」として義務づけられたようなものである。リーガンは生存権に関する人間優先主義を「例外的ケース」と考えたが、テイラーの場合はそれを「優先原理」として規定する。そうである以上、生命中心主義の平等観と人間優先主義の構造関係を明確に示さなければ、論理的に完結しないのである。

第三に、かりに動植物が道徳行為者であれば、人間と同じような自己防衛のための殺害が認められるのか、という疑問もある。テイラーは、人間以外に道徳行為者がいる可能性を否定しておらず、イルカやクジラ、象、霊長類などが道徳行為者であるかもしれないと述べている。(48)とすれば、そのような動物が道徳行為者と認められ、道徳行為者でない人間（例えば、精神異常者や知的発達の遅れた人間）から危害を加えられた場合、その人間を殺すことは認められるのか。テイラーによれば、「自己防衛の原理」はそれを許容しうるというのである。[49] すなわち彼は、原理的可能性として、生命中心主義の立場を捨てていない。もちろん、われわれの常識的信念は、決してそのような原理の現実化を許さないだろうが。

結局、テイラーの「自己防衛の原理」は、現実における人間優先主義を正当化する論理といえる。生命中心主義的な平等は、辛うじて可能性として確保されている。しかし、動物が優先的に人間を殺すという可能性の現実化はわれわれの常識的信念に反するように、現実の人間優先主義を覆すことは倫理的な直観主義を否定することになろう。その時点で、合理的信念に基づくテイラーの理論も崩壊すると言わなければならない。したがって、テイラーが理論的にすべての生物個体の平等を説きながら、現実的対応として人間優先主義を「優先原理」の中に組み入れたことは、妥当な試みとして評価できる。

しかしながら惜しむらくは、テイラーが自らの「生命中心主義を基盤とした人間優先主義」という意図を論理的に説明し切れていないことである。その理由は、人間優先主義の根拠を現実的な差異に求めないからではないだろうか。すべての生命個体が平等な固有価値を持つという理論的信念を崩す必要はない。けれども現実の諸活動に関して、人間の精神的・文化的な活動と、動物の本能的活動を等質的に論ずることはできないだろう。そこには、現実的な価値の優劣があって然るべきである。テイラー自身、「最小悪の原理」を説明する中で、人間にとって非基本的な利益のうち、社会全体が高いレヴェルの文化を維持するために必要なもの（例えば、図書館・美術館の建設、空港・鉄道を作るなど）に関しては、動植物の基本的利益よりも重視されるべきだと説いている。(50)人間の文化的行為に特別の価値を置くのであれば、現実における人間と動植物の価値論的差異を考究することは、テイラーにとっても不可欠といえよう。

以上、環境倫理学における「自然の権利」論に関して、種々考察をしてきた。これまでの議論を踏まえ、望ましい「自然の権利」論とは何かを整理してみたい。

望ましい「自然の権利」論のあり方

（1）動植物が道徳的・法的に保護され、尊重される権利を認める。ただし、自然物が訴訟法上の当事者適格になりうるかどうかについては、なお検討の余地がある。また人間の生存や基本的利益と衝突する場合は、人間優先主義の立場をとる。これによって現実に適合した環境倫理となる。

（2）インタレスト原理ではなく、固有価値の見方を採用し、動植物が人間と同じ固有価値を持つことを認める。これによって植物や下等動物を尊重する態度が生まれ、自然破壊を防止する環境倫理として機能することが可能となる。

（3）われわれの常識的直観や合理的信念を基盤にする。これによって、事実（生命）から規範（価値）へ移行する際の「自然主義的誤謬」の問題を解消する。

また不備なところを挙げるとすれば、以下の二点である。

「自然の権利」論の不備な点

（1）無生物（山や川など）を尊重するための根拠がないか、あってもインパクトに乏しい。
（2）望ましい権利論は動植物に対し、人間と等しい固有価値の存在を認めるが、一部では人間優先主義も採用する。しかしながら、その根拠は十分に説明されていない。

総括的にいえば、「自然の権利」論もまた、自然中心主義と人間中心主義の対立の中で、両者の最適なバランスの設定に頭を痛めているといった感が否めない。そして、われわれがその最適バランスを知るためには、自然主義と人間中心主義の両方を丹念に検討する以外にないであろう。そう考えれば、「自然の権利」論は自然中心主義的な観点からのアプローチであり、人間中心主義の側では、同じ問題が「人間の責任」というテーマで論じられていることに気づく。したがって次に考察すべきテーマは、自然に対する「人間の責任」の問題である。

第二節　自然に対する人間の責任

カントの人格倫理における自然尊重の義務

西洋における動物愛護や自然尊重は、伝統的に人間倫理の範囲内で解釈されてきた。つまり、人間が動物を虐待してはならないのは、動物に権利があるわけではなくて、虐待という行為が習慣化し、結果的に人間倫理が荒廃するからとされたのである。ナッシュによれば、十七～十八世紀のイギリスで起った動物愛護の運動は、まさにそのような性格を帯びていた[51]。この時期の代表的な啓蒙思想家J・ロックは、『教育に関する考察』の中で、動物虐待にともなう人心の荒廃を危惧し、警鐘を鳴らしている。

このように人間中心主義的な自然尊重の観念は、カントの倫理学にも受け継がれている。今日、カントの道徳哲学は、環境倫理や生命倫理の分野で盛んに論議の対象とされている。それはカント的な倫理が、長らく近代的な生命観に大きな影響を与えてきたからに他ならない。例えば、人格を手段として用いてはならない、という彼の命法は、生命倫理学で「カント的制約」と呼ばれ、人体実験の行き過ぎに一定の歯止めをかける役割を果たしているという[52]。一方、動植物の権利や価値について考察する環境倫理学でも、カントの人格倫理が代表的な人間中心主義とみなされ、しばしば批判の対象になる。

要するに、環境問題、脳死・安楽死問題など、現代が直面する諸問題に取り組むうえで、カントの人格倫理は、われわれが乗り越えるべき課題とされているのである。それゆえ、われわれもはじめに、カント倫理学における自然尊重の観念について見ておこうと思う。

周知のごとく、カントは人間と他の被造物のあいだに明確な存在論的差異を設け、人間を「人格(Person)」、動植物などを「物件(Sache)」と呼んで区別する。「人格」とは理性的存在者であり、「目的それ自体(Zweck an sich selbst)」として絶対的価値を持つ。それに対し、「物件」の方は非理性的存在者であるために、手段としての相対的価値しか持たない[53]。

人格が「目的それ自体」であるというのは、人間が「目的設定の主体」であることを意味する。理性を持った人間だけが、自らのために様々な目的を設定できる。その目的は「それぞれの善い意志の実質」であるが、中でも「絶対的に善い意志の場合の目的」は、「すべての可能的な目的の主体そのもの」であり、「実現されるべき目的ではなくして「自立的な目的（selbstständiger Zweck）」とされる。それは、「すべての可能的な目的の主体そのもの（Subjekt aller möglichen Zwecke selbst）」であるとともに「可能的な絶対的に善い意志の主体（Subjekt eines möglichen schlechterdings guten Willens）」でもある。[54] ゆえに、人格とは「目的の主体そのもの」であって、遵守すべき道徳法則を自ら立法する「目的それ自体」といえるのである。ただし、それはあくまで「可能的」であるゆえに、理性的存在者が目的それ自体として「現存」するためには、実践的命法が必要となる。それが、「汝は汝の人格ならびにあらゆる他人の人格における人間性を常に同時に目的として使用し、決して単に手段としてのみ使用しないように行為せよ[55]」という命法である。

このようなカントの理性主義からは、当然ながら、動植物の権利や固有価値を認めるような発想は生まれない。権利や目的価値というものは、「人格」に帰属する概念であり、「物件」にすぎない動物や植物は、手段としての価値しか持たないからである。それゆえ、「たんなる理性にしたがって判断すれば、人間は、普通にはたんに人間（自分自身あるいは他人）に対する義務の他にはいかなる義務も持っていない[56]」のであり、自然尊重とは、目的設定の主体としての人間が自らに課した道徳的義務の一つに他ならない。カントから見れば、環境倫理学が説く「自然の権利」「自然尊重の態度」などは、人間が動植物に対して直接の義務を負うと主張する点で、誤解の産物である。彼らが「自然に対する義務」と思い込んでいるものは、実は「自然に関する人間の義務」であるにすぎない。カントならば、そう言うだろう。

もう少し具体的に、カントの自然尊重の考え方を見てみよう。彼が尊重の対象に挙げるのは、「自然におけるたとえ生命はなくても、美しいもの」と「被造物の中で理性を欠いてはいるが、生命のある部分」である。前者の代表は植物であるが、カントは「美しい結晶」のように、審美的価値を持つ無機物も加えて論じている。他方、後者の方は動物である。まず、植物など、美的特性を持つ自然を「いたずらに破壊しようとする性癖(spiritus destructionis)は、人間の自己自身に対する義務に背いている」。なぜなら、そのような破壊行為は、人間の内に宿る道徳性を促進するような感情を弱めたり、抹殺するからであるとされる。次に、「動物を手荒に、そして同時に残酷に取り扱うことは、さらに一層心の底から人間の自己自身に対する義務に背いている」。この理由も、人間内にある苦痛に対する共感が鈍磨され、他人との関係における道徳性の素質が弱められるからであるという。カントは、かかる観点から、動物に関する人間の義務を説くのであるが、それは直接的には「人間の自己自身に対する義務(Pflicht des Menschen gegen sich selbst)」にすぎないと述べている[57]。言い換えれば、カントは一面で、動植物の中に、人間との類似性——上記の例でいうと、美や苦痛など——を見出していた。しかしながら理性的存在者ではない動植物は、「目的それ自体」としての尊厳を持ちえない。すなわち、「人格」では有りえない。ゆえに、われわれの直接的な義務の対象とはならないが、「人間性の類示物」に対する義務は存在すると考えたのである。

禽獣〔性〕は人間性の類似物(analogon der Menschheit)であるから、われわれがこの類似物に対する義務を遵奉すれば、人間性に対する義務を遵奉したことになり、またそれによって人間性に対する自身の義務を促進することになる。例えば、犬がその主人に非常に永い間忠実に仕えたならば、これは功績の類似物であるから、彼はそれに報いてやらねばならない。そしてこの犬が年とってもう仕え得なくなっても、死ぬまで養ってやらねばならない。そうすることが、人間に対して同じようなことをする義務がある場合に、人間性に対する己の義務を促進することになる[58]

このように、カントが説く自然尊重の義務の背景には、自然が「人間性の類似物」であるとの認識がある。けれども、動植物における人間的な特性を「類似物」とみなすのはなぜだろうか。それは、動植物に「自己意識」が欠如しているからである。物理的自然や植物はもちろん、動物に関しても、カントは、彼らが自己意識や判断能力を持たない存在者であると想定していた。このような想定は、動物を「物件」「手段」とみなす有力な根拠となる。「禽獣は自分自身を自覚しないという意味で、単に手段（Mittel）として存在しているにすぎない[59]」と、カントは断ずる。

しかしながら、こうしたカントの動物観に関し、現代の生命科学や生物学の成果を取り入れた環境倫理学からは、様々な反論が出されている。例えばT・リーガンは、今日において動物が自己意識を持つことは理解可能なことであり、また、動物に判断能力がないという見方も誤りであると指摘する。「動物が物件であるという想定は、まったくの誤りである」。こう述べた後、リーガンはカントを次のように批判する。

人間の目的を促進するために人間が動物を利用すること、それとは論理的に結びつかないような福利を動物が持っていると見るのは道理に適っている。動物が道徳行為（moral agency）に必要とされる種類の自律性（autonomy）に欠けていることはたしかであるが、いかなる意味においても自律性を欠くというのは誤りである。なぜならば、動物は選好（preference）の心を持つばかりでなく、自分自身でこうした選好を満たすための行為もできるからである。カントのように動物を見ること、すなわち――美術の材料のように――物件として見ること、また美術の材料が人間の欲望や目的に対する相対的価値しか持たないように、動物を見ることは、動物とは何かということをひどく曲解している[60]。

リーガンは、動物がカントの言うような「物件」や「人間の道具」でなくして、自律性を持った「生命主体」であることを説く。彼が生命主体の基準を満たす個体に固有価値を認め、動物の道徳的権利を主張することは先述した通りである。しかし、カントのいう「人格」とは理性的存在者を意味するのだから、生命主体であっても理性を欠く動物はやはり「物件」ではないのだろうか。

この点に関してリーガンは、人間の「道徳不能者（moral patient）」の場合を持ち出し、カントの説の矛盾を指摘する。道徳不能者とは、道徳遂行能力のない子供や知的障害者などを指す。リーガンは言う。道徳不能者は人間であるが、理性的存在者ではない。それならば、カントの倫理においては、私（リーガン）が子供を拷問しても道徳的に間違いでない。また、私が生涯で一回きり、道徳不能者を拷問したとして、その後、二度と人間を拷問せず、残虐性が習慣化しなければ、道徳的に何も悪いことはしなかったことになる。カントの立場は独断的で信じ難い、とリーガンは述べた後、道徳不能者も道徳行為者と同じように苦しむ（suffer）のだから、われわれは道徳不能者にも直接義務があるのだと説く。そして、道徳不能者に対する直接義務がある以上、動物も同じことであり、動物への義務を否定するのは種差別主義（speciesist）的な道徳性の理解であると結論づけるのである[61]。

「目的それ自体」の観念の新解釈

リーガンの指摘は、カントの人格倫理に基づく環境倫理がはらむ重大な問題点を明らかにしたといってよい。それは、「目的それ自体」という観念を理性的存在者に置くことが果たして正当であるか否かという問題である。

一般論として、環境倫理学には「目的それ自体」の観念を動植物や有機体まで広げて考えようとする動きがある。リーガンの立場は、生命主体である「一歳以上の正常な哺乳類」のみならず、道徳不能者や物理的自然なども「道徳的地位」を有するがゆえに、すべて「目的それ自体」とみるように要請するものと考えられる。また、「生命の合目的な中心」である有機体は固有価値を持つと考えるP・テイラーの説に従えば、すべての有機体は目的志向的な行動主体なのだから、「目的それ自体」であるといいうるであろう。けれどもカントが、普遍的な道徳法則を自ら立法し、自らを規定する理性的存在者こそ「目的それ自体」であるとしたことを想起すべきである。動植物や下等生物では、自ら道徳法則を立法することはおろか、道徳行為者になることすらできない。

リーガンのように、道徳的行為ができない人間もいるとして「境界事例《マージナルケース》」を持ち出し、矛盾を指摘することはできる。しかし、だからといって、それが「目的それ自体」の観念を人間以外に広げる理論的根拠とはなりえないだろう。「境界事例」を検討するまでもなく、心身健全な成人であっても、内なる動物性の傾向に流されるならば、実際には「物件」と同じ価値しかない。人間は「自らをたんなる傾向性の遊戯の対象とし、そしてついに物件にしてしまってはならない(62)」のであり、それゆえに道徳的義務を自ら立法し、自らに課さねばならないのである。人間は、「善い意志の主体」への可能的存在である。

しかし、ひとたび善い意志の主体となったわれわれは、たとえ植物人間のような道徳不能者や、自らの動物性に縛られている人間に対しても、彼らを「目的それ自体」として扱うであろう。人間が「目的それ自体」として尊重されるゆえんは、たんに理性的存在者であるという理由からだけではない。「善い意志の主体」でありうるという人間の尊厳性——それゆえに、すべての人間は「目的それ自体」として、絶対的価値を有すると考えられるのである。(63)

カントの「目的それ自体」の観念は、どこまでも人間に固有のものであって、動植物や有機体一般に広げることは不可能であると言わざるをえない。とすれば、カントの「目的それ自体」の「範囲」を拡大するためには、「目的それ自体」の「観念」を新しく解釈することが必然的な要請となってくる。環境倫理学の目的論的生命観は、カント的な「目的それ自体」の観念の拡大解釈ではなく、その新解釈を志向すると受け止められるべきである。そうした解釈が、カントの形而上学的ヒューマニズムの対極に位置する自然中心主義に基づくことは言うまでもない。

一方、ヒューマニズムの立場を堅持しながら、動植物などの有機体も人間と同じく「目的それ自体」であることを論証しようとした試みもある。H・ヨーナス（Hans Jonas）の『責任原理』*Das Prinzip Verantwortung* がそれである。ヨーナスはそこで、カントの「目的それ自体」の範囲を拡大し、人間を超えて自然にも適用するよう提案する。と同時に、カントのような過去の倫理学が義務や権利の概念を「人間中心主義的に制限」しているのは適当でないと批判している。ヨーナスは「自然の権利」を容認する立場に立ち、「目的それ自体」の観念の新解釈を要求する。

では、ヨーナスが新しく解釈する「目的それ自体」の観念とはいかなるものか。ヨーナスによれば、「自然は自らの関心を有機体の生命の中で顕在化し、進歩的にそれを満足させる」のであるが、さらにいえば「自然の関心は、生ける者自身が目的を追求することの強さの中に現れており、そうした中で自然の目的（Naturzweck）は次第に主観的になる。すなわち、次第に個々の実行者それ自身となる」という。そして、「この意味において、すべての感情を持ち（目的を）追求する存在は、たんなる自然の目的ではなくて、目的それ自体、すなわち、それ自身が目的なのである」とされるのである。要するに、何らかの目的を追求している有機体の存在が、じつは自然の関心・目的の主観化、個体化であるとヨーナスは考えた。その意味から、すべての生命を持った有機体は「目的それ自体」であると主張したのである。L・フェリは、ヨーナスの思想におけるシェリング哲学の影響を指摘しているが、たしかにヨーナスの主張は、自然と精神を同列的なものとして捉えるシェリングの自然哲学に相似している。

さらに、有機体が追求する目的とは生存の欲求、「存在の自己肯定」であるとされる。「生命とは存在と非存在の率直な対立（Konfrontation des Seins mit dem Nichtsein）である」とヨーナスは言う。すべての生命は存在することに“Ja”というが、非存在、すなわち死に対しては“Nein”といっている。存在のあり方は、非存在に対して“Nein”と行動することによって、とぎ澄まされる。非存在の否定を通じて、存在は積極的な関心事となり、生への選択が絶えず行われる。そして、このような「存在の自己肯定」は自然の目的の主観化に他ならないがゆえに、すべての生命個体が「目的それ自体」であるとみなされたのである。[64]

ヨーナスの立場は、一種の生命至上主義（vitalism）に基づく目的論といってよい。[65] それは、「生を維持し促進するのは善であり、生を破壊し生を疎外するのは、悪である」と訴えたシュバイツァーの「生命への畏敬」を彷彿とさせる。また、テイラーの生命中心主義にも通じているといえよう。ただしヨーナスの独特なところは、人間の自由性を重視し、人間の自然に対する責任を強調する点である。彼は、人間を「自然の目的化の働きによる最高の結果（höchstes Ergebnis der Zweckarbeit der Natur）」と称える。しかしヨーナスは、人間が「もはや自然の単なる実行者（Vollstrecker）ではない」自由な存在であるとも考える。知識から得た力を駆使すれば、人間は自然の破壊者になりうる。それゆえ、人間は自然を保護する倫理的義務を引き受け、非存在に対する"Nein"を自らの力に課さねばならないとするのである[66]。ヨーナスは、まさにこの点において、テイラーら自然中心主義者と袂を分かち、人間の特殊能力を評価する立場を表明している。それゆえ、エコロジー理論としてカテゴライズするならば、ヨーナスの理論はソーシャル・エコロジーと同じく、人間中心主義の系列に属するものといえるだろう。

フェリは、人間の自由に対して義務を割り当てるというヨーナスの考えが「この新しい自然哲学の中に反映されているロマン主義的・反ヒューマニズム的背景を忘れること」[67]であると述べている。すなわちヨーナスは、シェリング型の自然哲学によってすべての有機体を「目的それ自体」として扱う理論的方途を示し、しかもヒューマニズムの立場を保持しつつ、そこから自然に対する人間の責任を導き出したわけである。

ところが、彼の試みは成功したとは言い難い。ヨーナスは、ヒューマニズム批判から出発して「自然の権利」を確立した。けれどもヒューマニズムを否定すれば、自然に対する人間の義務は成立しない。自然中心主義の環境倫理学が「義務」や「責任」ではなく、「尊重の態度」や「共感」を説くのはこのためである。しかしヨーナスは、あくまで人間の「義務」「責任」を重視した。それゆえ、最後にはヒューマニズムの立場——人間の自由——を容認したように思われる。しかしながらヨーナスのヒューマニズムは、カント的なヒューマニズムを否定するはずだから、人格倫理が説く「自然に関する人間の義務」はなり立たない。あるいは、もっと直裁に「自然に対する義務」を倫理的に論証しようとしても、あの自然中心主義に固有な誤謬——自然主義的誤謬が待っている。生命が存在に対して"Ja"と言うことは事実であるにしても、その事実から倫理的当為に飛躍することは許されない。またリーガンやテイラーのように、われわれの常識的直観や合理的信念に活路を見出そうとすれば、「義務」や「責任」といった強制力を持った環境倫理の構築は、まず不可能になってしまう。要するにヨーナスの試みは、いずれの場合も破綻せざるをえないのである。

それでもなお、われわれが自然に対する人間の責任を追求しようとすれば、残された道は二つしかない。すなわち、今一度カント的なヒューマニズムを検討する中で自然に対する人間の責任を模索するか、さもなくば宗教的な規範を根拠に人間の責任を考えるか、である。まずは、前者の立場に立つL・フェリの環境思想から見ていくことにしよう。

カント的ヒューマニズムによる環境倫理——L・フェリ

L・フェリ（Ferry）は、カント的なヒューマニズムに依拠したエコロジーを展開する現代フランスの哲学者である。一九九二年に上梓された『エコロジーの新秩序』*Le nouvel ordre écologique* は、彼のエコロジーに関する最初で唯一の著作となっている。同書によれば、エコロジーに関するフェリの問題意識は次のようなものである。

デカルト哲学（自然の存在にすべての本質的価値を否定することを目指す）とディープ・エコロジー（生物圏を唯一の真正な権利の主体とみなす）の矛盾をどのようにして乗り越えればいいのか。どんな形態をとるにしても、この問題が今後数年以内にエコロジー論争の中心を占めるようになることは疑いない[68]。

上記の表現を見る限り、ディープ・エコロジーに関するフェリの理解が十分であるとは言い難いが、要するに彼が問題にしているのは、自然の権利を認めるか否かという二者択一的な論争であろう。そしてフェリ自身は、〈デカルト哲学の人間中心主義 vs. ディープ・エコロジーの生態系中心主義〉という二極対立の構造から離れ、両者を止揚するような第三の立場を模索する道を選ぶ。

しかしながら、どちらかといえばフェリは、自然の権利を主張する生態系中心主義の側を強く批判しているように思われる。彼によれば、生態系中心主義は「ヒューマニズムの限界を越えようとして、その考えは、ついに生物圏を、人間的あるいは非人間的なあらゆる個々の現実よりはるかに気高い、ほとんど神聖と言ってもよい実体と見なすに至る[69]」のであるが、この徹底的な反近代主義は、じつは独裁政治と共通点を持つとさえ述べている。ディープ・エコロジーとナチスのエコロジーが、自然それ自体としての尊重、差異の尊重、といった点でいかに共通しているか。そのことを示すために、フェリは同書の一章分を割いて論じているほどである。

さらにフェリは、ディープ・エコロジーの反ヒューマニズム的主張に対しても疑問を投げかけている。その一つは、環境倫理が「倫理」であるかぎり、ヒューマニズムから離れられないということである。「利益は物の存在の中に刻まれていると思い込んでいる彼らは、〈自然の価値づけも含めてすべての価値づけは人間によって行われるものであり、従ってすべての規範的な倫理はいくらかヒューマニズム的であり人間中心主義的である〉ということを忘れてしまっている」[70]。フェリは、こう述べて「自然の権利」論者を批判する。決定の下すのは常に人間なのである。またディープ・エコロジーは、自然が最良のものだけではなく最悪のものも含んでいることを無造作に隠す傾向がある。自然は、時として暴力や死を生み出すからである。

こうした考察を通じて、フェリの関心はヒューマニズムの側へと移る。多くのエコロジー思想家は、デカルト的な人間中心主義が自然を物として扱い、人間による自然支配を目指していると非難するが、フェリもこの主張を認める。しかしながら彼は、ヒューマニズムが決してデカルト的な《主体性の形而上学》のみに還元できないことを強調する。カント、ルソー、フィヒテが説いたようなヒューマニズムならば、例えば、動物機械論のような立場は取らない。フェリが言うには、カント、ルソー、フィヒテは動物を機械に還元せず、自然的でも反自然的でもない〈あいまいな存在〉とみていた。動物は、反自然的で自由な存在である人間の類似物、〈自由の類似物〉であるがゆえに、その類似関係によって尊重に値するとされる。こうした非デカルト的立場のヒューマニズムならば、「自然の権利」論とも両立しうると、フェリは考える。「非デカルト的ヒューマニズムが、その内部にエコロジズムがわれわれを閉じこめようとする愚かな二者択一《後退》か未開か〉から逃れられるということを明らかにすべき時である」[71]として、カント的なヒューマニズムが、デカルト的な人間中心主義か生態系中心主義の全体論か、という二者択一的発想を止揚する可能性を持つことを示唆するのである。

そしてフェリは、カント的ヒューマニズムに立脚したエコロジー思想を自ら考察している。フェリは、自然保護の理由について、「自然の中においてすでに人間的に〈見えるappears〉もの、従ってわれわれにとって非常に貴重である、自由（liberty）・美（beauty）・合目的性（finality）という考えに似ているものを認め、可能であれば保護するという関心が存在する[72]」と述べている。すなわち、「自由・美・合目的性」という人間性に類似したものを自然の中に認識することから、自然保護の関心が起こるというのである。

この見解は、「人間性の類似物」としての動物の愛護を説いたカントの立場に立脚したものである。しかしながら、フェリがカントの「人間性の類似物」としての動物観をそのまま継承したわけではない。フェリは、自然が「自然性も人間性もともに有している」ところの「〈混成の〉存在（mixed beings）」であり[73]、それゆえに、人間の「類似の感情（an analogous sentiment）」が起きると考える。すなわち、「人間性の類似物」としてのカントの動物観を発展させ、自然の中に人間性それ自体の存在を認めようとするのである。しかも、カントが「人間性の類似物」と考える対象は動物に限られていたが、フェリの場合は、すべての自然を人間性と自然性の混成物とみなしている。

したがってフェリの立場は、自然の中に人間と類似した「自由・美・合目的性」を認めるのであるが、それだけではなく、自然の中に人間性それ自体の存在も認めるというものである。動物を例にとると、そこでは「〈あたかも〉自然が動物の中において、ある場合には人間になることを目指すかのように[74]」すべてが起こる、とフェリは言う。かといって、それは人間中心主義的な、いわゆる「神人同型論（anthropomorphism）」の立場でもない。フェリによると、自然の価値は決して人間的価値の投影ではなく、客観的で、しかも人間的なところにある。それは、「自然の美しさの神秘――しかしながら客観的でわれわれとは無関係な世界が、ある点では人が期待していた以上に人間的になるに至るというこの奇妙な現象の〈確認〉[75]」に他ならないのである。

すなわち、フェリのエコロジー思想は、一般的な人間中心主義の環境倫理とも微妙に異なる。彼が目指すのは、「完全に《自然主義的なnaturalistic》（ディープ・エコロジーにおけるように）ものでもなく、完全に《人間中心主義的なanthropocentrist》（デカルト哲学やいくつかの点ではカント哲学におけるように）ものでもない」[76]エコロジーである。

有名なレオポルドの「山のように考える」という言葉を通じて考えてみよう。ディープ・エコロジーなど自然中心主義者たちは、「山の気持ちになって考える」ことを主張している。それに対し、人間中心主義の環境倫理は、R・ワトソンが「人間の関心なのに、山が考えているように想像されている」[77]と言うように、山の擬人化を否定する。山は、どこまでも物理的自然である。フェリの理論でも山の擬人化は退けられる。しかしながら、「山の中の人間性を考える」という立場には立つのである。

このような考えに立つと、自然の中の人間性をある程度、固有価値として承認することができよう。また、そのうえでカント的な「人間性の類似物に関する人間の義務」を掲げることも可能である。人間と自然の本質的共通性を客観的人間性に置くことは、「自然の固有価値」と「人間の責任」のバランスを取るうえで非常に効果的であろう。

ただし、フェリが価値の究極を人間性に置くことは、逆に致命的な欠点ともなりうる。いくら「神人同型論」を否定するといっても、そこでは人間性が絶対的価値であるがゆえに、人間の都合に応じて「自然の固有価値」が操作される危険が常について回るだろう。例えば、動植物にみられる人間性の評価が、評価する側の人間によってマチマチであるとすれば、フェリの環境倫理の有効性は半減する。同様に、ある人間の社会が、例えば自然の美的価値を評価しない傾向にあれば、むしろ自然破壊を容認する環境思想になりかねない。つまりフェリの環境思想は、一般的な人間中心主義と同化してしまう可能性が高いのである。この欠陥は、人間性の価値が相対化されない限り、防ぐことはできないだろう。

人間性の価値から宗教的価値へ

環境思想の今日における課題とは、人間と自然の本質的共通性を認識したうえで、現実の「人間優先主義」を説明できるような理論の構築であるといえよう。フェリは、カント的ヒューマニズムの立場からこの課題に挑戦したわけであるが、人間性を絶対化したために、人間中心主義の域を脱することはできなかった。このことは、環境思想にとって、人間性を超える価値の設定が不可避であることを暗示している。すなわち、宗教的価値を環境思想の中に導入するということである。「自然の権利」と「人間の責任」のあいだの利害の調停者に、人間自身がなろうとしたフェリのアプローチは、結局、暗礁に乗り上げた。残された価値の源泉は、もはや宗教思想しかないであろう。

しかるにわれわれが求める宗教思想は、今までの考察を踏まえたうえで、少なくとも次の四つの条件を満たさねばならない。第一に、人間と自然の本質的共通性を説き、第二に、現実の人間優先主義にも理論的根拠を与えうるものでなくてはならない。われわれは、自然尊重の理論的根拠だけでなく、現実の人間優先を正当化する免罪符をも求めている。第三に、現代の生態学的危機の状況を鑑みるとき、その宗教思想はエコロジカルな認識と矛盾しないという点が大事である。そして第四に、「自然の権利」と「人間の責任」の双方を考慮し、バランスの取れた思想的位置を獲得できなければならない。

世界中の各宗教における自然観や人間観を詳しく研究することは、もとより不可能なことである。本書は、とりわけ京都学派の哲学にみられる仏教的な視点に注目する。それについては後述するが、さしあたってわれわれが検討する宗教的エコロジーは、現代の環境思想の研究分野において、その重要性がすでに認識されているものに限ることにしたい。ナッシュは、『自然の権利』第四章の「宗教の緑化」の中で、現代において注目すべき宗教的エコロジーを紹介し、検討している。彼が主に関心を持ち、取り上げたのは、キリスト教神学における「スチュワードシップ」思想と「プロセス神学」であった。さらに彼は、アメリカの環境思想における東洋思想の影響も紹介している[78]。

ナッシュの関心領域を見てもわかる通り、目下のところ、世界の大宗教の中で、エコロジー思想を本格的に展開しているのはキリスト教である。一九六七年にリン・ホワイトが、環境問題の原因をユダヤ・キリスト教思想に求める論文を公表して以来、環境的責任を考える神学者のあいだでは、旧約聖書の読み直しがなされ、神は人間に自然保護を命令しているとの解釈を行った。それが「スチュワードシップ（stewardship）」思想である。スチュワードシップの思想とは、J・パスモアによれば、人間を「世界の世話をまかされた神の代理人（deputy）として実質的な責任を有する『スチュワード』（steward）、つまり農園管理者（farm manager）」として見る伝統をいう。つまり、自然の管理に関して、人間を「神の信託代理人」と考えるのである[79]。

この宗教思想は当然、自然に対する人間の責任を説くし、神の被造物として自然を見るならば、自然の権利や固有価値を認めることも容易である。また、神の「スチュワード」としての人間が、自然よりも現実的な上位にいることは間違いない。すなわち、現実の人間中心主義を説明することもできる。さらに、生態学と神学を結びつけた「スチュワードシップ」思想の解釈も可能である[80]。先ほど、望ましい宗教思想の四条件を掲げたが、「スチュワードシップ」思想は、そのうちの三つの条件を満たしているといえる。

しかしながら問題は、第一の条件である「人間と自然の共通性を強調すること」である。というのも、そもそもスチュワードシップ思想は、〈神―人間―自然〉というキリスト教的な階層的秩序を認めるうえに成立する概念だからである。それゆえ人間が自然を管理する目的も、宗教的な自己犠牲ではなく、むしろ「啓蒙された自己利益（enlightened self-interest）」にあるとされる。人間が自然を保護するのは、そうすることが人間の利益につながるからと考えること、これが「啓蒙された自己利益」の概念である。

したがってスチュワードシップ思想は、典型的な人間中心主義の倫理に分類される環境思想である[81]。伝統的なキリスト教は、「神の似姿」としての人間を人間以外の自然から截然と区別してきた。もちろん、これには神学上の様々な解釈があろうし、人間も自然と同じように被造物であるというような考え方が聖書に示されているとする説もある。けれども一般的にいって、キリスト教の世界観は、人間と自然のあいだの断絶を承認している。スチュワードシップ思想もしかりである。人間と自然の本質的共通性は、一般的なキリスト教の観念からは、決して導き出せないものである[82]。

結局、キリスト教には、現代のわれわれが期待するような環境思想を生み出す可能性はないのだろうか。人間と自然の本質的共通性の問題は、見方を変えれば、人間と自然の連続性の問題である。もし両者のあいだに連続性が認められるならば、人間と自然が本質的に共通であることも保障されるであろう。

この要請に十分対応しうるという意味で注目に値する宗教思想が「プロセス神学（process theology）」である。プロセス神学は、環境思想の分野ではスピリチュアル・エコロジーとして分類されている。主唱者のJ・B・カブJr（John B. Cobb Jr.）は、伝統的なキリスト教思想を大胆に改革することで、人間と自然を連続的に捉える視座を獲得し、独自の「生態学的神学」を唱導している。その特徴は、ホワイトヘッドの過程哲学に準拠したキリスト教神学という点にあるが、仏教や西田哲学との対話も行うなど、東西で幅広い関心を呼び起こしている。

「自然の価値・権利」と「人間の責任」の考察が最終的に遭遇した難題——人間と自然の本質的共通性と現実的差異性という問題——に関して、「プロセス神学」は果たして有効な回答を示しうる宗教的エコロジーなのか。次節では、このエコロジカルな「プロセス神学」について理解を深めていきたい。

第三節　人間と自然の本質的共通性と現実的差異性——プロセス神学の主張

人間と自然の共通原理としての「経験の受有」

人間と自然の調和を目指す環境思想にとって、人間と人間以外の生物の本質的共通性をどう規定するかという問題は重要な争点となってきた。今までの考察においても、インタレスト（ストーン）、生命主体（リーガン）、生命の目的論的な中心（テイラー）、生に対する"Ja"（ヨーナス）、自由・美・合目的性などの人間性（フェリ）が、それぞれ人間と他の有機体のあいだの共通原理として提示されてきた。

しかし、いずれの理論も、すべての生命が本質的共通性を持つという「理念」と、人間優先主義という「現実」のあいだに横たわる矛盾に応えうるには不十分なものであった。つまり、生命の共通性を中心に説けば、人間優先主義という現実を理論的に説明できない。かといって、人間中心主義から生命の共通性を考えれば、人間が価値の源泉として絶対化され、逆に差別性を強調する結果となる。このディレンマを解決するには、宗教的な価値観によって人間の地位を相対化し、抑制の効いた人間優先主義を目指すしかない。ところが環境思想としての評価が確立している宗教思想のうち、代表的なものであるキリスト教のスチュワードシップ思想は、神の似姿たる人間と自然を区別する傾向がある。そのため今度は人間と自然の本質的共通性が軽視され、人間中心主義を正当化してしまう――。これまでの議論を整理すると、大要以上のごとくであった。

そこで、スチュワードシップ思想と並んで注目される「プロセス神学」の環境思想を検討するのだが、はじめにプロセス哲学の基本概念について、簡単に確認しておきたい。「プロセス（過程）」という観念は、ホワイトヘッド哲学の核心となるもので、「現実的なものは過程的である」という主張を含意している。プロセス神学者のD・グリフィンによると、ホワイトヘッドは宇宙における一切の事象の実体視を拒否し、すべては相互作用、過程から構成されると考えた。そして、過程の流れにおける諸々の「事件（events）」を「個物（individuals）」とみる。この事件には、外部的な力によるものと、固有の統一性を持つものとがあるが、後者の事件は「現実の機縁（actual occasions）」ないしは

「経験の機縁（occasions of experience）」とホワイトヘッドが呼ぶもので、「ほんとうの個物」とされる。すなわち、過程を唯一の実在とみるプロセス神学からいえば、「ほんとうの個物は刹那的な経験」なのである。われわれが普通、個物と呼ぶもの（例えば人間の実存）は、本当の個物ではなく、そうした経験の機縁の「系列的に秩序づけられた社会（societies）」であるとされる。(83)

また一々の経験の機縁は、静態的でなくして動態的で生成的な過程である。ホワイトヘッドはこの生成を「倶現（concrescence）」と呼んでいるが、「倶現の瞬間、過程の各単位は、ホワイトヘッドが『主観的直接性』（subjective immediacy）と呼ぶものを『受用』（enjoy）する」。プロセス神学によれば、「人間的レヴェルであれ、電子的事件のレヴェルであれ、過程の単位はいずれも、受用を有する」のであって、「一切の経験は受用である」。主観的経験を欠いた対象や現実性といった概念は、一切拒絶される。要するに、すべての現実存在者は「経験の受用」によって構成されていると言うのである。(84)

明らかに、彼らのいう「経験」は、通常考えられる経験と異なる概念である。通常、われわれが「経験」といえば、それは「意識的経験」を意味するだろう。すなわち、経験は意識を前提とするとの考え方である。ところがホワイトヘッドはこの考え方を逆転させ、「意識は経験を前提とするが、経験は意識を前提にしない」(85)と主張するのである。彼らは、岩石や山のような意識のない存在者でさえ、瑣末ではあるが、経験を受用するという。ホワイトヘッドは論ずる。「ある意味で、生きた有機体と無機的な環境の間の相違は、程度の問題にすぎない。しかし、一切の相違を生じるのは、程度の相違である——要するに、それは質の相違である」。(86)

このように、無機的な環境から電子レヴェルの実在・植物・動物・人間に至るまで、すべての存在者は等しく「経験の受用」という共通の原理から構成されている。プロセス神学は、人間と自然の中に、過程的経験という共通の構成要素を見出し、そこからエコロジー原理を打ち立てようとするのである。

人間の相対性と生命体ピラミッド

次にプロセス神学は、すべての存在者が「経験の受用」を促進しようと目指しており、それゆえ「経験の受用」は固有本質的に善であると考える。また、このことから彼らは、神は被造者の「経験の受用」を促進しようと志しているとみる。

プロセス神学は、神の根本的な志（aim）は被造者自身の受用の促進にある、と見る。神の被造者に対する創造的影響力は、情愛のこもったものである。なぜならば、それは、被造者（物）が固有的・本質的に善（佳・好）いもの（intrinsically good）として経験するところのものを促進しようと目指すからである[87]。

経験の「受用」は善であり、「非受用（disenjoyment）」は悪である。したがって「経験の受用」こそ、神の志にして価値の規範である。プロセス神学は、このような倫理観に基づき、「経験の受用」によって構成されるすべての現実存在者が、それぞれに固有価値（intrinsic value）を持つと断言する。すべての現実存在者は、あくまでも、その固有価値のゆえに尊重されなければならない。プロセス神学のエコロジーは、この固有価値論を倫理的な土台とする。

ところで、個物が経験を受用すること自体を善とするならば、宇宙は、予め善を進歩的に発展させていくよう決定されているのだろうか。プロセス神学者のD・グリフィンは、そうした決定論的な見方を否定しないものの、個物の自由性を強調することも忘れていない。「われわれは、完全に決定されている（totally determined）けれども、しかも自由（free）」なのであり、換言すれば「部分的に環境によって創造され、かつ部分的に自己創造的（self-created）」なのである(88)。神の力は「説得的」であっても「支配的」ではない。現実存在者の創造的自己決定によっても善悪の方向性は左右され、いわゆる決定論的に定まったものではない。それゆえ時として、受用における瑣末性（triviality）や不協和（discord）といった悪も生ずるとされる(89)。

また以上のような世界観は、必然的に進化論的な見解を支持する。プロセス神学は、われわれが「経験の受用」の程度に従って、宇宙の混沌から〈電子─陽子的レヴェル→原子・分子的レヴェル→細胞→植物→動物→人間〉へと、順次進化を遂げてきたことを説明しようとする。そして、「進化的過程の方向は全体として、ますます多くの受用を持った現実存在者の喚起にほかならない」がゆえに、「複合した現実存在者（complex actualities）であればあるだけ、単純なものよりもそれだけ多くの価値（value）を受用する」という(90)。すなわち、すべての現実存在者は固有価値を有するのであるが、その「経験の受用」の程度に応じて、各存在者が有する固有価値に多少があると言うのである。J・B・カブは、次のように述べる。

すべての生命は価値をもっているが、すべての生命が等しい価値をもつのではない。価値は感情の豊かさ（richness）と、感情の豊かさに対する能力（capacity）によって測られる。それぞれの生命形態の経験の豊かさに応じて、最も簡単な形態の生命から人間にいたるまで、価値の階層がある(91)

宇宙の進化過程において、最も複合的で豊かな経験を受用している存在者は、今のところ人間である。人間の有する固有価値は、すべての生物・無生物の中で最も大きい。地球上には、人間を頂点とした固有価値の階層的序列が存在する。多くの生態学者たちはすべての生命における「価値のデモクラシー」を唱えるが、プロセス神学はむしろ「価値の位階制（hierarchy of values）」を積極的に採用する。カブが言うには、「人間の価値の方が他の生き物よりもはるかに大きいという事実があるからといって、他の生き物の価値がまったく無価値となることにはならない」のである。

しかしプロセス神学は、人間中心的な倫理のように、人間性に絶対的な価値を与えることはしない。人間的受用はたしかに、この地上で最も豊かなものである。けれども、人類史はいまだ継続進行中である。そして何より、神が創造した世界を超えることはできない。したがって「相対的人間を頂点とする自然の階層的序列」という認識が不可欠となる。カブがレオポルドの生命体ピラミッドの構想について論及した際に、提案した次の意見は、プロセス神学のエコロジー的立場をよく表わす言葉として、しばしば引用される。

新しいキリスト教は人間の絶対性を捨てて、人間を頂点とする健全な生命体ピラミッドの構想を採用しなければならない(92)

カブによれば、ユダヤ教、キリスト教、西欧のヒューマニズムの主要な見解は、おしなべて人間の固有価値を無限で神聖なものとし、「経験される価値とはほとんど関係のない絶対性」を人間に授けている。それに対し、生態学的な見解は、人間という種が自然の生命体ピラミッドを構成する一部にすぎないことを強調する。人間は自然体系の中で頂点に位置するが、それでも自然全体から見れば、一部分を占めるだけである。すなわち、レオポルド的な生命体ピラミッドを採用するということは、人間の絶対的尊厳を説くヒューマニズムの立場を捨て、人間が動植物と連続した一つの種であると認めることを意味する。そこでは当然、他の種を犠牲にするような人間の特権的行為は認められず、種の多様性を尊重するエコロジー的態度が求められることになる。

とはいえ、プロセス神学の場合は、生態学のように、生命ピラミッドの中で種相互間の依存関係があるから種の多様性を尊重すべきだと言っているのではない。プロセス神学が種の多様性を重視するのは、宇宙が「包括的な統一体（inclusive unity）」であり、そこに究極の価値を置くからである。すなわち、それは「統合された主体（integrated subject）」としての神である。プロセス神学における神は「一切万物の統一された経験（the unified experience of all things）」なのである。最も優れた受用である「神的経験（divine experience）」は、できるかぎり広範な多様性（variety of types）の受用を受けとるにつれて、最大限に豊かにされるのである」。反対に、「神は、生命圏の豊かな複合性が弱められる時、消耗を感じる（impoverished）」とカブは言う。[93]

したがって人間は、できる限り豊かな「経験の受用」を実現するために、自分自身の受用だけでなく、生態学的全体のために生きることも要請されるのである。こうした視点から、カブはさらに、生態学的な「人間の責任」の問題に言及していく。

「生態学的感受性」と「人間の責任」

上述の見解によるならば、自然に対する人間の責任は、まずもって豊かな「経験の受用」との関連において語られうる。豊かで高次の「経験の受用」とは、広範な多様性の受用であった。それゆえ、人間は生態学的な全体のために生きなくてはならない。それは、豊かな神的経験を感じ取る能力を持つ人間に与えられた権利であると同時に、責任でもあるといえる。このような権利と責任の一体化においては、倫理の役割がなくなり、生態学的全体へ人間が参加するための感受性が第一義的に重視される。「感受性が増大すると共に、倫理的命令はそれだけ重大ではなくなる」[94]とカブは述べている。この感受性が「生態学的感受性（ecological sensibility）」と呼ばれるものである。

「生態学的感受性」は「相互的参与の感覚（the sense of mutual participation）」ともいいうる。われわれはお互いの環境の部分であり、相互の経験の受用に影響を及ぼしている。つまり、不可分に相互依存している。ゆえに、われわれがお互いへの参与の意識を高めれば、人類全体への生態学的感受性を高めることになり、「一人のインディアンの農夫の飢餓は、われわれ一人一人を衰えさせるものと感じられるであろう」と、カブは述べる。さらに、この生態学的感受性を一層拡大するならば、自然全体への参与の感覚が得られる。「自然の全体はわれわれの内に参与し、われわれは自然の内に参与する」という状態になり、「われわれは、ただにインディアンの農夫の悲惨によってだけではなく、鯨やイルカの虐殺によっても、いやさらにアメリカ杉の巨木を『伐採すること』によってすらも意気消沈させられる」であろう。つまり、地球生態系の全体へ感受性を広げ、他の存在者の苦痛や喜びを我事のごとく感じる「統一された経験」の受用を目指すことによって、人間は自然に対する責任を果たすべきであると説くのである。[95]

しかしながら、そのような神的経験を人間自らの責任とすることなど可能なのだろうか。あるいは人間の自力を捨て、神の恩寵に頼るしかないのだろうか。カブの回答は「神的恩寵（divine grace）と人間的責任（human responsibility）の両方がある」というものである。人間の自力的な責任のみを考えるならば、現実の矛盾を前に希望が失われ、「希望なしに遂行される責任」の重荷を背負わねばならない。反対に、神の恩寵のみに頼れば、希望と確信は得られるだろうが、人間の責任的行為をくじく。ゆえに、神が与える希望と人間的責任の両方が必要であると、カブは主張する。彼によれば、「神の行為が最も明らかに認められるのは、まさに人間の行為でも最も自由で最も責任的なものにおいて、なのである」。かかる責任と恩寵の融合がみられるところでは、人間の責任は決して重荷ではなく、逆に「それ自体において歓び」であるとされる。(96)

このように、プロセス神学が説く生態学的感受性や「人間の責任」の概念は、環境倫理というよりも宗教的感性の開発に重きを置いている。マーチャントは、プロセス神学をJ・メイシーの仏教的なディープ・エコロジーとともに「スピリチュアル・エコロジー」の中に位置づけ、環境思想において一潮流を形成する主張とみなしている。「スピリチュアル・エコロジー」の多くに共通する点は、人間の自己感覚の拡大を説くことによって、倫理を不要視することである。例えば、メイシーは、生命圏の破壊に深い悲しみを抱き、世界とともに苦しむことが仏教の慈悲であり、菩薩の生き方であると説くが、菩薩のような「エコロジカルな自己の長所は、道徳的説教を不要にしてくれることだ」と述べている。そして、われわれが自己感覚を広げることは〝自己利益〟の概念の拡張を意味するが、それは単なる自力でなくして「キリスト教でいう恩寵」やシステム論の言葉でいう「シナジー（協働作用）」の応援を受けるのだという。(97) メイシーの主張は、仏教的な見地を基盤とするにもかかわらず、プロセス神学の考え方と驚くほど似ている。

またプロセス神学の説く自己感覚の拡大が、ディープ・エコロジーの主唱者であるネスの「自己実現」と異なるところは、神的恩寵を強調することである。ネスの「自己実現」は、哲学的な啓蒙による生き方の変化を説くもので、人間による潜在能力の自己展開に期待をかけるものであった。ところが、このような高度な啓蒙は一般化するのに困難をともなう。なるほど一部の啓蒙された人間にとって、倫理は不要かもしれない。だが、大多数の人間は、利己的な心と戦うための倫理規範を欲している。ナッシュがディープ・エコロジーの「自己実現」を批判し、「このような最終的な啓蒙状態(state of final enlightenment)に到達する人間は少ないために、環境倫理学は日々、通常の利己心(selfishness)を抑制する必要があった」と述べているのは、正論といえよう。[98]

これに対し、プロセス神学やメイシーの実践によるならば、信仰を持つすべての人が、神的恩寵を受けることによって生態学的な感受性を開発し、高度な「自己実現」の啓蒙状態に到達しうるかもしれない。それは、より多くの人々に「自己実現」への道を開くことに通じる。しかし、そもそも宗教的な恩寵に懐疑的な人たちにとって「スピリチュアル・エコロジー」はネスの「自己実現」以上に近づきがたい思想であり、ドグマ的前提に縛られているゆえに、逆に一般化しにくいともいえる。W・フォックスはプロセス神学のアプローチを「宇宙的目的倫理(cosmic purpose ethics)」と呼ぶが、この「宇宙的目的倫理」を一般の環境倫理学と同列に論ずることはできないと言う。なぜならば、プロセス神学などのアプローチは、他の環境倫理学的なアプローチに比べ、「はるかに多くの形而上学的前提(metaphysical assumptions)が組み込まれて」おり、しかも、その「前提の多くは反証不可能(unfalsifiable)」だからである。[99]

したがって、プロセス神学のような「スピリチュアル・エコロジー」が、人類の将来に有益な貢献をするには、宗教的前提のみを強調するのではなく、いかに現実の環境倫理として有効に機能しうるかを示すことが先決問題となるだろう。プロセス神学は、倫理を重視しないといいつつも、現実の人間において「参与の感覚はくじけ、ついあれこれと選択的になりがちであるので、倫理的規範（ethical norm）によって導かれ、鼓舞され、補われる必要がある」[100]という見方も持っている。彼らは倫理も提唱するのである。プロセス神学の実践倫理は、権利概念との関連において論じられている。その主張を次に検討してみよう。

権利の階層性

プロセス神学がすべての現実存在者の固有価値を認めることは先に述べたが、こうした固有価値は権利の概念を与える。

経験する能力のある生物はどれも、できるかぎりそのような経験の豊かさを楽しむ権利を持っている。それらのものは、生命を尊重される権利をもち、可能な場合には生命を維持する権利をもっている[101]。

現実存在者のうち、すべての生物に対して尊重と生存の権利が与えられるべきだと、カブは主張している。しかし同時に、彼は「このような権利は絶対的なものではない。ただひとつ絶対的なのは、生命それ自身に対する尊重である」と述べ、生命の尊重を大前提に置きながらも、「権利の領域内には、固有の価値の階層に対応した権利の階層（hierarchy）がある」ことを容認する。端的にいえば、固有価値の階層に応じて権利が分配される、ということである。人間の権利は、その固有価値を考慮すれば、動植物の権利よりも大きいといえる。けれども一方で、動植物が応分の権利を持つことも承認しなければならない。カブは、「倫理的な行為はこの階層を考慮に入れなければならない」と言い、生命体ピラミッドにおける「権利の階層」を環境倫理の基礎に置こうとする[102]。

それでは、われわれは、各存在者の権利の階層をいかにして規定しうるのか。換言すれば、存在者の固有価値の階層をいかに決定すればよいのか。カブがこの問題を解くために導入した概念は、カント的な「目的価値」と「手段価値」であった。前述したように、カントの人格倫理では、人間は第一に目的であり、二義的に手段価値を持つものとされる。また、動植物は「物件」であって手段価値しか持たない。このようにカントは「目的価値」を人間だけに制限したのであるが、カブは、経験を価値のローカスとするプロセス神学の固有価値論に基づき、すべての現実存在者の「目的価値」を認めるような新しい倫理を提唱した。すなわち、現実的にいえば、「人間も含めてすべての動物のうちに、目的（end）も手段（means）もともに認める新しい倫理」である[103]。

すべての現実存在者が固有価値を持つ。そして、それは「目的価値」の源泉となる。しかし、固有価値の階層性によって、各存在者の「目的価値」と「手段価値」の割合は異なる――これがカブの理論である。具体的な個物に即して説明してみよう。

最初に、素粒子・原子・分子レヴェルの存在者、または岩石など事象の集合体については、主体的経験に帰することのできる固有価値は非常に微弱である。したがって、倫理的な目的価値が皆無とは言わないが、無視しても構わないとされる。これらの無機物は、倫理的に手段価値だけとして扱うことができる。

次に、生きた細胞（living cell）はどうか。細胞は、岩石と違って内的統一性（inherent unity）を持っており、漠然とではあるが、主体的に世界を経験している。ゆえに、その固有価値は、原子や岩石などの無機物に比べ、はるかに大きい。倫理的に見て、細胞の固有価値は無視できないものがあるが、倫理的に細胞の目的価値が考慮されるような状況は稀であり、主に手段価値として扱われてよい。植物（Plants）は、細胞から構成される複雑な社会であるが、全体として統一性を持っているとは考えられないので、その固有価値は細胞の価値の総和である。したがって細胞と同様、植物は主として手段価値として扱ってよい。

ところが動物の生命になると、植物や細胞と異なり、経験の新しいレヴェルが生ずる。動物の意識的感情は質的に異なった経験であり、神経系の発達とともに、経験の豊富さに対する容量も増加したとみなしうる。したがって、動物は単なる手段価値としてだけでなく、目的価値とも見なければならない。すなわち、尊重され、豊かな経験を享受する権利を動物は持つのであり、人間は動物に対する直接義務を負っている。(104)

最後に人間においては、意識が自己の意識を持つようになった。それゆえ、人間は第一に目的であり、二次的に手段価値を持つにすぎない。カントの人格倫理はこの点では誤りでなかったと、カブは評する。(105)

さて、以上の説明の全体的理解を容易にするために、プロセス神学の権利・価値観を図示しておくことにする（図3）。

こうしてみると、プロセス神学の権利観は、リーガンの動物権利論と同じ結論であるように思われる。プロセス神学も、動物権利論も、ともに道徳的権利の保有者を人間と動物に制限する。また、権利主体になりうる条件としてリーガンが掲げる「生命主体」の概念は、およそ「意識を持った生命」であったが、この点もプロセス神学と同じである。カブは、意識を持った動物の経験を植物や細胞の経験とは質的に異なるものとして区別し、意識的経験に権利を付与している。

図3　プロセス神学の価値・権利観

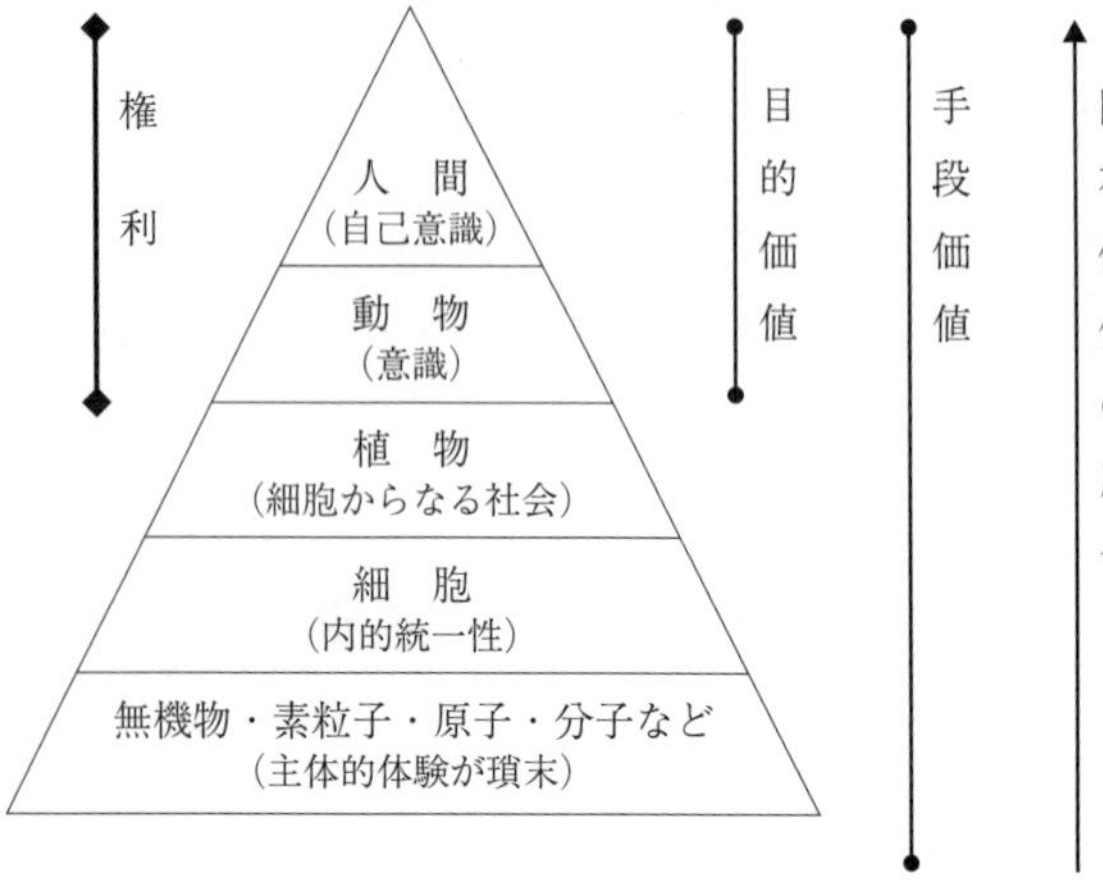

その一方で、両者の価値観には大きな相違がみられる。リーガンの場合、固有価値は、生命主体それ自体の「器」に備わる絶対的価値であった。リーガンは、より教養ある選好を持つ者がより大きな固有価値を持つといったような固有価値の階層性を否定している。それに対し、プロセス神学は固有価値の階層性を説き、経験の豊かさを感じ取る能力に応じて、存在者の固有価値が相対的に変化しうると見ている。そこから権利の階層性も生ずるので、人間や動物の生存権といっても、リーガンのそれのように絶対的なものではなくなる。

したがってプロセス神学の権利論は、じつのところ、リーガンの動物権利論と似て非なるものである。リーガンは、生命主体である人間と動物が持つ固有価値を絶対視し、人間と動物が平等の道徳的権利を持つべきだと主張する。しかるにプロセス神学は、固有価値の相対的な階層性に基づき、人間が権利において動物より優先されるのは正当であると考える。また同じ動物でも、経験の豊かさの程度に応じて固有価値に差があるので、割り当てられる権利には格差があるという。例えば、カブはイルカの持つ経験の豊かさを高く評価する。彼によれば、ネズミイルカ（porpoises）は高度のコミュニケーション能力を有し、学んだ記憶は数年間保持され、抽象的思考をする能力も持っている。それゆえ、イルカの固有価値はマグロやサメのそれより大きく、「イルカはわれわれに、マグロやサメ以上の権利を主張しているのである」という[106]。ちなみに、こうした見方からカブは、日本人漁民がイルカを捕獲することに反対の意を表明している[107]。

さらに固有価値の階層性は、いわゆる「人間の平等」に対しても疑問を投げかける。すべての人間は平等の価値を有する、というヒューマニズムの大前提を、プロセス神学は受け入れることができない。カブは、「もしも人間の固有の価値の位置（locus）が人間の経験のうちにあるのであれば、そしてもしもこれらの経験が人によって変わるのであれば、実際、各個人の価値（individual worth）には差異があることは明白のように思える」と述べた後、「すべての人間が同等な固有価値（intrinsic value）をもつと信ずべき実質的な理由はない」と断じている[108]。

以上の観点から、カブはリーガンの動物権利論の「前提が曖昧」であると指摘し、「それは、サメとイルカが同じ権利を持っていることを要請しているようにみえる。そして注意深く定義しないかぎり、蚊も人間の子供たちと同じ生きる権利をもつことを要請しているようにみえる」と批判する。ここで、カブが「蚊」を例に挙げたのは不適切である。なぜならリーガンは、権利主体を一応「一歳以上の健全な哺乳類」と規定しているからである。けれども、リーガンのような固有価値の絶対平等性の主張が、われわれの常識的直観に適合しないことを指摘したのは正鵠を射ている。

リーガンは、生命主体が固有価値を持つと主張する際に、われわれの常識的直観に訴えた。しかし、人間も動物も平等の道徳的権利を持つという主張に関しては、われわれの常識的直観に反しているのではないだろうか[109]。むしろプロセス神学のごとく、人間と動物の連続性を認めたうえで人間優先の価値秩序を説く方が、進化論的な教養を持った現代人の常識的直観にアピールするように思われるのである。

すなわち、プロセス神学の「固有価値の階層」「権利の階層」という主張は、フォックスが指摘したように形而上学的前提があるとはいえ、リーガンの環境倫理よりもわれわれの常識に適合し、受け入れやすいものといえる。権利に関するプロセス神学の一般原理は、カブによれば「人間以外の世界の価値を含めた全体的価値（value in general）を最大にするように行動する[110]」ことである。そのうえで、「過去において歪みと矛盾をもたらした絶対的なものを主張することなしに、人間の権利を考察」し、「各種各様の動物にそれぞれ適切な権利（appropriate rights）を見定める作業」が必要であるとされる[111]。このような権利概念は、われわれの常識的直観に適合するという意味で、人類共通の環境倫理として採用しうる可能性を秘めている。

プロセス神学の能力主義とその弊害

しかしプロセス神学には、われわれの常識的直観に反するように思えるところもある。それは、プロセス神学が「人間の尊厳」を否定するように見えることである。同じ人間でも、経験の質によって固有価値に差異があることまでは、一応理解可能である。しかしながら、固有価値の階層性のみを基準とすれば、経験の豊かさを感受する能力が劣った人間――知的障害者や胎児、植物人間など――の生きる権利は、通常の人間よりも低く見られてしまう。そこには、能力主義に基づく冷たい差別観が垣間見られる。少なくとも、「人間の尊厳」を信じようとするわれわれの常識的直観に反すると言わねばならない。現に、カブは「胎児（foetus）は十分に成長した人間と同一の権利をもっていない」と述べ、「堕胎はしばしば小さい方の悪（the lesser evil）になる」と言い切っている。また、「死を望む人間に無益な苦悩を続けさせるよりも、死ぬ権利を認める方が、われわれは人間の生命に対してより真実の敬意（respect）を示していることになる」とも主張し、末期患者の安楽死を支持する姿勢を示している[112]。

もちろんプロセス神学は、人間を第一に目的として扱う態度も表明している。しかし、それは人間の固有価値の豊かさに基づく規定であり、それゆえに固有価値が消失したとき、人間の目的価値も消滅する。「人間の生命の固有の価値は、感じとる能力（capacity for feeling）と、経験それ自体とのうちにある。その能力が消えれば固有の価値も消える[113]」。

すなわち、プロセス神学は人間の絶対性を捨て、理想的なエコロジカル・モデルを得たかわりに、「人間の尊厳」を否定したのである。堕胎や末期患者の安楽死の容認は、プロセス神学にとって避けられない結論であろう。彼らは一種の能力主義によって、人間を分断してしまった。「目的それ自体」として扱われるのは、豊かな経験を感受しうる人間だけであり、経験能力を失った人間は、実質的に手段価値のみとして扱われる。選別主義的な人間観がそこにある。経験能力に応じた階層的序列に従うならば、植物人間の患者はイルカよりも劣っている。そうした患者の中には、将来、人間的な経験能力を回復する見込みがない人もいよう。それでも、われわれは「人間の尊厳」という信念に基づき、植物人間をイルカ以上に扱うよう義務づけるだろう。プロセス神学の生命倫理は、明らかにわれわれの常識的直観に反している。

また、プロセス神学の能力主義は、経験能力の低い生物が、能力の高い人間のために犠牲になることを倫理的に正当化する。それゆえ、生命それ自身を尊重する姿勢が守られることは実際には困難であろう。なるほどカブは、生命それ自身の尊重が絶対的なものであると訴えている。ところが実践倫理の領域に来ると、そうした生命尊重の理念は薄れ、どちらかといえば、すべてを能力主義的基準によって杓子定規に決定している感が否めない。こうした能力主義は、人間が固有価値の低い動物を殺戮する際に、動物の痛みに対する共感を忘れさせる役割を果たすであろう。価値の能力主義が動物虐待を正当化し、カントの危惧した人間性の荒廃を引き起こさないという保障はどこにもない。さらにネスは、固有価値の差によって生存の優先順位を決定するようなあり方が「生命の統一性と生存し開花する権利に関する基本的直観」に反すると批判している。そのようなあり方は、「私の方が価値があるから、私はおまえを殺すことができる」という殺傷の権利の正当化だと言うのである。[114] たしかに、すべての生命の統一性を直観するならば、他の生物を殺傷することは、われわれ自身の一部を損なう行為になる。生の対立・葛藤の現場における倫理的選択には、苦悩がともなうものである。その苦悩を考慮することなく、ただ固有価値の差異を理由に動植物の生存権を奪うのは「冷たい能力主義」であるといっても過言ではなかろう。

ここまでの議論を整理したい。プロセス神学は、自然と人間を一元論的に把握する点で、エコロジカルな自然中心主義の環境思想である。しかも相対的な人間優先主義をとるので、われわれの常識的直観にも適合する。ところが反面、その能力主義的な側面から、①「人間の尊厳」を損なう、②人間性を荒廃させる、③生命の統一性に関する直観に反し「冷たい能力主義」をとる、といった危険性が指摘される。プロセス神学の能力主義は、理論と現実の整合性という面では非常に卓越しているが、かたや弊害面も多いのである。

では、プロセス神学の能力主義が持つ、こうした弊害面は克服できるだろうか。一つの可能性として、カブが「生存の神学」として掲げる「生態学的感受性」という概念を強調するならば、弊害は解消されるであろう。前述したように、プロセス神学では「包括的な統一体」として神を捉える。人間の「生態学的感受性」は神の統一的経験を志向するがゆえに、すべての生命の統一性への直観であり、他者への愛に満たされた感覚である。であれば、元来、プロセス神学の能力主義は、生命愛に満ちた「暖かい能力主義」でなければならない。

また「人間の尊厳」の承認は、人間が愛という行為を可能にする唯一の存在者であり、「神のパートナー」であるというプロセス神学の宗教的信念に基づけば、自ずと導かれるのではなかろうか。そもそもカブが人間の倫理的責任を説くのは、この宗教的信念による。[115] プロセス神学の「神のパートナー」としての人間観は、人間という「種」が有する独自の尊厳性を認識しているはずである。カブは『生命の解放』の中で、人間が人間を尊重すべき理由として「人類の一体性（the unity of humankind）」を挙げ、「われわれがたがいの運命（fate）を共有することを必要としている」[116]と述べているが、これは敢えて神学的規定を避けた表現であろう。

しかしながらプロセス神学のエコロジーが、神の愛や人間の使命といった宗教的信念を強調すればするほど、宗教観の異なる人々からは拒絶され、倫理規範としての普遍性が失われるだろう。さりとて、理詰めの能力主義に徹すれば、われわれの常識的直観に反し、より一層、一般化が困難になってしまう。プロセス神学の環境倫理が抱えるディレンマは、このあたりにあるといえそうである。

第四節　ラディカル・エコロジーの理論的統合は可能か——第三章の結びに代えて

プロセス神学の卓越性

本章では、「自然の権利・価値」と「人間の責任」について考察した。はじめに、自然の権利・価値に関して、ナッシュ、セール、ストーン、ファインバーグ、リーガン、テイラーの主張をそれぞれ検討した。「自然の権利」の主張は、A・レオポルドの「倫理の進化」論に端を発し、ナッシュがこの理論化を試みたが、自然に義務遂行能力がない点など理論的な不備が解決されていない。またセールが主張するような、人間の契約社会の概念を生態系や地球全体にまで拡大すべきとの考えも一種の「倫理の進化」論であるが、現在のところ詩的メタファーにとどまり、やはり厳密な論証はできない。

次に、ストーンは自然の権利を法操作主義的に論証しようとし、倫理学者、環境倫理学者を巻き込む論争を引き起こした。総じて「自然の権利」論は、われわれの常識的直観や合理的信念から導かれる「自然の固有価値」を根拠として規定され、すべての生物個体の生存権を道徳的・法的に認めるべきだと主張している。しかし、物理的自然を尊重する原理が欠如している点と、権利の平等性を説くあまり、現実の人間優先主義という矛盾を理論的に解決できない点が課題として残された。

一方、「人間の責任」の問題は、カントの「目的それ自体」の観念を再検討することを中心に展開され、いくつかの新解釈が提示された。カントは、「目的それ自体」を理性的存在者としての「人格」に限定し、動植物や物理的自然は「物件」として扱うべきと唱えた。それに対し、リーガンは「生命主体」を、ヨーナスは「生へのイエスを追求する有機体」を、それぞれ「目的それ自体」の基準とみなし、動物や有機体の目的価値を承認した。彼らは、動植物を目的として扱うべきと主張することで、「自然に対する人間の責任」を説いたわけである。

しかし、すべての生物個体が「目的それ自体」であり、平等の権利を有するならば、何故に人間だけが自然保護の責任を負わねばならないのか。権利と義務の非対称性の問題が生ずる。「人間の責任」は「価値の平等」と両立しえない。そこでフェリは、カント的なヒューマニズムをエコロジー的に展開し、自然を「人間性と自然性をともに有する混成の存在」として捉えた。自然の尊重は、自然の中にある人間性の尊重である。ここに、「自然の固有価値」と「人間の責任」を矛盾なく連結する地平が開かれる。けれども人間性を基準とした価値観では、価値づけの主体となる人間の解釈の幅によって、「自然の固有価値」の実質が左右される危険性がある。そうなっては、近代の人間中心主義と何ら変わるところがない。

以上の考察から、「自然の固有価値」と「人間の責任」の真の両立は、単に人間と自然の本質的共通性を説明するだけでなく、人間の絶対的地位を否定するところに、はじめて成り立つと言わねばならない。われわれは、この意味から、宗教的エコロジーへと目を転じ、なかんずくプロセス神学の主張に注目した。

プロセス神学のエコロジーは、すべての現実存在者に共通する「経験の受用」を固有価値の源泉とみなし、人間と自然を連続的に捉えると同時に、宗教的、進化論的観点から人間の絶対性の廃棄を主張する。カブの説く「人間を頂点とする健全な生命体ピラミッドの構想」は、エコロジカル・モデルとして申し分のないものといえる。そこでは、エコロジカルな「固有価値の位階制」に基づいて「権利の階層」が規定され、人間優先主義と自然保護の要請が無理なく調和されうる。また、人間は最高の権利を享受するかわりに自然に対する責任も負う、との考え方は、権利と義務の対称的な関係を示しており、われわれが受け入れやすいものだろう。

「自己実現」思想と「固有価値の階層理論」との相補的関係

しかしながら、プロセス神学のエコロジーが抱える難点は、経験を感受する能力に応じて存在者の価値序列が規定されるために、ともすれば冷たい差別主義や「人間の尊厳」の否定に陥りがちなことである。この難点を克服するには、神学的見解(生態学的感受性・神の使徒としての人間観)を強調するしかない。ところがプロセス神学のエコロジーは、反証不可能な形而上学的前提が多いと批判を浴びており、安易に神学的アプローチを前面に押し出せば、環境思想として認知された立場を失うことになりかねない。

どうやら問題は、「生態学的な感受性」や「人間の尊厳」観を、いかに神学的前提を用いずに展開するか、というところにありそうである。「生態学的感受性」は、生態系全体への感受性の広がりであるが、それは人間だけがなしうる業であるゆえに、必然的に「人間の尊厳」観につながるはずである。つまり最終的には、神学的見解によらずに生態学的感受性の概念をいかに再構築するか、という問題へ収斂されてくるといってよい。

さて、ここでネスの「自己実現」を今一度思い起こしてみよう。ネスは、人間の持つ潜在能力を高く評価し、最終的には宇宙論的な「自己実現」を目指す道を説いた。この「自己実現」の考え方が、プロセス神学の「生態学的感受性」と類似することはすでに指摘した。ネスの「自己実現」は、スピノザのコナトゥス概念やガンディーの哲学、大乗仏教など様々な思想の影響を受けて成立したといわれる。その意味では、ネスの「自己実現」にも幾分かの宗教的前提が含まれていよう。けれどもネスは、「自己実現」をあくまでエコロジー理論として啓蒙的に訴えようとしている。またそれは、フォックスが言うように、トランスパーソナル心理学の見地から「拡張された自己感覚」として説明することも可能である。(117) してみれば、ネスの「自己実現」思想においては、プロセス神学の「生態学的感受性」の主張がエコロジー的に理論化されており、なおかつトランスパーソナル心理学からそれを理論化する可能性も開かれているのである。

一方、エコロジカルな「自己実現」思想の側では、環境倫理の欠如が致命的な欠陥となる。ネスの「自己実現」は、人間の人格形成に関わろうとしないため、現実逃避的な思想となっているのが実状である。それゆえ、「自己実現」を真にエコロジー思想として一般化しようとするならば、ともかく実践の指標としての環境倫理を示す必要がある。ただし、従来の人間中心的な環境倫理ではディープ・エコロジーの生命中心的平等の理念に反するので、自然中心主義の主張を充分に反映し、しかも人間優先を認めるような現実的な環境倫理でなければならない。これは前章で到達した結論であった。その点からすれば、エコロジカルな「自己実現」思想には、プロセス神学のような「固有価値の階層理論」に基づく環境倫理が最もよく適合するのである。

結局、プロセス神学は「固有価値の階層理論」に基づく現実的な環境倫理を持つが、神学的前提というデメリットが存する。他方、エコロジカルな「自己実現」思想は、宗教的前提に頼らない反面、理想主義的な姿勢が強く、環境倫理として現実化しにくい嫌いがある。そして両者は、互いに不備な点を補い合う必要性を有するといえる。

自己実現思想と「固有価値の階層理論」との結合の可能性

では、両者のメリットを融合する試みは可能なのだろうか。すなわち、ネスの「自己実現」思想にプロセス神学の「固有価値の階層理論」を導入するのである。前章で指摘したように、そもそも「自己を実現する」という思想には、自己感覚の拡張を善と見る価値づけのベクトルが含まれている[118]。それゆえ、「自己実現」思想が価値の階層理論を統合するのは理論的に可能と思われる。また、プロセス神学が「生態学的感受性」と同じ概念性を持つ「自己実現」思想を拒む理由は見当たらない。もし、この融合が可能ならば、生態系の利益と人間の利益の一致という理想を保持しながら、現実的な人間優先の環境倫理も展開できる。また、本章で論じた通り、自然の権利と人間の責任が無理なく調和する。神学的前提を取り入れる必要もない。

だがしかし、ネスやトランスパーソナルな自己実現を説く論者たちは、おそらく自分たちが固有価値の階層理論を取り入れることはないと言い返すだろう。「トランスパーソナル・エコロジー」を提唱するフォックスが言うには、固有価値理論は「規範と分別の自己（normative-judgmental self）」という心理学的な顔を持っている。それは拡張された自己の捉え方を説く自己実現とは根本的に異質なものであって、むしろ狭い「原子論的な自己概念（atomistic, or particle-like conceptions）」に他ならないという。また、固有価値論が要求する倫理を実践することは、むしろ自己感覚の拡張につながるのではないか、という説も退けられる。なぜならば「道徳的要求（moral demands）というものは、たとえその目的が拡張された自己感覚の獲得だったとしても、そもそもの前提が狭い自己のとらえ方を出発点にしている」からであり、言い換えると「道徳的要求は必然的に、選択能力をそなえた自己、随意活動（volitional activity）の中心としての自己を強調せざるをえないが、われわれの自己感覚はそれよりはるかに大きく広がりうるもの」だからである。[119]

トランスパーソナルな自己実現は、主体と客体の二元論を徹底的に崩壊させようとする。しかるに、プロセス神学が説くような固有価値論は個人倫理であり、原子論的・還元論的であるがゆえに、自己感覚を拡張するための手助けにはならないというわけである。フォックスは、ネスが「環境倫理より環境存在論および環境リアリズムのほうがすぐれている」と述べたことを紹介したり、デヴァル、セッションズ、メイシーなどの主張を列挙してトランスパーソナルな自己実現を説く多くの論者たちがいかに環境倫理の不用性を強調しているかを示そうとしたりする。[120] ラディカル・エコロジーにおいては、〈「自己実現」思想→環境存在論→自己感覚の拡張〉という流れと、〈固有価値の階層理論→環境倫理→個的自己感覚の強化〉という流れが、決定的に二極分化しているのである。

しかし、「自己実現」思想と環境倫理は、本当に相容れないものなのだろうか。環境倫理によって個的な自己感覚を正しく方向づけることは、むしろ自己感覚をトランスパーソナルに拡張するための不可欠な基礎とはいえないだろうか。すなわち「自己実現」には、個性的な自己実現と超個的な自己実現があり、前者の達成があってこそ、後者が成立しうるとも考えられるのである。

ヒューマニスティック心理学を提唱し、個性の自己実現の研究から自己超越の概念へと進んだA・

H・マズローは、トランスパーソナル心理学の創始者といわれる。彼は欲求の階層論を説くことによって、「自己実現（self-actualization）へと向かう動機の発展を、全体か無かというように、飛躍でとらえる考え方」を否定し、次のように主張した。

基本的欲求（the basic needs）が一つずつ完全に満たされて、はじめて次のより高次の（higher）欲求が意識に現れるのである。……このことはまた、小児性と成熟とが矛盾しないのと同じように、基本的欲求と自己実現とはたがいに矛盾しないことを、われわれに理解させてくれる。一方は他方へと移る。しかも後者にとって必要条件（necessary pre-requisite）なのである[121]

マズローの言う「基本的欲求」とは、生理的欲求を基底に、安全と安定、集団所属、愛情、尊敬などを求める欲求である。また「自己実現」への欲求とは、人間がさらに完全な存在になろうとする欲求であり、真善美や個性などを追求することをいう。マズローの「自己実現」は、個性的なものからトランスパーソナルな自己実現までを含むが、大事なことは、高次の欲求が低次の欲求の充足を必要条件として成立するという見方である。「衣食足りて礼節を知る」という俗諺は、この真実を突いた言葉であろう。これに習って、さらに「礼節足りて自己は広がる」と言うこともできよう。「礼節」とは倫理である。基本的な欲求や個的な自己感覚が倫理によって統御されてこそ、より高次の欲求、すなわち自己感覚の拡張の欲求が生ずるのである。

環境思想のコンテクストからいえば、トランスパーソナルな「自己実現」の「必要条件」となるのが環境倫理の実践である。それゆえ、環境倫理は「自己実現」を達成した人にとって不用かもしれないが、「自己実現」の途上にある人々にとっては必要不可欠なものなのである[122]。E・ライタンは、ディープ・エコロジーの自己実現思想は環境倫理であると主張するが、「自己実現を達成した人の思考には義務が入ってこないかもしれない。しかし、エコロジー意識のある人間（ecologically conscious person）の段階ではまだ、義務に従って行為しているであろう」[123]と述べている。自己実現の一時的な成就は容易であるが、ガンディーのごとく自己実現の完成者になることは難事であろう。それゆえ、自己実現の完成に至るまでは、義務としての環境倫理を実践することが必要となる。自己実現の完成という発想に立てば、当然、人格の陶冶が重視され、自己実現思想とカント的な人格倫理が結合するであろう。ライタンは、「(ディープ・エコロジーの) 自己実現は、カントの倫理に対立するというよりも、その拡大であると見なしうる」[124]と解釈している。環境倫理から自己実現へ――この方向性から両者を結合することは、環境倫理を哲学的に深めるとともに、自己実現思想を現実的なものにすると思われる。

断っておくが、環境倫理の実践によらない自己実現の方法がないわけではない。フォックスは「宇宙論的基盤に立った自己同化感覚（cosmologically based sense of identification）の体現法」として、メイシーが主宰する瞑想中心のワークショップ、理論化学の研究、ナチュラリストや野外生態学者が経験するような実践的な自然史へのかかわり、科学的な世界モデルや自然史全般に深い関心を向けること、を挙げている。[125]しかしながら、いずれも基本的な生活の欲求が満たされ、啓蒙された一部の人々でなければ実践できないものばかりである。また、そのような経験を通して得られた自己実現の状態が永続し、自己実現が完成するということは難しいだろう。というのは、現実生活における困難との対決がないからである。

われわれは、個人的欲求の充足をめぐる内的葛藤や外的争いに巻き込まれて生きていかざるをえない。その中で、人間の善性としての自己実現を発展させ、完成させるわけである。ネスやフォックスが言うごとく、静的に、人間性の傾向（inclination）に訴えるだけでエコロジカルな自己実現ができると言うのは、余りに楽観的であろう。われわれの自己実現を深め、完成させるには、現実生活を方向づける環境倫理の実践が不可欠である。

ラディカル・エコロジーの理論的統合と西田・和辻思想

以上の考察を通して、エコロジカルな「自己実現」思想と、プロセス神学の「固有価値の階層理論」に基づく環境倫理を融合させることは、十分に可能であると考える。なお、自己実現と固有価値の階層理論の融合は、人間中心主義と自然中心主義とのあいだに理想的なバランスを見出すものと期待されるが、まだ一点、静的な印象を拭えないという問題が残されている。つまり、自然保護の思想ではあっても、自然改造の思想ではないのである。自然の改造なくして人間の生存は不可能であるし（序論を参照）、人間が自然に働きかけることによって自己自身を開発することもできなくなる。それではエコロジカルな社会変革も起こりえず、結局、自然保護さえ不可能となろう。したがって、第二章で論及したソーシャル・エコロジーの「弁証法的自然主義」のように、人間による自然改造をエコロジー的に正当化する思想も不可欠であるといえよう。

要するに、ディープ・エコロジーの自己実現とプロセス神学の固有価値の階層理論を融合し、そこにソーシャル・エコロジー的な自然改造の観点を加味したところの環境思想がわれわれにとって最も望ましいものであると結論づけることにしたい。もちろん、かかるエコロジー思想は、いまだどこにも存在しない。また、そうした理論構築が果たして可能なのかどうかも未知数である。周知のように、ディープ・エコロジーとソーシャル・エコロジーの思想的対立は激しく、プロセス神学は宗教的なエコロジーとして、一般的な環境倫理からは隔絶した存在となっているかにみえる。

しかし、それぞれの思想・理論に一長一短がある以上、それを解決する方途は理論的統合しかなく、われわれはその難作業に取り組まざるをえない。C・マーチャントは、ディープ・エコロジー、ソーシャル・エコロジー、宗教的エコロジーがそれぞれの主張を持ち、互いに論争している状況を厳密に把握したうえで、それらは「ラディカル・エコロジー」として一体になり、主流の人間中心主義の環境思想に挑戦すべきであると訴えている。彼女は、『ラディカル・エコロジー』の結論部分で次のように述べる。

ディープ・エコロジストは機械論的世界観からエコロジカルな世界観へと意識を転換し、知識、存在、倫理、心理学、宗教、科学を作り変えるべきだと主張する。他方、スピリチュアル・エコロジストは自然を敬う方法として宗教と儀礼に焦点を合わせる。ソーシャル・エコロジストはエコロジカルに持続可能な新しい生産の様式と新しい政治的再生産の様式に基づく、政治経済の転換の必要を唱える。……ラディカル・エコロジーの諸潮流、諸活動（various strands and actions）は一体となって支配秩序のへゲモニーに挑戦する[126]

ディープ・エコロジー、ソーシャル・エコロジー、スピリチュアル・エコロジーの三者は「ラディカル・エコロジー」運動として一体化し、主流の人間中心的な環境主義に挑戦し続けるべきだ。そこに近代のアンチテーゼとしての様々な環境思想が果たす役割がある。これがマーチャントの主張である。各エコロジー思想のあいだの激しい理論的対立は、実践的統合を通じて克服しうるということであろう。この指摘は重要である。ディープ・エコロジーであれ、ソーシャル・エコロジーであれ、すべてのエコロジー思想は、地球環境を危機から救うことが目的であり、本来、実践的には統合されて然るべきである。そして、そこからラディカル・エコロジーの理論的統合への道が開けるかもしれないだろう。

しかしながら、ラディカル・エコロジーの実践的統合に至るには、各々のエコロジー思想が持つ独自の理論的メリットを、まず互いに承認し合うことが前提となるのではないだろうか。それには、互いの思想が最終的には理論的に統合されうるとの見通しを持つことも大事であろう。各種各様なエコロジー思想が、実践上の目的を同じくするためには、やはり、ある程度の理論的親和性が確保されていることが望ましい。

そのためには、何よりもまず「自己実現の倫理」が成立しうることを理論的に証明する必要がある。前述したように、ディープ・エコロジーの自己実現思想が個的自己の拡大を説くのに対し、プロセス神学の環境倫理は個的自己感覚の強化の方向性を持っている。両者のアプローチは正反対であり、ゆえに両者の統合は理論的に矛盾する。したがって、「自己実現の倫理」ということ自体、西洋哲学では一種の形容矛盾になってしまうのである。

そこで本書の後半では、東洋思想の世界観を哲学的に体系づけようと苦心した二人の京都学派の哲学者――西田幾多郎と和辻哲郎――の思想を取り上げ、彼らが主張した「自己実現の倫理」「菩薩道の倫理」について考察したい。彼らの東洋的な自然・環境思想が、「自己実現」思想と「固有価値の階層理論」を融合するような環境観を持っている可能性は十分にある。

また、ディープ・エコロジーやトランスパーソナルなエコロジストたちが、仏教や道教など東洋思想に強い影響を受けていることはしばしば指摘される通りである。プロセス神学も、西田の哲学がプロセス思想と多くの思想的共通性を持つ点に着目し、カブを中心として西田哲学との対話に力を注いでいる。さらに物理学者のF・カプラなどが指摘しているが、東洋思想の世界観が現代物理学やシステム論と多くの共通性を持つといわれていることも興味深い。多くの形而上学的前提を用いることなく、しかも人間の傲慢を許さないような環境思想があるならば、地球的な環境倫理のコンセンサスが急がれている今日、大きな貢献をなしうるといってよい。

以上のように、環境思想から見た東洋思想は、多くの魅力と可能性を秘めており、新たな環境思想を生み出す源泉たりうるものと期待されている。次章以降においては、西田と和辻の業績を手がかりに東洋的な環境倫理・思想を考察し、彼らの自然観・人間観がラディカル・エコロジーの理論的統合というわれわれの課題にいかなる示唆を与えうるかについて検討してみたいと思う。

第四章　西田幾多郎の自然・環境観とラディカル・エコロジー

本章の目的は、西田幾多郎の諸著作を通じ、東洋的な環境倫理・思想とはいかなるものかを考察することである。

西田の処女作『善の研究』は、十年近くに及ぶ参禅修行の最中に執筆され、大乗仏教の禅の思想が色濃く反映されたものといわれている。『善の研究』の目的は、唯一の実在としての「純粋経験」を説明することにあったが、上田閑照氏によると、西田は禅の教えを哲学の「第一原理」に換骨奪胎して「純粋経験」の概念を生み出したという(1)。そして西田は、「純粋経験」の立場を倫理として展開するにあたり、「自己実現(self-realization)」の観念を用いた。この「自己実現」という考え方は、ディープ・エコロジーのA・ネスや仏教学者のエコロジストであるJ・メイシー、さらにはトランスパーソナル・エコロジーの創始者W・フォックスなどが、環境倫理に代わるものとして、さかんに提唱している概念である。西田の「自己実現」思想は、現代の環境哲学者たちの「自己実現」概念と比べて、どのような共通点と相違点を持つのか。「自己実現」思想を主な手がかりとして、西田哲学の環境思想を探ってみたい。

第一節　『善の研究』における人間と自然の問題

『善の研究』における自己実現の思想

『善の研究』には、西田哲学全般を貫く独特の倫理観が表明されている。そこで提唱される倫理観とは、一口に言えば、「自己実現の倫理学」である。西田が自己実現的な思想に注目したのは、彼がまだ東京帝国大学の選科に在学中のころに遡る。今、われわれが「自己実現」という言葉を聞けば、すぐA・マスローのような心理学的研究を想起するが、西田が学生であった明治の初期には、イギリスの道徳哲学者T・H・グリーン（Thomas Hill Green）の「自我実現」思想が日本に紹介されていた。(2)グリーンは、カントやヘーゲルの影響を強く受けつつ、人格の実現完成を最大の善とする自我実現（self-realization）の思想を説いた人である。

グリーンの思想に、ただならぬ関心を示した西田は東大卒業後、教職に就いた金沢の地で、早速グリーンの『倫理学序説』を元にした「グリーン氏倫理哲学の大意」という論文を公表している。この論文の劈頭で、西田はグリーンの倫理哲学が「道徳の由来する所は自然界以上にありとなし、其形而上の根底を究明して普通倫理学の基礎を成す」（13・21）ものであると紹介している。つまり、今日の心理学的な「自己実現」説とは異なり、形而上学的立場から人格を捉え、その実現を目指すというのがグリーンの立場であった。西田自身の訳述によれば、グリーンは「個人的精神は皆宇宙大精神の現出せる者なり」（13・27）とし、自然界も人間精神もすべて宇宙大精神の原理の現われとみる。そして、「吾人の道徳的作用は、宇宙を構成する自覚的大覚識が自己を再現する作用」（13・39）であると考え、そうした意味から自我実現を説いたのである。

このようなグリーンの形而上学的な自我実現の思想は、「どこまでも直接な、最も根本的な立場から物を見、物を考えよう」（9・3）とする西田の学的要求を、一応は満たしうるものであった(3)。そこで西田は、グリーンの自我実現の思想を換骨奪胎した形で『善の研究』の中に取り入れ、「自己の発展完成」の倫理学を展開した。「換骨奪胎」というのは、グリーンが根本実在として提示した「宇宙大覚識」が、西田においては東洋的な「純粋経験」の立場から論じられているからである。したがって、西田の「自己実現」思想を把握するためには、まずもって彼の「純粋経験」の立場を理解しておかねばならない。

西田は『善の研究』初版（一九一一年刊）の序文において、「純粋経験を唯一の実在としてすべてを説明してみたい」（1・4）という彼自身の問題意識を披瀝している。西田にとって宇宙の根本実在は「純粋経験」であり、森羅万象は「純粋経験」の実在から説明できるというのが、当時の彼の信念であった。

それでは「純粋経験」とはいかなるものか。『善の研究』第一章の冒頭に次のような一節がある。

経験するというのは事実其儘《そのまま》に知るの意である。全く自己の細工を棄てて、事実に従うて知るのである。純粋というのは、普通に経験といっている者もその実は何らかの思想を交えているから、毫《ごう》も思慮分別を加えない、真に経験其儘の状態をいうのである。たとえば、色を見、音を聞く刹那《せつな》、未だこれが外物の作用であるとか、我がこれを感じているとかいうような考のないのみならず、この色、この音は何であるという判断すら加わらない前をいうのである。それで純粋経験は直接経験と同一である。自己の意識状態を直下に経験した時、未だ主もなく客もない、知識と対象とが全く合一している。これが経験の最醇《さいじゅん》なる者である（1・9）

例えば「色を見、音を聞く刹那」の経験、それは一切の思慮分別が加わらない純粋で直接的な経験であって、主体と客体が分化する以前の実在に触れることである。西田はこの主客未分の実在を純粋経験と名付け、一切の現象の根源にあるものと考えた。『善の研究』の中で、西田は純粋経験を説明するために様々な実例をあげている。「一生懸命に断崖を攀《よ》ずる場合」「音楽家が熟練した曲を奏する時」（1・11）「恰《あたか》も我々が美妙なる音楽に心を奪われ、物我相忘れ、天地ただ瀏喨《りゅうりょう》たる一楽声のみなるが如く」（1・59）ある状態。このような忘我恍惚の境地が純粋経験である、と西田は言う。ただし、純粋経験は芸術家など特殊な能力を持つ人間だけが有する経験ではない。西田は、「動物の本能的動作」（1・11）や「初生児の意識」（1・12）も純粋経験の範疇に入ると考えている。要するに、意識や判断が表れる以前の主客未分の状態を、広く純粋経験と呼ぶのである。

この頃、西田の脳裏には、当時の日本の知識人が少なからず抱いていた「独我論からの脱却」という時代的課題が渦巻いていたといわれる。独我論（solipsism）とは、自己とその意識内容のみが実在するとし、他我や様々な事物は自己の意識内容に他ならないとみる立場である。意識や感覚を前提に経験を考えるイギリス経験論のような立場では、この独我論を超えることはできない。

西田はそこで、従来の個人的意識と経験の関係を逆転させようとした。それが「個人あって経験あるにあらず、経験あって個人あるのである。個人的区別より経験が根本的である」（1・4）という、純粋経験の主張である。西田は、主客二元論の克服を目指して純粋経験を唱えたW・ジェームスの影響などを受けながら、彼自身の純粋経験論を作り上げようとした。そして、これによって「独我論を脱することができ」(同)たと自負している。

ともかく、純粋経験を唯一の実在として規定した西田は、次に『善の研究』の第三編で倫理学への展開をはかり、人格の概念を純粋経験の立場から説明していく。ここで西田は、先のグリーンの倫理哲学を参考として、「自己実現」を道徳の根本とする思想を展開する。すなわち、「我々の真の自己は宇宙の本体である」(1・167)と言ってグリーンの説を踏襲しつつも、「我々の人格とは直に宇宙統一力の発動である。即ち物心の別を打破せる唯一実在が事情に応じ或特殊なる形において現れたものである」(1・152)とあるように、「物心の別を打破せる唯一実在」としての純粋経験を宇宙の根源的な立場に定位したのである。

また、ここでは純粋経験の唯一実在が「宇宙統一力」であって、「我々の人格とは直に宇宙統一力の発動である」とも述べられている。西田において「人格」とは、宇宙の統一的実在の発現として捉えられている。そこから「人格の実現というのが我々に取りて絶対的善である」(1・152)という道徳原理が導かれることになる。われわれの「真の自己」は、宇宙の「統一的或者」に他ならないとされ、その実在と合一するところに道徳の根本、最高の善があると言うのである。西田は、「自己の真実在と一致するのが最上の善ということになる」(1・146)と述べている。善とは「自己の真を知ること」(同)である。それは、われわれの意志が発展完成することを意味するが、「我々の意識は思惟、想像においても意志においてもまたいわゆる知覚、感情、衝動においても皆その根底には内面的統一なる者が働いているので、意識現象は凡《すべ》てこの一なる者の発展完成である」(1・145)。したがって意志の発展完成は、同時に「真の自己」たる統一的一者の発展完成でもある。個人的意志の発展完成は宇宙の統一的自己の発展完成でもあり、そこに善の根本原理があるとされる。

> 意志の発展完成は直に自己の発展完成となるので、善とは自己の発展完成self-realizationであるということができる。即ち我々の精神が種々の能力を発展し円満なる発達を遂げるのが最上の善である。竹は竹、松は松と各自その天賦を充分に発揮するように、人間が人間の天性自然を発揮するのが人間の善である（1・145）

グリーンのself-realizationを西田は「自己の発展完成」と訳しているが、純粋経験を宇宙統一力とする着想の下、個即宇宙なる「自己」の実現を善と規定した西田の『善の研究』は、「自己実現の倫理学」の書と呼んでも過言ではないだろう。

さらに西田は、道徳のみならず、宗教もわれわれが「真の自己を知る」ためにあると考える。「統一的或者の自己発展というのが凡《すべ》ての実在の形式であって、神とはかくの如き実在の統一者である」（1・181）と、西田は主張する。西田にとって「神」とは「宇宙を包括する純粋経験の統一者」（1・186）であり、われわれが「真の自己」たる「神」と合一するところに、真の自己の発展完成があると考える。かくいう西田の宗教は「自己実現の宗教」であるといえよう。

> 而して真の自己を知り神と合する法は、ただ主客合一の力を自得するにあるのみである。而してこの力を得るのは我々のこの偽我を殺し尽くして一たびこの世の欲より死して後蘇るのである。……此の如くにして始めて真に主客合一の境に到ることができる。これが宗教道徳美術の極意である。其督教ではこれを再生といい仏教ではこれを見性という（1・167-168）

キリスト教でいう「再生」、禅仏教でいう「見性」、これらは西田の考えでは、純粋経験の統一者たる神と合一し、真の自己を実現した「主客合一の境」を意味するものに他ならない。西田は、こうした主客合一への宗教的要求こそ「人心の最深最大なる要求」（1・172）であり、「学問道徳の極致はまた宗教に入らねばならぬ」（同）と断じている。道徳の完成は宗教によるとの見方がここにある。

以上、『善の研究』における西田の「自己実現」思想を見てきたわけだが、そこには二つの相反するベクトルが存在していることに気づかされる。西田によると、われわれは宗教や道徳・芸術などによって自己を発展完成させ、自己を実現する。それは、一つには個人的意志から純粋経験の統一者へ向かう、いわば自己否定の自己実現であるが、反面では、「真正の自己」たる統一者がわれわれの個我を通じて自らを顕わにするという、自己肯定の自己実現でもある。この自己実現の二つのベクトルは、正反対の方向でありながら同時的である。後期西田哲学が展開する「絶対矛盾的自己同一」の世界が、ここに先取されている。

しかしながら、『善の研究』においては、どちらかといえば自己否定的な自己実現の側面が強調されているように思われる。それは後年（一九三六年）、『善の研究』の新版を出すにあたり、西田が「歴史的世界」の立場から同書の「純粋経験」を振り返って「今日から見れば、この書の立場は意識の立場であり、心理主義的とも考えられるであろう。然《しか》非難せられても致方《いたしかた》はない」（1・6）と回顧したことからも明らかであろう。一方、後期西田哲学においては「歴史的世界」の自己形成の側面が強調されるが、そうなると「自己実現」という表現自体が姿を消し、倫理性も消失してしまっている。この問題については後述するが、いずれにせよ、「自己実現」が、初期における西田の倫理思想の中核を占める概念であったことは間違いない。

人間と自然の共通性としての「純粋経験」

次に、西田の『善の研究』においては、「純粋経験を唯一の実在としてすべてを説明してみたい」という意図の下、人間と自然の問題が考察されている。西田によれば、人間と自然は同一の根底を持っている。それは宇宙の森羅万象の根底にある「統一的或者」であり、純粋経験とはこの「統一的或者」が自己を展開する過程の全体を言う。すなわち、意識的存在である人間も、物質的な自然も、ともに「統一的或者」の自己展開の過程として純粋経験であるとする。「我々は純粋経験の範囲外に出ることはできぬ」（1・16）と、西田は断言する。

意識的自己である人間が純粋経験であるというのは、いかなる意味か。まず西田は、「意識の体系というのは凡ての有機物のように、統一的或者が秩序的に分化発展し、その全体を実現する」（1・14）過程であると考える。その過程において、意識の統一作用が働いているあいだは純粋経験であり、統一が破れたときに純粋経験を離れるようになる。意味や判断が生じ、主客が分裂するのは、意識の統一作用が破れたときである、と西田は言う。しかし「統一、不統一ということも、よく考えて見ると畢竟《ひっきょう》程度の差」（1・16）にすぎないのであって、「全然統一せる意識もなければ、全然不統一なる意識もなかろう。凡ての意識は体系的発展である」「意味とか判断とかいう如き関係の意識の背後には、この関係を成立せしむる統一的意識がなければならぬ」（同）とされる。それゆえ、意味や判断のように主客を弁別する不統一な意識といっても、純粋経験に他ならない。「純粋経験とその意味または判断とは意識の両面を現わす者である。即ち同一物の見方の相違にすぎない」（1・17）ということになる。

ならば、意識を持たない自然の場合はどうだろうか。自然もまた純粋経験の事実である、と主張する根拠はどこにあるのか。

自然の本体はやはり未だ主客の分れざる直接経験の事実であるのである。たとえば我々が真に草木として考うる物は、生々たる色と形とを具えた草木であって、我々の直覚的事実である。ただ我々がこの具体的実在より姑《しばら》く主観的活動の方面を除去して考えた時は、純客観的自然であるかのように考えられるのである（1・82）

「純客観的自然」というのは抽象概念にすぎない。「具体的実在」としての自然には「主観的活動の方面」がある。すなわち、「統一的或者」が分化発展する過程のうちに自然が現れるのであり、その意味からは自然も「統一的或者」の分化発展の中に位置づけられるのである。「真に具体的実在としての自然は、全く統一作用なくして成立するものではない」（1・84）。例えば、植物でも、そこには宇宙根源の統一作用が働いていると、西田は主張する。

統一する者と統一せらるる者とを別々に考えるのは抽象的思惟に由《よ》るので、具体的実在にてはこの二つの者を離すことはできない。一本の樹とは枝葉根幹の種々異なりたる作用を統一した上に存在するが、樹は単に枝葉根幹の集合ではない、樹全体の統一力が無かったならば枝葉根幹も無意義である。樹はその部分の対立と統一との上に存するのである（1・6）

同様に、無機物における統一作用は、その「結晶形」に現れているとも、西田は言っている。無機物から植物、動物に至るまで、すべての自然には「統一的或者」の統一作用がみられる。ゆえに、自然は「統一的或者」の分化発展の過程であり、純粋経験の事実といえるのである。このように「統一的或者」の発現として自然を捉えるならば、「自然もやはり一種の自己を具えている」（1・84）と言うことができる。西田は、「一本の植物、一匹の動物もその発現する種々の形態変化および運動は、単に無意義なる物質の結合および機械的運動ではなく、一々その全体と離すべからざる関係をもっているので、つまり一の統一的自己の発現と看《み》なすべきものである」（1・84-85）と説いている。

したがって人間と自然とは、統一的自己としての「統一的或者」が自己を分化発展させ、実在の全体を実現していく過程で発現するのであり、もとより分離されたものではない。ともに統一的自己の統一作用であるがゆえに、人間も自然も純粋経験の内に包含される「同一の形式」なのである。西田は、このことを「真実在は常に同一の形式を有《も》っている」（1・63）と述べて定式化している。実在の分化発展、完成という考え方には、ヘーゲル弁証法の影響がみてとれよう。西田は『善の研究』の翌年に書いた「論理の理解と数理の理解」という論文において、次のように述べている。

> 動的一般者の発展の過程はまず全体が含蓄的に現れ、これより分裂対峙の状態に移り、また、元の全体に還り来って、ここにその具体的真相を明らかにするのである。ヘーゲルのいう様に**an sich**より**für sich**に移り、それからまた**an und für sich**となるのである（1・262）

西田は、ヘーゲルの弁証法的発展の理論を純粋経験の立場から展開し、もって人間と自然を一元論的に把握しようとしたといえる。ここで、彼の純粋経験説の中で人間と自然とがどのように位置づけられているか、一度、簡単に図式化しておく（図4）。

このように、人間と自然は同一の実在の発現であり、ともに純粋経験である。すなわち同じ根源から分化・発展して、人間や他の動植物、無機物の自然が現れたと、西田は考えた。それでは、人間と自然は価値的に平等であるということなのか。そうであれば、環境思想の文脈では、西田の主張は

図４

an sich	für sich	an und für sich
	精神現象（人間）… 統一的方面	
統一的自己 → 分化発展	〈対立・矛盾〉	→ 実在の全体の実現
	物体現象（自然）… 統一される方面	

ディープ・エコロジーなどの「生命中心主義的平等」と同じであり、ただそれに哲学的根拠を与えうる思想ということになろう。むろん、今世紀前半に生きた西田が、こうしたエコロジー的問題に明確に答えている箇所はない。

しかしながら、『善の研究』第三編第四章は「価値的研究」と題され、西田の価値論的立場が表明されている。この中で西田は、原因結果の法則から価値の法則を導き出したり、あるいは快楽に応じて価値を設定したりする考え方を批判し、自己の価値判断の基準を「直接経験の事実」に置いている。西田は、「我々が如何なるものを好み、如何なるものを悪《にく》むか」は、快楽の因果によって説明できるものではなく、「別に根拠を有する直接経験の事実である」（1・120）と主張する。西田によれば、「凡《すべ》て我々の欲望または要求なる者は説明しうるべからざる、与えられたる事実」（同）であって、例えば、小児が乳を飲むのも、飲みたいから飲むのではなく、「ただ飲むために飲む」のだと言う。西田は、われわれの欲望をも根源の統一的自己の発現として捉えるのである。

このような考えからは、統一的自己の発展こそが善であり、その阻害は悪であるという価値観が導かれよう。先に引用した「善とは自己の発展完成self-realizationである」という西田の言葉は、この価値観を表したものである。また、いわゆる「場所論的転回」を経た後の後期西田哲学においても、この価値観は保持されている。『弁証法的一般者としての世界』の中では、

「自己自身を限定する現実の世界の自己限定の方向というものが、いつも我々の行為の目的となる。そこに善の内容というものが考えられる。悪というのはその否定の方向に考えられるのである」(7・409)と述べられている。

ということは、無機物、動植物、人間といった存在者は、その根源を同じくするものの、統一的自己の発現の程度、すなわち自己実現の度合に応じて価値が異なってくるということが考えられる。西田は人間だけでなく、無機物や動植物の自己実現をも認める立場をとる。無機物の場合、玉突き台の玉を例にとれば、突かれた玉は外界の原因によって必然的に動かされるのであるが、一方で玉そのものに運動の力があるからこそ、玉は一定方向に動くともいえる。それゆえ、「玉其物の内面的力よりいえば、自己を実現する合目的作用とも見ることができる」(1・118)と西田は言う。

同じように、動植物における現象も「生物全体の生存および発達を目的とした現象である」(1・118)ゆえに、合目的な自己実現の働きと見ることができる。ところが、「かかる現象にありては或原因の結果として起った者が必ずしも合目的とはいわれない。全体の目的と一部の現象とは衝突を来す事がある」(同)と西田は述べ、「そこで我々は如何なる現象が最も目的に合うているか、現象の価値的研究をせねばならぬようになる」(同)と続けている。生物の場合はいまだ合目的でない活動性も強く、実際には無意義な活動であるということであろう。自己実現の働きは、あくまで統一的な活動である。それゆえに「現象の価値的研究」によって、統一性・合目的性が微弱な生物の自己実現には価値を認めなくともよいという立場を、西田は取る。

生物の現象ではまだ、その統一的目的なる者が我々人間の外より加えた想像にすぎないとしてこれを除去することもできぬではない。即ち生物の現象は単に若干の力の集合に依りて成れる無意

義の結合と見做すこともできるのである（1・118-119）

それに対し、「独り我々の意識現象に至っては、決してかく見ることはできない。意識現象は始より無意義なる要素の結合ではなくして、統一せる一活動である」（1・119）と西田は言い、人間の意識現象を統一的自己そのものの発現であるとみている。「我々の人格とは直に宇宙統一力の発動である」（1・152）。それゆえ、「人格は凡ての価値の根本であって、宇宙間においてただ人格のみ絶対的価値をもっているのである」（1・152-153）と、人格をすべての価値の根本基準とするのである。「人格の実現というのが我々に取りて絶対的善である」（1・152）と言う西田にとって、真の自己実現とはわれわれの人格の実現に他ならない。

以上のような西田の価値観は、宇宙における統一的自己を価値のローカスとし、その発現の方向に善の価値を規定するものである。実践論的には、統一性を十全に実現した人格を頂点とし、その下に動物↑植物↑無機物と価値の段階差があることを認める思想である。本質的価値において人間も動植物も平等であるが、事実の上では種によって倫理的価値に差があると言うのである。

自然と人間とは、根源を同じくし本質的同質性を持ちながら、事実においては相異している――こうした関係性を生物学者の立場から考察し、「類縁」関係として解き明かそうとしたのが今西錦司氏であった。今西氏は、西田の純粋経験説の影響を受けたといわれ、前世紀前半に『生物の世界』を上梓した。その中で彼は「この世界を成り立たせているいろいろなものは、すべて一つのものの生成発展したものにほかならない[4]」と主張し、そこから生物における「相似」と「相異」を次のように説明する。

世界がその生成発展の過程において、お互いになんらかの関係で結ばれた相異なるものに分かれていったといいうるのと同じように、世界はその生成発展の過程において、お互いになんらかの関係で結ばれた相似たものに分かれていったともいいうるのである。すると相似と相異ということは、もとは一つのものから分かれたものの間に、もともとから備わった一つの関係であって、子は親に似ているといえばどこまでも似ているけれども、また異なっているといえばどこまでも異なっているといえるように、そういったものの間の関係は、似ているのも当然だし、異なっているのもまた当然だということになる[5]

今西氏は、人間を含めて地球上の全生物が相似面と相違面を併せ持つ理由を、もともと一つのものが分化発展して様々な生物の形を取ったからであると考え、そうした生物の世界を「類縁」と呼んだ。「人間も動物も植物も生物であるという点では、お互いに類縁関係の続いた相似たものなのである[6]」と彼は言う。また「類縁」の概念は、単に人間と生物の同質性だけでなく、差別性をも浮き彫りにする。「類縁関係を通してはじめて、われわれのものの見方にも一定の基準が与えられる。類縁を通して相似たものがお互いに近しい存在であり、相異なるものがお互いに遠い存在である[7]」とされるからである。したがって生物の類縁関係において、人間と動植物の相似面からは平等性を、また相異面からは差別性を、それぞれ認めうるであろう。さらに今西氏は、自然環境も人間や生物と同質のものと考える。「環境といえどもやはり生物とともにもとは一つのものから生成発展してきたこの世界の一部分であり、その意味において生物と環境とはもともと同質のものでなければならぬ[8]」。

であれば、われわれの住む世界では、元来一つの何者かが分化発展して各生物となり、あるいは自然環境となって生物と対峙していることになる。自然と人間とは同根であるが、人間との類縁関係には遠近があるというわけである。

このように考えると、西田の自然観は、人間と自然との「類縁」関係を説くとみることもできよう。ただし西田の場合は、今西氏と違って、生物間の「相違」に基づく価値づけにまで踏み込む。そのため、今西氏が「地球中心主義」を標榜したのに対し、西田は一種の人格主義の立場を取っている。環境倫理の立場から見て、人間の人格価値を絶対視し、他の生物や自然環境に事実的な価値を認めない西田の立場は、結局は人間中心主義とみなされてしまうだろう。

西田の自己実現の倫理においては、目的価値は人格を持った人間だけに限定され、動植物や物理的自然は人間の手段としての価値しか持たないのだろうか。たしかに西田は、動植物の自己実現が微弱であって必ずしも合目的ではなく、価値を認めないこともできると述べている。しかし『善の研究』の自然観を見るかぎり、西田はわれわれに対し、自然を目的として扱うべきことを説いている。例えば、「我々は愛する花を見、また親しき動物を見て、直に全体において統一的或者を捕捉するのである。これがその物の自己、その物の本体である」（1・86）として、花や動物の中に宇宙根源の「統一的或者」を把握する姿勢を述べている。そして、自然の本体を洞察するには、人間自身が自己実現をしなければならないとも示唆する。

> 自己の最大要求を充《みた》し自己を実現するということは、自己の客観的理想を実現するということになる。即ち客観と一致するということである。この点より見て善行為は必ず愛であるということができる。愛というのは凡て自他一致の感情である。主客合一の感情である。ただに人が人に対する場合のみでなく、画家が自然に対する場合も愛である（1・155-156）

人間は自己実現を通じて「愛」の感情を得る。この愛の感情は「自他一致の感情」「主客合一の感情」であり、他人に対してのみならず、「画家が自然に対する場合」のように、自然に対する愛ともなっていく。言い換えれば、人間は人間自身の自己実現を通じて、動植物と一体化し、その「愛」によって動植物の中に究極的価値（＝統一的或者）を認める。先に引用した「我々は愛する花を見、また親しき動物を見て、直に全体において統一的或者を捕捉する」との西田の言葉は、われわれの「自己実現による自然愛護」の謂いだったのである。

今までの議論を整理しておきたい。『善の研究』においては、すべての存在者が宇宙根源の統一的自己の現われであり、純粋経験であるとされた。人間と動植物は類縁の関係にあり、生物と自然環境は同質のものとして連続性を有する。また全存在者は価値の根源としての統一的自己の実現過程に位置づけられるので、本質論的に人間、生物、自然はいずれも目的価値を有する。しかしながら、現象面の事実においては人間の人格が至高の絶対的価値を有し、他方、人間と類縁関係の遠い生物や無機物に関しては、さほど合目的でない活動もみられる。それゆえ人間以外の生物や自然は、われわれが第三者的に観察するならば、実際には目的価値とみなされないだろう。けれども、人間が自己実現を通じて動植物や自然と一体化し、愛の感情を持つならば、自然の中に統一的自己を把握し、そこに目的価値を見出さずにはいられないはずである。以上が、『善の研究』にみられる西田の自然観である。

第二節　後期西田哲学の大乗仏教的世界観

『善の研究』から後期西田哲学への展開

前節では、『善の研究』における人間と自然の問題を考察してきた。『善の研究』以後、西田は思索の深まりとともに問題のテーマを次々と変えていき、いわゆる場所論的転回を迎える。それ以降、西田は『善の研究』でみられた「意識」の立場から一変して、「世界」の立場から現実世界の論理構造を説明するようになる。後期西田哲学がここに成立するわけである。

したがって後期西田哲学の世界観を知るには、まず初期の「意識の立場」から「世界の立場」へと至る変化の過程を、概括的に把握しておく必要があろう。先に述べた『善の研究』新版の序文において、西田は自己の思索の道程について次のごとく綴っている。

純粋経験の立場は「自覚における直観と反省」に至って、フィヒテの事行（じこう）の立場を介して絶対意志の立場に進み、更に「働くものから見るものへ」の後半において、ギリシャ哲学を介し、一転して「場所」の考に至った。そこに私は私の考を論理化する端緒を得たと思う。「場所」の考は「弁証法的一般者」として具体化せられ、「弁証法的一般者」の立場は「行為的直観」の立場として直接化せられた。この書において直接経験の世界とか純粋経験の世界とかいったものは、今は歴史的実在の世界と考えるようになった。行為的直観の世界、ポイエシスの世界

こそ真に純粋経験の世界であるのである（1・6-7）

『善の研究』において、西田は「純粋経験を唯一の実在としてすべてを説明してみたい」（1・4）との構想の下、われわれの思惟を純粋経験の現われとして考えた。すなわち西田は、純粋経験の統一意識の「発展の行路において種々なる体系の矛盾衝突が起ってくる」（1・24）際に現れるものが、反省的思惟であると言っている。こうした捉え方の背景には、人間の本質を人間自身ではなく、根源的な実在から捉え直したいとする西田の切なる願望があったものと思われる。ところが、人間の思惟は主客の対立を前提とした認識作用であって、主客未分の純粋経験とは根本的に矛盾するはずである。高橋里美から、この点を指摘された西田は、純粋経験の直観と思惟は「同一型」であり、一元論的に見るべきだと反論した（1・301）。だがしかし、統一的意識である純粋経験の直観がなぜ主客に分裂し、それが純粋経験といわれるのか、その矛盾は残されたままであった。

そこで西田は、『自覚における直観と反省』を著し、純粋経験と思惟を統合するものとして「自覚」の立場を見出したのである。「自覚」においては、純粋経験の直観と反省的思惟が同時的であるとされる。西田の言う「自覚」とは、「自己の中に自己を映す」（2・16）という意味である。それは単なる自己反省ではなく、「無限なる統一発展の意義」（同）を有しており、あたかも「両明鏡の間の物影が無限に其影を映して行く」（同）ようなものだという。かかる「自覚」においては、「反省は自己の中の事実」（同）であり、自己の中にあるものを付加することである。それゆえ「自覚」とは、「自己の知識であると共に自己発展の作用」（同）である。すなわち、反省は直観を生み、直観が新たな反省を生んで、無限に自己が発展していくのである。

このような「自覚」は、心理学者のいうような自覚とは違い、「先験的自我の自覚」であり、「フィヒテの事行《じこう》Tathandlungの如きもの」(2・3) だと、西田は説明する。フィヒテの「事行」とは、活動(Handlung) とそこから産まれた事(Tat) が絶対的に同一であるとする思想である。フィヒテによれば、われわれの自我は「働くものであると同時に活動の所産」であり、一つの事行を表現したものである。(9) 西田は、この「事行」の考えから着想を得て、「自覚」を直観即反省、反省即直観の作用と考えたのである。西田は、すべての実在がこの「自覚」によって、「自覚的体系」として説明されるとも主張した。

かくして、純粋経験と思惟の矛盾を「自覚」の立場から克服した西田であったが、そこに新たな難問が生ずることになった。それは、「自覚」を「自覚」から説明することは可能なのか、という問題である。「自覚」の作用は、それ自体は決して対象化されえない。「意識する意識」として、それは真に能動的なものである。意識による認識が不可能なものである。西田は、ベルグソンの説く「純粋持続」の不断の進行すら、持続が「繰り返すことができないというのは、既に繰り返し得る可能性を含んでいる」として、「既に相対の世界に堕している」と批判する (2・278)。

結局、西田は「自覚」の立場を超え、意識を超えたものとして「絶対自由意志」を定立するに至る。「絶対自由意志」は、あらゆる意識の根底にあるもので、すべての実在に共通する「自覚的体系」の根源とされる。すなわち、「一般者の一般者」であり、「アプリオリのアプリオリ」(2・321) が「絶対自由意志」である。それは、「認識対象としては不可得ではあるが、対象としてその最初の相は絶対作用でなければならぬ」(2・286) とされ、カントの「物自体」のようなものだとも西田は言っている (2・300)。

こうして自ら回顧したごとく、西田は、フィヒテの事行の立場を介して絶対自由意志の立場へと進んだ。けれども、西田はこの立場に決して満足しなかった。『自覚における直観と反省』の序文で、「幾多の紆余曲折の後、余は遂に何等の新らしい思想も解決も得なかったと言わなければならない。刀折れ矢竭きて降を神秘の軍門に請うという譏《そしり》を免れないかも知れない」(2・11)と独白しているように、絶対自由意志の立場は一種の神秘主義だからである。それゆえ、彼は絶対自由意志を究極の立場にすることを諒とせず、さらに思索を重ねていった。それが「働くものから見るものへ」の転換となり、やがては「場所」の立場の発見へとつながっていく。

すなわち、絶対自由意志という「働くもの」の根底に「見るもの」があると考えた西田は、「有るもの働くもののすべてを、自ら無にして自己の中に自己を映すものの影と見る」(4・5)ような立場を模索し始め、遂に絶対自由意志が「於いてある場所」を見出した。ここに言う「場所」とは、絶対自由意志という「作用の作用」を自己の内に包容し、それを直観するような場所のことである。「場所」は、通常考えられているような受動的な空間ではなく、あくまでも能動的なものである。したがって、このような「場所」は、プロティノスの「一者」の概念に近いが、「場所」は「一者」のような「有」の存在というよりも、むしろ「無の場所」と呼ばれる。西田によれば、「真の無の場所」において「我々は始めて真に形相を包む一者の立場に達したといい得る」(4・126)。われわれが決して意識しえない究極的実在としての「場所」は、それゆえに「絶対無の場所」でなければならないのである。

最初に引用した西田自身の回顧にもあった通り、彼は「場所」の概念の確立によって、自己の思想を論理化する端緒を得たという。そこで晩年の西田は、「絶対無の場所」の論理を用いて、歴史的な現実世界の解明に乗り出していく。彼独特の「弁証法的一般者」の世界観、「行為的直観」の立場が説き明かされるわけであるが、この後期西田哲学は現代の環境思想との関連において興味深いところである。

とりわけ、後述するように晩年の西田が日本仏教の世界観に共鳴しつつ現実世界の構造を論理化したことは、東洋的な自然・環境観を考えるうえでも大いに参考となろう。われわれはまず、西田の世界観が日本仏教思想の論理化であることを検証し、しかる後に後期西田哲学における自己実現の思想の変容を見ていきたい。

後期西田哲学の世界観と日本仏教

後期西田哲学の世界観とは、どのようなものか。西田は、これを「歴史的世界」「弁証法的世界」「絶対矛盾的自己同一的世界」「場所的世界」など、様々な言葉で表現しているが、それらの意味するところは一つであるといってよい。西田が考える世界観とは、約言するならば、個物と世界が等根源性と異方向性を合わせ持つような「現象即実在」(10・527)という世界観である。[10] また、この現象即実在論は大乗仏教の世界観である、と西田は考えていた。[11] 本節では実際に西田自身の説明を追いながら、彼の意図するところの世界観の構造把握に努めたい。

西田が後期の諸著作において最も強調したのは、カントが確立した「意識的自己」の立場とは正反対の世界主義、すなわち普遍的一者の側から自己を見るという立場である。『自覚について』の中で、西田は「カントの意識一般の立場といえども、主観主義的立場を脱却したものではない」とカントを批判した後、「私の立場は、これに反し世界から自己を考えるのである。主観主義とか個人主義とかというものとは、正反対の立場である、絶対的客観主義である」（10・510）と述べる。西田は、カントなど西洋近代の主観主義が、意識的自己から出発して世界を見ることを「内在的立場」と呼ぶが、このような見方は、真の内在的立場ではないと批判している。

人は抽象的意識的自己の立場から出立することを、内から考えている。それを内在的立場と言う。しかし私はこれに反し、それは逆にこの世界を外から考えることであると思う。我々の自己がその中にあり、我々の自己にそこからそこへと考えられる立場から、この世界を考えることではない、この世界からこの世界を考えることではない。それはかえって我々の自己が外からこの世界を見ている立場である。この世界から抽象せられた立場である（10・556）

「抽象的意識的自己」は、現実の世界における自己ではない。それはむしろ、自己が現実世界の外に出て、そこから世界を見る外在的立場に他ならない。こう考えた西田は、「私はいわゆる内から出立するのでもなく、外から出立するのでもない。かかる抽象的対立に対しては、第三の立場から出立するのである。而してこれが真に我々に直接な内在的立場であるのである」（10・556）と宣言する。すなわち、内在主義と外在主義の対立といっても、あくまで抽象的世界における想定にすぎず、現実世界の世界観はそうした二元論的対立を超え、「第三の立場」において把握されなければならないと、西田は考える。したがって西田の主張する「絶対的客観主義」の世界観とは、単なる主観主義の対抗理論ではない。あくまでも主観主義と客観主義を止揚するものとして定立されるのである。

このような「絶対的客観主義」の世界観を西田は、「多と一との絶対矛盾的自己同一として、作られたものから作るものへと、自己自身をイデヤ的に形成し行く世界」（9・218）と説明する。超越的一者と個物的多とは、絶対的に矛盾しながら、その矛盾のままに自己同一を保っている。ここで、一と多の「自己同一」というのは、「超越的なるものにおいて自己同一を有つ」（同）意味とされる。すなわち個物的自己は、本来、超越的で絶対に触れえない根元的一者に自己自身の根底において触れ、主観即客観、客観即主観の境地において自由に世界を創造する。われわれの自己は、絶対的一者に念々刻々に接する個物であり、「世界の配景的一中心」（10・559）「創造的世界の創造的要素」（10・509）なのである。

そこでは、われわれの「一々の動きが、一歩一歩が世界の根元からということ」（10・525）になる。それゆえ、個物の創造行為は「世界の自己表現」でもある。「創造的世界の創造的一線として、我々の自己は、何処までも世界創造的なると共に、世界表現的でなければならない」（10・522）。かくして創造的個物としての人間は、世界から「作られたもの」でありながら、同時に「作るもの」として世界を形成していく。絶対矛盾的自己同一的な世界観は、非合理主義、神秘主義にもみえるが、西田はこの「絶対矛盾的自己同一」の論理こそ、現実世界の構造を直接に捉えた具体的論理であると考えた。

最初に述べた「個物と世界が等根源性と異方向性を合わせ持つ」という西田の世界観は、以上のような絶対矛盾的自己同一的世界として論理的に説明されている。西田の立場においては、個物と世界とが正反対の方向を向きながら、ともに根源的なものとして自己同一的に把握される。「無限と有限との相反する両極の結合において、世界が創造的である」（10・530）と、西田は唱える。有限なる個物の人間にとって、無限なる絶対的一者は絶対に触れられない。しかし、人間がそれに、絶対矛盾的自己同一的に触れるところに創造的世界の形成がある。こう考えると、「世界は宗教的である。世界は宗教的に成立する」（同）といえる。すなわち、西田の絶対矛盾的自己同一的な世界観は、宗教的世界観に他ならない。晩年の西田は、このことを証明するために、自己の世界観をキリスト教・仏教の世界観と照らし合わせている。

西田は、最晩年の『場所的論理と宗教的世界観』において、場所的論理である絶対矛盾的自己同一が宗教的世界観に対応することを様々に論じた。およそ宗教は絶対者と自己の関係を説くものであるが、キリスト教、仏教のいずれにおいても両者の関係は絶対矛盾的自己同一的なものであると、西田は力説する。すなわち、われわれの自己と絶対者との関係は「逆対応」的であるという。「逆対応」とは、われわれの自己と絶対者が相反する逆方向にありながら、その相反する両極の尖端において、互いに対応しているような関係を意味する。西田は、「我々の自己は個人的意志の尖端において絶対者に対するのである。神もまた絶対意志的に我々の自己に臨むのである（故に何処までも逆対応的であるのである）」（11・442-443）と説明している。この「逆対応」を「絶対矛盾的自己同一」の論理から見れば、「逆」は「絶対矛盾」、「対応」が「自己同一」に関係した概念であることは見当がつく。しかし、「対応」が「自己同一」よりも弱い概念であることを考えると、「逆対応」は「絶対矛盾的自己同一」における矛盾を強調したものであるといえよう。

もっとも宗教的世界観において、「絶対矛盾的自己同一」の「自己同一」の側面が弱くなるわけではない。西田は、われわれの自己と絶対者との「自己同一」を強調する概念として、新たに「平常底《びょうじょうてい》」という言葉を創作している。「平常底」とはわれわれの宗教的実践の立場を現す言葉で、「我々の自己が何処までも自己自身の底に、個の尖端において、自己自身を越えて絶対的一者に応ずるということ」（11・448-449）である。禅の修行における「見性」は、この「平常底」の実践であるとされ、西田は『臨済録』の「仏法無用功処　祇是平常無事　屙屎送尿　著衣喫飯　困来即臥　愚人

笑我　智乃知焉」という言葉を引き、説明している。(12) また西田によれば、親鸞の「自然法爾《じねんほうに》」も、われわれの自己と絶対者が「絶対に相反するものの如くにして、しかも自然法爾的に一である」ことを表したものとして「平常底」の立場である。

宗教的世界観は、このように、われわれの自己と絶対者との「逆対応」的な関係を説くとともに、実践においては「平常底」の立場でなければならない。その意味で、宗教的世界観は、絶対矛盾的自己同一的な場所的論理なのである。しかしながら、そのうえで、宗教においてわれわれの自己が絶対者に対する態度にはさらに相反する二つの方向がある、と西田は言う。一つは「我々の自己は、外に空間的に、即ちいわゆる客観的方向に、何処までも我々の自己を越えて自己自身を表現するもの、絶対者の自己表現に接する」(11・434)という態度であって、「キリスト教はこの方向に徹したものということができる」(同)。ところが、「これに反し、仏教は何処までもその時間面的自己限定の方向に、即ちいわゆる主観的方向に、我々の自己を越えて、超越的なる絶対者に接するのである。仏教の特色は、その内的超越の方向にあるのである」(同)とされる。

われわれの自己と絶対者の逆対応的関係を説く点では、キリスト教も仏教も同じである。しかし、キリスト教が絶対者を外的超越の方向に見るのに対し、仏教はわれわれの主観の中に、内的超越の方向に絶対者を見るという違いがある。もちろん、絶対矛盾的自己同一の世界においては、両方向とも不可欠なものである。西田も、キリスト教的な外的超越と仏教的な内的超越という二種類の宗教を認めたうえで、「単にその一方の立場にのみ立つものは、真の宗教ではない」(11・436)と述べている。彼はこうも言う。「単に超越的なる神は、真の神ではない。神は愛の神でなければならない」(同)。われわれの自己に超越的神が内在するからこそ、「愛の神」なのである。逆に、内在的な仏も、超越的なればこそ仏たりうるといえよう。

かく考えれば、超越即内在、内在即超越という絶対矛盾的自己同一的世界を、「超越的内在」という方向から捉えたのがキリスト教であり、「内在的超越」という方向から捉えたのが仏教、とりわけ日本の禅宗、浄土真宗などの大乗仏教ということになる。同論文では、両者のあいだに明確な優劣はつけられていない。しかし西田自身は、大乗仏教の世界観の方が、より自己の立場に近いものと考えているように見受けられる。例えば、『金剛般若波羅密経』の「所言一切法者　即非一切法　是故名一切法」の文や大燈国師の言葉から、西田は「仏仏にあらず故に仏である。衆生衆生にあらず故に衆生である」(11・399)という意味を引き出す。西田はそこに、「何処までも超越的なるとともに何処までも内在的、何処までも内在的なるとともに何処までも超越的なる神」(同)の意義を見出す。そして、それは「絶対矛盾的自己同一的に絶対弁証法的」であり、ヘーゲルの弁証法に対し、「仏教の般若の思想こそ、かえって真に絶対弁証法に徹しているということができる」(同)と主張するのである。また、親鸞の『歎異抄』における仏の名号的表現に関しても、「絶対者即ち仏と人間との非連続の連続、即ち矛盾的自己同一的媒介は、表現によるしかない」(11・442)として、「絶対者と人間との何処までも逆対応的なる関係は、唯、名号的表現によるのほかにない」(同)と述べ、これまた高く評価する。

さらに西田は、同論文の結論部分で、「私は将来の宗教としては、超越的内在より内在的超越の方向にあると考えるものである」(11・463)と自らの所感を吐露し、内在的超越の宗教たる仏教の将来に期待を寄せている。あくまで推測の域を出ないが、後に論ずるように、西田は、西洋近代の人間中心主義を批判して「客観的人間主義」を提唱した。西田の中には、自己と絶対者の「自己同一」の面を強調する日本の大乗仏教こそ、世界史的に貢献すべき将来的意義を有するという信念があったのではなかろうか。いずれにせよ、西田の世界観が、最晩年に至って大乗仏教の世界観と符合するようになったことは確かである。

けれども、西田哲学の世界観を大乗仏教的と称するためには、まだいくつかの問題が残されている。その一つは、禅宗と浄土真宗の教えの同一視という問題である。鈴木大拙や大燈国師らの禅は「自力」の教えであり、反対に親鸞の浄土真宗は「他力」の教えである。同じ大乗仏教とはいえ、自力宗と他力宗の教えを同列に論じてよいのか、という疑問は当然起ってくる。これに対して西田は、自力と他力を立て分ける考えは「対象論理的見方」から生ずる誤謬であると考えている。大乗仏教の悟りは、道元が「仏道をならふといふは、自己をならふ也。自己をならふといふは、自己をわするるなり[13]」と言うように、大前提として「自己」を立てる「対象論理」とは逆の見方でなければならないとする。絶対的一者と個物の絶対矛盾的自己同一が実在の形式である、と考える西田にあっては、必然的に、自力のみの宗教もなければ他力のみの宗教もないとの結論に達するのであろう。西田は次のように主張する。

元来、自力的宗教というものがあるべきではない。それこそ矛盾概念である。仏教者自身も此に誤っている。自力他力というも、禅宗といい、浄土真宗といい、大乗仏教として、固、同じ立場に立っているものである。その達する所において、手を握るもののあることを思わねばならない（11・411）

西田は、大燈国師の言葉であれ、親鸞の「自然法爾」であれ、等しく絶対矛盾的自己同一の世界観を表明したものとして理解し、賛同する。したがって、西田の世界観が大乗仏教的であると言うのは、それが禅や浄土真宗など特定の宗派の教えに依拠するという意味ではない。西田自身が主体的に大乗仏教思想を吟味したうえで、自らの思想を大乗仏教的と考えたのである。

この背景には、西田が既成仏教のあり方に満足していなかったということもある。『自覚について』の中で、西田は、仏教が創造的世界の否定面にのみ着目して創造的世界の側面を考えなかった点を指摘した（10・498）。また『場所的論理と宗教的世界観』においては、さらに詳しく、歴史的存在としての仏教に対する不満が打ち明けられている。

その源泉を印度に発した仏教は、宗教的真理としては、深淵なるものがあるが、出離的たるを免れない。大乗仏教といえども、真に現実的に至らなかった。日本仏教においては、親鸞聖人の義なきを義とすとか、自然法爾とかいう所に、日本精神的に現実即絶対として、絶対の否定即肯定なるものがあると思うが、従来はそれが積極的に把握せられていない（11・437-438）

西田の既成仏教に対する批判は、ひとえに、その現実否定性に向けられている。矛盾的自己同一的世界は、「現実即絶対」「絶対の否定即肯定」の創造的世界でなければならない。しかるにインド以来、仏教史的にはその傾向が見られず、むしろ現実逃避の宗教とみなされてきたことも事実である。それゆえ、西田は『場所的論理と宗教的世界観』の結論部で、仏教が世界史的立場から新しい時代に貢献できるか否かという問いを投げかけた後、「但、従来の如き因襲的仏教にては、過去の遺物たるに過ぎない」（11・462）と厳しい見方を示したのである。

以上、後期西田哲学においては、宗教的世界観が絶対矛盾的自己同一的世界観であることが示され、中でも道元、親鸞など日本仏教の祖師たちによる「内在的超越」の世界観が西田の立場を最もよく表すものとされた。しかし、西田はインド以来の現実否定的な仏教教団のあり方には批判的で、創造的世界の肯定面を強調した弁証法的世界観こそ、大乗仏教本来の教えと考えた。後期西田哲学は、かかる意味において大乗仏教的な世界観に立つといえるのである。

第三節　西田哲学とラディカル・エコロジー

前二節において、われわれは西田の世界観、倫理観、自然観の基本的立場を概観してきた。第三節ではこれらを前提として、さらに西田哲学全般の中に見られる環境思想について検討する。そして、西田哲学が現代のラディカル・エコロジーに対し、いかなる視座を投げかけるのかを考察したい。

近代ヒューマニズム批判

ディープ・エコロジーをはじめ、自然中心主義のエコロジーによる近代ヒューマニズム批判は、主に二つの観点から行われている。第一に、デカルト的ヒューマニズムが尊大な人間中心主義的（anthropocentric）アプローチを推進したこと、第二に、人間の自然支配を積極的に容認したことである（第一章第一節を参照）。

一方、西田も戦時下の日本で京都学派の中心人物として「近代の超克」論を展開している。西田の根本的態度は、単なる近代西洋哲学の対抗理論として東洋思想を提示するのではなく、むしろ「西洋哲学を突き抜けて[14]」いくことにあった。そして、そのことによって「我々は貴き金属を含む東洋文化の礎石《こうせき》を近代的に精練せなければならない」(12・159) と考えたのである。すなわち、近代西洋の合理主義と東洋思想を融合させることで近代を超克するというのが、西田の「近代の超克」論であった。したがって近代西洋文化の理論的基盤となっている近代ヒューマニズムに対しても、西田は、あくまで近代の行き詰まりを打開するという視点から批判を加える。これが、西田の近代ヒューマニズム批判の基本的スタンスである。

後期西田哲学の範疇に属する「人間的存在」という論文において、西田は西洋の人間中心主義を批判している。西田はそこで、近代ヒューマニズムを「内在的人間主義」と診断した。近代は理性を人間に内在する特性と考え、理性的であることは創造的であるとした。ゆえに人間が創造者であるとする人間主義が成立したのだという。

我々は個性的世界の個性的要素として理性的であるかぎり、創造的である。かかる立場からのみ世界を見ることが、いわゆる合理主義的立場であり、かかる立場からのみ人間を見ることが内在的人間主義の立場、いわゆるヒューマニズムの立場であるのである。それは作られて作るものの頂点として、人間が自己を創造者と考えることである (9・53)

西田は、この近代ヒューマニズムの理性内在主義は誤りであると指摘する。理性は人間の特性として内在的なのではなく、人間が「創造的世界の創造的要素」として「行為的直観」的に働く極限において現れたものだと言うのである。「作られたものから作るものへ」の歴史的世界においては、「作るもの」たる人間が「作られたもの」たる環境を否定して新たな環境を作る一方で、新たな環境は逆に人間を否定して、さらに新たな環境創造へと向かわしめる。世界は、どこまでも「作られたものから作るものへ」と進んでいく。こうした行為的直観的な働きの極限において、人間は「作られたもの」

としての自己の身体すら否定し、単なる「思惟的自己」になる。すなわち理性の登場である。創造者の創造の極限において、与えられたものが作られたものとして何処までも否定せらるべきものという時、歴史的形成作用は何処までも身体的なるものを否定し、これを越えるという意味において形式的となる。符号的表現作用的となる。それが思惟作用というものである。歴史的身体的自己は、その尖端において思惟的となるのである（9・36-37）

われわれの歴史的身体的自己は、「作られたものから作るものへ」の極限として身体を捨て思惟的自己になる。では、その場合、思惟的自己は「作られたもの」としての環境から完全に離れるのだろうか。西田の答えは、「思惟的自己の自己矛盾的否定によって見られる世界がいわゆる認識対象界である」（9・37）というものである。思惟的自己といえども、「作られたもの」から完全に離れることはできない。「作られたもの」としての認識対象界は思惟的自己を否定し、思惟的自己は自己矛盾的否定によって認識対象界を見る。思惟的自己といえども、やはり行為的直観の過程のうちにあるのである。思惟的自己＝理性は人間に内在する特性ではなく、歴史的世界における自己形成作用の過程に含まれる。

ということは、認識対象界は「作られたもの」として「作るもの」たる思惟的自己に新たな行為を迫るものでなければならない。換言すれば、認識対象界は思惟的自己によって行為的直観的に見られる世界でなければならないのである。西田によれば、認識対象界とは物理的世界であるが、決して人間から分離された自然ではなく「見られる」ことによって人間を否定的に形成する。「物理的世界といえども、歴史的身体的な制作的自己の自己超越の極限において、符号的表現的形成によって見られる世界でなければならない」（9・37）のであり、「真の客観的世界は何処までも我々を否定するとともに、我々がそこから生れる世界でなければならない」(9・38)のである。

そこから翻って近代のヒューマニズムを考えれば、思惟的自己たる近代の合理主義的人間は物理的自然が理性を否定し、新しい自然観と人間観の創出を迫っていることに気づかねばならない。つまり、人間は自然の方向に理性を踏み越えなければならないのである。ところが近代のヒューマニズムはあくまで理性の方向に理性を踏み越えようとしており、主観主義に堕している。それは人間自身を失うことに通じるのだと、西田は警鐘を鳴らす。

近世の始めにおいて、教権を離れて人間が人間に還った人間中心の人間主義は、新たなる歴史的生命の展開として偉大なる近世文化を形成した。しかし人間中心主義の発展は自から主観主義、個人主義の方向に進まなければならない。理性は理性の方向に理性を踏み越えるのである。そこではかえって人間が人間自身を失うのである(9・61)

理性が「理性の方向に理性を踏み越える」ことが、なぜ「人間が人間自身を失う」ことになるのか。それは理性が自然を人間から分離し、対象化し、人間形成の契機として自然を見ることを止めるからである。近代の理性は、自然を「単に与えられたもの」として見る。「作られたもの」として見ない。それゆえ、近代人は行為的直観的に働くことを停止している。近代の理性的人間は、自ら創造者となることで「創造的世界の創造的要素」として働くことを放棄してしまったのである。

けれども、人間は創造者＝神にはなれない。「作られて作るものの頂点」ではあるが、「神と人間とは何処までも相反するものでなければならない」(9・56)。したがって近代人が世界の創造的要素としての本来の任務を忘れ、創造者として自然を支配しようとすれば、人間は自己形成の契機を失い、創造性を失い、単なる対象としての自然から否定されるしかないだろう、と西田は洞察する。

近世において人間が中心となった時（人間が神となった時）、人間と自然とが対立した。自然は環境的として使用的でもあるが、対象的自然は本質的には本質的には人間を否定するものでなければならない。人間が自然を作るということでなければ、人間はその始において終において自然によって否定せられるのほかない。自然を征服するといっても、我々は唯、自然に従うことによってのみ、自然を征服するのである。……対象的自然において自己というものを見出しようはない。そこには死あるのみである。人間中心主義はかえって人間否定に導くという所以である（9・61-62）

「作られたものから作るものへ」の世界において、本来、人間と自然は互いに世界創造のパートナーである。互いに否定しつつも依存し合って、動的に、すなわち行為的直観的に、歴史的世界を形成する。しかるに近代の人間は理性を信奉するあまり、自然と人間の相互的形成という現実を忘れてしまった。それは、「人間の堕落」（9・57）であり、「理性の客観性を失うこと」（9・57-58）であり、「歴史的生命の行詰」（9・64）でもある。そこには「自然の死」とともに「人間の死」も待ち受けていよう。

なればこそ西田は、人間理性が本来の「創造的世界の創造的要素」の立場へ帰るべきことを力説してやまないのである。「理性というものは人間に内在するのではなく、超越的なるものによって媒介せられる所に、理性がある」（9・54）という認識に立ち、理性的人間が自然を対象化し利用するのではなく、あくまで「創造的世界の創造的要素」として、自然に従いつつ自然を創造しなければならない。それは、行為的直観による近代ヒューマニズムの行き詰まりの打開といってもよかろう。弁証法とは、「行き詰った時には、行為的直観の根源に還って、そこから創造的に構成せられねばならない。

かかる創造の論理である」（9・59）「新しい人間は、再び人間成立の根底に還って、制作的・創造的人間として生れ出なければならない」（9・63）等と、西田は述べている。

以上のように、西田は「理性内在主義」の近代ヒューマニズムを批判し、超越的なものを根底とする理性主義への変革を強く訴えた。すなわち、デカルト的二元論に基づいてどこまでも自然と対立する合理的人間像から、人間と自然の対立を弁証法的・創造的に統一しゆく「創造的世界の創造的要素」としての人間像、創造的人間像への転換を説いたのである。

創造的自然の観念——機械論的世界観における人間と自然との対話

以上が西田の近代ヒューマニズム批判の概要であるが、環境思想の文脈において、われわれは彼の所説から何を得ることができるだろうか。冒頭に述べた通り、自然中心主義のエコロジーによる近代ヒューマニズム批判は、人間中心主義と自然支配を推進したことに関する批判として集約できる。西田も「人間的存在」の中で、近代ヒューマニズムの人間中心主義と人間による自然支配を批判していることはすでに述べた。

しかし西田の環境思想には、自然中心主義のエコロジーにはない視点もある。それは「創造的自然の観念」「環境創造の思想」であるといえよう。自然中心主義のエコロジーは人間と自然の相互依存を説く。そして、その結論は生態学的均衡を維持するための「自然保護」の提唱となりがちである。ネスとデヴァルがまとめたディープ・エコロジーの綱領には、「現在の人間の自然界への介入は度を超えている」という条項があるが、こうした「保存派（preservationist）」のエコロジストには、確かに人間の環境形成能力を罪悪視する傾向がある。ソーシャル・エコロジーなどの人間中心主義のエコロジーが、ディープ・エコロジー等の「保存派」の「自然保護」理論を「人間嫌いのエコロジー」「人類の先祖帰り」と激しく非難するゆえんはそこにある。

このような「保存派」のエコロジーを西田の立場から見るならば、単に「与えられたもの」としての自然観を説いており、その点で近代ヒューマニズムと何ら変わるところがないものと映るだろう。西田の考えでは、自然は「作られたもの」であって「作るもの」へと進むために作られた。それゆえ、人間の創造作用なくして自然は存立しえない。人間と自然の互恵的な環境創造の思想がここに成立するわけである。

西田の歴史的世界においては、単に人間が自然を限定するのではなく、自然も人間を限定する。「人間が環境を作り環境が人間を作る」(8・500)のであり、どちらか一方が欠ければ歴史的世界の形成はない。真に「作るもの」である人間のいない世界では、自然は「作られたもの」としての存在意義を否定されたに等しい。また、自然を「作られたもの」として見ず、単に「与えられたもの」として使用価値的に見る近代ヒューマニズムが「人間の死」を招くことは、すでに見てきた通りである。人間の自己存立の基盤は自然にあり、自然の意義は人間に見られ、作られることにある。したがって西田の思想では、人間と自然は、ともに歴史的世界の形成要素として一体化している。「物となって見、物となって行う」という西田の行為的直観は、人間が自然と一体化しつつ、環境を創造するということなのである。

西田が指摘したごとく、近代人の自然観は物理的自然観である。環境思想の文脈から、機械論的自然観といってもよいだろう。近代人は機械論的自然を質量的に利用しても、自然を創造しようとしない。ならば、機械論的自然観を否定して、アニミズム的な自然観や、中世の神秘主義的な目的論的自然観に戻るべきなのか。西田は、そのようなプレモダンへの回帰もよしとはしない。われわれに対し、あくまでも機械論的自然観に基づき、自然を行為的直観的に見ることを勧めるのである。それは、自然科学的世界における人間と自然との対話であり、弁証法的な相互限定であるといってもよいであろう。

自然科学的に考えられる物とか自然とかいうものも、歴史的に何処までも自己自身を表現するものでなければならない。それは超越的な物自体の現象というものでもなければ、意識即実在というものでもない。内在的たると共に超越的、超越的たると共に内在的なものである。……自然科学的知識の発展に於ても、主観が客観を限定し客観が主観を限定するのである。科学者は実験によって自然に問い、自然は之に答えるのである（8・100）

要するに人間は、自然科学的世界においても自然と対話し、自然から新たな創造の力を得るべきだということである。自然科学的に把握された自然の中にも、超越的なものがある。それは、近代人のあり方を否定し、われわれに「新しい人間」への変貌を迫っているはずである。例えば、近代人の自然支配に対する自然の答えは「自然の怒り」であり、怒りの声は自然の中の超越的なものから発せられているといえよう。しかして、その自然からの応答は自然科学的世界における応答であるがゆえに、われわれも、あくまで自然科学的認識によってこれを聞き取らねばならない。実際、「自然の怒り」に対するエコロジー的危機感は、自然の理性的科学的認識を通して、最もよく感受されるのである（第一章第四節を参照）。

とすれば、われわれは、近代人と自然との相互限定によって生じた機械論的自然観を放棄すべきではない。むしろ、機械論的自然観の中で自然と対話し、相互限定しながら、新たな自然観を造り行くことが求められている。そうすれば、新たな創造行為が生まれ、環境が創造されるとともに人間の生命も再生されていくであろう。西田の考えに従うならば、現在の地球環境問題は、近代の機械論的自然観そのものに起因するのではなく、現代人が自然との対話を忘れたところに生じている。

かかる意味での人間と対話する自然を、西田は「創造的自然」「歴史的自然」「新しい生命を得るには、自然観は「作られたもの」としての創造的自然観であるといえるであろう。「新しい生命を得るには、我々は再び創造的自然の懐に還らねばならない。そこから我々はまた新な創造の力を得て来るのである」(9・58) と西田は言う。ここで西田の考える自然とは、歴史的世界を創造する源となるものを指す。ゆえに、通常言われるような山河等の自然だけでなく、時間軸から見た創造の源――「永遠の今」なども自然の概念に含まれる。西田は、「自然の概念は現在が現在自身を限定すると云うことでなければならない。そこから無限に物が生れると云うことでなければならない。ラティン語のナテゥラでも、ギリシャ語のピゥシスでも、そういう意味のものであったと思う」(8・83) と述べている。

さらに西田は自然の客観性を重視し、「作られたものを歴史的生命の客観的表現と見、作られたものを通じて結合しゆくこと」(9・65) を説いている。人類が自然を歴史的生命の客観的表現、創造的自然と見ることにより、人と人、国と国との真の連帯が可能になると言うのである。また「作られたもの」としての自然は、歴史的生命の客観的表現であるがゆえに、創造的自然・歴史的自然は超越性を帯びている。「真の自然は創造的でなければならない。創造的なるものの根底には、超越的なものがなければならない」(8・424) と、西田は論ずる。

要するに、西田は近代ヒューマニズム批判を通じ、「作られたもの」としての創造的・客観的・超越的な自然観を強調したのである。現代の環境思想は、機械論的自然観と目的論的自然観との対立をいかに止揚するかという課題を抱えているが、西田の超近代の自然観はその解決に向け、一つの示唆を与えうるのではなかろうか。

環境創造の思想

西田における創造的自然の観念は、必然的に環境創造の思想と結びついていく。一般に自然／生態系中心主義のエコロジーは、人間に対して自然への共感と尊重を求める。しかし、自然には共感できない面も多い。自然災害や厳しい自然環境の中で、自然の猛威と必死で戦っている人々にとって、自然への共感など遠い絵空事でしかない。その場合どうすればよいのか。単なる自然尊重の思想だけでは解決がつかない。

そこで、われわれは西田の言うごとく、「創造的世界の創造的要素」として、行為的直観的に自然を改造すべきであろう。西田の考えに従えば、主客合一の「自己」による自然の改造は、自然自身による自己改造ともいえる。それは、「人の技術が即ち天の技術である」(10・196)からに他ならない。

この考え方に立つには、主客合一の自己実現において、世界(客)の側からの自己実現を強調する必要がある。『善の研究』における自己実現は、主客合一を説いてはいるが、いまだ「主」から「客」へというベクトルが中心となっていた。かたや、後期における歴史的世界の形成要素としての人間観は、「客」から「主」へのベクトルを強調したもので、環境創造、自然改造が正当化されることになる。

ゆえに、西田の環境創造の思想を知るために、まず中・後期西田哲学において自己実現の思想がいかに変容していったのかを見ておきたい。『善の研究』における西田の「自己実現」思想は、意識的自己の実現が、同時に宇宙の統一的自己の実現でもあるというものだった。いわば個即宇宙の自己実現である。しかし純粋経験という言葉に表れているように、初期の西田哲学は意識的自己の立場に立っていた。それゆえ自己実現の思想も、個の意識的自己の立場がより重視されたといえる。

それに対し、場所論的転回を経た後の西田は、初期の意識主義を完全に捨て、「弁証法的一般者の自己限定としてこの世界を考える」(7・200)姿勢に徹する。ゆえに、今度は逆に、宇宙の統一的自己の立場の方が強調される。後期西田哲学の諸著作においては、「歴史的世界の自己形成」とか「絶対的一者の自己表現」などという表現によって、宇宙の統一的自己(後期西田哲学の術語では「絶対無」)の側から見た自己実現の立場が随所に開示されているようにみえる。[15]

この世界の立場から見た「自己実現」を考えるために、後期西田哲学の術語の一つである「行為的直観」を取り上げてみたい。なぜならば、「行為的直観」は歴史的世界の自己形成を個物の働きに即して論じたものだからである。「行為的直観」とは、読んで字のごとく、行為と直観が相即不離であるとする主張である。西田によると、われわれは通常、行為することによって直観すると考え、直観から行為は出てこないという。しかしそう思うのは、「我々は歴史的世界においての個として行為的である」(8・542)ということを考えないからである。「創造的世界の創造的要素」として、われわれの行為も直観も、じつは歴史的世界の自己形成作用に他ならない。歴史的世界は弁証法的発展の世界であり、そこにおいては「作ることが見ること」(8・543)である。西田は、行為や直観を意識的自己の立場からではなく、弁証法的一般者の立場から見たときに、行為即直観、直観即行為という関係が見出されると主張している。

そこで次に、弁証法的世界においてわれわれの自己は、なぜ行為的直観的に働くのかという問題になる。西田は『絶対矛盾的自己同一』の冒頭で、「現実の世界とは物と物との相働く世界でなければならない。現実の形は物と物との相互関係と考えられる、相働くことによって出来た結果と考えられる。しかし物が働くということは、物が自己自身を否定することでなければならない」（9・147）と述べ、さらに「かかる世界は作られたものから作るものへと動き行く世界でなければならない」（9・148）と記している。要するに、現実世界は、物と物とが否定的に働き合うことによって「作られたものから作るものへ」と発展していく弁証法的世界と考えられているのである。

ちなみに、西田の言う「作られたものから作るものへ」には二つの意味が考えられる。一つは、われわれの自己が環境から「作られたもの」でありながら環境を「作るもの」であるという意味において、弁証法的世界は「作られたものから作るものへ」の世界であるといえる。『場所的論理と宗教的世界観』の中で、「我々の自己は、かかる世界の個物的多として、何処までも作られたものたるとともに何処までも作るものである、世界の自己表現的形成要素である」（11・433）と述べられているのは、この意である。

また、「作られたものから作るものへ」のもう一つの意味は、「作られたもの」としての環境と「作るもの」としての主体が相互に否定し、限定し合いながら、弁証法的世界が発展していくことを言う。「主体が環境を形成し環境が主体を形成する」（8・503）のである。個物の側からいえば、これが「行為的直観」の過程である。「作られたもの」は、直観的に見られることによって逆に「作るもの」としてのわれわれを動かす。「物は我々によって作られたものでありながら、それ自身によって独立せるものとして逆に我々を限定する、我々は物の世界から生れる」（9・194）。ここでは、われわれの制作的行為によって生れた物が直観を呼び起こし、われわれを新たな行為へと導く。そして作られた新たな物が、さらなる直観を喚起する。この行為的直観の過程を繰り返しつつ、われわれは「作られたものから作るものへ」と発展していく。それゆえ「我々は物の世界から生れる」のである。以上が、「作られたものから作るものへ」の第二の意味である。

しかして、この両意はそれぞれ別の意味を持つのではなく、同一の現象を二つの側面から説明したものと考えられる。すなわち、われわれの自己が「作られたもの」でありながら「作るもの」として物を作るとき、われわれは行為的直観的に「作られたものから作るものへ」と働いているのである。それゆえに、「作られたものから作るものへ」の弁証法的世界とは、われわれの自己が行為的直観的に物を作る世界に他ならないとされるわけである。

このような「行為的直観」は、われわれの自己による創造作用であると同時に、個物を超えた世界の働きでもある。すなわち、「行為的直観」の主体たるわれわれ人間は、「創造せられて創造するものの極限」（9・22）であり、主客合一・主客一如の自己といえる。西田は、われわれが行為的直観的に物を作るところの技術について、「技術とは、我が物となり、物が我となり、主客一如的に、自然に、物が生ずることである」（8・321）と述べている。西田の世界観において、個物と世界とはどこまでも等根源的である。両者は対立しながら、しかも合一している。そして、対立しつつ合一する主客合一の自己が弁証法的に世界を創造しゆくのである。西田の考える主客合一とは、「主も客もなくなるとか、全然受動的となるとか云うことではない。我々が創造的となることである」（8・446）。

したがって、われわれが個性的・創造的であればあるほど、われわれは世界的・歴史的なのである。

これが西田の言う絶対矛盾的自己同一的世界である。「絶対矛盾的自己同一的現在として、自己自身を形成する創造的世界の形成要素として個物的なればなるほど、即ち具体的人格なればなるほど、我々は行為的直観的に歴史的創造の尖端に立つのである」（9・202）。

最初に問題意識として掲げた「世界の立場からの自己実現」は、このような自己と世界の絶対矛盾的自己同一の観点から考えて、はじめて理解可能であろう。すなわち、後期西田哲学の世界観を自己実現の立場から見るならば、「人間（個物）と環境（世界）との絶対矛盾的自己同一的な実現」という考え方を引き出すことができる。そしてそれは、われわれの「行為的直観」の過程の中で開けてくる地平なるがゆえに、「環境創造的な自己実現」思想と呼ぶこともできよう。

そこには人間と自然との互恵的で、いわば相互創造的な世界形成の様相が浮び上がってくる。すなわち、単に人間が自然を造って限定するのみならず、「造られた物の世界は第二自然として又我々を限定する」（8・87）のであり、人間と自然の相互限定のうちに新たな環境が創造されていく。この「第二自然」としての自然・環境は、社会的なものを意味している。「社会の風俗習慣制度法律という如きものも、それが客観的として我々を限定するかぎり、第二の自然というべきものである」（8・84）と西田は言う。通常、社会制度や文化は環境ではあっても、自然とはみなされない。しかるに西田は、社会的な産物も、人間に新たな創造を迫る客観であるとして自然概念の中に含める。人間にとって自然とは、どこまでも環境創造の源であり、自己実現の基盤となるのである。

後期西田哲学の「歴史的世界の自己形成」「行為的直観」という思想を自己実現思想の立場から考察すれば、以上のような「環境創造的な自己実現」の見解を得ることが可能である。『善の研究』の自己実現思想においては、かかる環境創造の観点が前面に出ていなかった。しかし、後期西田哲学における「弁証法的世界」の脈絡の中で、個物たる人間の自己実現を考えるとき、人間が真に環境創造の立場に立つことこそ、人格の実現、自己の実現を可能にすることが判然とするのである。

西田の創造論と田辺元の「種の論理」

しかしながらここで注意すべきは、西田の説く「創造」の意義である。彼が「創造」と言うとき、それはポイエシス的実践、芸術的制作的実践に代表されるものであった。西田は、人間主体による環境創造を歴史的生命が一瞬一瞬に自己を顕現する働きと捉え、その適例を芸術的創作の内に見出した。けれども、かかる意味における創造は、静的・直線的な印象が拭い去れず、歴史的現実の非合理性、無方向性を説明しえない憾みがある。西田自身の言葉を借りるならば、西田の創造観は「行為的直観」の論理に代表されるごとく、自己の心を殺して物になりきることによる環境創造である。それは、環境改変を主眼とする「物の論理」よりも、自己が環境そのものになって働くという「心の論理」を強調するがゆえに、どうしても現実肯定的で観想的な性格を持ってしまうのである。とすれば、西田の創造論は、真の意味で歴史的な「創造」の論理ではなく、むしろ芸術的な「表現」的世界を示すにとどまるのではないかとの懸念が生ずるのも致し方なかろう。

徹底した西田批判で知られる田辺元は、この点に関して「行為的直観というも、そのいわゆる行為的とは単に芸術的直接的なる文化創造を意味するに止まり、その基底たる国家更新の政治的実践に触れるものではない。それは畢竟《ひっきょう》非実践的なる現状諦念以外の何ものでもない(16)」と厳しく指弾した。そして、そのゆえんは歴史的生命の根底にある絶対無の場所が直接的・無媒介的であるために、かえって弁証法が成立しえないところにあると論じた。西田の絶対弁証法では、すべての存在が弁証法的に否定的に媒介し合い、絶対無においてのみ有るとされる。ところが、「絶対無が直接に体系の根底として、所謂無の場所として、定立せられる限り、最早《もはや》それは有であって無ではないのではないか[17]」と、田辺は疑問を呈する。つまり、絶対無それ自身がじつは非弁証法的な「有」であることの指摘であり、それは一種の「発出論（emanatische Logik）」に他ならないと言うのである。西田の絶対無の弁証法とプロティノスの発出論との違いは、ただ「後者においては全体の思想にノエマ的傾向が勝つに反し、前者においてはノエシスの超越という先生独特の深き思想が其《その》基調をなす点[18]」のみである、と田辺は断じている。そして、このような絶対無を最後の一般者とする発出論的体系は、独断的・宗教的であって哲学の自己廃棄に等しいうえに「現実と隔離した静観諦観を将来する恐」ありとし、激しく批判するのである。田辺は次のように述べている。

最後の一般者に由《よ》つて諸段階の存在が超越的ノエシスに収摂せられると共に、非合理的現実も単なる影の存在となり、行為も観念的生産に化することを免れない。斯《か》くて現れるものは一切に対する諦観に他ならないのである。私は哲学の宗教化が必然にこれに帰着することを思わざるを得ない[19]。

絶対無の場所は「発出論」であり現実諦観である、とする田辺の批判は、西田から見れば誤解に他ならないであろう。西田が説きたかったのは、あくまで個物と一者とが等根源性を有するような絶対矛盾的自己同一的世界であった。「自己同一」という言葉が発出論的に捉えられないよう、西田は「私の自己同一というのは唯一つのものが一つのものであると云うことではない、変ずると共に変ぜない、多なると共に一であるということを云うのである」（8・7）などと言明していた。また田辺の批判を受け、最晩年には「逆対応」の世界観を表明し、歴史の矛盾性を強調している。けれども、こうした西田本人の努力と意図に反して、後期の西田哲学が絶対無という根源的一者の側にウェイトを置きすぎた感は否めない。西田がいくら客観的自然の観念を示し、人間と自然との弁証法的な創造作用を強調してみせても、根源の絶対無が非弁証法的であるゆえに、結局のところ発出論的な世界観に陥ってしまっている。西田が現実社会の動的な倫理的政治的実践ではなく、静的・諦観的な芸術的創作をもって「創造」の範としたことからも、この点は首肯される。

言うまでもなく、歴史的現実の非合理性としての地球環境問題は、われわれに倫理的社会的変革を強く迫っている。したがって西田が提唱したポスト・モダンの「創造的人間」「創造的自然」の観念は、単に観想的・芸術的次元からではなく、歴史の非合理性を包みつつ止揚せんとする倫理的・社会変革的な次元から論じられる必要がある。そのための一つの方途として、たしかに田辺の言うごとく、絶対弁証法の体系における絶対無の場所の直接性・無媒介性を取り払う理論的作業が考えられよう。ゆえに、ここでしばらく田辺の「種の論理」について検討したい。

田辺は、西田批判を通じていかなる直接的なものの存在も認めない「絶対媒介の論理」に基づいた「絶対弁証法」を構築し、これを「社会存在の論理」として展開した。これが「種の論理」である。田辺によれば、西田の絶対弁証法は弁証法の論理そのものが直接的に肯定されてしまっているため、「弁証法の非弁証法的肯定主張」に他ならず、真の弁証法ではない。そこで、論理それ自身が直接態たることを免れるために、かえって「論理を否定する非合理的直接態を媒介する」必要があるとし、アリストテレスの類種個の論理を用いて「一層具体的なる種の論理」に到達したとする。論理の本質は推論であり、推論とは概念による判断の媒介である。しかして類種個は相互に否定し媒介し合うが、媒介の論理の本質は、特殊（種）の媒介による普遍（類）と個別（個）の否定対立的統一にある。つまり、類種個のうちで特殊なる「種」こそ最も具体的な直接態（民族あるいは種的共同体）であり、論理にとって不可欠な否定契機になる。「国家といい民族といい階級といい、何れも人類の全と個人の個とに対し、種の位置に立つもの」であって、「社会存在の論理は具体的なる意味に於て種の論理たることを要求する」。このように考えた田辺は、種の論理を類の論理、個の論理に先立つ社会存在の論理とし、歴史の非合理性を包み動的な倫理的社会的実践をともなう絶対無の弁証法を企図した。そこでは、絶対無といえども種的直接態の媒介によってしか存立しえない。それゆえ田辺の絶対無は絶対媒介と呼ばれる。

しかしながら、弁証法が直接的なものを全て否定する「絶対媒介の論理」であるならば、何故に種だけが無媒介な直接態たることを許されるのだろうか。この疑問は田辺の生前、すでに高橋里美によって提起されていた。かかる疑義に対して田辺は、種的直接態が「弁証法の依って以て成立する基体」であり、「弁証法が自己否定の論理であることの必然の結果」[20]であると反論する。すなわち、「種の自己否定は直接態として、絶対否定の媒介の自己疎外であり、後者の無に対する有の原理であると共に、却《かえっ》てそれは絶対否定の疎外としてその絶対媒介に媒介せられたものであるから、種の論理こそ弁証法の絶対媒介性を徹底するもの」[21]であると言うのである。要するに、種的直接態は絶対無の弁証法の絶対媒介性を徹底する「基体」なのである。その意味からも、絶対媒介の弁証法は「種の論理」と呼ばれるべきである。

では次に、田辺の「種の論理」において、世界の創造はいかになされるのだろうか。田辺の絶対弁証法にあっては、絶対無という絶対媒介の作用によって直接態たる類・種・個はいずれもその直接態を否定されるが、具体的には、個の主体的な創造行為によって種の直接的非合理性が否定即肯定され、類化される。われわれは「個体の接点に於て絶対無と接触する」のであり、「個体の主体的創造が世界を形成する」[22]のである。個の創造行為によって類化された種が国家であり、その社会的実践を通じて「個即種たる類の統一」[23]の理想が実現される。「種が類に高めらるる向上往相は、同時に類が個に降る向下還相と相即することを必要とする。此相即を実現するのが行為である」[24]。このゆえに、個の創造行為は必然的に国家建設の作業となって現れる。「行為は死生を賭する現実の革新」であって、発出論的な創造観のように絶対的一者の「表現」として静的に国家を見るのは「国家を芸術品の如く考えたといわれる文芸復興期的人文主義の抽象」に他ならないとされるのである[25]。

以上が田辺の「種の論理」の大要であるが、絶対無それ自身が種的基体の直接態を媒介として作用化・媒介化されることにより、西田の絶対弁証法の体系に見られた発出論的な一元性は姿を消している。田辺の真骨頂は、静的発出論的な直観を排除し、あくまで動的弁証法な行為の論理を追求することによって、「類的統一」としての理想国家の建設を目指す社会存在の論理即倫理を説いた点に尽きるといえよう。とすれば、人間主体の真に歴史性を持った「創造」行為が奨励され、西田の「創造的人間」「創造的自然」の提唱をエコロジー思想として生かすことも可能であるように思われる。また人類的課題である地球環境問題の解決には国家間の緊密な協力が要請されるが、田辺の理想とする「類の統一」においては、「諸国相協和し相尊敬」する人類的立場が達成されつつあり、また達成されるべき課題でもあるとされる[26]。環境思想の立場から見たとき、田辺の「種の論理」はその強い実践性のゆえに、すべての個、種的共同体たる民族・国家・階級などが統一的に共存しうる地球環境の創造を目指す「行為の論理」としての環境倫理を提供してくれるであろう。

とは言うものの、田辺の絶対弁証法を環境倫理に展開するにあたり、危惧される点がないわけではない。それは一つには、田辺の説く創造行為が最も具体的な人間の種的共同体を類化することに力点を置くため、環境倫理のうえでは人間中心主義に分類される点である。田辺は、理想的国家としての人類的国家は「菩薩国」と言いうるゆえに、それを形成する個人は「人類的個人としての菩薩」でなければならないと述べている。[27]その意味からすれば、もちろん「菩薩国」における類的個は自己への執着を取り去った人間像であるゆえに、必然的にそこでは自然と人間社会の共生的調和がなされるとの解釈も成り立つだろう。けれども田辺の「種の論理」はあくまで人間社会の論理であって、人間と自然との関係を規定する論理を有さない。すなわちエコロジカルな視点が希薄であり、それゆえ国家・民族という人間共同体を優先する自然軽視的な人間中心主義に陥る危険性をはらんでいるといえよう。

これに対し、西田の創造論は人間と自然との共同作業により、新たな環境を創造することを説いている。人間にとって、自然は環境創造のための不可欠なパートナーである。否、さらに言えば西田の場合、自然中心主義の意味合いが強い環境創造論であるといってよい。西田の「心の論理」は、「人間の環境化」を主眼とした環境創造を説くものである。近代のデカルト的ヒューマニズムは自然支配を奨励し、「環境の人間化」を目指す「物の論理」といえた。その方向性を軌道修正し、自然を保護して自然と調和しながら新たな環境を創造していくような環境倫理が、西田のいう「心の論理」から導き出せるであろう。西田の環境創造の思想は、今日の生態学的な環境倫理と響き合うものを持っている。

さて田辺哲学を環境倫理として見たときに起こりうる第二の問題点は、田辺のいう「個の主体的創造」が他力性を強調するあまり、非倫理的となり、かえって個の主体性・創造性の滅失を招きはしないか、という危惧である。菩薩の行為は我性の否定であるが、個的自己の否定（往相）は元来、全的自己の肯定・実現（還相）と表裏をなしている。そして悪の行為が我性に由来し我に属するのに対し、善は我の否定であるから「為善の力は我にあるのではなく、絶対他力に属する」[28]と、田辺は提唱する。ゆえに菩薩の善行為は「絶対他力」であるとし、倫理的行為の還相面をつとに強調するのである。しかし、絶対他力といっても我性のうちにある。大乗仏教の世界観は「超越即内在」「内在即超越」だからである。したがって、絶対他力は同時に絶対自力ともいえる。それは、山内得立の言う「レンマ論理」が支配する「中」の世界であって、田辺のごとき西洋哲学的なロゴスによって把握しうるところではない[29]。

けだし、倫理は倫理主体としての個我を前提とし、往相的に利己的欲望の克服を目指す立場である。その限り、環境倫理は、むしろ往相的な絶対自力の側面を表にする必要がある。さもないと、我性の否定としての「絶対他力」が、非倫理的なるがゆえに無制限な我性肯定につながるというパラドックスを生み出し、自然支配的な思想になる危険性すらあるのである。

さらにまた、田辺の行為の論理が他力面に傾くことは、個人の創造性が国家的規模を超えられないという問題ともなって現れる。田辺は「ヒューマニズムに就いて」という論文の中で次のように述べている。

「人間」主義の代りに「社会」主義が、自由主義の代りに組織主義が、現れることが歴史の必然なのである。人間は単に人類の代表としての個人でなくして、種的社会たる国民の一員であり、その統一を破る分裂態としての階級の対立に制約せられる社会人間である[30]

田辺にとって、近代ヒューマニズムは「社会人間」へと移行する否定的契機としてのみ存在意義を有する。国家社会の組織の一員たることを最高の義務とする人間は、国家規模で具体的な「類の統一」に貢献することはできよう。だが、現在の環境問題のように、地球的視野に立った「人類の代表としての個人」としての環境創造が切に求められている時代には適合できるだろうか。これは田辺の予想しえなかった事態であろう。地球環境問題の解決には、ベルグソンのいわゆる「開いた社会」を目指す創造的進化の努力を代表する個人の直観も必要なのではないだろうか。田辺は、ベルグソンの直観が直接態であるゆえに具体的ではないと批判しているが[31]、地球環境問題という国家規模を超えた人類的課題に直面している現在、開かれた人類的個人の直観によって地上の生物の統合共和への道を探り、持続可能な環境と社会システムを創造していく環境倫理を、われわれは求めている。

そう考えるならば、西田の主張した「行為的直観」による環境創造は、個々の民族が住む環境世界を超えた普遍的な視点から倫理行為を起こすという意味において、たとえ発出論的問題を残すにしても、人類的な環境倫理の形成に寄与しうる視点を持つと言わねばならない。

結論的に、われわれには西田の環境創造の思想と田辺の「種の論理」とを相互に補完・補正せしめつつ、より具体的・現代的な環境倫理となるよう理論構築していくという課題が残されているといえるであろう。

「生命系」の社会・経済システムへの示唆

ところで、田辺による上述の西田批判は、西田哲学に具体的な社会のヴィジョンがないという問題点をも浮彫りにする。西田の環境思想は、自由に自己利益を追求する近代のホッブズ的人間像から、自然と共生しつつ環境を創造しゆく創造的人間像への転換を唱えるだろう。しかしながら、自然環境の破壊を推進してきた近代の社会・経済システムをどう見るのか。そして、あるべきエコロジカルな社会像、経済システムとは何なのか。こうした現代の社会システム論的課題に、西田哲学はそのままでは答えることができない。

試みに、西田の環境思想に準拠した、エコロジカルな社会・経済システムのあり方を考えてみよう。後期の西田哲学に基づけば、われわれの社会システムは「創造的世界の創造的要素」たる人間が世界を表現し創造する歴史的営み、すなわち「歴史的生命の自己形成作用」と見ることができる。西田は、人間の社会形成の営みを「歴史的世界の種的形成」と見て、「社会とは歴史的生命の種である」(8・348) と定義した。ここで社会を「種」と呼ぶのは、社会が単に個々の人間の総和であるという意味ではない。社会は、歴史的生命が自己を表現する種的な形態であるが、社会自身が世界の「形成」力を有するゆえに、生きた主体とみなされうる。「社会というのは、個人の集団ではなく、それ自身が矛盾的自己同一として、何処までも種的形成的である」(9・130)「社会は個人を媒介として世界的に自己自身を形成することによって生きた社会である」(9・126)「社会が矛盾的自己同一的世界の種的形成という性質を有するかぎり、生きた社会であるのである」(9・121-122) 等々と、西田は述べている。

したがって社会システムを一つの生命的な主体と見なし、そこから今日の環境破壊的な自由主義経済体制を考え直すことを、西田の環境思想は示唆するであろう。すなわち、人間の生産・消費活動を生きた社会システムの自己展開と捉え、その安定的発展をはかるような経済体制への変換を目指すはずである。このような「生きた社会」観から導かれる社会・経済システムとは、いかなるものだろうか。

西田自身は、「経済的社会と云っても、それが社会的存在として歴史的実在的であるかぎり、それはイデヤ的構成でなければならない」(9・112)と考えていた。「イデヤ的構成」の経済社会とは、歴史的生命の自己形成の要求としての当為が個々人によって実現された社会のことであり、そこでは諸個人が相互補完的に全人格的生活を実現するものと考えられる。平たくいえば、皆が慈愛の人格者となって互いに助け合うような社会・経済システムを意味する。このように経済社会のイデヤ的構成を目指すことは、現在の経済システムにおける行き過ぎた優勝劣敗の自由競争主義を抑制し、現代人を他者や環境との共生に目覚めさせるための一つの経済倫理としては示唆に富むといえよう。しかしながら、近代の社会・経済システムに代わる、新たな産業構造・社会制度のあり方までは言及されていない。現在の地球環境問題の解決にあたっては、環境教育を含めた環境倫理の啓蒙も重要視されているが、何よりもまず、環境共生型の社会・経済・政治システムの整備が急務とされている。ゆえに西田の「生きた社会」観を環境問題に適用するには、そこから導かれる社会・経済システム自体のあり方を提示する必要がある。

むろん、哲学者・西田の諸著作から直接的に社会・経済システム論を引き出すことなどできない。そこで想起されるものとして、二十世紀後半、理論経済学者の玉野井芳郎氏が提唱した「生命系のエコノミー」の思想がある。玉野井氏は、生命的な社会・経済システムを経済学の次元から解明しようと試みた人である。ここでは西田哲学に基づく社会・経済システム論を考える一助として、氏の所説を取り上げてみたい。

玉野井氏は環境経済学の一派を形成する「エントロピー経済学」の基本理論を支持し、それを「生命系」という新たな視座から再考した。エントロピーとは、無秩序や乱雑さの度合いを意味する言葉である。アメリカの経済学者K・E・ボールディングは「エントロピー経済学」を創始し、人間の生産活動が高エントロピー層の発生という代償を払って低エントロピーの生産物を作り上げる進化過程であると捉えた。さらには、エントロピー概念を物理エントロピーから情報エントロピーへと拡大解釈し、様々な社会現象の解明に用いようとしたが、玉野井氏はあくまで物と熱の物理エントロピーの観点にとどまり、現在の公害・環境破壊問題という「エントロピーの危機」を乗り越える経済学の創出を試みている。結局、玉野井氏は志半ばで逝去したが、その「生命系のエコノミー」の主張とは次のようなものであった。

まず玉野井氏の説明では、「エントロピーとは、物質とエネルギーの属性をあらわす物理量を意味」し、平易にいえば、「熱と物質にくっついている汚染度を意味する」[32]。汚染度の高まりはエントロピーの高まりであり、環境汚染はエントロピーが低水準に維持されず異常に増大した結果である。このことを経済学的に分析するならば、経済学が生産と消費の関連を人間と自然とのあいだの物質代謝としてではなく、市場経済または商品経済を中心に、再生産または経済循環のシステムとして分析し説明してきたという問題になる。自然の生態系では、生命の世界を核として動植物と自然的環境とが相互に物質代謝を行っている。それゆえ人間社会の物質代謝の発展も、生命体を核とする生態系を踏まえ、農業を基礎とする工業社会をつくるべきである。ところがイギリスに発展した西欧資本主義は、農業と分断された工業化を基礎として作り出された。ここではマルクスが指摘したように、人間の労働力が商品形態を取り、生産と消費の反復のしくみが再生産として説明されるが、消費過程を労働力の生産過程とみなす経済学は一種の形態的外観――フィクション――にすぎない、と玉野井氏は言う。そして現代の生態系破壊の問題は、この西欧資本主義のフィクションに対し、「いわば社会的実体がこの外観を拒否すること」[33]であると洞察するのである。

では、生態系を破壊しない、われわれの「社会的実体」に忠実な経済学とは一体いかなるものか。これに対する玉野井氏の回答が「生命系のエコノミー」である。

これからの経済学は、社会の生産と消費の関連をこれまでのように商品形態または市場のワク内でのみとらえることをやめ、あらためて自然・生態系と関連させて、したがって広義の物質代謝の過程としてとらえ直さねばならなくなってきた。経済学史における大きい転換点といわねばならない[34]

すなわち、玉野井氏が志向する新しい経済学は、「生態系を土台とする自然と人間のための社会・経済システム」[35]「自然・生態系をその内部にふくむ、エコノミー＝エコロジーの循環総体システム」[36]を目指すのである。それは、K・ポランニー（Polanyi）が述べたように、突出した市場経済のシステムを社会関係の中に今一度埋める（re-embed）作業であると、氏は力説する。

さて玉野井氏が次に強調するのは、生態系を土台とする社会・経済システムが「生命系」であるということである。氏によれば、「生きている系＝生命系」の概念は「生態系」の概念とは区別される。つまり、「生態系は、食物連鎖として示される自然の生態環境を指すものであるのにたいし、私のいう〈生命系＝生きている系〉は、これを踏まえて自立する主体的な系としてとらえられている」[37]とする。生態系を踏まえて自立する主体的な系を、玉野井氏は「生命系」と定義した。換言するならば、生態系の中で生命活動を営む動植物のごとく、人間社会を生態系内における一つの生命システムとみなすことである。したがって生命体維持の自然法則を人間社会にも適用し、自然生態系と調和した経済学を再構成しようというのが氏の意図であった。そして、あらゆる生命体の自己システム維持はエントロピーの原理によって説明されうる、と主張するのである。「生命とは、生きていることによって生ずる余分なエントロピーを捨てることによって定常状態を保持している系、と定義することができよう[38]」。

かくして、われわれの社会システムは、エントロピーを系外の生態系に排出して自己を維持する「生命系」であることが了解される。しかるに前述のごとく、近代の西欧資本主義は人間社会をフィクション化し、「非生命系」として措定しているために、エントロピー排出が生態系に与える影響を考慮しない経済体制を作り上げてしまい、現今の深刻な環境破壊の問題を惹起せしめた、というわけである。

この見方は、「市場システムにおいては背後にかくれていた物質・エネルギーの流れを表面に登場させることによって、人間社会の経済活動を、エネルギー変換・物質の投入と加工・最終消費・廃棄物処理という諸過程の連続する循環システムとしてとらえ直そうとする[39]」ことに通じる。生命系としての社会・経済システムは、無用な熱エネルギーの放散を避けてエントロピーを減少させることを自己目的とする。そこで玉野井氏は、〝生態系のワク内で生きる社会・経済システム〟というエコロジカルな視座に立ち、「産業構造そのものが、なによりもまず自然・生態系に適合した形へと変換すること」を要請するのである。また生態系は地域ごとでまとまり、それぞれ個性的多様性を示している。それゆえ、「現存の社会・経済システムに自然・生態系を導入することは、社会システムに〝地域主義〟(regionalism)を導入することにひとしい[40]」とも述べている。

結論として、生きるためにエントロピーを放出しつつもそれが地域の生態系を乱さない動植物と同じように、〝生きた社会・経済システム〟のエントロピー放出も地域生態系のワク内を超えない程度に押えエコロジカルな産業構造への変換を推進すべきである、というのが「生命系のエコノミー」の基本主張である。後期西田哲学における歴史的生命の自己表現としての創造的世界観を社会・経済システム論に展開するならば、以上に述べた玉野井氏の所論のごときものが想定されうるのではないか。

かかる〝生態系と調和した社会の経済活動〟という考え方は、K・S・フレチェットの「宇宙船倫理」や、現在国連で主流となっている「持続可能な開発」「環境合理性」などの環境理念と軌を一にする。しかしながら、フレチェットらの「啓蒙された人間中心主義」は、玉野井氏の言葉を借りるなら、いまだ人間社会を「非生命系」とみなすフィクションを改めていない。すなわち、低エントロピーの状態を維持しようと経済活動を行う「生命系」としての現実の人間社会を捉え切れていない。社会観・経済学のパラダイムの抜本的転換を行わずして、真に生態系と調和した経済体制をつくり「持続可能な開発」を推進することはできない、ということになるのである。

以上の「生命系としての人間社会」という観点は、現在のラディカル・エコロジーにはみられない斬新な思想である。生命系の社会システム論は、現今の自然破壊的な自由主義経済体制をラディカルにシステム変革することを通じて、社会の「持続可能な開発」の実現をはかるという環境理念につながるだろう。それは、自然生態系と人間社会との利益の一致・持続的共生を目指す、新しい経済システムへの提言となりうる。また、ラディカル・エコロジーが掲げる「人間と自然環境の両方を持続させる新しい生産、再生産、そして意識の形式」[41]といったヴィジョンとも一致している。

ラディカル・エコロジーの中では、ソーシャル・エコロジーがディープ・エコロジーの社会体制・

構造への無関心を批判し、経済社会とエコロジーとの弁証法的対立を通じてエコロジカルな社会の開発・発展と社会正義を生み出すことに焦点を当てた議論を行っている。ソーシャル・エコロジーは、経済的生産のシステムが環境に密接な関係を持つことを強調するが、現在の資本主義や国家主導型の社会主義は、ともに外部性（externalities）を生み出して自然を破壊している、とC・マーチャントは言う。[42]そこで、持続可能でエコロジカルな社会・経済システムへの変革を説くわけであるが、見聞する限り、システム論的見地から経済システムを再構成する議論にまでは立ち入っていない。いわんや社会・経済システムを「生命系」と見て、生きたシステムと生態環境との関係を論ずるという視点はなかったといってよい。

玉野井氏の「生命系のエコノミー」は構想段階にとどまるが、西田の自然、環境観がこうした「生命系の社会・経済システム」論と結びつくならば、「持続可能な社会」の実現に向けて有意義な知見を提供できるのではなかろうか。そのとき、西田の自然、環境観は、新たなラディカル・エコロジーとして再評価されるようになるであろう。

ただし、社会・経済システムの変革だけで真に実効性のある環境政策になるかといえば、疑問符がつく。例えば、中国など開発途上国の一部では「持続可能な開発」を目指し、種々の環境対策法が整備されつつある。ところが、そうしたシステム変革に基づく規制的手法は、執行面で課題を残している。その原因として、環境モニタリングを実施するための測定機材や人材の不足という技術面の問題もさることながら、低額ならば罰金を払っても操業を続ける方が安上がりとする企業の倫理観の欠如がつとに指摘されている。[43]エコロジカルな社会システムをいかに整備しても、システム自体が自律的に作用するわけではない。システムを動かす主体は個々の人間であり、人間集団としての企業組織である。また、規制を徹底するのも人間である。それゆえ、われわれ一人一人が確固たる環境倫理を持つことこそ、社会・経済システム変革を実現する原動力になることを忘れてはならない。環境倫理と「生命系のエコノミー」を統合しうる思想体系を持った西田哲学は、その意味においても注目すべきエコロジー思想といえる。

なお、西田の環境思想に基づく「生命系の社会・経済システム」論は、ディープ・エコロジーのように極端な人口削減論や人権の制限の主張は取らないだろう。西田は、人間の人格を頂点とする固有価値の位階制を認めている。人間の生命・権利は、極力尊重されるべきである。そのゆえんは、「創造的モナドロジー」としての人間が、その慈愛の感情を通じて万物共生の環境を創造するという〝生態系の創造的調整者〟の役割を果たすからである。エコロジカルな人間優先主義に基づく経済システム・プログラムを、西田の環境思想は提案するに違いない。

自己実現思想と環境倫理の融合——慈愛の環境倫理

続いて、環境倫理の立場からみた西田の自己実現説について整理しておきたい。ここでは、ディープ・エコロジーの「自己実現」思想を取り上げ、比較環境思想的に西田の自己実現の意義を考察していく。西田はヘーゲル哲学の影響を受けたT・H・グリーンの「自我実現」説から、ディープ・エコロジーのネスはスピノザの「コナトゥス conatus（自己保存）」の概念から、それぞれヒントを得て「自己実現」思想を展開した。両者は、自己実現を通じた「自然との一体化」を説く点で一致する。

ディープ・エコロジーの言う「自己実現」は、デヴァルとセッションズによれば、「『大いなる自己の中の自己』の実現（the realization of "self-in-Self"）」と要約できる。これはネスの「すべての生命は根本的には一つである」という直観を規範化したものとされ、大いなる自己（Self）の中で小さな自己（self）を成熟させていくことを意味していた。一言でいえば、「自己感覚の拡張」である。ネスは『エコロジー・共同体・ライフスタイル』の中で、われわれが昆虫や山と一体化する例を示し、それが「擬人化（personalising）」「アニミズム（animism）」「神人同型説（anthropomorphism）」と同じであると述べている。われわれが「自己実現」を通じて自己感覚を拡張すれば、昆虫も「自分たち自身である。言い換えるならば、単に異なったものではなく、大切な意味で自分たちと似たものである」と感じるはずである。また山と一体化するという意味は、山を偉大さや平静さを持つ人格的存在として擬人化し、そこに共感を示すことである。すなわち「すべての生命は根本的には一つである」との直観に基づき、動植物や自然をも人格的存在と見ていくことがネスの「自己実現」である。[44]

かたや西田の言う自己実現の場合も、自然との一体化を含意する。しかし、それはネスのような、自然の擬人化による一体化の感情ではなく、究極的実在と合一することによる一体化の経験、すなわち純粋経験を意味している。ネスが「すべての生命は根本的には一つである」というところの「一つ」になり切ることが、西田の言う自己実現なのである。この純粋経験においては、人間と自然の一体化が単なる「感覚」ではなく「事実」として現れる。西田は、「元来我々の自己の中心は個体の中に限られたる者ではない。母の自己は子の中にあり、忠臣の自己は君主の中にある」（1・161）「自己の最大要求を充《みた》し自己を実現するということは、自己の客観的理想を実現するということになる。即ち客観と一致するということである」（1・155）と述べている。この大乗仏教的な「自他一致」「主客合一」の境地により、自然に対する愛が生ずる。「愛というのは凡て自他一致の感情である。主客合一の感情である。ただに人が人に対する場合のみでなく、画家が自然に対する場合も愛である」(1・155-156)。

したがって、ネスと西田の自己実現は、ともに「自然との一体化」による自然愛護を説くものといえるが、その内実は異なると言わねばならない。ネスは、自然の擬人化を通じて自己感覚を拡張し、それによって自然と一体化する「感覚」を得ようとする。その一体感が得られれば、自然を愛する行動が起きると言うのである。他方、西田は、主客合一の自己実現という善行為によって、体験的「事実」において自然と一致しようとする。そして、「自他一致」という純粋経験の事実からは、必ず自然を愛するような善行為が芽生えるものとされる。

ここでわかることは、ネスの感覚的一体化としての自己実現は実践が容易であるが、西田の主客合一の自己実現は実践が困難であろうということである。ネスの説く自己実現は、自然の擬人化による共感であるから、子供や原始社会に生きる人間でも実践できるものである。それは、カントの言う「美しい行為」の概念を一つのモデルとしている。ネスは次のように述べる。

哲学者カントは一対の対照的な概念を世に広めた。それは、自然の中で、自然のために、自然に属して調和的に生きようとするわれわれの努力において広く活用するに値するものであり、すなわち道徳行為(moral act)の概念と美しい行為(beautiful act)の概念である。道徳行為は、何に費やすにせよ、道徳法に従うという意図によって動機づけられた行為である。……われわれがもし正しい事を積極的な性向(inclination)のゆえに行うとしたら、そのときはカントによれば、「美しい行為」を遂行しているのである(45)

そしてネスは、カントの説く道徳行為よりも「美しい行為」の方を採用し、自らの自己実現思想と結びつけて論じている。

私たちは自分自身を抑える必要はない、必要なのは自己（Self）を展開させる（develop）ことである。美しい行為は自然なものであって、成熟した人間性の展開に無縁な道徳律の重視からは当然生み出されはしない……私たちの数々の潜在性（potentialities）を開花させる（realise）のに自我を磨いたり、他人に勝つことに執着する必要はない[46]

ネスは、このように道徳的節制を拒否し、自己実現においては成熟した人間性の傾向に基づく「美しい行為」が自然に起ることを強調する。とは言うものの、ネスの言う通り、共感的な自己実現が自然に「美しい行為」につながるかどうかは、甚だ疑問である。なぜならば、多くの人にとって、自己実現の共感を持続させることは困難だからである。自然と触れ合う中で、われわれが一時的に自然と一体化する感覚を味わったとしても、それが継続的信念にまで高められることは稀であろう。「美しい行為は自然なもの」とネスは言うが、人間の持つ様々な欲望は往々にして良心的感情を圧倒する。特別に修練された人を除けば、自己実現の共感が自己の内面的欲望に打ち勝つような信念となることは難しい。それゆえ、一般的な人間にとっては自己感覚の拡張だけでなく、やはり倫理や道徳も必要なのではないか。森岡正博氏はこの点を、次のように指摘している。

多くの人間は、自分の内面の欲望と戦いながらも、大枠では欲望の命じる方向へと流されて生活している。平均的な人間が逃れることのできない内面の欲望というものを、真剣に熟慮して自らの哲学と倫理学に組み入れることがなければ、ディープ・エコロジーはけっして生活者の行為規範としては根づかないはずである[47]

ディープ・エコロジーのエコロジカルな自己実現は、共感的な自然との一体化であるゆえに実践は容易である。だが、それが継続して人格的に高められ、自然保護の信念につながることは難しいと言わざるをえないのである。

対するに、西田の目指す自己実現は、厳格な実践を通じてのみ到達し得る主客合一の「愛」の境地である。それゆえ、自己実現の善行為の模範は宗教家や芸術家に求められる。西田は、幼児の意識や動物の本能的動作なども純粋経験の範疇に含めた。しかし、「善行の極致」としての純粋経験、すなわち人格的な自己実現に関しては、極めて宗教的・芸術的な境地として描写している。

> 主客相没し物我相忘れ天地唯一実在の活動あるのみなるに至って、甫《はじ》めて善行の極致に達するのである。物が我を動かしたのでもよし、我が物を動かしたのでもよい。雪舟が自然を描いたものでもよし、自然が雪舟を通して自己を描いたものでもよい。……天地同根万物一体である。印度の古賢はこれを「それは汝である」Tat twam asiといい、パウロは『もはや余生けるにあらず基督余に在りて生けるなり』といい（加拉太《ガラテヤ》書第二章二〇）、孔子は『心の欲する所に従うて矩《のり》を踰《こ》えず』といわれたのである（1・156）

水墨画の達人であった雪舟や、印度の古賢、キリスト教の使徒パウロ、孔子などが善行為の極致としての純粋経験を成就した人々として示されている。西田の言う人格の実現としての自己実現は、かかる偉人賢人の類にして始めて成就できるものである。西田は「自己の全力を尽しきり、殆ど自己の意識が無くなり、自己が自己を意識せざる所に、始めて真の人格の活動を見るのである」（1・154）と言い、「人格を発現するのは一時の情欲に従うのではなく、最も厳粛なる内面の要求に従うのである。放縦懦弱《だじゃく》とは正反対であって、かえって艱難《かんなん》辛苦の事業である」（1・154-155）とも述べている。人格を実現するには「一時の情欲」すなわち欲望と対決し、それを超克することが不可欠であると西田は説く。その道は険しく「艱難辛苦の事業」である。

とすれば、西田の自己実現は一般に実践不可能なものか。彼は、そうではないと言う。「かくの如き完全なる善行は一方より見れば極めて難事のようであるが、また一方より見れば誰にでもできなければならぬことである」（1・166-167）。なぜならば、道徳とは「自己の外にある者を求むる」（1・167）のではなく、「ただ自己にある者を見出す」（同）ことだからである。西田の道徳観は「真の自己を知る」という一語に尽きている。そこに自ずから善行がともなうのである。

我々の真の自己は宇宙の本体である、真の自己を知れば啻《ただ》に人類一般の善と合するばかりでなく、宇宙の本体と融合し神意と冥合するのである。宗教も道徳も実にここに尽きて居る（1・167）

西田によれば、宗教と道徳は同じ目的を追求する。両方とも「宇宙の本体」としての「真の自己を知る」ために存在する。いわば宇宙論的な自己実現の成就のためにある。そして、「真の自己」は自己の中にあるゆえ万人が「自己実現」を実践できるはずだと、西田は主張するのである。西田の言うように、もし万人が自己実現を成就できたならば、道徳の目的は完遂され、道徳それ自体が不用となるだろう。自己実現の境地においては、自己の欲望は常に善行為と一致するはずだからである。「純粋経験に関する断章」の中には、「自己の完全なる実現は自己を滅するのである。自己がないから万物自己でないものはない（Tat twam asi）。道徳の極致は道徳がなくなることである」（16・255）との西田の記述がある。道徳無用の境地を理想とする思想は、後期西田哲学の「行為的直観」の立場も基本的に同じであり、西田哲学全体を貫く倫理観である。

西田における道徳の理想は、このようにディープ・エコロジーにおける倫理不要の主張と強い親近性を有している。自己と他者が一体化した境地に至れば、たしかに道徳的強制は必要なくなる。西田の場合、その境地は宗教的・芸術的な心境であり、ネスの場合は直観的な自然への共感であった。両者はともに、道徳的強制によらない善行（自然保護）を目指す点で一致する。

しかしながら、西田の目指す宗教的・芸術的な境地は、そこに到達するために日々の厳格な修養が要求されるものである。西田はネスと違って、人間の欲望という現実から目をそらさない。日々の欲望と対決し打ち克ってこそ、われわれの「偽我」は欲望を発現せしめる宇宙の統一的自己に合致し、「真の自己」となることができる。これが西田の道徳論である。したがって西田の倫理観においては、結局のところ、宗教的・芸術的な自己実現の状態に至るまでの実践の指針として、道徳や倫理が必要となる。やはり「純粋経験に関する断章」中に、西田は倫理的修養を「道徳的修養」と「宗教的修養」に分け、次のように説明している。

道徳的修養では、抽象的理想を未来に望んで、之に向って努力するのであるが、宗教的修養では、いつも現在の具体的事実が中心となり、之に従うて自然に行動するのである（16・434）

道徳的修養が一般的な倫理実践であるとするならば、宗教的修養は西田が理想とする道徳無用の宗教的境地を指すといえよう。両者の修養法は異なった次元にあるが、宗教的修養へ入る前段階として、道徳的修養が必要になることを西田は示唆している。

我々は始め是非自己の理想に向って奮闘せねばならぬ。死力を尽して奮闘せねばならぬ。奮闘又奮闘、力尽きて始めて真に自然を会得することができる。たとえば画家が千辛万苦の後始めて一妙処に達する如きものである（16・436）

道徳的修養に奮闘し抜いた後で、始めて宗教的修養を行うことが可能になるのである。別言するならば、「人格の発展」の後で、始めて「人格の完成」の境地が味わえるということである。『善の研究』とほぼ同時期に草されたとされる「倫理学草案」の中に、西田はこう記す。

個人的性格の発展が吾人の所謂善の一つであるから、之により種々の個人的道徳が必要になる。節制勤勉等皆自己に対して守らねばならぬ徳である（16・236）

要するに、不断に道徳的修養を積む中で人格の発展があり、人格の完成の暁に始めて宗教的修養が行える境地に達する。これが西田哲学でいう自己を実現した状態なのである。

ここまでの比較を整理しておこう。ネスの共感的な自己実現では、実践が容易であるがゆえに倫理が不用視される。たとえ子供であっても、一時的な共感による自己実現は可能であり、エコロジー思想としては一般化しやすいものである。しかし、それを継続的な自然保護の信念に結びつけるとなると難しい。一方、西田の説く「主客合一の自己実現」は、その達成が困難を極めるために、そこへ至るにはまず「道徳的修養」が必要であるとされた。けれども、主客合一の自己実現を成就して「宗教的修養」の段階に入れば、すべての行為は欲望の本源である統一的自己の行為となるので、人はもはや欲望に翻弄されることがない。欲望は人格的要求へと止揚される。西田の場合の自己実現は、厳しい「道徳的修養」を経たうえでの宗教的境地であるがゆえに、確固たる自然保護の信念に直結しうるだろう。

結局、両者には一長一短がある。ただ明白なのは、ディープ・エコロジーであれ、西田であれ、われわれが自己実現を通じて永続的な自然保護の信念を確立するには相当な困難がともなうということである。であるならば、自然保護思想としての現実性を考えたときに、筆者は西田の自己実現思想の方にいささかの可能性を感ずる。前述したように、現実の人間の内面には抑え難い欲望が渦巻いている。それを制御しつつ、人類全体を自然保護の方向へと導いていくには、自然との一体感だけでは弱いと言わざるをえない。やはり道徳や倫理によって惰弱な自己を規律し、欲望をコントロールしていく実践が不可欠であろう。そうして人格が完成した暁には、古今東西の賢者のごとく、欲望と善行の一致という境地も考えられる。西田の自己実現思想は、その難解なイメージとは裏腹に、現実的な環境倫理として機能しうる可能性を感じさせる。

かたやネスは、自然との一体感と人格完成者の境地を混同しているように思われる。われわれが折りに触れて経験する自然との一体感は、一時的に共感的な自己実現をしたにすぎず、決して自己実現の完成、すなわち人格の完成ではない。自己実現を完成させるには、西田の言う道徳的修養のごときものが必要になろう。ディープ・エコロジーの共感的な自己実現は、人格の完成に高められてこそ、恒常的な自然保護運動に連結するのである。

ちなみに、ネスが宇宙論的な自己実現を説いているという見方がある。「トランスパーソナル・エコロジー」の提唱者であるW・フォックスは、「ネスにとって自己同化が宇宙論的基盤をもつことは、『生命は根本的に一つである』との理解から（心理学的に）導かれる」[48]と述べている。なるほどネスの自己実現は、「生命は根本的に一つである」という直観から始まる。その直観は、宇宙論的な究極のリアリティとの合一体験といえなくもない。すなわち、西田の言う純粋経験の一形態である。その意味では、西田の説も宇宙論的な自己実現といえよう。しかしながら前述したように、西田が「宇宙の本体と融合」する自己実現について語るとき、それは個人的自己から宇宙の統一者に合一していく側面とともに、宇宙の統一者が個人的自己を通じて統一者自身を顕わにする側面をも意味している。しかるにネスの自己実現には、自己から宇宙究極のリアリティへ向かうベクトルしかない。このことはネス自身が言明している。

自己実現は非暴力と同様に曖昧なもので……方向を示す矢印がなくてはならぬ。自己（self）から出発し自己（Self）へと向かう方向である。私たちはそれを——広大ではあるが確定された次元における——ベクトル（vector）と呼んでよいだろう[49]

「自己（self）から出発し自己（Self）へと向かう」ベクトルは、個人的自己から統一的自己へと向かう自己実現である。これに対し、西田の自己実現は、反対にSelfからselfへと向かう次元も兼ね備えている。それゆえ、ネスの言う自己実現を宇宙論的と呼ぶことは可能であるが、西田の説く双方向的な自己実現と同一視することはできない。

そして、この違いこそ、共感的な自己実現と主客合一の自己実現の違いでもある。ネスの主張する共感的な自己実現は、個人の側から自己感覚を無限に拡大していく営みである。ゆえに、欲望との対立が問題となり、その点での理論的不備が批判されることになる。ところが、西田が説く主客合一の自己実現においては、個人的自己（主）の力と宇宙の統一的自己（客）の力とが合一し、欲望をその本源（統一的自己）から制御する方途が示される。自力即他力、他力即自力であり、万物への愛が不撓不屈の信念となる境地である。古今の偉人の人類救済、自然尊重への強固な信念は、かかる主客合一の自己実現から生ずるものであろう。西田にみる自己実現の思想は、ディープ・エコロジーが看過する欲望の超克という問題をしかと見据えている。またネスの自己実現では、自己感覚の拡大が倫理主体である個的自己の消失につながるため、どうしても倫理を否定しなければならない。それに対し、西田の双方向的な自己実現、すなわちself ⇄ Selfの自己実現では、self→Selfという倫理主体否定のベクトルとともに、Self→selfという倫理主体肯定のベクトルを有するので、自己実現の倫理が可能になるのである。

図5　西田とネスの自己実現の比較

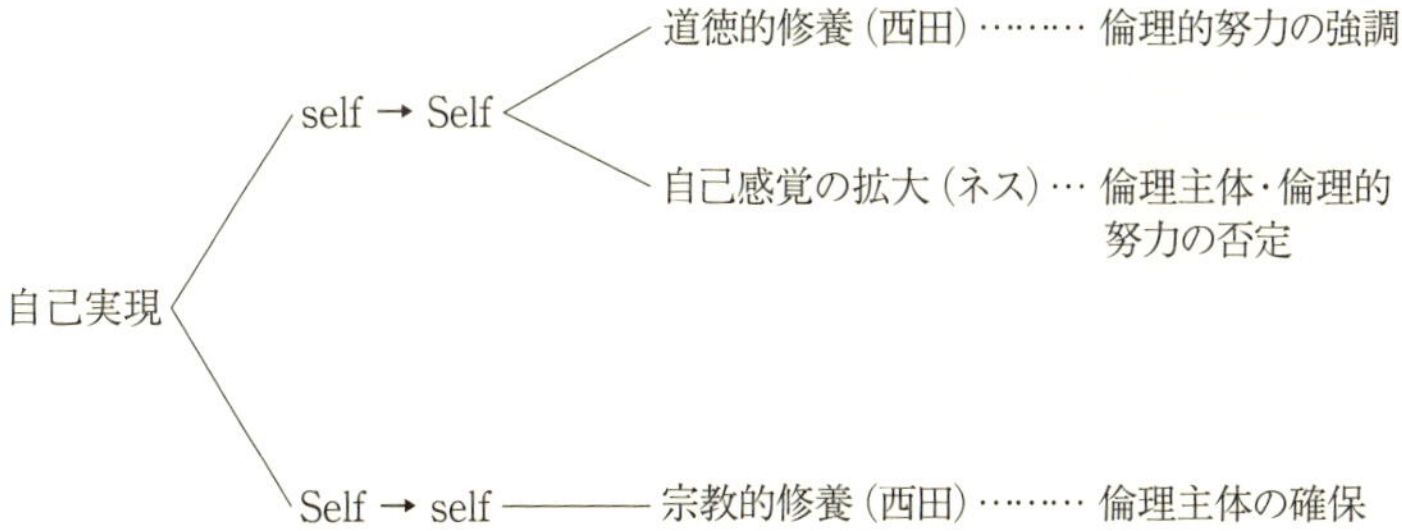

結論的に言うと、西田の説く自己実現思想は、人格の完成を目指す発展過程において倫理・道徳の実践を重視する。しかる後に人格の完成＝自己実現の状態に至るならば、もはや道徳なくして道徳行為をなすようになる。そして、この自己実現の倫理を可能にするものは、self→Selfの実現における倫理的努力とSelf→selfの実現における倫理主体の肯定である。かかる西田の自己実現説を環境倫理の文脈から読み解くならば、〝慈愛の環境倫理〟という言葉で総括することができよう。主客合一の自己実現は道徳の究極であり、他者や自然への愛に満ちた理想の人格の実現である。自己実現に達した人格者のエコロジー的献身は、環境倫理の規範ではなく自発的な愛に基づいて行われる。けれども自己実現の成就は容易でない。ゆえに大多数の人々は、自己実現の愛の世界という理想を目指し、まずは日々の道徳的修養に励む必要がある。「愛には当為の意味がある」（14・356）と西田は言っており、ネスが「美しい行為は自然なもの」と言うのとは対照的である。すなわち〝慈愛の倫理実践を通じたエコロジカルな自己の実現〟が西田の環境思想であり、自己実現思想と環境倫理を結合せしめるものとして注目に値するであろう。

しかるに一方で、西田の倫理観には、田辺元の批判にもみられたように、瞑想的な性格が強いという問題が残されている。彼の説く倫理は道徳的実践にせよ、宗教的実践にせよ、極めて内面的な修養を重んじる。だが、内面性の変革にこだわりすぎると、外的な日常生活を規制する倫理を否定ないしは軽視しがちになる。現代の環境倫理においては、もちろん個々人の思想的・心情的な変革は重要であるが、それだけでなく、われわれの社会生活をエコロジカルな方向へと導くような実践性も求められている。環境倫理の遂行を求められている倫理主体は、もはや個人のみではない。企業や団体といった集団の行動をも法的・道徳的に方向づける必要がある。かかる状況下では、一人一人の内面的な変革を基盤としたうえで、社会倫理を含んだ環境倫理が必要である。でなければ、実際にわれわれの内的な変革が外的な変革——環境問題の解決——につながることはないであろう。

人間と自然の固有価値

最後に、西田哲学における人間と自然の価値の問題にも論及しておきたい。西田によれば、自然は宇宙の統一的自己の発現であって、「統一的自己があって、而して後自然に目的あり、意義あり、甫《はじ》めて生きた自然となる」(1・86) と言わしめるものであった。したがって西田における自然は「目的それ自体」であり、人間による価値づけの如何にかかわらず「固有価値」を有する。

しかし一方で、西田は「現象の価値的研究」によって、統一性・合目的性が微弱である動植物には、実質的価値を認めなくともよいとも述べている。西田が最終的に絶対的価値と認めたのは、意識の統一作用としての「人格」であった。人格こそ、真に統一的自己の発現であるとみなしたのである。西田においては、すべての存在が統一的自己の発現として固有価値を持つと考えられるが、その程度の差によって、実際には人間の人格だけに価値を認める立場を取る。

この考え方は、環境倫理の領域における「固有価値の階層理論」と似ている。代表的なものはプロセス神学の固有価値論であるが、彼らは「豊かな経験を感受する能力」に応じた固有価値の階層理論を説き、意識を持った動物と人間に実質的価値としての「権利」概念を認める。ここで言う「経験」とは意識的経験に先立つものとされ、ホワイトヘッドの「意識は経験を前提とするが、経験は意識を前提にしない」[50]という説に則っている。一見してわかるように、西田の純粋経験の立場と非常に類似しており、近年、両者の比較研究が盛んに行われているほどである[51]。

むろん西田の場合、時代状況からいっても「動物の権利」という観念などはみられない。けれども、人間と自然の価値を、統一的自己の具現の度合に応じて現象的に研究しようとする姿勢は、一種の固有価値の階層理論といえなくもないだろう。

要するに、西田とプロセス神学は、自然の固有価値とその階層性を説くという点で共通するが、実質的な価値の基準をどこに置くかについては異なるのである。西田の場合、それは人格であったが、プロセス神学の場合は意識的感情である。その結果、前者は人間に、後者は人間と動物に、実質的な価値を認めることになる。西田の立場はカント的な人格主義であり、西田自身、カントの「目的それ自体」の人格倫理を自己の立場の説明に用いている（1・153）。この限りにおいては、動物を射程に入れたプロセス神学の価値理論の方が、西田の価値観よりもエコロジカルなように思える。

ところが西田の人格主義は、カントのそれとは明らかに異なる。西田自身、「カントの理性的意志の如きものすら真の人格と考えるのでない。私はかえってそういう考えに反対しておるものである」[52]と明言している。既述のように、ヨーナスやフェリは、カントの「目的それ自体」を有機体や自然物に拡大し、エコロジカルな新解釈を試みた。それに比べ、西田はあくまで「目的それ自体」を「人格」に限定する。しかしながら西田のいう「人格」は、カントの言うような「理性的存在者」でなくして「宇宙統一力」を意味する。つまり、人間の「人格」は「宇宙統一力の発動」とみなされるがゆえに絶対的価値を有するのである。このように西田の「人格」は、その根底にある宇宙の統一的自己を指すので、もはやカント的な人間中心の倫理を超え、宇宙論的なヒューマニズム倫理の様相を呈してくる。ここでの「人格」は、いわば「宇宙的人格」なのである。

とすれば、人格の尊重は宇宙の統一的自己の尊重であり、必然的に動植物や自然の尊重にもつながるはずである。なぜなら、統一的自己こそが自然の本体だからである。具体的にいえば、人間の人格だけが「目的それ自体」として尊重されるかわりに、人間は主客合一の感情を持ち、動植物や自然を「目的それ自体」として「愛」すべきである、と西田は考えている。「我々は愛する花を見、また親しき動物を見て、直に全体において統一的或者を捕捉するのである」(1・86)「愛というのは凡て自他一致の感情である。主客合一の感情である。ただに人が人に対する場合のみでなく、画家が自然に対する場合も愛である」(1・155-156) 等の西田の言葉は、人間が自然を「目的それ自体」＝統一的自己として見、愛すべきことを説いたものである。こうした「自他一致」の愛の世界では、もはや存在と価値の区別がない世界である。「存在と価値とを分けて考えるのは、知識の対象と情意の対象とを分つ抽象的作用よりくるので、具体的真実在においてはこの両者は元来一であるのである」(1・146) と西田は言う。

ゆえに、「価値の現象学的研究」として認識論的に考えれば、価値は人格的存在者に限られるけれども、人格的な「愛の世界」においては価値と存在の一元論がみられ、自然もまた「目的それ自体」

としての絶対的価値を有する。これが『善の研究』における西田の立場であろう。つまり問題は、人類が人格を実現できるか否かにかかっている。人格が実現された社会においては、自然は目的として愛され、保護される。しかし、人間が単なる現象として自然を見るならば、「生物の現象は単に若干の力の集合に依りて成れる無意義の結合」（1・118）にすぎず、一般的な人間中心主義となってしまう。

したがって、西田の環境思想がエコロジカルなものとなるかどうかは、人間の自己実現の如何による。もしも、それが多くの人々にとって可能なものならば、西田哲学は自然愛護の環境思想として一般化できるだろう。プロセス神学は、自然と人間を一元論的に把握し、なおかつ固有価値の階層理論によって相対的な人間優先主義をとるので、われわれの常識的直観に適合する環境倫理であった。しかし、その能力主義的側面から来る「冷たさ」が問題として残されていた（第三章第三節）。もちろんプロセス神学は、「生態学的感受性」を説き、自然への愛を訴えるが、神学的ドグマを前提にした「愛」の理論は一般化しにくい嫌いがある。それに対し、西田の自己実現は、宗教的とはいえ、宗教哲学として論理化されている分、一般化の可能性が残されているように思われる。

ただし、西田の説く自己実現の実践は「艱難辛苦の事業」とされるので、やはり「自己実現」を目標とした一般的な倫理規範が必要であろう。とりわけ、環境倫理学でよく論議の対象となる「自然の固有価値」と「人間の生存を目的とした動植物殺戮」の矛盾という問題は、西田哲学から現代に有効な環境思想を導き出そうとするならば、避けて通れないものである。西田が考える自己実現の愛の世界では、生存のための殺生すら認められないのか。あるいは、認識論的に固有価値の階層理論を採用し、生存に関する人間優先主義が正当化されるのだろうか。

当然ながら西田は、この問題に関して直接に論及していない。しかしながら、宇宙の統一的自己の発現としての人格を重視し、その意味で人間を「神の似姿」と考える西田において、あくまで人間の生存が動植物よりも優先されるであろうことは疑いえない。それゆえ、この問題に関しては、固有価値の階層理論と同じような見解を採るものと推察される。

ならば、人格的世界における自然への愛はどうなるのだろうか。愛をもって生存のために動植物を殺生せよ、ということになるのだろうか。「作られたものから作るものへ」という西田の世界観からすれば、そのように考えても差し支えないように思われる。「作られたもの」としての環境は、真に「作るもの」たる人間を作るためにある。動植物も「作るもの」としての側面は持っているが、「作られて作るものの頂点」である人間から見れば、いまだ前段階にすぎない。「宇宙歴史的に、我々は人間的世界の前に、生物的世界を、生物的世界の前に、物質的世界を考へる。即ち作られたものから作るものへ段階的に動いて行くと考へるのである」(8・518)と、西田が言うごとくである。

それゆえ、動植物が「作られたもの」として「作るもの」たる人間の食糧となるということは、「作られたものから作るものへ」という歴史的世界の形成作用ともいえる。西田は『種の生成発展の問題』の中で、「食物を消化するということは、食物を消化するものを生産することである。消費が生産であり、生産が消費であり、生産と消費とが弁証法的に一である所に、生物的生命というものがある」(8・501)と述べている。食物として消費される生物の「死」は、捕食動物の身体を生産するという「生」の営みでもある。生物的生命の食物連鎖の世界は、このように消費と生産の矛盾的自己同一から成立ち、「作られたものから作るものへ」と進んでいく。歴史的生命としての人間も、同時に生物的生命たるを免れえない以上、動植物の消費によって自己の身体を維持し、真に「作るもの」

として歴史的世界を生産していかなければならない。

しかしながら、大事な点は、人間社会における「生産とは歴史的形成の意義でなければならない」(8・447)ということである。歴史的世界の形成としての生産は動物の世界にはみられない。これを行うからこそ、人間の消費は他の動植物に比べ、第一義的に優先される。人間の消費は、動物の場合と違って「創造的世界の形成要素」の任を果たすための消費なのである。「消費というのは歴史的身体的消費でなければならない」(8・447)と、西田は唱える。ということは、その限り、人間の消費は主客合一の愛に満ちた消費でなければならない。人間の生存を目的とした殺生が愛をもってなされるべきだというのは、かかる意味においてである。

してみれば、西田の人間観・自然観を環境倫理・思想として見たときに、そこで問われているのは、どこまでも人間自身の「生き方」である。「自己実現」である。人格を実現して自然に働きかけるならば、それは歴史的世界の形成作用として慈愛に満ちたものになる。そのとき、人間の生存を目的とした動植物の殺戮・消費は、それ自体は動植物の価値を否定する悪であるが、より大きな歴史的世界の形成作用に資するという点で、生命殺戮の悪をして宇宙の統一的自己の実現という究極の善行為へと昇華せしめるのである。しかしながら、一度人間が動物的堕落や抽象的思惟の方向へと進むならば、動植物の生存権を奪う行為は純粋に悪とみなされるしかない。

このように考えるなら、西田哲学は、自己実現の実践と固有価値の階層理論の一体化が環境倫理にとって不可欠であることを示唆しているといえよう。固有価値の階層理論による人間優先主義は、人間が主客合一の自己実現を行うことを通じて、自然への愛情に支えられた「エコロジカルな人間優先主義」へと転換される。また自己実現思想の側は、固有価値の階層理論を受け入れることで、各存在者における自己実現の段階差を認め、現実的な人間優先主義を獲得することができる。人間と自然の価値の問題は、認識（固有価値の階層理論）と実践（自己実現）の区別を廃してこそ、現実的な把握が可能になるのである。

小結

西田の自然観は『善の研究』の当初、「純粋経験」「主客合一」の自然であり、人間の主観、自然の客観といっても、いずれも宇宙の統一的自己の発現に他ならないとする一元論的自然観の色彩が強かった。『善の研究』と同時期の「純粋経験に関する断章」には「吾人の人格というのは其内容に於ては自然の一部である」（16・374）「自然とは山川草木のみにあらず、人も自然なり」（16・375）といった記述があり、シェリングの同一哲学の影響などを強く感じさせる自然主義的な自然観がみられる。

ところが後期西田哲学では、人間と自然との弁証法的な環境創造が強調され、人間と対峙し、人間を超越する創造的、歴史的自然の観念が提示されるようになった。その結果、社会の風俗・習慣・制度・法律を「第二の自然」とする思想も受容し、「永遠の今」という根源的時間を自然の中に含めて論じている。

したがって整理すると、西田は、主客合一の自然観を前提としたうえで、第一に、客観的に主観を限定するものを自然と呼んでおり、第二には、創造的であり超越的なものが自然であるとしている。他方、西田の諸著作において「環境」という言葉は「主観の周囲をとりまく客観」という意味で使われており、[53]「自然」とほぼ同義に用いられていると見てもよいだろう。

次に、西田哲学の環境思想を考える際に鍵を握る概念は「自己実現」である。西田における自己実現とは主客合一の「純粋経験」を意味し、一方で個的意志(self)が宇宙の統一的自己(Self)へと向かう自己実現であると同時に、宇宙の統一的自己(Self)が個的意志(self)を通じて発現する自己実現でもあった。われわれは、それを「self⇄Self の自己実現」と表現した。ここに、ディープ・エコロジーの「self→Selfの自己実現」との顕著な違いが現れる。すなわち、ネスがselfからSelfへと個を崩壊させせながら倫理的努力を否定するのに対し、西田はSelfからselfへの方向性も兼ね備えて倫理主体の個を確保することに成功している。西田の環境思想は、「自己実現の倫理」を説く点が特徴的といえよう。ただし後期の西田哲学は、世界主義の立場、すなわち双方向の自己実現におけるSelf→selfのベクトルを強調したあまり、倫理性を失い、一種の現実肯定論に陥ったとしばしば批判されている。

Self→selfにおける個的自己は、self→Selfにおける否定的自己と相俟ってこそ、倫理性を獲得できることを銘記すべきであろう。さらにプロセス神学との比較によって明らかになったように、西田の自己実現説は存在者における固有価値の階層理論をともない、人間を頂点とした自己実現の階層を説く。これは「エコロジカルな人間優先主義」の環境思想といってよい。そこでは、慈愛に満ちた主客合一の人格が尊重されることにより、かえって自然も「目的それ自体」として愛護される。

以上を要するに、自然を愛し、環境に配慮した人間優先の環境倫理が西田の環境思想であると結論づけられる。人間が人格の完成を目指し、自然や環境と一体化した宇宙的自己を実現しようと倫理的に努力する中で、現実の人間中心主義がエコロジカルなものに変わる。そのような、いわば「慈愛の環境倫理」「人間性変革の環境倫理」を西田哲学は示唆している。それは自然の価値を机上で論ずるのではなく、人間自身が自己を改革し、慈愛を持って主体的に自然に働きかけることを勧める環境倫理である。何はともあれ、人間自身の内面への真摯な問いかけの内にこそ、現代の環境思想における人間中心主義と自然中心主義の不毛な二極対立を解決する鍵があろう。

また西田における「慈愛の環境倫理」は、「宇宙論的ヒューマニズムの倫理」と別言することができる。慈愛の人格は「宇宙的人格の実現」である。西田は、近代のデカルト的ヒューマニズムを批判する中で「客観的人間主義」(9・64)を提唱した。「客観的」とは宇宙の超越者に根ざすことであるから、われわれは西田の提唱した「客観的人間主義」を「宇宙論的ヒューマニズム」と呼びうる。このヒューマニズムは、すぐれて大乗仏教の世界観に通底している。西田によれば、超越と内在という、相反する二つの立場は、絶対矛盾的自己同一的に一致している。この絶対矛盾的自己同一的な世界を、「超越的内在」という立場から見たのがキリスト教であり、「内在的超越」の方向から見たのが大乗仏教であると西田は考えた。そして、内在の立場からの超越を強調する日本の大乗仏教の世界観こそ、近代ヒューマニズムの行詰まりを打開する「客観的人間主義」であり、「新しい人間」を生み出すものとして期待を寄せたのである。宇宙論的ヒューマニズムに基づく慈愛の環境倫理——かかるコスモロジーとヒューマニズムが融合した倫理を、西田は仏教思想の西洋哲学化を通じて模索したのであった。

さらにまた、西田の「宇宙論的ヒューマニズムの倫理」は、「人間の環境化」に基づくエコロジカルな環境創造を奨励する。このことは、環境を改変することによってしか、その生を全うしえない人類の「反自然性」に即した思想といえる。湯浅赳男氏は『環境と文明』の中で、「種としての人間は自然の一部でありながら反自然的な要素を持つ存在であるということである。したがって、人類と環境との調和は本源的なものではなく、人間によって創造されなければならないものなのである[54]」と主張し、人間が環境と調和するために創造行為が不可欠なゆえんを説く。

ただし田辺の西田批判にあるごとく、西田の創造論は歴史的実践としての社会変革の視点が弱い。それゆえ環境倫理としては、いきおい自然保護に力点が置かれるであろうし、今日、地球規模で求められている「持続可能な開発」へ向けた社会・経済システムの創造という課題に応えうるかどうかは疑問である。そこでまず、田辺の「種の論理」を参考に、具体的な人間の共同体を否定的媒介とし、個が真に歴史的世界を創造できるよう絶対無の媒介性を徹底することが求められよう。われわれはエコロジカルな国家社会を作り上げる実践を通じ、人間と自然の共生を可能にする地球環境を創造するよう迫られている。西田の環境創造の思想は、社会・経済システム論的視点から現代的に再考されねばならない。そのうえで、本章で取り上げた玉野井氏のアプローチなどを参照しつつ、西田が示唆した「生命系」の社会・経済システムの具体像を究明する課題も検討されるべきであろう。

第五章　和辻哲郎の自然・環境観とラディカル・エコロジー

和辻哲郎の倫理学は、大著『倫理学』をはじめ『人間の学としての倫理学』『日本倫理思想史』などに体系的に叙述されている。彼の倫理観を鳥瞰的に描写するならば、人間を「間柄」的存在と見て、その存在の理法を「空」とし、倫理の根源とする。人間存在の理法にして倫理の根源たる空は、全→個→全という二重否定の運動となって現れる。そして、この否定の運動における空の実現が「善」であり、空の実現を阻害する否定運動の停滞が「悪」である。

このような和辻倫理学の体系において、自然に関する思想はすぐれて環境倫理的といえよう。和辻が独特の自然観を「風土」論として確立したのは、よく知られるところである。もちろん和辻は、今日のような地球環境問題に直面していたわけではなく、晩年に至るまで、さほどエコロジーの知識があったとも思われない。こうした点は西田幾多郎と同じである。しかしながら和辻は、独自の仏教研究を通し、現代のわれわれから見てエコロジカルな自然・環境観を構築し、それらを己の倫理学体系の中に盛り込んだ。そもそもインド仏教は、人間だけでなく動物をも「衆生」の中に含め、その救済を目指すし、東アジアの大乗仏教に至っては、植物や物理的自然の仏性を説いている。それゆえ仏教の慈悲の倫理は、動植物や物理的自然にまで及ぶエコロジカルな概念である。和辻は、そうした仏教倫理を基礎に置き、エコロジカルな環境思想を展開したのである。

本章の前半では、和辻倫理学の基盤を形成した、彼の仏教倫理観について検討し、そこから和辻の環境思想を考察する。また本章後半においては、近年、エコロジー思想として注目を集め出した和辻の風土論を取り上げ、その今日的意義と問題点を論じてみたい。そして、和辻の仏教倫理観と風土論とを総合したうえで、彼の環境思想の全体像に迫っていきたいと思う。

第一節　和辻の仏教倫理観

大正十四年（一九二五年）、和辻哲郎は、西田幾多郎らの招きによって京都帝国大学文学部へ赴任し、倫理学を担当することになった。これより以後、昭和九年（一九三四年）に東京帝国大学文学部教授として招かれるまでの約九年間、和辻は京都で学究生活を営むことになる。この時期、和辻はとくに仏教研究に力を注いだといわれる。京大赴任後、和辻が初めて行った講義の題目は「仏教倫理思想史」であったし、翌年も同じ題目で講義を行った[1]。仏教学者の中村元氏は、戦後『和辻哲郎全集』の刊行にあたり、この二年分の講義の草稿を整理して第十九巻に編録した。また、昭和二年（一九二七年）に和辻は、学位請求論文として『原始仏教の実践哲学』を完成させ、提出している。

これらの著述にみられる和辻の仏教観は、一言でいえば、「仏教とは〝空へ帰る運動〟としての実践倫理を説いたもの」との見方である。仏教において哲学的認識は実践倫理に還元されると、和辻は考えた。これが、後年の和辻倫理学の成立に大きな影響を与えたといわれる。また和辻は、原始仏教の「無我」の道徳が龍樹等の大乗仏教に至って最もよく表現された、と理解する。それゆえ和辻の倫理学は、正確には大乗仏教的な倫理観を基盤に成立したと推察されよう。ここでは、『原始仏教の実践哲学』と「仏教倫理思想史」を順に検討し、和辻の仏教倫理観を明らかにしたい。

『原始仏教の実践哲学』における「無我」の道徳

『原始仏教の実践哲学』において、和辻はまず、その「根本的立場」を明らかにしようとする。その際、彼が目をつけたのは経典に描かれた「ブッダの沈黙」の説話であった。ブッダは、世間や我は常か無常か、あるいは有限か無限か、身体と霊魂は一体か否か、如来は死後生存するか否か、等々の形而上学的問題に対し、一切沈黙して答えなかったという。その理由として多くの仏教学者は、哲学的思索が「解脱のために要なきがゆえに」ブッダは答えなかったのだと解釈する。

しかし和辻は、そうした大方の解釈に疑念を抱いた。原始仏教の諸経典には、真実の認識をもたらす「無我」「五蘊」「縁起」「四諦」などの原理が説かれている。問題は、件の形而上学的問題がブッダにとって、真の哲学的問題でなかったということである。「ブッダの沈黙」のきっかけとなった形而上学的問題は、じつは仏教以前のインド思想が一般に取り上げていたものであった。けれども「ブッダは同時代の哲学的思索を真に哲学的思索として価せざるものと認めた」(5・99)と、和辻は考える。そして、「経の描けるブッダは哲学的問題を避けたのではない。前掲のごとき形而上学的問題が真の哲学的問題でないゆえに答えなかったまでである。従って真に哲学的問題たり得るのは、無我、五蘊、縁起等において取り扱われた問題にほかならぬ」(5・97)と主張した。

和辻が真の哲学的問題としたのは、いうなれば「無我の立場」である。先の形而上学的問題は、日常生活的な経験を自明とし、主観―客観関係を前提としている。和辻は、主観―客観関係に即した日常的経験の世界を「自然的立場」と呼んでいる。原始仏教は、そのような「自然的立場」を批判したうえで、日常的生活経験の「根本範疇」を見出そうとしたのだという。原始仏教の認識は、「無我の立場において、すなわち主観客観の対立を排除した立場において」(5・107)行われ、そこでは「日常生活的経験は主観の側面から見られるのではなく、そのままに素朴的な現実そのものとして取り扱われる」(5・107-108)。仏教的認識とは、日常生活的経験を可能にする「範疇」としての「法」を認識することである。和辻によれば、原始仏教の五蘊説は認識の「範疇」に他ならない。かかる「範疇」を発見したという点で、意義が異なるとはいえ、和辻はインド思想史における原始仏教の「新しい立場」が、西洋の認識論におけるカントのコペルニクス的転回に比肩しうるとする。

このような「無我の立場」から見れば、「自然的立場」は実体的な「我」を立てる「計我」の立場であって、それこそ妄想にすぎない。「人々が『我』と考うるものは、真実においては皆ことごとく色受想行識において有るものであって、この時間的な有者を超時間的な有者と誤認するところに『我を立つる立場』の根本的な病弊がある」(5・116)と、和辻は力説する。したがって「計我」としての「自然的立場」は、仏教的に言うならば「愚痴無聞凡夫の立場」に他ならず、「無我の法は、決然たる『自然的立場の排除』を意味する」(同)のである。

してみると、原始仏教においては二種類の法があることがわかる。すなわち、色・受・想・行・識の「五蘊」は存在者の「存在の法」であり、その「存在の法」と現実の存在者を区別する、より高次の法が「無常苦無我の法」である。そして、五蘊が無常・苦・無我であるという「二層の法」を如実に観ずることが「法を観ずる」ことであって、原始仏教の認識なのである。和辻の表現でいえば、「素朴実在論及び形而上学の偏見を捨てて無我の立場を取り」(5・165)、「自然的立場を遮断して本質直観の立場に立ち実践的現実の如実相を見ること、これが真実の認識である」(同)。

ただし、「法を観ずる」という仏教的認識は、「無我の立場を取る」「本質直観の立場に立つ」といわれるように、「真理」それ自体ではなく「真理へ向かう立場」の認識を意味する。和辻の説明では、「真理はただ本質直観においてのみ与えられる」（5・166）のであるが、「直観自身の範疇は追究することができぬ」（5・165）。それゆえに、原始仏教では「存在するものについての認識の真偽が問題とされず、ただ存在するものの法についての認識のみが唯一の関心事」（5・166）となったのである。

この点から考えると、原始仏教における真の認識とは、自然的立場から本質直観の立場あるいは無我の立場への「立場の変換」であるがゆえに、必然的に実践をともなうような認識を意味すると考えられる。「自然的立場を遮断して真の認識の立場に立つとは単に理論的に立場を変えるのではなくして実践的に生活全体を新しい立場に至らしめる」（同）ことであり、「ここに我々は理論的と実践的との区別が存しない認識、実現そのものであるところの認識を見いだす。かくのごときが仏教における哲学的認識の特性である」（5・167）と、和辻は解する。

要するに和辻にとって、仏教とは「真理への道」を説いた教えに他ならない。したがって仏教の理想である「涅槃」に関しても、ブッダのさとりの境地を叙述することではなく、あくまで真実の認識の道が説かれたものである点を強調している。「如来が『道を行けるもの』であるごとく、その意味で『道を行くこと』が如来によって説かれるのである。涅槃はまさにその方向を示すに過ぎない」（5・168）「涅槃は認識の対象ではなくして認識自身の方向にほかならぬ」（同）。涅槃の語義は「滅」であるが、和辻によれば、その正当な解釈は「滅に向かって進むこと」であるとされる。「法を観ずる」という認識の道は、同時に「滅への進行」という実践の道でもある。

もっとも和辻は、原始仏教の段階ではまだ認識と実践の相即が充分根拠づけられていない、とも述べる。原始仏教は、いまだ「法」が「無自性・空」であることを説いていない。大乗仏教の論者である龍樹が「空」を説くに至って、初めて法を観ずることが法を滅することに連絡する、と和辻は主張する。

法すなわち本質が自性（Ansichsein）あるものであるか否かを追究し、その無自性空を明らかにするに至って、初めて法を観ずることが法の絶対的滅への躍入と連絡することになるのである。これ竜樹哲学の根本思想にほかならない。ここに至れば涅槃が認識の方向であるということは同時にそれが認識自身の根源であるとの意味を獲得する。滅への進行は根源への還帰（回向）となる（5・169）

ここでは、法の滅へ向かって進むこと自体が法の根源たる「空」なのであり、「空」への還帰である。それは、「空」を実現するということである。和辻は、この「空」の実現を通じて「慈悲」が現れてくるという。「空無差別を真に知るとは無差別に帰り行くこと、無差別を実現することであり、従って慈悲と同義である」（5・170）。こうした「認識即慈悲の実践」というべき考え方は、般若思想から起ったのであるが、原始仏教においても同様の立場があったと、和辻はみる。彼が言うには、原始仏教の時代は空無自性という般若の立場がなかったけれども、「信仰の事実としての般若」（5・171）があった。当時は、般若の意義の反省が不要なほどに歴史的なブッダの姿が鮮やかであり、人々は師ブッダを模範と仰いで随従したとされる。いずれにしろ、原始仏教の教えを大乗仏教思想に通底するものと捉えたところに和辻の仏教解釈の特色があろう。

以上、原始仏教の「無我の立場」は認識と実践の区別がないという特性を持ち、それは本質的に大乗仏教の「空」「般若」の立場に通底するゆえに「認識即慈悲の実践」というべき立場であることを確認した。しかし、仏教の倫理を考究するにあたっては、未解決の問題がまだ一つある。それは、「自然的立場」を止揚して「無我の立場」へ変換すべきだとする当為の源泉が明らかでないという点である。単に苦を逃れたいだけなら、「無我の立場」に立たずとも「自然的立場」のうちに経験的な快楽や平静な心理を求めることができよう。「自然的立場」を止揚しようとする要求は、「自然的立場」自身からは生起しない。

ならば、自然的立場の止揚という当為の要求は、どこに根拠を持つのか。和辻の結論は、「我々はそれを止揚の要求自身のうちに、すなわち滅の要求それ自身のうちに見いだすほかはない」(5・253)というものであった。「自然的立場」を止揚したいとの要求は、たとえ「自然的立場において起こるとしても、それは智慧の立場から出てくるのでなくてはならない」(同)からだと、和辻は主張する。すなわち、「滅に向かうはたらきとは有ることを止揚して有るべきことを現わすはたらきである。このはたらきの方向としての寂滅涅槃はまさに『理想』であり『絶対的善』である」(同)。よって、「滅の要求」それ自体が当為の根拠とされるわけである。

とはいえ、このような道徳がわれわれの実践的生活の規範となりうるだろうか、と和辻は自問する。「滅の要求」を実践的生活の否定とすれば、そこに実践的生活の中で価値あるものを実現するという態度は見出せまい。それは一種の現実逃避に他ならず、日常生活の倫理規範にはなりえない。和辻によれば、こうした疑念は「滅の道」に関する無理解に基づくものである。なぜならば、「滅の道」における実践的生活の否定は、単なる滅却ではなく、「般若の立場における実践的生活」への変容を意味するからである。和辻は「般若の立場における実践的生活」を、実践的生活への滅の作用の浸透、滅の作用の具体化として説明する。「空」の立場は実践化され、「人間的なる愛はここでは慈悲になる。

事実的な価値の追求はここでは当為としての価値の実現となる」(5・254)のである。「滅の道」における道徳は、「事実的に有る実践的生活の規範とされず、この生活を有るべきものに変容するところの規範」(同)となるのである。

したがって、「滅の道」における「地上の任務は放棄されるどころではなく、最も峻厳に課せられるのである」(5・254-255)と、和辻は語気を強める。彼はここで、「滅の道」が実践的な道徳規範であるのみならず、「自然的立場」の道徳規範と異なるという点も強調している。すなわち、愛と慈悲の対比に明らかなごとく、「無我の立場」においては「超個人的」な道徳が説かれるとする。「苦」についていえば、「我が苦」「彼の苦」のごとき個人的態度は、自然的立場の内部でのみありうることである。無我の法を観ずる立場に立てば、無常苦は「存在の法」なるがゆえに、「経験的には自他を問わず過去未来現在を通じて人類生物一切の苦を意味する」(5・255)。したがって、苦の克服というも個人的救済によっては実現されず、「超個人的に実現せられる『無常苦の世界の克服』でなくてはならぬ」(同)のである。

要約するならば、「滅の要求」それ自体を当為の根拠とする「無我の立場」は、現実逃避の態度ではなく、生きとし生ける者の「存在の法」としての無常苦を克服し、地上に涅槃(滅)の理想を実現せんとする「超個人的」な慈悲の道徳を説く。和辻が考えるには、仏教における「出家」も、本来、地上生活に滅の理想を実現する義務を帯びている。しかるに出家教団内で、この義務が「単なる外的の規定に堕落」(同)し、超個人的道徳の精神が枯渇したとき、在家の側から維摩居士やアショーカ王などが出現し、慈悲の実践を通じて世界を変容したのだという。

教団の生活がこの精神を枯渇させた時には維摩居士のごとき居士の姿によってこの理想が具体化

された。我々は歴史上の一事例としてアショーカ王の道徳的努力を想起するだけでも、滅の道が地上生活においていかに熱烈な価値実現の努力となるかを知り得るであろう。この王がその熱心なる「法の宣揚」において説くところは、まさに「苦の滅」を（おのれ一己においてでなく）人類的にあるいは生類全体に実現せんとする理想である。それは一語に言えば「慈悲」に帰する。彼はこの慈悲によって世界を変容せんと欲したのである（5・255）

和辻は、出家の聖者よりも、むしろアショーカ王のような在俗の信徒が行った社会変革の実践の中に、真の仏教の精神をみようとする。和辻の説に従えば、慈悲の道徳実践こそ法を観ずることであり、法を滅することであり、原始仏教の教えのすべてであった。彼は力を込め、「我々は無我縁起の立場が滅の道として明らかに道徳を建立していることを認める」（5・255）と訴える。原始仏教は「自然的立場」を止揚する立場からの「実践哲学」であり、地上における「滅の道」としての「無我の倫理学」である。これが『原始仏教の実践哲学』における和辻の基本的主張であった。

しかしながら原始仏教は、「般若」や「滅」といっても、なおそれが「自然的立場」の根底にあるということを明らかにしていない。和辻は、原始仏教において「滅の要求」それ自体が当為であると解釈したが、要求の状態では当為の必要などないはずで、いかにも説得力に欠ける。そこで、やはり大乗仏教の「空」の概念を導入することが必要になる。すなわち、法の根源が「空」であるという思想に至って、初めて「滅の要求」とは「自然的立場がそれ自身の根源に帰ること」（5・256）であり、「解脱の要求は根源への思慕」であることが明かされるのである。自らの「根源への思慕」は、われわれの切なる実存的要求であると同時に道徳的当為ともなるだろう。原始仏教の実践哲学は、大乗仏教の「空」の思想に至って、ようやく完成するのである。原始仏教では、前述したように、ブッダの権威をもって「滅の道が当為であるゆえん」（同）としていた。和辻は、そこに原始仏教の「哲学としての弱点」（同）があると見ている。よって、われわれは必然的に、和辻の大乗仏教解釈へと進むことになる。

「仏教倫理思想史」における「菩薩道」の道徳

前述したように、「仏教倫理思想史」は、和辻の京大赴任直後の講義ノートを中村元氏が整理し、公表したものである。その内容は『原始仏教の実践哲学』や晩年に発表された「仏教哲学の最初の展開」と重なるところも多いが、中村氏によれば、「法華経以外の諸大乗経典特に般若諸経典、中観、唯識の哲学など」前二書に論ぜられていない内容があるという[2]。般若思想や龍樹の中観、唯識論はインド大乗仏教の中核を占める思想である。それゆえ、「仏教倫理思想史」は和辻の大乗仏教解釈が最もよく表明された作品であるといってよい。ここでは、『原始仏教の実践哲学』で実践哲学の完成として示された、龍樹の「空」の哲学への論及を中心に見ていくことにする。

「仏教倫理思想史」の中で和辻は、原始仏教から龍樹の「空」に至るまでの「我」の概念の変遷をたどっている。原始仏教では、無常・苦・無我が存在の最も根本的な「法（かた）」であり、経験我は「法」でないとされる。自己同一的なものがあると見るのは、不断の流動が「取著」せられるゆえであって、「法」としては「取著」があるのみで「自我」はない。原始仏教はかくのごとく、「自我」や「人格」を徹底的に否定したが、その一方でバラモンの系統を引く輪廻・業の思想を受容した。これは当時の外道の一派が主張していた唯物論的快楽主義に対抗するためと考えられるが、輪廻・業の思想においては「輪廻の主体」「行為の責任を負うもの」がなければならない。明らかにこれは、原始仏教の「無我」の立場と矛盾する。

そこで、いわゆるアビダルマの部派仏教の中で、「我有法有」と「我空法有」の論争が起きるわけである。「我有法有」の立場は「補特伽羅《プドガラ》（pudgala）」の思想と呼ばれる。プドガラは本来、「人」という意味である。この「人」はそれ自身存在しないが、五蘊という「法」において「有る」ものとされる。「法にもとづいてあるもの」は「無常の有」であるが、法自身は「自性」を持つとされるので、この法と同じ意味の、和辻が言うにはWesenとしての「有」がプドガラにおいても考えられる。かくしてプドガラの立場は、我も法も「有」であるとする「我有法有」となる。和辻は、「この立場は知覚せらるるものとしての『我』を許さない点において無我の立場を守り、作用の作者たる『人』を許す点において輪廻思想を立たしむるのである」（19・331）と説明している。

これに対し、原始仏教の無我の立場を守る正統派として、説一切有部の論書はあくまで「我空」を主張する。彼らは、プドガラは存在しないという。常識の立場で考えられる「我」や「人格」はただ妄想であって、それ自身固有の法があるわけではない。あるのは色法、心法、心所法等の法だけである。すなわち「我空法有」である、とする。

以上のような、「有我」のプドガラ論者と「無我」の有部論者という二つの潮流が対立していたのが大乗の論者・龍樹の時代であった、と和辻は述べる。では、この「有我」―「無我」の対立を龍樹はどのように考えたのか。和辻によれば、龍樹は有我、無我をともに仏説として許すような「無我」を立てた。すなわち、アビダルマに伝承される「無我」は相対的なもので、龍樹の言う「世俗諦」における「無我」である。対するに、龍樹の主張する「無我」は「第一義諦」における「無我」なのである。これは「有我」「無我」をともに「空」ずるところの「無我」であり、いわば「絶対無我」（19・332）の立場といえる。和辻は、龍樹の立場を次のように解説する。

竜樹は原始仏教における無我の思想をさらに徹底せしめて我空の思想とした。無我を空ずるのも要するに無我の無を有無の無より絶対の無へ押し進めたにほかならぬ（19・332）

この「絶対の無」「絶対無我」の立場においては、有我だけでなく、無常・苦・無我の法も畢竟空《ひっきょう》である。ということは、「実相空においては、無常、苦などの法とともに我の法も立てられる。『我』もまた『空において有る』のである」（19・332）といえる。すなわち龍樹は、一切空としての「我空法空」の立場に立つ。この絶対空の立場からは、プドガラ論者の「我有法有」も、有部の「我空法有」も、ともに承認される。すべては「空」ともいえるし、「空において有る」ともいえるからである。

したがって、このような龍樹の「我空法空」「絶対無我」の立場においては、かえって「自己同一意識を保ち、責任の主体であるところの『我』『人格』が、空において有ることになる」（同）のであって、そこに輪廻・業思想との通路も開かれよう。和辻は、この龍樹の「空」思想の中にこそ、仏教が倫理道徳として成立する可能性があると見たようである。

人格の実相が空であることによって人格の行為が可能になり、したがって行為の責任を担うものも成立し得ることになる。これが竜樹の弁証の核心である。人格が空であるということによって具体的な人格の存在が否定さるるのではない。ただ一回的な個々の行為と相依であれば、その人格の個人的意義も明瞭となり、また個人的人格に独特な当為、すなわち個人の任務というごときものも成立するであろう（19・339）

空において有る人格とは、時間的な自己同一性を持ったものではなく、具体的な行為作用において有る「具体的人格」である。すなわち具体的な行為と具体的人格は、ともに「自性」を持たず、「相依」の関係によって存在している。一回一回の行為から離れて具体的人格はなく、人格がなければ行為も具体的とはならない。両者は実相空である。和辻は言う。「或る人が或る行為をする」という場合、「或る人」はこの行為の中に全人格を潜めている行為者であり、「行為」はこの人格によってはじめて具体的にある事実となる、と（19・339）。行為と人格は、ともに独立しては存在せず（無自性）、互いに相依相関してこそ存在が許される。人格が空において有る、というのは、かかる意味なのである。ここにおいて、無我の立場から「人格の行為」が承認され、「当為」すなわち倫理道徳も成立するというわけである。

当為の問題は、龍樹においては「業の道徳的意義」として論じられる。龍樹の立場では、善業・悪業といっても、それらの実相は無差別空である。そこに「煩悩即菩提」という命題の意義があり、「倫理学は宗教に埋没せしめられる」（19・345）のだという。「実相空であることによってのみ人格も業も善悪の差別も立ち得るとすれば、宗教に根をおろすことによってのみ道徳が立ち得る」（19・346）と考えるのである。

すなわち「絶対空を悟る」という宗教的実践は、同時に道徳の根源を知ることであり、「ここにおいて道徳は第一義空を体得せんとする宗教的修行法と同義になる」（同）。「道徳は、それを可能ならしめている根拠自身に帰ることであるといえる」（同）のである。「空でありつつも空を遠ざ〔か〕る方向づけ」が煩悩であり「空に帰る方向づけが善法である」と、和辻は説く。要するに和辻は、道徳を「空に帰る方向づけ」としての善法と見るのである。

論ずるまでもなく、「空に帰る」ということは「人格の行為」によってのみ可能である。和辻は、ここに菩薩の理念を見出している。「菩薩（bodhisattva）」の原義は「悟りを求める者」であるが、「空に帰ろうとする者」と言い換えてもよい。それゆえ、和辻は菩薩を「道徳的人格」と解釈する。「永遠にただ『空に帰るはたらき』をなすもの、これが菩薩である。この菩薩においてわれわれは『道徳的人格』の本来の意義を認めざるを得ないであろう」（19・348）。

このような菩薩は、煩悩ある身ながらも、自身の根源たる空に帰り、空を体現しようとしている。菩薩は、煩悩ある人間としての自己を超越しようとするのだから、自己の幸福を求めるのではなく、一切衆生の救済に向かうはずである。これが慈悲の発現であり、「慈悲は空の体現にほかならぬ」（19・349）とされる。

空を自覚し空に帰るはたらきは慈悲となって現れざるを得ないのである。もし空にして慈悲に現わるることなくば、それは空に著するのであって、「空も亦空」を知らざるにもとづく。空を観ずるとともに一切衆生を捨てないのが菩薩の本質である（19・350）

かくして菩薩の空観の修行、菩薩道は「慈悲の道徳」となる。和辻は、大乗仏教の菩薩道が決して単なる宗教的修道に留まるのでなく、一切の道徳の根底に置かれる「人間の道」であることを、力を込めて訴える。龍樹の『大智度論』に〝一切の善法は菩薩によってある〟との趣旨が説かれていることも、傍証として提示している。(3) 大乗菩薩道こそ一切の倫理道徳の根本である、というのが和辻の確信であった。したがって、「我ら何をすべきか」という倫理学の根本問題に、菩薩道は正面から答えることができると、和辻は主張する。すなわち、「人は己れの幸福、己れの解脱を目指してでなく、人類生物一切の解脱を目指して行為しなくてはならぬ」（19・350）というのが、それである。また

「人生において何が価値あるものであるか」という「倫理学の第二の根本問題」に関しては、菩薩道は、やはり正面から「菩薩および菩薩よりいずるものが価値あるものである」（同）と答えうる、とする。

菩薩道がこのように倫理道徳の根本原理を提供しうるのは、倫理道徳の延長線上に菩薩道があるのでなくして、菩薩道から倫理道徳が始まるということを意味する。菩薩の空観の修行は、たしかに特殊な宗教実践である。しかし、この空観の修行は行者を菩薩道へと導く。「空観は道徳の始まり」（19・352）であって、「宗教は道徳を出発せしむるもの」（同）といえるのである。和辻の考えでは、大乗仏教の空観の修行は一切衆生救済の菩薩道とならざるをえず、もっぱら個人の救済を任務としないので、徹頭徹尾、道徳的なのである。よって、「菩薩は自ら涅槃に入らず一切衆生の（総体Allheitの）解脱を念とする」（同）のであり、「空観によって始まる道徳の世界が永遠の実現の努力」（同）とされる。いわゆる菩薩の「無住処涅槃」の説明であるが、これを永遠の道徳的努力と解釈するわけである。そして、その「無住処涅槃」の理想の中に、原始仏教の八正道ではみられなかった道徳性の徹底を和辻は看取したのである。

以上が、「仏教倫理思想史」における和辻の「菩薩道の道徳」観の概要である。それは、仏道修行を日常倫理の中に解消せしめる試みといってもよかろう。もちろん、和辻も空観の修行を論ずるのだから、宗教実践を全く否定しているわけではない。ただ彼は、「空」の倫理における個人的救済と一切衆生救済の相即性を強調し、その意味から、道徳的実践の意義を前面に立てたわけである。こうした和辻の仏教解釈には否定的な意見が少なくないが、西洋的な個人倫理と異なる仏教倫理の基本的特徴を明らかにしたという点では、まことに特筆すべきものがあるといえよう。

また、大乗菩薩道を倫理学の根本原理としたことは、逆にいえば、仏教倫理の宗教性・ドグマ性を取り去ろうとする試みともいえる。和辻の説に従えば、古今東西の宗教・道徳が説いてきた他者への慈しみや愛といったものは、すべて慈悲の現れという点で菩薩道から出発するものといえよう。われわれが今、問題にする環境倫理も、動植物や自然に対する菩薩道から始まっているという話になる。

和辻は、あらゆる倫理の根底が大乗仏教的であるという前提に立ったうえで、倫理学の根本的な「再構築」を志向したのである。すなわち、「空の倫理学」「無我の倫理学」の構築であるが、和辻に言わせれば、これは宗教的な倫理学ではなく、むしろ真の倫理学の体系なのである。後に彼の倫理学の集大成として著された『倫理学』は、まさにそうした意図を現実化したものといえるであろう。

第二節　和辻倫理思想にみる環境倫理の探究

動物愛護の精神

さて、上述してきた和辻の仏教倫理観から、われわれが環境倫理や思想を導き出すことは可能だろうか。一つの手がかりは、和辻が「人は己れの幸福、己れの解脱を目指してでなく、人類生物一切の解脱を目指して行為しなくてはならぬ」（19・350）という命題を、菩薩道から導かれる倫理学の根本問題への回答とした点である。「人類生物一切の解脱」を目指すということは、具体的には動物愛護の環境倫理が含まれるものと思われる。和辻は『原始仏教の実践哲学』の中でも、苦の滅を「人類的にあるいは生類全体に実現せんとする理想」（5・255）が慈悲であると述べている。これなど、すべての生物の苦を滅するという意味で、現代の「動物開放論」や「動物権利論」が唱える動物虐待禁止の主張に相通ずるものがあろう。

和辻が生物に対する慈悲の歴史的事例として提示しているのは、古代インド・マウリア王朝のアショーカ王による仏教倫理を根幹とした統治である。和辻は、アショーカ王の碑文に基づき、王の事蹟を「殺生の禁、生命の尊重、一切の生物に対する熱心な愛護――たとえば人薬獣薬の頒布、薬草の栽培、人や獣のための街路樹及び泉」（5・287）等々と紹介している。これを見る限り、アショーカは動物愛護に殊更熱心であったことがうかがえる。和辻が挙げた事蹟以外にも、アショーカは王が狩猟をする慣習を廃し、宮廷の宴会のために多くの生物を屠殺することをほとんど禁止したといわれる。彼が救済の対象としたものは、現実に苦しみを感じている一切の生物であった。アショーカは仏教者として、あらゆる苦しみの滅を願わずにはいられなかったのだろう。そこに無差別平等の空の理念を体現しようとする、アショーカの慈悲の実践があったわけである。和辻は、アショーカのこうした道徳的努力の中に、「無我の倫理」の範を見る思いだったに違いない。このように和辻の仏教的な倫理観は、まず動物愛護の主張を含むと指摘することができる。

植物・山河の愛護

それでは、植物や山河等の自然に対する倫理はどうだろうか。この点に関しては、和辻の仏教関連の諸著作では言及されておらず、後年に完成する『倫理学』において「生ける自然」の概念として論じられている。植物と物理的自然を含む自然愛護は、和辻倫理学の体系内に入るといえなくもない。

和辻は『倫理学』の中で、人間存在の主体的空間性における「汝としての自然」に言及している。和辻はここで、空間を人間の行動における主体的な広がりとして捉え、その主体的な「張り」の中で「主体が多化しつつ一となる」（10・187）と述べている。すなわち、「主体の空間性においてのみ我と汝との対立が可能であり、我と汝との対立を通じてのみ『汝としての対象』が成り立ち得る。ここに総じて物が対象として見いだされる最初の契機が存するのである」（同）とする。それゆえ、主体の空間性における主体の多化を通じて「汝としての自然」も見出されるという。

山川草木のごとき自然環境なるものは、原始的には「汝」としての性格を持っている。それは近来原始人あるいは小児の意識の研究によって実証的に見いだされた事実であるのみならず、また人間存在の現実において存在論的に証示し得られる問題である。たとえば我々が銀杏の並木を愛しあるいはなつかしむという時、我々は並木を汝として取り扱っているのである（10・188）

和辻は、われわれが銀杏並木を愛するような場合に「汝としての自然」を見出していると述べているが、これはわれわれの対象認識に先立って起きる。つまり、われわれは先に対象を認識してから汝としての他我を見出すのではなく、その逆だというのである。この意味で、「主体が『汝』となり『彼』となって我に対立するということが総じて対象の成立する最初の契機なのである」（10・188）と主張する。和辻の論に従えば、「単なる自然界としての対象界」すなわち物理的客観的自然というのは、そもそも「汝としての自然」が我に対立するという「最初の契機」から成立したものであって、「主体の客体化」（10・187）の結果に他ならない。

このように、「汝としての自然」は主体が多化する最初の契機であり、根源の主体性が自然を通じて現れたものである。したがって、「汝としての自然」は本来的な自然の姿と言うことができよう。そして、「汝としての自然」こそ大乗仏教的な自然観であり、和辻の倫理学において倫理的実践の対象になる自然ともいえる。なぜならば、「汝としての自然」は、主体性の本来的統一が否定されて現れた「他我」としての主体的自然であるがゆえに、人間の倫理的実践によって「自他不二的統一」の実現を願っているからである。

> 人間存在は物事の現われる主体的な場面として、主体的に張っている。ところでかかる張りは、本来的統一が否定せられて自他対立となり、さらに否定せられて自他不二的統一となるという否定の運動にほかならない（10・235）

「自他不二」は大乗仏教の悟りに関する一つの表現であり、空と同義である。上に述べられている「自他不二的統一となるという否定の運動」は、和辻倫理学の根本原理とされる空の「否定の否定」の運動を意味する。一応、彼が『倫理学』で提唱した有名な「人倫の根本原理」をここに掲げておく。

> 個人も全体もその真相においては「空」であり、そうしてその空が絶対的全体性なのである。この根源からして、すなわち空が空ずるゆえに、否定の運動として人間存在が展開する。否定の否定は絶対的全体性の自己還帰的な実現運動であり、そうしてそれがまさに人倫なのである。だから人倫の根本原理は、個人（すなわち全体性の否定）を通じてさらにその全体性が実現せられること（すなわち否定の否定）にほかならない。それが畢竟《ひっきょう》本来的な絶対的全体性の自己実現の運動なのである（10・26）

個人は絶対的全体性たる空が自己を否定したものであり、それが人間存在である。人間の本質は空である。ゆえに人間の倫理の根本は、自らの根源たる空へ帰るということである。空の自己否定態たる個人的人間存在は、その個別性を否定して空の絶対的全体性へ帰るべきである。これが和辻の言う「否定の否定」の運動であり、換言すれば「空」自身が人間を通じて自己へ還る運動、空の自己実現運動に他ならない。和辻が示す「人倫の根本原理」としての「否定の否定」の運動は、明らかに、空に帰る実践としての大乗菩薩道のことである。これと、先の「自他不二的統一となるという否定の運動」という表現を合わせれば、和辻倫理学は、大乗仏教的な「菩薩道の倫理学」と呼びうるであろう。

さて自然観の問題に立ち戻って、今までの議論を整理してみたい。まず、和辻が『倫理学』で繰り返し述べている「人間存在の主体性」とは、空の絶対的全体性を指すと考えられる。人間存在が主体的に「ある」ということは、人間において空という全体性が「ある」ということである[4]。それゆえに、人間の主体的な倫理実践は、空の主体的な自己実現運動に他ならないのである。次に、空という根源的主体性は自己を否定して自他の個人に分裂・多化し、そこに「汝としての自然」も見出される。自然もまた空の主体性の分化としての「汝」「彼」である。人間の倫理的実践は、この主体の分裂を否定して「自他不二的統一」としての空の全体性を回復する「否定の否定」の運動である。この「空に帰る」という運動は、菩薩道の実践であるから、「私」と「汝としての自然」を自他不二的に再統一しようとする慈悲の行為がなされるであろう。

すなわち空の体現、空の自己実現という倫理実践の中で、かのアショーカ王が行った動物愛護と同じように、「汝としての自然」も愛され保護されるはずである。和辻が挙げた例でいえば、銀杏並木を「汝」として愛し、なつかしむというのは、銀杏並木とわれわれが根源（空）を同じくするという共感の念であろう。それが銀杏並木の解脱＝苦の滅を願う行動につながっていく。菩薩は、人間によって汚染され、破壊され、蹂躙される「汝」としての自然の苦しみを誰よりも早く感受し、その苦の滅を願う自然保護へと向かわねばならない。和辻の「菩薩道の倫理学」は、動植物や山川草木のすべてに慈悲を注ぐような自然保護の環境倫理につながるといえよう。

なおインド仏教全般を文献学的に研究していた頃の和辻は、「生物一切」に対する慈悲は倫理の中に組み入れても、植物や無機的自然のことまで論及しなかった。そのわけは、恐らくインド仏教の「衆生」の概念が生物に限られていたからであろう。大乗仏教が植物や山河なども救済の対象とするようになったのは、中国及び日本に渡ってからのことである。和辻倫理学は、中国・日本の大乗仏教の影響を受けたのだろうか。そのことは知る由もないが、和辻倫理学がすべての自然を救済の対象とするような思想を包含していることだけは確かである。

人間と自然の本質的平等性と現実的差別性

和辻の大乗仏教的な倫理学が自然保護の環境倫理となりうることは、これまでの議論で確認できたと思われる。そこでさらに、和辻の仏教的倫理学を現代の環境倫理・思想に照らし合わせ、いかなる特徴と意義を有するのかを考えてみたい。

はじめに、人間と自然の価値の問題である。和辻は「仏教倫理思想史」で、「人生において何が価値あるものであるか」という問題を倫理学の第二の根本問題に置いた。そして、それに関する大乗仏教の菩薩道からの回答が「菩薩および菩薩よりいずるものが価値あるものである」（19・350）ということを示した。「菩薩」は「空に還る働き」としての道徳的人格の謂いである。よって大乗仏教の価値観は、和辻の説に従えば、空に還る運動に連なるものは価値あるものということになる。なかんずく「空を体現せんとするはたらきになり切っている」（19・347）菩薩の人格は、至高の価値を持つと捉えられよう。また和辻倫理学において、空の体現という菩薩道が「人倫の根本原理」に定位されるところを見ると、菩薩道を実践しうる「人格」を持った人間は、総じて大きな価値を持つ存在といわねばならない。和辻が菩薩だけでなく「菩薩よりいずるもの」も価値あるものと認めているように、人間のあらゆる道徳的・利他的な営みも空の体現の働きとみられるがゆえに、道徳的存在としての人間一般には高い価値が置かれるのである。

ならば、人間以外の生物や自然には価値がないのだろうか。それらはただ、道徳的人間が愛護する対象としてのみ、存在意義を有するのだろうか。本節で縷《る》々《る》論じ来ったごとく、あらゆる存在者は本来的統一としての空において「有る」というのが、和辻の見方であった。人間も生物も、また自然も、その根源は空であり、そこにおいては、すべてが無差別であり平等である。それゆえ道徳の根源は空にあるとされ、価値のローカスもまた空にあるといえよう。ということは、生物や自然も人間と同じく、本質においては空という絶対的価値を有することになる。環境倫理学の文脈からいえば、自然の固有価値を承認する立場である。

しかしながら、万物の価値的な平等性を説く一方で、「空の体現」という実践的観点からは、厳然たる価値の差別があることも認められている。そう考えると、和辻の仏教的倫理学においては、空という絶対的価値を万物に認めたうえで、さらに「空の体現」という実践的観点から、道徳性を持った人間を生物や自然よりも優先させるという見方が成立するだろう。人間は、空から生じたという点では動植物や自然と連続しており、それらと本質的価値を同じくしている。だが反面、「空の体現」という面では、人間は他の存在者を圧倒する実践的価値を有するといえる。

現代の環境思想の中で、この立場に一番近いのは、プロセス神学などが提唱する「固有価値の階層理論」であろう。プロセス神学では、すべての存在者は固有の価値を持つが、経験の豊かさを感受する能力に応じて、固有価値の量的な差異が生ずるとされる。それに対し和辻は、むろん、人間と動植物のあいだにいかなる現実的な価値序列があるのかを詳しく検討していない。それゆえ、例えば人間の生存を目的とした殺戮の是非といった、環境倫理学における争点の問題に関して、現実的な回答を与えることはできないだろう。仏教倫理が、アショーカ王の実践のように、単なる殺生禁止の道徳を説くだけとすれば、ディープ・エコロジーの「生命圏平等主義」と変わるところがなく、現実の殺生を倫理的に説明することはできなくなる。

しかし、「菩薩および菩薩よりいずるものが価値あるものである」という和辻の価値観に従えば、生存権における人間優先主義を導くことも可能である。その場合、自然界において人間が価値的な優位に立つ根拠は、慈悲の菩薩道を行う点にあるのだから、人間には他の動植物と違って自然を保護し、万物を慈しむ環境的責任が存することになる。したがって、菩薩道に基づく価値観が人間優先主義を帰結するにしても、それはエコロジカルな責任を強調する人間主義――いわば〝菩薩道のヒューマニズム〟――を取らざるを得ないのである。

自己実現思想と内発的・社会的な倫理

最後に、和辻の仏教的な倫理思想をディープ・エコロジーの「自己実現 Self-realization」思想と比較してみたい。和辻倫理学において動植物や自然の保護は、「空の自己実現」運動としての菩薩道の中に位置づけられる。すなわち、自己実現の環境倫理といいうる。したがってディープ・エコロジーの自己実現思想と比較することにより、和辻の環境倫理の立場をさらに鮮明にしたいと思う。

まず両者の自己実現思想の共通点を挙げるとすれば、ともに個を否定して全体に向かうというベクトルを持っていることである。すでに再三説明したことであるが、ディープ・エコロジーの自己実現とは「『大いなる自己の中の自己』の実現（the realization of "self-in-Self"）」のことであり、「自己感覚の拡張」を意味していた。そのことは同時に「すべての生命は根本的には一つである」という直観をともなっており、われわれは動植物や自然も自分たち人間と同じ存在、すなわち人格的存在であるとみなすに至る。だから倫理道徳による訓戒など不要であって、われわれが自己実現を展開するならば、自《おの》ずから自然愛護の行動を取るようになる。ディープ・エコロジーのネス等が提唱する自己実現の環境思想は、大要このようなものである。ここでディープ・エコロジーの自己実現は、個であるselfから統一的一者たるSelfへと向かうベクトルを取っており、仏教的表現を借りるならば〈往相〉の自己実現とも言うべきものである。

和辻の「絶対空の自己実現」も同じく、個の方向から本来的統一・全体性たる空へと向かう〈往相〉のベクトルを持った自己実現といえよう。絶対空を主語にした自己実現なので、統一者としての空が個を通じて自己を顕わすという〈還相〉のベクトルを持った自己実現のようにもみえるが、和辻の場合、そういった解釈は取りづらい。和辻の言う「絶対空の自己実現」は、あくまでも「空に帰る」という往相的な方向性を表現したものである。絶対空を主語に置いたのは、むしろ個の否定という側面を強調するためと考えられる。こうした個を否定する自己実現思想は、まさしくディープ・エコロジーの“self-in-Self”の実現と同じ立場であって、いわば“Self-in-self”という逆の立場――後期の西田哲学が標榜した「客観的人間主義」のような――において還相的に個を肯定する自己実現とは異なるものである。

したがって、ディープ・エコロジーと和辻の仏教的倫理学は、個から全体への自己実現という面では共通の地盤を持っている。つまり、ともに個の立場を捨てて超個人的立場に立つべきことを説く環境思想である。この考えによるならば、自然もまた、人間と根源を同じくする主体的存在とみなされる。それゆえ、和辻もディープ・エコロジーも、自然を「汝」と見ることを説くのである。

ところが、この二つの環境思想には違いもある。それは倫理に関する態度の相違である。ディープ・エコロジーは倫理を不用とする立場を取るが、和辻は逆に、哲学も倫理に還元して考えるような姿勢を貫き、倫理を非常に重要視した。問題は、この違いがなぜ生じたかである。ディープ・エコロジーの言うごとく、自己実現が「自己感覚の拡張」を意味するならば、その行為は自ずから超個人的行為となり、なるほど倫理は不用といえる。和辻の仏教的倫理の場合も、一切衆生の「苦の滅」を願うわけであり、やはり「自己感覚の拡張」をともなうものと考えられる。

問題は、方法論的な違いである。ディープ・エコロジーは、われわれが「すべての生命は根本的には一つである」と直観した瞬間、自然との一体化（identification）が起こるとする。直観的な真理把握によって自己実現が起きるとの主張であり、かかるゆえに実践倫理は考慮に価しない問題とされる。これに対し和辻は、直観による真理把握を方法論としては退ける。『原始仏教の実践哲学』の中で、彼は「真理はただ本質直観においてのみ与えられる」（5・166）としながら、「直観自身の範疇は追究することができぬ」（5・165）とも述べ、仏教における認識は、真理の直観を目的とするのではなく、真理に至る「道」を知ることにあるのだと説き示している。誤解のないようにいえば、仏教の立場は、決して直観による真理把握を否定しない。が、直観それ自身をカテゴリー化し「法」として説くことはできないので、それよりも直観に至る「道」の認識を説いたと言うのである。「涅槃は認識の対象ではなくして認識自身の方向にほかならぬ」(5・168)というのが、和辻の仏教解釈である。仏教の悟りを万人へ開かれたものにするため、ブッダは自ら直観したところの真理ではなく、真理を直観する方向を説いたというわけである。しかして、真理の方向としての「道」の認識は、実践を通じてのみ可能になる。仏教では「認識は実践的に実現されて初めて真に認識となるとの考えが、すでに古くから八聖道として説かれている」(5・169)と、和辻は述べる。もっとも認識と実践の同時性は、龍樹の空思想において初めて充分に根拠づけられたとも言う。そこでは「空無差別を真に知るとは無差別に帰り行くこと、無差別を実現することであり、従って慈悲と同義である」(5・170)とされる。

以上のことから考えると、まず和辻の大乗仏教的な「絶対空の自己実現」においては、直観的な真理把握を通して自己実現を展開するという方法は否定される。和辻の「自己実現」は空の体現であって「自他不二的統一」であるから、そこでは「自然との一体化」が起き、「自己感覚の拡張」があるともいえる。しかし、それは直観によってではなく、直観への「道」を知ることによって得られるとする。「道」の認識は、大乗仏教では「法の無自性空」を知ることであるが、この空の認識は慈悲の実践を通じてのみ可能となる。ディープ・エコロジーが説くように自己実現の後に実践を起こすのではなく、あくまで実践を通じて自己実現を展開するのである。そこに、倫理道徳という規範が必要になるのは言うまでもない。

要するに、ディープ・エコロジーの自己実現においては、〈直観→自己実現→エコロジー的実践〉

という順序で自然保護を考えるので、倫理よりも直観が重視される。一方、和辻の場合は、〈慈悲の実践→自己実現→直観〉という形になるため、倫理が重要課題となるのである。ここで、誰しもディープ・エコロジーの「直観から始まる」という観点と、和辻の「直観へ至る」という観点の対照が目につくだろう。ちなみに、両者における直観の内容は、著しく異なっているわけではない。ネスは自己実現による「一体化」の説明として、しばしば「自分自身を相手の中に見る（see oneself in the other）」という表現を用いる。こうした意味での直観は、和辻のいう「自他不二的統一」としての「空」の概念とさほどかけ離れたものではないだろう。少なくとも両者の「直観」は、同じ方向性を指し示しているといえる。

さらにまた、ディープ・エコロジーが倫理を否定する原因の一つに——西田哲学の自己実現とディープ・エコロジーを比較したときにも言及したが——「欲望」に関する考察を欠くということが挙げられる。この点は、和辻の思想と決定的に異なる。ネスは一体化の例として、次のようなエピソードを語っている。子供たちが殺虫スプレーで虫を殺して遊んでいる。そこへ大人が現れ、「ひょっとしたらこれらの虫たちは、君たちと同じように、死ぬよりは生きていたかったのじゃないかな」とつぶやく。すると子供たちは、一瞬のあいだ、「虫が自分たち自身である」と経験する——ネスは、この話を「瞬間的な一体化の例」として提示している。[5] そのようにディープ・エコロジーの自己実現は、直観によって自然と一体化し、共感を引き起こすというものである。それゆえ、瞬間的な自己実現であれば、子供でも日常的に経験できる。しかしながら、子供がその後、生き方を変えるようになるかどうかはわからない、とネスと言う。「ことによれば、それは長期的には何の影響もないかもしれないし、あるいはその子供たちのなかの一人が仲間の小さな生物への態度をわずかでも変えるかもしれない」[6]とし、希望的観測を述べるに留まっている。

ここに、人間の欲望に関するディープ・エコロジーのナイーヴな楽観主義をみるのは、筆者一人ではあるまい。たとえわれわれが「自他不二」を直観し、瞬間的に自然と一体化したとしても、現実の利己的欲望と対峙すれば、その直観の力が必ずエコロジー的実践につながるとは言い難い。むしろ利己的欲望に屈し、自然と一体化した直観は一時的な共感と消えていくのが、一般的な人間の姿ではないだろうか。ディープ・エコロジーの自己実現が自然保護の思想として一般化されるには、欲望の問題と対決し、それを乗り越えるための倫理規範がどうしても必要である。

翻って和辻は、自己実現と欲望の関係について、仏教的観点から洞察を加えている。和辻倫理学において「絶対空の自己実現」とは「空に帰る運動」であったが、彼の仏教関係の諸著作を見れば、それは菩薩による慈悲の実践のことに他ならない。そして慈悲の実践は、「煩悩即菩提」の実践である。龍樹によれば、煩悩も善法も、その実相は空である。ただ両者の相違は方向の違いである、と和辻は説明する。すなわち、「実相は空でありつつも空を遠ざ〔か〕る方向づけ（Richtung）が煩悩であり、空に帰る方向づけが善法である」（19・346）とする。したがって、煩悩を離れるのではなく、煩悩それ自身の根源に帰ることが「空の体現」なのであり、それゆえに慈悲の実践は「煩悩即菩提」の実践といえるのである。であるならば、菩薩の慈悲の実践は、自己の煩悩を空へと方向づけ、制御しつつ、他者の救済に向かうことである。和辻は言う。「彼（菩薩）においては一切が空に帰る方向づけ（Richtung）である。煩悩尽きずといえども、もはや随増はせぬ。したがって彼は煩悩ある人間でありながら、この人間を超越し、空を体現せんとするはたらきになり切っている。だから彼は自己の幸福、自己の解脱を求めるのでない」（19・347）。言い換えるならば、それは道徳的強制ではなく、内発的に動機づけられた倫理実践である。

煩悩を方向づける実践は、ネスの提唱する「自然との一体化」の直観とは違って、不断の努力を要する。「空観の実現が永遠の課題である」（19・352）と和辻が示すゆえんであり、煩悩の制御という不断の実践を支えるためには、倫理道徳の存在が不可欠である。ディープ・エコロジーも、欲望の問題を真摯に考察するならば、仏教が説くような内発的な倫理規範の必要性を認めざるをえなくなるだろう。

以上、本節では、和辻における環境倫理・思想とはいかなるものかを考察してきた。動物愛護の精神、「汝」としての自然観、固有価値の階層理論に近い立場での人間優先主義、オプティミスティックな真理の直観を否定し、倫理による欲望の統御を説く自己実現思想――これらが和辻における環境倫理・思想的な側面である。現代の環境思想と照らし合わせて分類するならば、一応は自然の固有価値を認める自然中心主義に属するであろう。しかしながら、人間優先の価値観や「自他不二」の自己実現思想にみられるように、根本的には人間中心主義と自然中心主義の対立の超克を目指す立場であると言わねばならない。

さらに、和辻倫理学も西田哲学と同様、〝自己実現の完成を目指す倫理〟を示唆しているが、『原始仏教の実践哲学』や「仏教倫理思想史」などで社会倫理を強調するのは、内面的な修養に偏る西田の倫理観に欠けていた視点であり、特筆に値する。和辻の倫理観は、原始仏教の八正道や大乗仏教の菩薩道を背景に持ち、社会生活上の倫理的努力によって自己の本源たる空を実現せよと説くものである。(7) すなわち、瞑想や内面的な道徳の修養ではなく、外的な社会倫理の実践を通じて自己実現の達成を目指すというのが和辻の立場である。現代の環境倫理・思想は、社会的な運動と密接な連関を持っている。和辻の説く〝自己実現の完成を目指す内発的な社会倫理の実践〟は、その意味から現代的な環境倫理となる可能性を秘めているのではないだろうか。

社会変革の視点の欠如という問題

しかしながら、和辻の仏教的な倫理思想に問題点はないのだろうか。
「無我・菩薩道の倫理学」は、和辻独特の解釈によって日常倫理の重要性を強調する。したがって、ディープ・エコロジーやプロセス神学にみられるように、一般化への困難や宗教的ドグマ性に陥ることはないと思われる。けれども第一に問題となるのは、個の立場をあまりに軽視することであろう。これは和辻倫理学の問題点として、多くの研究者から指摘されている。

例えば、市倉康裕氏は、和辻倫理学がヘーゲルにおける絶対精神の自己展開と同じように、個人の独自な存在を軽視しているという。和辻倫理学では、人間は個別性と全体性の両契機を含むものであり、その意味で個人の存在は認められている。しかし、その個別はあくまで全体から否定される契機としてしか意義を持たない。市倉氏は、人倫の根本原理たる「否定の否定の運動」において、「個別が個別として存在しつづけることになれば、これは否定の否定の運動が停止したことであるから、この個別はたしかに個別ではあっても、もはや人間ではないわけなのである（傍点筆者）[8]」と論じている。氏の言うごとく、和辻倫理学にあって人間存在における否定の運動の停滞は「悪の固定」（10・143）に他ならず、人間の「非本来的な存在様態」（同）とされる。どこまでも「間柄」的存在である「人間」は、全体に奉仕する役割においてのみ存在を許される。そうなると、全体性の実現としての社会が無条件に承認され、社会変革が不可能になってしまう。市倉氏の批判の核心はここにある。

個別の存在を保持することは、むしろ人間であることをやめることである。となると、人間でなくなることなしには(あるいは非人間的な悪においてしか、といいかえてもいいかもしれない)、変革は不可能であるということになるわけである。なによりも、人間的であることをもとめる和辻の世界は、おのずと保守的たらざるをえないことになるわけである(9)

こうした和辻倫理学の保守性、社会変革の視点の欠如は、戦前の和辻の国家主義的言動によっても裏づけられよう。昭和十七年(一九四二年)に出された『倫理学』中巻の「国家」の箇所では、「国家は個人にとって絶対の力であり、その防衛のためには個人の無条件的な献身を要求する」(11・434)と述べられた。しかるに、戦後の時代も生き続けなければならなかった和辻は、自己の倫理学理論の軌道修正を余儀なくされ、後にこのような国家主義的叙述を削除した(10)。また、昭和二四年(一九四九年)の『倫理学』下巻では、国家が人類一般から導かれる一般的倫理規範に従うことを説くに至ったのである。

戦後における和辻の軌道修正は、近代日本の国家主義の破綻という歴史的事実を突きつけられ、空の全体性の実現とは国家社会であり、国家に献身する日常倫理の実践こそ空の実現である、とする彼独自の仏教解釈の誤りを露呈したものではなかろうか。本来、宇宙的普遍性への帰一を説く大乗仏教の倫理思想から、偏狭で保守的な国家主義が生ずる余地などない。和辻自身、「仏教倫理思想史」では「人は己れの幸福、己れの解脱を目指してでなく、人類生物一切の解脱を目指して行為しなくてはならぬ」(19・350)ということを、菩薩道における倫理学の第一の根本命題としていた。「人類の平和」「すべての生物の共生」という普遍的道徳を標榜する運動が大乗菩薩道である以上、空の全体性の実現とは国家ではなく、地球上の全生物を包含する宇宙的全体性の実現を意味していよう。それゆえ空の全体性を実現する個の倫理実践は、身近な国家社会への献身でなく宇宙的普遍性と対立する種的国家の類化、菩薩国化となるはずであって、田辺元の主張した「種の論理」のごとく現実社会の変革に連結しない道理はない。『倫理学』における和辻の保守主義、国家主義的傾向は、仏教思想の倫理学化を急ぐあまり、その日常倫理の領域のみを強調した結果、もたらされた錯誤であるように思われる。

しかし他方で、市倉氏の指摘のごとく、和辻の「否定の否定の運動」に個を軽視する傾向性が内包されているということを考えると、「絶対空の自己実現」という大乗仏教的な倫理それ自体、問題をはらんでいることも確かである。前述したように、絶対空の自己実現は空の自己還帰運動のことであり、個別から全体（空）へ向かうベクトルを持った〈往相〉の自己実現といえる。そこで個別が全体のための否定的契機としてしか存在できなくなるのは、当然の帰結であろう。したがって個別が正当な地位を確保するには、全体から個別へ向かう〈還相〉の自己実現の立場が見出されなければならない。本来、大乗仏教の教えにはかかる〈還相〉のベクトルもあるはずであって、後期西田哲学では、それが「創造的世界の創造的要素」の人間観として展開されている。和辻の仏教解釈の場合、その点に関する考察が不充分だったのではないだろうか。そのため、仏教における日常倫理の重視と全体論的視点だけが強調され、例えばアショーカ王の社会改革のごとき歴史的事実が、和辻倫理学の中に十分反映されていない憾みがあるのである。

ただし、仏教が静的で社会変革の視点を欠くというのは一般的な見方ともいえる。西田を含め、仏教的世界観を展開した論者は、必ずといってよいほど現実肯定、保守主義という観点から批判される。

それだけに、仏教思想から個の自立と社会変革という理論を導き出すことは至難の業なのであるが、本来、大乗仏教の「一即多、多即一」の世界観は個と全体を等根源的に尊重しており、個だけが疎外される道理はない。今後、西田や和辻の仏教解釈を土台として、個の根源的自立を説く仏教的倫理学の構築が待ち望まれるところである。

議論をまとめておこう。和辻における仏教的な環境倫理思想の問題点は、個を軽視し、社会変革の視点を欠くことである。仏教的倫理学とされる和辻の『倫理学』は、個の自立による社会変革という発想を持たず、戦時下において保守的な国家主義に陥った。そうなった原因として、和辻が空の全体性の実現を国家社会に限定したこと、および彼の「絶対空の自己実現」が個を否定的契機としてのみ捉える〈往相〉の自己実現という理論構造を持つこと、この二点が考えられるのである。

第三節　和辻風土論の環境思想的意義とその問題点

本節では、和辻の「風土」思想を取り上げ、彼の大乗仏教的な自然観をさらに検討する。和辻は文部省在外研究員として、昭和二年（一九二七年）から一年二カ月のあいだヨーロッパに滞在し、帰国後、長い船旅を通じて得た世界各国の風土に対する印象をもとに『風土』を著した。もっとも彼に風土論を考えるきっかけを与えたのは、和辻自身が『風土』の「序言」の中で述べるように、ドイツ留学中にハイデッガーの『存在と時間』を読んだことであった。ハイデッガーは、人間存在の構造契機として時間性を捉えたが、なぜ空間性を十分に考慮しなかったのか。かかる疑問を抱いた和辻は、

「ハイデッガーがそこに留まったのは彼のDaseinがあくまでも個人に過ぎなかったからである」(8・2)と考えた。ハイデッガーは人間存在を個人として捉え、個人的・社会的な二重構造として見ない。具体的な人間存在は個人的・社会的な二重性を持つゆえに、時間性は空間性と相即する。したがって、歴史性も風土性と相即するものである。和辻はこのように考え、ハイデッガーの現象学的解釈学の方法を用いて人間存在の空間性の契機を考察した。そうして和辻独特の哲学的な「風土」論が構築されたのである。

すなわち和辻の風土論は、ハイデッガーの方法論を採用しているが、それは人間存在の個人的・社会的な二重構造から「風土」の理論を形成するために用いられただけのことであった。あくまで、和辻独特の「間柄」としての人間観に基づく風土論なのである。それゆえ、風土論は後の『倫理学』の体系に組み入れられ、和辻倫理学を形成する重要な一部となる。われわれが環境倫理思想として、和辻の風土論に注目する意義もそこにある。

和辻における「風土」の観念

それでは実際に、和辻の風土論の内容に立ち入ってみよう。和辻は『風土』第一章の冒頭で、「ここに風土と呼ぶのはある土地の気候、気象、地質、地味、地形、景観などの総称である」(8・7)と述べる。この表現だと、通常われわれが言う「自然」と同じ定義であり、改めて「風土」と呼び直す必要もない。だが、和辻があえて「自然」という言葉を避け「風土」と称するのは、「日常直接の事実としての風土が果たしてそのまま自然現象と見られてよいか」(同)との問題意識のゆえである。

ここで和辻は現象学的手法を用い、具体的事例を挙げて人間の主体的契機としての「風土」が存するゆえんを語る。

例えば、われわれが寒さを感じると言う場合、一般には物理的客観としての寒気がわれわれの感覚器官を刺激し、その結果、心理的主観が寒さを感じると考えられている。「寒気」と「我々」はそれぞれ独立した存在で、「寒気」が「我々」に迫って来たとき、われわれは寒さを感じるということになる。しかし、現実には「我々は寒さを感ずることにおいて寒気を見いだす」(8・8)のではないか。和辻によれば、外から寒気が迫り来て、初めて主観に寒気への志向的関係が生ずるのではなく、主観はすでに「何ものかに向ける」という志向的構造を持っている。「『寒さを感ずる』というその『感じ』は、寒気に向かって関係を起こす一つの『点』なのではなく、『……を感ずる』こととしてそれ自身すでに関係であり、この関係において寒さが見いだされるのである」(同)。つまり、われわれは、われわれ自身の内に関係的構造としての志向性を持っており、そうした「志向的体験」において「寒さを感ずる」のである。

ならば、寒気は主観の志向的体験の一契機、「単なる我の感じ」に過ぎないのかというと、そうでもない。「我々が寒さを感ずるとき、我々は寒さの『感覚』を感ずるのではなく直接に『外気の冷たさ』あるいは『寒気』を感ずるのである。志向的体験において『感ぜられたるもの』としての寒さは、『主観的なもの』ではなくして『客観的なもの』なのである」(8・9)。すなわち、「……を感ずる」という主観の志向的体験において見出された寒気は、単なる「心理的内容」(同)などでなく、あくまで客観的なものである。ということは、「寒さを感ずるという志向的な『かかわり』そのものが、すでに外気の寒冷にかかわっていると言ってよい」(同)。

これは、どういうことなのだろうか。和辻は、超越論的主観性の座を現存在としての人間に置くハイデッガーにならって、われわれの志向性を「外に出ている（ex-sistere）」ことと定義し、「我々」と「寒気」のあり方について次のような解明を行っている。

> 寒さを感ずるとき、我々自身はすでに外気の寒冷のもとに宿っている。我々自身が寒さにかかわるということは、我々自身が寒さの中へ出ているということにほかならぬのである。かかる意味で我々自身の有り方は、ハイデッガーが力説するように、「外に出ている（ex-sistere）」ことを、従って志向性を、特徴とする（8・9）

われわれが寒さを感ずるとき、じつは自分を寒さの中に投げ込み、寒さ自身のうちにわれわれ自身を見出している。それが「外に出ている」ということである。すなわち、寒さという「風土」の現象は、人間存在がそこにおいて自己自身を見出す契機であり、人間の自己了解の仕方として存在する。和辻は「寒さ」以外にも、様々な例を通して風土の現象を説明している。われわれは花を散らす風において、歓び、傷むところの自己を見出す。また、日照りの頃に樹木を直射する日光においては、心萎える自分を了解する（8・11）。このようにして、和辻は自然科学的対象としての自然環境を「風土」として主体的に捉え直したわけであり、逆に「主体的な人間存在が己を客体化する契機はちょうどこの風土に存する」（8・18）ということもできる。

ところで、「我々が寒さを感ずる」という例に明らかなように、和辻における主観は「我れ」ではなく、常に「間柄」としての「我々」である。寒さにおいて見出されるのは、「我々であるところの我れ、我れであるところの我々」（8・10）なのである。したがって、風土におけるわれわれの自己了解は、「我れ」としての主観の理解を意味しない。寒さを感ずるとき、われわれは着物を着て火鉢のそばによる。否、それ以上に子供に着物を着せ、老人を火のそばにやる。その着物や炭を得るために労働し、炭屋は山で炭を焼き、織布工場は反物を製造する。寒さとの「かかわり」において、われわれは寒さを防ぐ様々な手段に個人的・社会的に入り込んでいく――。和辻はこのように述べる。すなわち、「風土における自己了解はまさしくかかる手段の発見としてあらわれる」（8・12）のであって、それらの手段はわれわれ自身の自由により、われわれ自身が作り出したものである。換言すれば、「我々は風土において我々自身を見、その自己了解において我々自身の自由なる形成に向かったのである」（同）。風土を契機としたわれわれの自己の客体化、自己発見は、手段的道具となってわれわれに対立する。しかも、着物や火鉢といった手段には、現在のわれわれの自己了解だけでなく、祖先以来の風土における自己了解が堆積している。「歴史を離れた風土もなければ風土と離れた歴史もない」（8・14）のであり、両者は相即不離である。ここにおいて、風土と文化は結合する。和辻は、「我々はさらに風土の現象を文芸、美術、宗教、風習等あらゆる人間生活の表現のうちに見いだすことができる」（8・13）と述べている。

かくして人間存在は、歴史性に規定されるだけでなく、風土的規定をも負うことが理解される。和辻によれば、これは人間存在の空間的・時間的な二重構造から現れてくるものであり、『倫理学』で展開される人間存在の二重構造論がここでも示される。もちろん『風土』における和辻の任務は、人間存在の風土的規定の解明にあり、「人間の歴史的・風土的特殊構造を特に風土の側から把捉しようと試みる」（8・23）ことであった。

和辻は、風土的規定のことを「風土的過去」「風土的負荷」などと呼び、様々な説明を試みている。人間存在を時間的・空間的な二重構造とみる和辻において、哲学的人間学が洞察した肉体の主体性は、単なる個人的肉体に留まらない。人間存在の空間的・時間的構造を地盤として、「孤立しつつ合一し、合一において孤立するというごとき動的な構造を持つのが主体的肉体である」（8・17）とされる。この動的構造において種々の連帯性が開展し、歴史的・風土的なものになる。それゆえ、和辻は「風土もまた人間の肉体であった」（同）と述べ、「風土の主体性が恢復《かいふく》されなくてはならぬ」（8・18）と訴える。風土は、人間の社会的存在としての身体なのである。

かかる風土の主体的肉体性のゆえに、人間存在は「風土的負荷」を持つことが避けられない。われわれは、晴れた日には晴れ晴れしい気持ちになるが、梅雨になればうっとう鬱陶《うっとう》しい気持ちになる。また食物を例に取り、和辻はこう言い切る。「人間は獣肉と魚肉とのいずれを欲するかに従って牧畜か漁業かのいずれかを選んだというわけではない。風土的に牧畜か漁業かが決定せられているゆえに、獣肉か魚肉かが欲せられるに至ったのである。同様に菜食か肉食かを決定したものもまた菜食主義者に見られるようなイデオロギーではなくして風土である」（8・13）。

むろん和辻としても、すべてが風土によって決定論的に定められるとするわけではない。彼は「我々の存在はただに負荷的性格を持つのみならずまた自由の性格を持つ」（8・21）と述べている。当然のごとく、われわれは自由性の発露たる歴史性も有するからである。ただ、歴史性が風土性と相即したものであるならば、「風土的規定は人間の自由なる発動にもまた一定の性格を与えるであろう」（同）と推察できる。とすると、われわれの自己了解には一定の「型」があり、それは風土の「型」でもあると考えられる。「風土の型が人間の自己了解の型である」（8・22）という結論が、ここに導かれる。

以上が、『風土』における和辻の哲学的風土論の概要である。和辻は、『風土』の第二章で、世界各地の風土の型をモンスーン、沙漠、牧場という三つの類型に分け、それらの土地の生活や文化の性格を風土の「型」によって説明しようとする。この分類法や学問的アプローチの手法には種々批判があるが、和辻によって人間存在の風土的規定、人間の社会的身体としての風土が哲学的に解明されたこと自体は、大きな業績として認められているようである。初期の激烈な和辻風土論の批判者だった戸坂潤ですら、和辻が「風土を見出したこと」に関しては、「和辻氏の没することのできない業績だろう」と賛辞を惜しまなかった。ゆえに、和辻風土論の環境論的意義を追求するわれわれとしては、和辻風土論の諸問題を把握するとともに、和辻による「風土の発見」が今日の環境思倫理・思想に与える視座を中心に考察を進めるべきであろう。

和辻風土論の環境思想への視座

和辻風土論を環境思想として捉えようとする試みは、二十世紀の終わり頃から漸く盛んになってきた。フランスの文化地理学者A・ベルクはその代表であるが、他にも幾人かの内外の研究者が和辻の風土論をエコロジー的に展開しようとしている。それらの諸研究の成果を見る前に、ここでは和辻風土論の基本的なエコロジー的側面を確認しておきたい。和辻の「風土」をエコロジー的に展開する際に、最初に押えておくべきことは、風土が「生ける自然」であるとの観点だろう。『風土』の中で和辻は、ヘルダーやヘーゲルの「生ける自然」観に言及し、ともすれば、それが「詩人的想像の産物」になりがちだという危険性を承知のうえで風土を考察している。この「生ける自然」としての風土は、人間存在の社会的側面にかかわるものであるが、個人的側面にかかわるものとしては、『倫理学』下巻で「汝」としての自然が考察されている。つまり、和辻においては社会的自然（風土）と個的自然（「汝」としての自然）という二種の「生ける自然」が見出されるのであり、それぞれ今日の環境思想に何らかの視座を与えうるものといえる。さらに風土における自己了解という現象学的アプローチも、エコロジー的感受性との関係で重要な視点を提供するように思われる。以下、順次検討していこう。

①「汝」としての自然観

すでに見てきたように、和辻において人間存在は個人的・社会的な二重構造として把握された。「風土」はこのうち、人間存在の社会的側面にかかわる自然である。それでは個人的側面から見た自然は、どのように捉えられるのだろうか。風土における自己了解のあり方は、あくまで「間柄」としての「我々」の発見であった。しかし、それは同時に「我れ」の発見でもある。和辻が『風土』第一章における「寒さ」の例の中で、寒さの中に出ている自己を「我々であるところの我れ、我れであるところの我々」（8・10）と説明しているように、われわれは自然の中に「我れ」としての個人存在をも見出すはずである。その場合、自然は「我々」の社会的肉体としての「風土」ではなく、個的な自然として現れなければならない。人間存在の二重構造のうち、社会的側面を根源的なものと見なす和辻は、社会的自然と言うべき「風土」の方を重視したが、他方で個的な自然観も全く否定はしていない。すなわち、『倫理学』下巻における「汝としての自然」が、和辻思想における個的自然の概念である。

しかして本章第二節で論じたように、「汝」としての自然観は、生物のみならず、植物や山河なども「汝」として慈愛を注ぐような環境倫理を生み出す素地を持っていた。一種のアニミズム的自然観であるが、現代では、このような自然観が、自然とともに生きるという「共生の環境思想」の根拠であるとする主張も出ている。人類学者の岩田慶治氏は、現代世界の環境問題の背後に全体性、コスモスの喪失があると指摘し、生態学は失われた全体性に接近するものと評価する。岩田氏は、生態学の打ち立てる秩序が「草木虫魚」から見ても望ましいものであり、人間と草木虫魚とが「互いにその根底をわかちあう場所」となるように期待をかける。「この（アニミズム的）世界においてのみ、いわゆる科学との矛盾なしに、草木虫魚との自由な対話が可能であり、草木虫魚とともに生きることができる」と、氏は信ずる。[11]そして、「万物のなかに魂（霊魂）がひそんでいることを信じ、その魂の存在を畏敬することから発展した宗教」としてのアニミズムこそ「今日の地球時代に生きる人々の信仰でなくてはならない」とする。岩田氏によれば、アニミズム信仰は「自然とともに生きる、共生の思想、その根拠」であり、「今日的であり、かつ、未来を志向する宗教」なのである。[12]

エコロジーは、全体性の恢復を目指してアニミズム的自然観を取り込み、それによって真に「共生の思想」となっていくべきだとの岩田氏の主張は、現代の環境思想に対する、一つの問題提起であろう。また、アニミズムは「個としての自然」という観点を持つため、「自然の権利・価値とは何か」という環境倫理学的命題を俎上に乗せることができる。山河や樹木など個々の自然物の権利をめぐって展開されることの多いエコロジー論争においては、個的な自然観念がなければ、細密な議論に立ち入ることができない。この点も、アニミズムを環境思想に取り込むことから得られるメリットの一つであろう。

ただ、アニミズム的自然観は、素朴な感性や宗教的ドグマに基づくものであって、学的手続きを経ていないところに疑問が残る。岩田氏も、アニミズムの霊魂観は「人類学者自身が『そうだ』『その通りだ』『私もそう思う』と納得する考え方、ないしカミ観念、霊魂概念でなければならない」と考え、素朴実在論的なアニミズムに関しては否定的である。そして、「自他の誕生する不思議の場所」を「魂の空間」と捉え、「空間構造の核をシンボリックに魂といってもよいだろう」と述べている。[13]

これに対し、和辻の「汝」としての自然観は、人間存在の時間的・空間的な二重構造から捉えられたものであり、現象学的方法を持ち込んでいる。すなわち、アニミズム的でありながらも、一つの哲学的体系から導かれた自然観である。和辻は、彼独自の人間存在論を根拠に、「生ける自然のなかから単なる自然が取り出され、さらにそれが精練されて自然科学的自然となる」(11・105)と広言し、「生ける自然」こそ、われわれが「自然科学的自然」を見出す最初の契機であると主張する。岩田氏の言う「空間構造の核」を魂と見るようなアニミズム観を、より体系的に展開できるような自然観が、和辻思想の中に胚胎しているといえよう。

ついでながら、環境倫理学においては、人間中心主義を脱した「生命中心主義」の思想を、さらに全自然にまで広げるにはどうすればよいか、という試行錯誤がなされている。T・リーガンは、「意識を持たない存在者も道徳的地位(moral standing)を持つ」と述べ、固有価値のない物理的自然を保護する理論を勘案した。またP・テイラーは、道徳行為者たるわれわれが、物理的環境内にいる道徳的主体――例えば、川の中の魚――に対して義務があるゆえに、川などの物理的自然を汚染しないようにする義務があると言う。しかし、これらはいずれも体系的理論ではなく、われわれを自然保護へ向かわせるには、今一つインパクトに乏しいといわざるをえない。

一世を風靡した和辻風土論の陰に隠れて、見落とされた格好の「汝」としての自然であるが、現代の環境思想から見たとき、それは斬新な自然観を提供してくれるように思われるのである。

②人間主体化された環境観

さて、環境思想として見た和辻風土論の顕著な特徴は、彼が「環境」を人間の主体性に即して考えたことである。すなわち、「風土」とは人間主体化された環境である。和辻は、人間を外から取り巻く「自然環境」なるものを否定する。風土における自己自身の発見は、われわれが客観的自然の中へ人間的なものを読み込むといったような「擬人化」ではない。風土は人間存在の中の光景なのであって、社会的存在としての、われわれ自身の姿の表現に他ならないのである。和辻は『倫理学』下巻において「環境」を人間存在の風土的構造から考察し、次のように述べている。

ある地域の景観は、その地の集団がおのれに対立する自然のなかへのおのれの印影を刻みつけたというわけのものではなく、むしろその集団がおのれの人倫的組織の中味を土地の姿において表現したものなのである。そうなると景観は人間存在のなかの光景であって、人間を外からとりまく環境なのではない。この点においては環境の概念は、個人の立場において形成されたものとして、個人と個人との間である人間存在には不向きであろう（11・154）

和辻はここで、人間存在を個人的にのみ捉えることから出てくる概念が「環境」であるとして、一旦は否定する。ところが続いて彼は、こうも述べる。

しかし景観が主体的な人間存在を客体的に表現している点に着目すれば、それは人間存在そのものではなく、人間存在にとっての他者、外なるものということができる。……そういう他者性あるいは外在性は環境の概念に依然としてささえを与えるであろう（11・154-155）

要するに和辻は、自然を客観的対象として捉えるのではなく、どこまでも人間存在の主体的な表現と見るべきだと主張する。したがって「人間存在の客体化」という意味であれば、外なる「環境」ということも可能とする。してみれば、和辻風土論における環境観は、人間主体化された環境観というべきものであろう。例えば、「風土もまた人間の肉体であった」(8・17)という和辻のアナロジーは、人間主体化された環境としての風土を言い表した言葉と理解できる。

では、こうした人間主体化された環境観からは、どのような環境思想が生まれるだろうか。社会共同体の主体的な「身体」としての風土は、まさしく社会と一心同体の関係にある。和辻は、この観点から、国土を国家の身体と考えるアナロジーを承認している(11・116)。それゆえ、人間はその主体的な営みを通じて、自らが属する社会共同体の肉体たる風土を守るべきとの考えが成立つだろう。要するに、人間による自然管理・保護の思想である。自然を破壊することは社会を破壊することであり、社会性を本質とする人間存在の破壊に通じていく。不断に管理され、保護された自然は秩序ある社会の姿の表現であり、反対に、荒廃した自然は社会の衰退の表現である。「国土を失えば国家が亡びる」「国土もまた国家と興廃をともにする」(11・117)のであり、自然破壊は「亡国」への道に他ならない。われわれは健全な社会の形成のためにも、自然保護に向かわざるをえないのである。和辻風土論は、ディープ・エコロジーの「自己実現」思想とは別の角度から、人間の自己利益と自然保護の一致を示唆している。正確にいえば、それは社会共同体の利益と自然の利益の一致であり、両者の通同性である。

また風土としての自然は、社会や人間の姿を如実に映し出す「鏡」といえるかもしれない。個人の領域においても、精神医学の発達によって、本人の気づかない心の病が身体的症状として現出することが解明されている。同様に、われわれの気づかない社会心理学的な病弊も、社会的身体である自然の状態を凝視するならば、いち早く看取できるだろう。汚染された山河は、その社会の姿の忠実な表現なのである。

そう考えれば、「人間による人間支配の社会構造が人間の自然支配を生んだ」というソーシャル・エコロジーの主張とも、重なり合う部分がある。和辻風土論においては、社会構造の変革が自然保護につながるといえるわけで、「生ける自然」を説きながら、自然中心主義のエコロジーにありがちな「社会」の観点の欠落を免れている。ここに、環境思想から見た和辻風土論の卓越した意義を認めたいと思う。社会の「鏡」としての自然から社会変革の必要性が導き出され、さらにそれが自然保護に連結する。社会派エコロジーと自然中心主義のエコロジーを融合するための手がかりとして、和辻風土論を現代的に考察する意義は十分にあるのではないか。

もちろん和辻が社会科学的な方法論で社会共同体を分析していないことと、和辻思想全般に社会変革や人間の創造性という観点が弱いことは、大きな障害として立ちはだかっている。したがって和辻風土論そのものから、社会中心主義と自然中心主義を止揚するような新しい環境思想を樹立することは無理であろう。が、しかし後述するA・ベルクのごとく、環境思想が直面している二極対立の突破口を見出すために、和辻風土論を再考し、そのエッセンスをエコロジー的に応用する取り組みは今後も続くだろうし、また続けられねばならないと考える。

ちなみに、和辻がいわゆる「原生自然（wilderness）」について、どのように考えているかというと、これも人間主体化された環境に含めている。

周知のごとく、「原始林」と呼ばれるものはきわめて稀有な現象であって、保護につとめなければ湮滅《いんめつ》に帰するものである。従って現在においては原始林そのものも人間に保護されたもの、す

なわち人間の営為によってのみ存在し得るものといわなくてはならぬ（11・101）

かくして和辻風土論から見れば、ディープ・エコロジーなどが提唱する原生自然の「保存（preservation）」運動も、人間主体化された環境を保護し、社会や国家を守る運動という性格づけを与えられるであろう。ただ注意すべきは、それが人間中心主義的な価値観からではなく、空の全体性を根源とする「生ける自然」という観点から導かれる点なのである。

③芸術的エコロジー運動との連結

以上、和辻風土論の今日的意義として「生ける自然」観を指摘し、「汝としての自然」から人間と自然との共生思想を、人間主体化された環境観からは社会変革と自然保護の連動性を、それぞれ導き出せることを述べてきた。最後に、風土における人間の自己了解が、いかに自然保護の意識に結びつきうるかを考察してみたい。和辻における風土は「生ける自然」であり、それはわれわれ自身が外化した姿に他ならなかった。和辻は『倫理学』下巻で、この「生ける自然」観が、われわれの自己了解にとって大きな意義を持つことを強調する。例えば、われわれが花を観察するとする。その美しさを最もよく捉え、花の真の生命をあらわにするのは、詩人や画家である。なぜだろうか。和辻は次のごとく説明する。

詩人や画家はこの花の姿において人間存在自身の深みを開示したのである。それを見て味わう人々は、おのれのおぼろに感じていたものがそこに明確に把捉され、確保されているのを感ずる。それとともに自分の周囲に咲いている花の美しさが、もはやおぼろにではなくして、鮮やかに眼に映るようになってくる（11・106）

ここで明らかなのは、まず風土におけるわれわれの自己了解のあり方に個人差があることである。それは「花の美しさ」など、自然の価値を感受する鋭敏性の差異であるともいえよう。和辻が言うように、「人間は花の美しさを感ずることにおいて、花のもとに出ているおのれの存在を受け取っている」（11・106）のだが、一般人はそれを「おぼろに」感じることしかできない。ところが詩人や画家は、花の美しさを愛でる自己を明確に把捉し、了解して作品に表現する。それを見た人々は、そうした芸術作品を媒介として花の美しさを実感し、自己了解を深めていく。和辻は、芸術家や詩人を、いわば「自己了解の感受性」に秀でた人間として捉えるといえよう。

さて、この和辻の考えを自然保護の問題に置き換えて考えてみよう。彼の風土論からすると、われわれが自然の美を愛せるか否かは、風土における自己了解の如何にかかっている。そうした自己了解は、芸術家や詩人・作家などが優れているが、彼らが鋭敏な感受性を通じて創造した作品に触れた大衆も、同様に自然の美を愛する自己の了解を深めていくだろう。したがって、芸術や文芸を興隆させることは、自然保護運動の推進に結びつくと考えられる。エコロジー運動と芸術の結びつきは、近年、広汎に展開されている。リチャード・エバノフによると、「エコロジー運動は芸術の多くの領域で、創造意欲を刺激してきた」とされ、エコロジーを主題とした詩・小説・エッセイ、音楽・演劇、視覚芸術などが「緑の美学」「緑の芸術」として、環境運動において重要な役割を果たしているという(14)。和辻の風土論は、そうした「緑の芸術」の意義を説明する一つの理論となりうるだろう。

しかしながら、生態学的知識を縦横に駆使する現代の「緑の芸術」から見て、和辻の所説には大きな問題点が一つある。それは、自然愛護の感情を持つために自然科学的認識は不必要とする点である。和辻は、「自然の形象が美しいということは、自然科学的な自然とかかわりのないことである。花の美しさは植物学的な研究がどれほど進んでも、また光や色についての物理学的な研究がどれほど精細に発達しても、説明され得ないだろう」(11・106)として、自然科学的な自然認識はわれわれが自然の美を愛でる気持ちと何らかかわりを持たない、と断じている。

が、果たしてそう言い切れるだろうか。花の精微な構造が自然科学的に明らかになればなるほど、われわれは人智を超えた花の構造美に感嘆し、花への畏敬の念を深めるともいえるのではなかろうか。なるほど自然科学的な自然認識は、どこまで行っても自然の美しさを説明することができない。けれども、われわれがその美しさに気づくための、一つの側面的契機となることはできる。その意味でいえば、文芸や美術によるわれわれの「自己了解の推進」を自然科学的認識が後押しすることも考えられよう。また芸術による環境運動は、大衆の理解の程度によって効果が大きく左右されるし、芸術的感性に乏しい人々は、自然保護運動から疎外される可能性もある。

それゆえ、自然科学的な自然認識、ことに生態学的認識の普及が、一面において重要な役割を担わなければならない。このことは、自然破壊に関するわれわれのエコロジー的危機感を考えた場合に、より鮮明となる。今日、公害先進国の日本に住む多くの人々は、自然の荒廃を明らかに感じ、荒廃した風土において悲しみ、憂えている自己自身を了解しているであろう。その了解のきっかけとして何があったか。芸術家・詩人などの鋭い感受性による告発が、われわれのエコロジー意識を覚醒したということもあった。しかしながら、広く大衆にまでエコロジー的な危機意識を浸透させたのは、何をおいても生態学的知識の普及ではなかっただろうか。

かのR・カーソンが『沈黙の春』の中で、生態学的知識を駆使して農薬散布の実態を告発し「自然の逆襲」を訴えたとき、世界中の人々は、それまでおぼろに感じていた自然破壊への恐怖感を明確に把捉したといってよい。そのとき、われわれは、カーソン女史の作家としての鋭敏な感性はもとより、そこに示された多くの実証的データを見て驚愕し、自然破壊に悩む自己の、引いては人類自身の姿を初めて了解したのである。生態学的知識に裏づけられた「緑の芸術」の絶大な効力は、彼女の著作の爆発的な成功によって証明されている。

現代は、全人類が地球環境問題の加害者となった時代である（序論を参照）。生態学的知見を充分に援用しつつ、芸術を通じて、人類の自然愛護の感情やエコロジー的危機感を啓発しゆく運動は、環境教育の一環として今後、ますます重要性を増していくものと思われる。和辻風土論も、生態学的自然観を取り入れるならば、「緑の芸術」運動を理論的に後押しするような環境思想となることができるであろう。例えば、次節で取り上げるベルクの「生態象徴」の風土理論は、和辻風土論に生態学的自然の概念を導入する試みであり、芸術的なエコロジー運動と結びつく可能性を有する。

和辻風土論の問題点

以上のように、和辻風土論は現代の環境思想に対し、いくつかの新しい視座を提供することができる。が、その反面、彼の風土論が発表以来、様々な批判を浴び続けているのも事実である。今、それらの一々を事細かに検討する余裕はないが、和辻風土論の環境思想への展開という観点に絞って、問題となるであろう諸点を考察してみることにする。

①主観性における観察者と他者の混同

昭和十年（一九三五年）に公刊された和辻の『風土』に対する本格的批判は、二年後に現れた。戸坂潤の手になる論文「和辻博士・風土・日本」がそれである。同論文の劈頭で戸坂は、和辻思想を「ヨーロッパ的カテゴリーと大和魂的国粋哲学のカテゴリーとの絡み合ったもので、結局において日本主義イデオロギーの最もハイカラな形態」[15]と評した後、『風土』に至って、ますますそれが判然としてきたと述べている。戸坂によれば、和辻における「風土」の観念は「自然を人間学化し主体化するための、一つにカラクリ道具」なのであり、それによって「自然はその自然としての特性、つまり人間に先んじて成立しているという特性、を見事に剝奪され」たとされる。[16]そして「風土」は「マルクス主義社会科学の虚を衝こうという意図から出ている」として、「日本文化・東洋文化は、史的唯物論では説明できないということを強調」しているという。[17]要するに戸坂は、和辻の風土論が天皇制の維持を正当化する「日本主義イデオロギー」「大和魂的国粋哲学」を正当化するためのカラクリ道具であり、とりわけマルクス主義を攻撃目標とした理論であると考えたようである。実際に、和辻がそうしたイデオロギー的意図から風土論を展開したかどうかに関しては、否定的な意見の方が多い。しかし、彼の『風土』が天皇制擁護論に傾いているのは誰しも感ずるところであろう。戸坂ならずとも、日本のモンスーン的風土における「家」の全体性の説明から国家の全体性への帰属を意味する「尊皇心」に至る下りなどは、まさに日本的風土が天皇制イデオロギーを正当化するための「道具」と化した感がある。

けれども、ここでの和辻風土論の本質的問題点は、それが天皇制イデオロギーを帯びているか否かということではなくして、和辻自身の方法論的態度である。風土は地域的に限定された自然である。

それゆえ、特定の風土における自己了解は、その風土に暮らす人々の尺度に立つことなしには把握しえない。ところが、すでに『風土』刊行の年、安部能成が「著者のいわゆる風土が、この書において大部分旅人としての著者の〝自己諒解〟の仕方として現れており、立論の材料が主観的に限られるとともに、その見方も確実な断案に達するためには主観的局限を免れない」と評したように、和辻風土論は和辻自身の主観的見解を元に土地の風土や人々の自己了解をはかる嫌いがあるのである。日本の風土性への言及にしても、学的検証がない分、和辻自身の主観に基づく私論と言われても仕方がないだろう。すなわち、和辻風土論を応用して自然を見ようとするとき、そこには常に和辻自身や観察者の主観が基準となる危険性がつきまとうのである。A・ベルクも、この点を「和辻の誤り」であると断じ、他者の主観性を自身の主観性と混同することは「解釈学的見地の逆転」であり、「他者性を踏みつぶしてしまう」ことであると批判している(18)。

なお、こうした議論を敷衍して現代の環境倫理のあり方を考えてみるのも有意義であろう。和辻風土論から考えるならば、現在の地球環境問題への取り組みは、地球という全体的風土における「我々」たる全人類の自己了解に基づくものでなければならない。しかるに、その了解の仕方は、先進国のエコロジー意識を基準に決定される傾向が強いのではないか。極端な例でいえば、G・ハーディンの「救命ボート倫理」などは開発途上の人口急増国に対する人口削減の強制を説き、実効性のある解決を謳っている。しかし、そこではハーディンや一部先進国の人々の主観が人類全体の主観と混同されており、なおかつ人口削減を強いられる当事者の主観は全く無視されている。ベルクが言うように現代では地球全体が一つの風土となったとするならば、すべての人々が地球環境問題に直面する自己自身を了解することが解決への第一歩となる。が、その了解の仕方に人類的共通性がなければ、結局は特定のイデオロギーによる解決法に頼ってしまうだろう。似たようなことが、地球規模の問題だけでなく、国家、地域社会レベルの環境問題でも頻繁に起っている。環境政策をめぐる政府と地域住民の対立や、いわゆる環境訴訟の数々は、風土と風土における人々の自己了解の仕方を適正に解釈する困難さを物語るものだろう。

しかし、少し話がそれたが、和辻風土論の理論自体は、エコロジー思想として十分に応用可能である。だがその現実的な展開にあたっては、主観性における観察者と他者の混同という問題が横たわるのである。

②環境創造の観点の欠如

和辻倫理学に個を軽視し、社会変革の視点を欠く嫌いがあるのは前節で確認した通りである。当然、彼の倫理学体系の一部である風土論にも、同様の傾向がみられる。それは、風土における人間の主体性をその創造性において捉えず、単なる自己了解と解釈の枠に留めるということである。換言するならば、和辻風土論には人間の主体的行為としての「環境創造」という視点がない。風土を人間の社会的身体とみなし、その対象化を拒絶する和辻の姿勢からは、環境保護の視点は得られても環境創造という側面が浮び上がってこないのである。そのため、せっかく社会と自然との通同性への道を開きながら、社会変革と環境創造との動的連関を把握できえていない。

日本のマルクス主義者たちは、こうした問題点を「生産力」の観点から捉え、和辻を批判してきた。すでに戦前の戸坂による『風土』批判の中でも、和辻における「風土」の観念は「生産関係や生産力というカテゴリーを辱しめるために呼び出されたもの[19]」と非難されている。戦後では、高島善哉氏が和辻風土論のメリットを評価しつつも、やはり和辻が人間の「生産力」を無視したことを次のごとく批判する。

和辻風土理論においては、自然はただ人間存在の構造的な一契機としてのみ位置づけられている。しかし自然はもともと人間に先行し、人間に対立し、したがって人間は自然の子であると同時に、自然に働きかける（これが生産力である）ことによって自分自身を開発していくものなのである[20]

高島氏によれば、まず和辻の風土論は「人間はもともと自然の子である」という自然主義を完全に放棄している。ところが、自然主義があってこそ自然は人間に対立し、客体としての自然が成立するのである。そこに初めて、人間は主体的に客体としての自然に働きかけ、もって人間自身を開発していくことができる。高島氏は、このようにマルクスの「生産力」の概念によって和辻を批判する。しかしながら、和辻風土論が「自然主義と人間主義の統一」を求めること自体は高く評価し、和辻風土論にマルクス的「生産力」の概念を組み入れることで、新たな展開を試みる。高島氏は、その試みを「風土概念の社会科学的な設定」と言い表し、風土を「社会的自然」と設定し直すことで、風土論と階級理論を統合しようとした。ただし高島氏の「風土の社会科学」という主張は、生松敬三氏が言うように「いまだプログラム的粗描にとどまる[21]」もので、具体的にどのような風土論となるのかは明らかでない。

かくのごとく、マルクス主義者からの批判は、風土における人間の自己了解は単なる解釈によってではなく、物質的生産を通じてのみ可能であるというものであった。このことを環境思想の観点から捉え直すならば、われわれは風土の創造によってこそ自己了解を深めることができるということになろう。しかも創造された新たな風土は、われわれの新たな自己了解の場となり、社会変革にもつながっていく。その社会変革は、さらに新たな環境の創造を生み出す。人間と自然の弁証法的な発展が可能になるわけである。西田哲学においては「作られたものから作るものへ」「行為的直観」として示された、このような人間と自然との創造的連関性は、和辻風土論ではたしかに充分に把握されていない。竹内良知氏はこの点に関して、示唆に富む見解を残している。いささか長文になるが引用しておきたい。

　和辻にとって、風土は人間の自己了解の仕方である。そして、この自己了解は、人間が風土のなかに「超越」するところに成立する。しかし、和辻は人間の生産活動を抽象的にとらえて、それをひとまとめに「超越」という抽象概念のなかにおしこんでしまい、人間と対象的自然との媒介作用としての人間の物質的生産の具体的過程を無視したために、この物質的生産という媒介的過程をつうじて人間と自然との関係がますます複雑かつ多面的となり、人間の自然と外的自然とが相互に浸透しあうことを把握することができなかった[22]

竹内氏の言うように、和辻風土論の中でも、道具による生産活動は、風土における人間の自己了解の仕方として言及されている。しかし、それは具体的な生産活動の過程がもたらす人間や自然への影響を、風土の中への「超越」という形で曖昧化しているため、物質的生産という媒介過程を通じた人間と自然との相互浸透を見逃していると、竹内氏は指摘したのである。したがって同氏は、和辻の風土概念に留まることはできないとして、「和辻の現象学的解釈学の立場をこえて、人間を対象的に実践する主体的存在として把握する立場に立たなければならない[23]」と主張する。

つまるところ、和辻風土論における「環境創造」の観点の欠如は、客体的自然観の欠如に由来すると結論してよい。「人間存在の中の風土」という視点に留まる限り、人間の自然に対する働きかけは内的な自己了解のうちに解消されてしまう。現実の人間の生産過程において人間と自然が変容しゆく意義を捉えることは、どこまで行っても不可能である。この理論的欠陥を補うには、高島氏が主張したように、人間に先立つ自然の存在を承認し、そうした客体性をともなった風土を「社会的自然」として設定する必要があろう。和辻は言う。「人間は単に風土に規定されるのみでない、逆に人間が風土に働きかけてそれを変化する、などと説かれる」(8・14)のは、具体的な風土を「単なる自然環境として観照する立場に移している」(同)にすぎないのだ、と。しかし、このことを逆からいうと、和辻自身、風土を「自然環境として観照する立場」が確立されるならば、風土の創造も可能と認めていることになろう。問題の所在は、もはや明らかである。和辻の人間主体化された環境観の中に、客体的自然観をいかに導入するか。彼の風土論が環境創造の思想となり、現代に蘇生するためには、何としても、この理論的ハードルを超えなければならない。

風土論への客体的自然観の導入は、しかも、先に掲げた和辻風土論の問題——主観性における観察者と他者との混同——にも解決の光を投げかける。客体的な自然は人類普遍の自然であり、特定の主観による歪曲を許さないからである。エコロジーの立場からいえば、客体的自然とは、自然科学的に把握された生態学的自然の概念といえるだろう。人間の具体的な環境としての風土に生態学的自然観を加えれば、主観的偏向を免れた「生ける自然」の姿が現れ、なおかつ人間の環境創造的な営みも可能となるのではないだろうか。このような問題意識に近いアプローチを行ったのが、A・ベルクである。ベルクの環境思想は存在論的なヒューマニズムを基調としているが、近代的二元論の世界観・自然観の転換を目指すことから、やはり一種のラディカル・エコロジーといえる。われわれは結論を急がず、さらに次節でベルクの所説を吟味することにしたい。

第四節　和辻風土論のエコロジー的展開——A・ベルクの場合

「通態」「生態象徴」の論理

A・ベルク（Augustin Berque）は知日家のフランス人地理学者で、一九六九年の来日の折に和辻の『風土』に出会って以来、和辻の風土論をエコロジー思想として生かす道を模索しつつ、独自の風土論を展開している。彼の多数の著作の中から風土論関連のものを挙げれば、『風土の日本』『風土としての地球』『地球と存在の哲学』などがあるが、とくにエコロジーを主題とした『地球と存在の哲学』は、日本人読者を対象とした書き下ろしとなっている。

さて、ベルクの基本的な問題意識は、『風土としての地球』の「日本語版序文」で述べられた、次の言葉によく現れている。

本書は、和辻の思想そのものの研究書ではなく、またその思想がどのように理解され曲解されていったかを追うものでもない。むしろ私がここで試みているのは、「風土性」の呈する諸問題を現代の社会科学、環境科学に照らして展開させていくということである。……半世紀以上が過ぎた今、社会科学・環境科学はめざましい発達をとげたのだから、「風土性」の理論を一九三五年の時よりももっとずっとしっかりした枠組みのなかでもう一度確立することが可能になったので

ある。拙著の意図するところもそこにある[24]

高島善哉氏が唱えた「風土概念の社会科学的設定」という問題意識と非常によく似ているが、ベルクの場合、社会科学だけでなく環境科学、とりわけ生態学を重視し、そこから風土を捉え直したところに特徴がある。実際、ベルクの基本的構想は、風土概念と生態学的自然観を統合するという企てである。彼は、和辻風土論から「主体と客体との間にあるもの」としての風土観を学び取った。そして、それを現代のエコロジー的観点から「通態（trajet）」「生態象徴（écosymboles）」の論理として再構築したのである。「通態」と「生態象徴」とは相同するもので、ともにベルクの概念的創作である。この二つの用語の内に、彼の全主張が余すところなく収められているといってよいだろう。

これらの基本的タームを検討する前に、われわれはまず、ベルクの「風土」概念を見ておく必要があろう。『風土としての地球』の「概論」において、ベルクは、「地球は動かない」とするフッサールの現象学的分析と「それでも地球は回っている」というガリレオの自然科学的見解を併記し、「どちらが正しく、どちらが間違っているか」との問いを立てる。そして、すぐに「風土の現実は、この種の二者択一ではできていない」と断じ、風土は「いわばフッサールにとっての地球であると同時にガリレオにとっての地球でもある」と主張している。[25]すなわち、「感覚的であると同時に事実に基づき、主観的でかつ客観的、現象的でかつ物理的」なものが、ベルクの言う「風土（milieu）」である。[26]かかる意味で、ベルクは風土を「ひとつの社会と、空間および自然との関係（relation）」と定義する。

社会が関係する「空間」というベルクの見方は、人間存在の空間的構造が風土性として己を現すという和辻の主張と共通している。しかしベルクは、さらに「空間」と対置した形で「自然」の概念を置く。理由は、この「自然」が和辻の「風土」にはない客体性を持つからに他ならない。ベルクは

『風土の日本』の中で、「自然とは人間を前提としないものであり、それでいて人間の内部に、そして周囲にあるものである」「人間においては多くのものが自然に発している」[27]と述べる。つまり、ベルクは人間に先立つ自然の存在を認め、自然主義あるいは自然哲学を風土論の中に組み入れたのである。

　こうしてベルクにおける風土《ミリュー》は、主体的風土と客体的自然の双方に通じていく――そこに彼の提唱する「通態（trajet）」の論理が成立する。フランス語のtrajetは「移動・行程」の意味を持つ言葉であるが、ベルクはこれを転釈し、独特の定義を与えている。すなわち、「……を超えて」「……を横切って」を意味する語根〈trans-〉と主体sujet／客体objetの〈-jet〉を結合したのが通態〈trajet〉であるとみるのである。[28]「主観的なものと客観的なものとの理論的区別に跨がるもの、これらを通態的trajectifと言おう」[29]とベルクは言う。主観―客観のデカルト的二元論を超越して主客のあいだを生き生きと往来すること、これが通態の論理であり、風土《ミリュー》は通態的な概念とされる。要するに、現実の風土《ミリュー》は客観的にして主観的、事実的にして感覚的、物理的にして現象的であって、主客の両極に分離することなどできない。それゆえに、風土《ミリュー》は通態的といわれるのである。

　ところが多くの人たちは、風土《ミリュー》の通態性の片面のみを見て、主観的自然あるいは客観的自然の概念に偏る。ベルクは、こうした二つの偏りを「風土の思想の二大幻想」と呼ぶ。彼によれば、前者の主観的自然観は「主体を客体に投影して客体をむさぼり食らい主観的世界に同化させる」もので、「客観喰い（Objectivore）」の幻想である。これに対し、後者の客観的自然観は「主体を自然の諸々の決定に還元して主体を客観的世界の中に吸い込ませる」ところの「主観喰い（Subjectivore）」の幻想である。[30]「客観喰い」の幻想は古くからあり、その典型は原始的なアニミズム的世界観であるとする。また最近では、いわゆる「ニューサイエンス」の主観主義もそうであるとベルクは言う。一方、「主観喰い」の幻想は近代の合理主義とともに始まったとされ、その例として行動主義、生物学主義、社会生物学などの科学万能主義が示されている。

ところで、ベルクは「主観喰い」の幻想をエコロジー思想との関連において、とくに問題視する。彼が槍玉に挙げているのは「生態学的ファシズム」である。「生態系の維持」を大義名分として人間の犠牲を求め、極端な人口削減を求めるのが「生態学的ファシズム」の考え方といえよう。周知のように、T・リーガンがB・キャリコットの生態学的全体論を「環境ファシズム」と呼んで非難して以来、エコロジー思想の分野では何かと物議を醸してきた問題である。この「生態学的ファシズム」の誤りはどこにあるのか。ベルクの分析によると、「生態学的ファシズム」の基盤は「生物不変説」であるが、これは科学者の自負するような科学的客観的な事実でなく、解釈する人のイデオロギーにすぎないという。なぜならば、「科学者はどんなに学識豊かな人物であっても、自然一般を語る際にこと自分自身の主観性に対してはそれほど科学的ではない」からである。したがって「自然についての言説には倫理的、政治的な干渉が多く入ってくる」のであり、「生態学的ファシズム」と呼ばれるエコロジーも「生物不変説（biostatisme）のイデオロギー」「生物進化の停止した状態をよしとするイデオロギー」に他ならないとされる[31]。

念のために断っていくが、ベルクは何も、生態学的な知見そのものを否定するのではない。問題なのは、風土の通態性を理解せずに主観を完全に排除しえたと「幻想」を抱き、本当はイデオロギッシュな側面もある生態学的自然観を、あたかも絶対的真理のごとく錯覚してしまう点にあるのである。

ついでに言えば、エコロジーにおいて「事実から価値を導き出す」ことを誤りとする「自然主義的誤謬」の主張も、通態的風土観から見ると、「主観喰い」の幻想から生ずる論議ということになるだろう。生態学的相互依存という「事実」認識から、生態系を保護すべきとして「価値」の領域に移行するのは飛躍だというのが、「自然主義的誤謬」の論法である。しかし、通態的な風土《ミリュー》においては、事実と価値は不可分であり、価値から離れた事実だけが存在することなど有りえない。客観的に思われる生態学的自然観も、やはりある種の主観的イデオロギーを内包している、とベルクはみる。したがって通態的な風土論は、「自然主義的誤謬」の論法それ自体を否定するといえよう。

ともあれ、風土は通態的であり、それゆえに生態学的認識が絶対的真理であるとの主張は誤りである。けれども、あくまで通態性の中で生態学的認識を捉えることができるならば、むしろそれは特別に重要な役割を担うものと、ベルクは考えている。和辻は風土がわれわれの身体であると述べたが、ベルクが言うには「和辻がこのように措定したものを、生態学は同じ時期に、生態系というものの発見を通じて、独自のやり方で措定していた」のであり、両者は相同性を持つとされる。つまり、和辻風土論は「現象学的展望」によって「身体／風土」の不可分な結びつきを明かしたが、同じことを「生態学的展望」は「肉体／環境」の結びつきという角度から解明したという。この相同性から、ベルクは「環境が私たちの風土でもあるという意味において、環境の破壊が私たちの人間としての存在にもたらしうる荒廃を意味するものでもある」という環境倫理的な見解を引き出す[32]。

ベルクの考えをまとめると次のようになろう。和辻は風土《ミリュー》を現象学的・主観的側面から捉えたが、生態学はそれを科学的・客観的側面から展望した。ところが風土《ミリュー》は本来、主観的にして客観的という通態性を持つので、和辻風土論と生態学は相同性を有するとみるべきである――。

そこでベルクは、エコロジーの観点から、風土《ミリュー》の通態性を「生態象徴（écosymboles）」という造語で表現する。「生態」とは生態学的自然観であり、「象徴」とは芸術や倫理による主観的自然観を指す。

生態学的自然と象徴的自然は、長らく近代二元論によって分裂させられてきた。通態の論理は、その二元論的分裂を終焉へ導き、両者を連接せしめ、新しい「生態象徴」の自然観を生み出す。この流れはまだ一般化されてなく、「生態象徴の世紀」にはほど遠い、とベルクは言う。しかし、彼は「事実的なものと感覚的なものとの間の距離があまりにも大きくなってきているせいで、多くの人々にとって世界が聖の次元（le sacré）を取り戻すまでになっているということを言いたい」[33]とも述べ、「生態象徴」への流れを時代の趨勢と考えているようである。

ベルクは、人間主体化された風土と生態学的自然との相同性に着目し、「通態」「生態象徴」という概念を打ち立てた。そして、ポストモダンを「生態象徴の世紀」と位置づけ、「生態象徴」の自然観によって、技術と芸術、理性と意味といった近代の二元論的分裂を超克せんとするのである。彼の風土論的エコロジーにおいては、単なる近代批判に留まらず、近代の技術や理性を生かす方向から風土論に光りを当てている。

風土としての地球＝エクメーネ

次に、ベルク風土論の特徴として、現代のグローバル社会の現状を鑑み、地球全体を人類にとっての風土とみなす点が挙げられよう。ベルクは、この風土としての地球を「エクメーネ（écoumène）」と呼び、「風土（milieu）」から区別する。すなわち、「風土《ミリュー》」が「社会の大地に対する関係」を言うのに対し、「風土《エクメーネ》」は「人類の大地に対する関係」と定義される。[34] ベルクによれば、「エクメーネ」は「居住」を意味するギリシャ語のoikosから派生した言葉で、古典的には「人間の居住する、地球上の部分」を意味する。しかし、人類が地表全体を征服した今日では「エクメーネとは地球それ自体」となっている。[35] すなわち、「人類に住まわれるものとしての地球であり、そして地球に住むものとしての人類である」という「関係的な現実」が生じており、それこそがベルクの言う「風土《エクメーネ》」なのである。

たしかに交通手段が飛躍的に発達し、国家間の垣根が取り払われ、地球社会論が云々される現在では、各地域の「風土《ミリュー》」における民族としての「我々」だけでなく、「風土《エクメーネ》」における人類としての「我々」を了解する機会も多くなってきたといえよう。ベルクは、われわれがこうした「風土《エクメーネ》」の現実を理解する一番の契機は、地球の生態学的危機であると考えている。

地球を我々の風土《milieu》と認識すること、それはまず当然ながら生態学的諸問題の深刻さを今日の社会経済的な問題や政治的な問題との相互的関わりも含めて意識することである。この相互的関係に明らかに見てとれるのは、この地球があらゆる国境を越えたところで一つであるということだ[36]

生態学的危機を人類が共通に意識することは、「風土《エクメーネ》」において人類としての「我々」を自己了解することを意味する。今日の生態学的危機は、もはや各地域の「風土《ミリュー》」の範囲内でのみ解決できる問題ではない。われわれは「風土《エクメーネ》」の現実において、人類による社会・経済・政治の複合的な営みが地球規模の生態学的危機を引き起こしていることを深く認識し、その解決のために、人類の一員として倫理的行動を起こさねばならないのである。

かかる見地に立つベルクは、「風土《エクメーネ》」の倫理の確立を提唱するのであるが、それを「環境の倫理」と呼ぶのは「ひとつの妄想《キマイラ》」であると言う。なぜならば、「『環境の倫理』と呼ばれるものは風土《エクメーネ》の枠のなかでしか意味を持ちえない」からである。ベルクは、「人間存在を抜きにすれば、あるのは生態学的な食物連鎖（trophisme）や動物行動学的規定ばかりで、倫理はそこには存在しない」と言い、それゆえに「倫理の次元はもっぱら風土《エクメーネ》の次元に固有のもの」であると力説する。

ベルクの風土論的エコロジーが目指しているものは、ここに明らかになった。それは主客二元論的な客観としての「環境」の倫理ではない。主客を通態した「風土《ミリュー》」の倫理である。しかし、生態学的危機の問題は地球全体にかかわるゆえに、人類的次元に立った「風土《エクメーネ》」の倫理こそが今求められている。「風土《エクメーネ》」の倫理は、「風土《ミリュー》」や「環境」の倫理を否定するのではなく、むしろそれらを包含し、真に生かすための倫理なのである。

「風土《エクメーネ》」尊重の義務

それでは、ベルクの提案する「風土《エクメーネ》」の倫理について具体的に見ていくことにしよう。

ベルクが提示する倫理は、われわれには風土《エクメーネ》を尊重する義務があるということである。この倫理義務を説き出すにあたって、ベルクはハイデッガーの存在論を大きく前面に出してくる。和辻の言うごとく、風土は人間存在の主体性の表現であるが、ベルクによれば、このことによって「倫理は、私たちをとりまく人間以外の存在へ拡大されるように、存在論的に基礎づけられているということになる」[37]という。別の言い方をすれば、「風土《エクメーネ》においてはすべてが意味《おもむき》（sens）を、したがって価値を持たされている。そして生態象徴の持つこの価値は私たちの存在に関わってくる。私たちに問いを発するのである」[38]ということである。すなわち、人間存在の主体性の表現としての風土《エクメーネ》の「おもむき」は、人間の「存在」自身を投影したものであるがゆえに、存在論的に尊重されるべきとするのである。べルクはここで、和辻の「風土性」の概念を「おもむき」と言い換えている。ベルクの風土《エクメーネ》には象徴的なものだけでなく生態的なものも含まれるので、恐らく「風土性」よりも「おもむき」という表現の方が適当と判断したのであろう。

ともあれ、風土《エクメーネ》の「おもむき」には人間存在が投影され、人間に何かを問い掛けている。ベルクはこれを「風景的動機づけ」と呼び、ハイデッガーが「自己に先行してあることsich vorweg sein」と呼んだものと同一視する。「私たちの存在の、自己に先行する、環境世界への投射[39]」が「風景的動機づけ」だというのである。したがって、風土《エクメーネ》の「おもむき」は、単なる現存在の自己の環境世界への投射を意味しない。それは、本質的には「存在」自身の環境世界への投射であり、その意味で「世界」の「おもむき」なのである。要約すると、「人間存在が世界の『おもむき』を多少なりとも意志的に表現する際の生態象徴[40]」が風土《エクメーネ》である、ということになろう。人間の風土《エクメーネ》尊重の義務は、いわば「存在の故郷に帰る」という存在論的要請に基づくのである。このあたりは、「空に帰る運動」としての和辻の倫理観とも相通ずるものが感じられる。

人間は「存在自体の義務」として風土《エクメーネ》を尊重しなければならない。「風土《エクメーネ》尊重の義務」は、存在論的義務なのである。ベルクは、ライプニッツや西田幾多郎の単子論を風土《エクメーネ》の尺度に取り入れ、このことを次のように説明している。

単子論を風土《エクメーネ》の尺度に移せば……私たちのうちの各人の人間的本質の十全な表現は、そのままで地球というすべての表現であるということを意味するだろう。また逆に私たちの行動が地球を損なうならば、私たちは真の意味での人間ではないということになる。風土《エクメーネ》的義務、それは私たちが人間であるかぎりにおいて、私たちの存在自体の義務なのである[41]

個としての人間存在は風土《エクメーネ》という全体を含み、それを表出する単子《モナド》である。逆にいえば、風土《エクメーネ》としての地球は、われわれの人間的本質としての「存在」の十全な表現といえる。人間存在は即風土《エクメーネ》であり、風土《エクメーネ》は即人間存在である。それゆえ風土《エクメーネ》の尊重は、人間存在の「存在自体の義務」となるのである。

ところで、ベルクの風土《エクメーネ》は「生態象徴」なので、風土《エクメーネ》尊重の義務は、あえて生態学的な義務と象徴的な義務に分けることもできよう。前者は当然のごとく、自然環境の保護となるわけであるが、ベルクはとくに、人間存在が人間的であることができ、地球が風土《エクメーネ》であることができるような環境を保持すべきことを訴えている。

私たちの本質的な責任は、したがって地球が常に風土《エクメーネ》であるように保障することである。風土《エクメーネ》であるとは、つまり生きるのに美しく良い地球を常に見出させるように私たちを動機づける住まいであることにほかならない。これはすなわち美しい風景、清潔な川、生態系の豊かな多様性等々を意味する(42)

生態系保護の義務において、美しさや良さといった価値観を設定できるのは、風土《エクメーネ》があくまで「生態象徴」だからである。また個々の動植物なども、単に生態学的観点からだけでなく、存在論的観点からも保護され、愛護されねばならない。ベルクは、われわれの存在がプランクから原子、物質、生命、動物性など様々な存在の水準をすべて通り、すべての存在者と連結していることを述べ、これを「存在の尺度的構造」と呼んでいる。そして、「まさしくこの構造が、人間存在が動物や植物や生命やあらゆる無生物を尊重しなければならないことを、存在論的に正当化している」と言う。ただし、「存在の尺度的構造」はヒエラルキー的構造でもあるので、ディープ・エコロジーのようにあらゆる存在者の絶対的平等を説くわけではない。ベルクは、「存在の場所のヒエラルキーのせいで、私たちは無生物を生命ほどは尊重しないし、また生命一般を動物ほどには、さらには動物を人間存在ほどには尊重しない」と断っている(43)。

さて一方、象徴的な義務としては、風土《エクメーネ》の「おもむき」を尊重するということがある。ベルクは、各地域の風土《ミリュー》の「おもむき」を無視した開発や整備には一切反対する。例えば、ブラジル人を追い出して、そこにエコロジー的な夢を与える原生林を繁茂させるというような試みは意味がない。その地の風土《ミリュー》の「おもむき」を尊重し、しかも生態学的条件も充分考慮に入れつつ、ブラジル人とともに何かをしようというのが「おもむき」を尊重した開発である、とベルクは述べている。ブラジル人の主観を偏重するのでもなければ、生態学的な見解だけを押しつけるわけでもない。ましてや、開発者の主観をブラジル人の主観と混同することなどあってはならない。開発者の主観を徹底的に排除し、生態学的知見と風土《ミリュー》的現実の「おもむき」を粘り強く関係づけながら、適切な釣り合いを守るよう気遣うことが、ベルクの理想である。彼は、環境の開発者に求められる、こうしたバランス性を「節度の感覚（sens de la mesure）」とか「通態的理性（raison trajective）」とか言い表している。

先に述べたように、和辻の風土論は、観察者の主観と他者の主観を混同し、安易な地理学的決定論や独断的な風土性の理解に陥ってしまった。それに比べ、ベルクの風土論は、人類的な客観性を持つ生態学的自然観を取り入れたことと、他者の主観に少しでも同化するために「他者とともに」という姿勢を貫くことで、環境開発の主体者の主観性を極力排除しようとする。なお、生態学的自然の観念を導入することは、文化主義に偏りすぎるという和辻風土論の弊害を克服し、現代の芸術的エコロジー運動と連結する可能性を開くことにもつながる。和辻風土論の反省の上に立った、ベルクの「通態的理性」の主張は一考に値すると思う。ベルクは、風土《ミリュー》理解の厳密性という点からいえば、彼の風土論は自然科学的視点に勝ると考えている。「自然科学の厳密な視点は、定義からいって生物物理学的な環境に適用されるもので、風土やなおさら風景には用いられることはない(44)」からである。

また存在論的に義務づけられた風土《エクメーネ》尊重の義務は、風土《エクメーネ》の通態性・生態象徴性によって単なる生態系保護、単なる風土性尊重の域を超え、当初の彼の意図に反して、風土《エクメーネ》の「おもむき」に従った生態系の「秩序・美」の保持、動植物の愛護、「通態的理性」による生態学的観点と地域性のバランスなどをわれわれに要求する。「人間中心主義」と「自然中心主義」の対立が続くエコロジー思想の分野において、ベルクは新しい地平を切り開こうとする。ベルク自身は、このエコロジー思想を「風土中心主義（mésocentrisme）」と称しているが、ディープ・エコロジーの「自己実現」とは違った風土論的アプローチから人間と自然を統合しようとする試みは注目されてよいだろう。

ベルク理論の問題点

しかしながら、ベルクの風土論的エコロジーにも、やはり問題は存する。

その第一は、高島善哉氏が和辻風土論に関して指摘した「生産力」の観点の欠如という問題である。ベルクの「生態象徴」の概念は、和辻の「風土」と違って、生態学的自然という客体的自然の観点を導入した。それによって、和辻風土論の欠陥のうち、観察者と他者の主観との混同という危険性を軽減することには一応成功したといえる。しかし、環境創造の視点の欠如という問題は、依然として残されている。

その理由の一つとして、ベルクの導入した客体的自然が、当初の彼の意図に反して生態学的なものに留まり、社会科学的な自然までに至らなかったということがあろう。すなわち、社会の中で生れた第二の自然、高島氏の言う「社会的自然」の概念が、ベルクの説く「風土《エクメーネ》」の中に見出せないのである。人間の生産活動の対象としての社会的自然を捉えない限り、具体的な歴史性、人間と自然との弁証法的発展を展望することもできない。ベルクの風土論は生態学主義と文化主義の結合であるが、「社会的自然」の概念を欠くため、結局は和辻と同じように自然主義を放棄し、いわば生態学で装いを新たにした新種の文化主義になった印象が拭い去れないのである。

『風土としての地球』の中で、ベルクは「創造的表現」について「創造的表現（expression créatrice）、それは様々な場所のおもむきを分析することに始まって、その次にこのおもむきを途切らさずに新たな『向き』を志して発揮されるようにすることである。それはいわば新たな通態化を通して風土性を追い求めていくことである[45]」と語っている。「おもむき」は「生態象徴」の通態であるのだが、ここで生態的なものは創造の対象とされず、象徴的な「向き」だけが連続性を持ちつつ形を変えていく。だからこそ「創造的行為」でなくして「創造的表現」なのであるが、風土《エクメーネ》の象徴性のみが創造の対象となるのは、まさしく文化主義に他ならないといえよう。ただ生態系も考慮するという意味で、生態学的な文化主義の体裁を取っているにすぎない。実際、ベルクが『風土としての地球』で創造的表現の例として挙げているのも、建築家や風景意匠家などによる芸術的創作であって、人間の経済的側面としての生産活動ではない。したがってベルク理論には、文化的な環境の創造はあっても、社会的・経済的側面からの弁証法的な環境創造の観点がなく、社会的・経済的諸要因が複雑に絡み合うエコロジー問題を現実に解決しうる理論かどうかは疑問である。

では、なぜベルク理論は「社会的自然」の観念を持てないのか。その理由は、ベルクが和辻と同じく、人間主体化された自然の観念から脱皮できていないからである。別の言い方をすれば、生態学的自然が真に客観的なものではないからである。それゆえ、「生態象徴」が通態の論理と言っても、それはいまだ「人間の主体性の枠内における通態」に留まっている。ベルクは生態学について、「今日他の科学と比べてその研究対象からいってもその役割からいっても正真正銘の風土の科学であるようにみえる」[46]と述べた。しかしながら、生態学的な認識が真に「客観」なのかということは、また別問題である。このことは、すでに和辻自身が指摘している。和辻は『倫理学』下巻で、人間を単なる一生物種として見る「自然科学的世界像」もまた人間存在の一契機にすぎないと論じた。

生物の一種としての人間は全然客体的に自然科学的対象として把捉されたものであり、自然科学的世界像を一契機とする人間存在はあくまでも主体的に自然科学的活動を営んでいるものである。両者は次元を異にする。いかに前者をもって後者を包もうとしても、かく包もうと努力することにおいて後者のなかに包まれてしまうのである（11・108）

この和辻の見解に従えば、生態学的な自然も「自然科学的世界像」であるゆえに、自然科学的活動を営んでいる人間存在の主体性を構成する一契機であるといえる。ここで「全然客体的に自然科学的対象として把捉されたもの」としての自然は、もちろん人間に先立つ客観的自然などではない。それは、具体的現実の風土を極度に抽象化した自然観にすぎない。しかしながら、「自然科学的世界像」が風土と異なるところは、それが人類的な普遍性を持つ概念であるという点である。和辻は『倫理学』上巻で、「間主観的な、従って意識一般に於て成り立つ自然界」という表現をしているが、われわれが今問題にしている生態学的自然観も、人類の意識一般において成立する間主観的な自然観であるといえよう。すなわち、普遍的ではあっても、人間に先立つ自然ではなく、したがって真の客観性は持たないのである。

とすれば、ベルクにおいても、「生態」と「象徴」という二つの異なる次元は、対等で有りえないはずである。「象徴」が「生態」を包む関係となり、ベルクの風土《エクメーネ》の倫理は、自然を人間化する倫理といってよい。基本的には和辻風土論を継承しつつ、生態学的認識という間主観的に抽象化された自然観を導入して、観察者の主観に偏りがちな傾向を防ぐというのが、ベルクの風土論であろう。つまり、ベルクの「生態象徴」の自然観は、いまだ人間に先立つ客観的自然を論証できていない。そこに環境創造の思想になりえないゆえんがある。ベルク自身は、客観的自然の概念の確立を目指しているが、もしそれが成功していたならば、「社会的自然」に行き着くはずであろう。

次に、ベルクの風土《エクメーネ》の倫理は静的であり、否定性に欠けるように思われる。ベルク理論では、「風土《エクメーネ》」の「おもむき」に従うことが倫理の根本原則となっているが、これでは「社会変革」の視点があまりに乏しく、現実に有効なエコロジーとは言い難いものがある。否定性の欠如という問題は、存在論的なアプローチに顕著な傾向であって、存在者の存在への還帰を強調するあまり、どうしても個の自由性が軽視されてしまう。また、和辻思想の検討において明らかになったように、大乗仏教的な世界観も同様の傾向に陥ることが多い。

ベルクは『地球と存在の哲学』において、「人間は自身の生物的かつ物理的条件から、自分自身の存在の象徴的場への帰属によって常に解放され、その帰属ということからは、まさしく自身の肉体の物質性と生命力によって常に解放されるだろう[47]」と述べ、「生態象徴」の観点から「自由」と「帰属」の両立を主張するが、人間の「肉体の物質性と生命力」が自由に働きかけるところの自然環境＝

「社会的自然」を明らかにしていないために、やはり帰属の方が強調されているように感じられる。およそ個と全体を一元論的に捉える世界観において、個の自由性を理論的に確立することは非常に難しい。後期西田哲学は、しきりに個の自由性・創造性を強調したにもかかわらず、発出論であるとの批判が絶えなかった。存在論に立脚するベルクの理論も、この宿命的な課題を背負っている。

さて第三に問題となるのは、ベルクの風土論は果たして「人間中心主義」を超えることができるのか、という点である。ベルクによれば、われわれが自然を美しく維持するのは、あくまで人間が人間的であるために必要なことであった。個々の動植物が尊重されるのも、それらが「存在の尺度的構造」を通じて人間存在と一体化しているからだった。つまり、人間を離れて価値あるものは存在せず、自然それ自体の固有価値はないということになる。このような倫理的価値観は、現実には人間中心主義に陥る可能性が強い。

先ほど、ベルクの風土《エクメーネ》には人間に先立つ客観的自然の概念がないと指摘したが、真の客観的自然は、その根拠を人間を超えたものに求めるか、もしくは唯物論的自然主義を採用するか、このいずれかによらなければ獲得できないであろう。そして、「人間中心主義」を超える唯一の方法は前者の道しかない。例えば西田は、歴史的世界の超越性に「人間中心主義」を超える客観性を求めたが、同時に個の自由性をも保持せんと腐心し、「内在的超越」の視点から「客観的人間主義」を提唱した。また後期のハイデッガーは「存在の隣人」としての人間観に立ち、近代ヒューマニズムを超えたヒューマニズムを模索した。かれらは、いずれも絶対的一者の側から人間を見たわけであり、そこに近代の主観主義を超える道を探ったのである。

かたやベルクは、後期のハイデッガーが取ったような、超越的な「存在」から人間を見るというアプローチは採用せず、『存在と時間』における人間存在を中心としたアプローチに留まった。それを彼の目指した「生態象徴」の理論にあてはめて、ベルクは風土《エクメーネ》の倫理を首尾よく完成させた。その結果、風土《エクメーネ》は、和辻の「風土」と同じく「人間主体の中の自然」になっている。よってベルク理論は、「人間中心主義」のエコロジカルな一形態ということができ、それゆえに自然破壊の防止にどれほどの倫理的効力を持つかは測り難いものがある。

その他、「風土《ミリュー》」と「風土《エクメーネ》」の関係がはっきりせず、地域風土と地球的風土の二層構造の中で生きるわれわれの自己了解のあり方が、詳しく分析されていない点なども、ベルク理論に残された課題といえるだろう。

総括的にいえば、ベルクの風土論的エコロジーは、和辻風土論に対する反省的自覚に立って生態学的自然観を導入し、「他者とともに」という視点を重視した。それによって、エコロジー問題における他者理解に新境地を開いた点は高く評価できる。しかし彼の風土《エクメーネ》の倫理は、環境創造の行為が顧みられていない点と、超越論的客観を排除する点が問題であり、それゆえ現実的な効力については疑問を感ぜざるをえない。

小結

本章では、大乗仏教の「空」思想の影響を受けて展開された和辻哲郎の倫理学体系と風土論を分析し、そこにみられる仏教的な環境倫理・思想を考察した。和辻の仏教観は、一言でいえば「仏教は

〝空へ帰る運動〟としての実践を説く」というものである。仏教において、哲学的認識は実践倫理に還元されると和辻は考えた。これが、後年の和辻倫理学の成立に大きな影響を与えたといわれる。

このような和辻の仏教的な倫理観から、いかなる環境倫理が考えられるのか。最初に和辻の自然・環境観に関して言うと、ともに人間存在を外から取り巻くものという意味で使われている。環境問題を重要なテーマとして意識する現代の哲学者たちと異なり、とくに「自然」と「環境」を区別して定義しようとする議論は見受けられない。否、和辻の場合、区別されていないというよりも、個としての人間に対立する「自然環境」を誤謬であるとし、新たに人間社会と不可分な関係にある「風土」を定立したわけである。その意味から厳密に言えば、和辻の自然・環境観というのは、ただ否定の対象となるだけである。[48]したがってここでは、彼の風土論をもって環境思想一般で言うところの「自然・環境観」であるとみなし、論じていることを断っておく。

その前提の上で言うと、和辻の考える自然・環境は、人間の主体性の内に包まれている。人間存在の主体性は、即「空」の全体性でもある。したがって自然とは、空の全体性（＝人間存在の主体性）が分裂・多化して生じたものとされる。和辻は、大乗仏教で言う「自他不二」の境地をそのように解釈し、人間を主体とした自他不二的な自然・環境観を形成したのである。

また和辻独特の自然観として、①「汝」としての自然②人間の主体性の客体的表現としての自然科学的自然③人間の社会的肉体としての風土、という三点を本章中に指摘した。[49]和辻にとって、自然とは人間の主体性から離れた客観的な存在ではない。それゆえ、人間主体から独立した響きを持つ「自然」という概念は、次第に和辻倫理学の体系中から姿を消し、代わりに人間と自然との相関性をよく表す概念として「風土」が登場する。すなわち、和辻における「汝」としての自然、自然科学的な自然と言っても、所詮は人間主体化された「風土」概念を客体的に表現したにすぎないのである。和辻の「風土」は、西田の説いた自然のように客観的・超越的ではなく、人間の創造の源でもない。和辻にとって、森羅万象の根源（空）の所在は自然にはなく、人間の主体性にのみあったのである。

次に、以上みられたような自然・環境観を基礎として、本章では和辻の倫理思想から①動物愛護の精神②植物や景観的自然の愛護③人間と自然の本質的平等性と現実的差別性④自己実現を目指す内発的な社会倫理の重視、といったメリットを導き出した。しかし反面、社会変革の視点が欠如しているとの問題点も確認された。

さらに、第三節以下では、和辻風土論の今日的意義と問題点について論じた。その今日的意義としては、次の三点を示した。

(1)「汝」としての自然観は、人間と自然との共生の思想となりうる
(2)人間主体化された環境観によって、社会変革と自然保護の連動性が導かれる
(3)和辻風土論は、現代の芸術的エコロジー運動と連結する可能性を秘めている。ただし、それには、ベルクの風土論のように生態学的自然の概念を導入する必要がある

また和辻風土論の問題点としては、

(1)主観性における観察者と他者の混同
(2)「環境創造」の観点の欠如

という二点が確認された。

そして、これら問題点の克服のために、人間に先立つ客観的自然の観念を和辻風土論に導入すべきとの課題が了解される。この課題に対する一つの取り組みとして、第四節ではA・ベルクの風土論的

エコロジーを検討した。ベルクは「通態性」「生態象徴」という独自の概念を構築した。和辻の説く人間主体化された環境としての風土に、生態学的客観性を付与し、和辻風土論をエコロジー的に展開しようというのがベルクの構想である。それは、主観性における観察者と他者との混同という和辻風土論の問題点に解決の糸口を与えるものといえる。しかし、ベルクの言う生態学的な自然は、人間に先立つ自然となりえていない。人間の生産活動の対象としての客観的・社会的自然は、依然として見出されなかった。それゆえ、環境創造の観点は欠如したままである。

本章全般にわたる考察を通じ、和辻の環境思想は、自己実現を目指す内発的な社会倫理を説くこと、人間主体化された環境観によって社会と自然の通同性を明かしたこと、という二つの特筆すべきメリットとともに、個の軽視による社会変革・環境創造の視点の欠如、自然の主体化による独断への危険性、といった問題点も有することが確認された。そして、かかる問題の解決には、生態学的自然観の導入だけでは不充分であった。いかにして、人間に先立つ客観的自然観を人間主体化された環境観の中に組み込むのか。このことが、和辻思想にみる環境思想の根本的な課題である。

結章

筆者は、本書の前半三章において現代のエコロジー思想の概括的な把握を通じ、ディープ・エコロジーの自己実現思想、プロセス神学が言う固有価値の階層理論、さらにソーシャル・エコロジーの説く自然改造の視点、この三つのラディカル・エコロジーの理論的メリットの融合が、理想的な環境倫理・思想を生み出すであろうと措定するに至った。C・マーチャントが提唱するように、ディープ・エコロジー、ソーシャル・エコロジー、宗教的エコロジーが一体となって、自然破壊的な人間中心主義に挑戦することができるならば、エコロジカルで、なおかつ実効性のある環境運動が生れるものと期待される。その場合、殊更に、非西洋世界の環境思想を求める必然性もないように思われる。

しかしながら実際には、ディープ・エコロジーとソーシャル・エコロジーは激しく思想的に対立している。またプロセス神学などの宗教的エコロジーは、形而上学的前提が多すぎるとされ、一般的に受容されているとは言い難い。三者が実践面で協力し合い、一体化することは、現状では非常に困難である。彼らが実践的協力関係を樹立するには、それぞれの理論的メリットを承認し合い、切迫した地球環境問題の解決のために生かしていこうという寛容な姿勢が求められる。それには、ラディカル・エコロジーを大きく包み込むような、新たな環境思想パラダイムがどうしても必要となろう。

西田・和辻の自然・環境観に基づく環境思想

そこで、後半二章においては、東洋思想を基盤に西洋近代の限界を克服しようと試みた、近代日本の京都学派と称される哲学者たち――西田幾多郎と和辻哲郎――の自然・環境観を検討し、ラディカル・エコロジーの諸理論を包括しうる新たな環境倫理・思想を模索した。ここでまず、西田・和辻における自然・環境観を要約し、まとめておきたい。なお、西田・和辻ともに、環境の問題が今日ほど取り沙汰されなかった時代の思想家であり、「自然」と「環境」の概念的な違いを格別問題としなかった。それゆえ、ここでは西田・和辻の「自然・環境」に関する思想として、以下のごとく整理してみた（図6）。

西田にしても、和辻にしても、東洋的な一元論、わけても大乗仏教的な「主客合一」「自他不二」の世界観を基盤とした自然・環境観を有することがうかがえる。しかるに、西田が人間を超えた超越的自然の観念を強調するのに対し、和辻の方は人間の主体性が即超越性であることを示そうとしている。この違いは、両者の仏教解釈の相違によるとも考えられよう。けれども、大乗仏教の影響を色濃く感じさせる東洋的一元論の世界観に立って西洋近代の二元論的自然観を捉え直そうとした結果、生まれた独特の自然・環境観であるという点では、西田も和辻も同じである。

超近代を志向した西田と和辻の自然・環境観は、われわれに新たな環境思想パラダイムを暗示するものであった。ゆえに、筆者はそこから現代の環境倫理・思想を再考し、互いに対立するラディカル・エコロジーの諸理論を統合して近代の自然破壊的な自然・環境観を真に超克できるような自然観、

図6　西田・和辻における自然・環境観

	西　田	和　辻
自然・環境の定義	(主客合一の自然・環境観) ①客観的に主観を取り巻くもの ②創造的・歴史的・超越的な「作られたもの」 ③人間主体によって創造されつつも、さらなる人間の創造行為（行為的直感）を喚起するもの	(人間を主体とした自他不二の自然・環境観) ①人間存在を外から取り巻くもの ②人為的でないものの総称 ③「空」の全体性（＝人間存在の主体性）が分裂・多化して生じたもの ④「生ける自然」の観念
自然・環境観	・「統一的或者」の分化としての自然 ・「純粋経験」の事実としての自然 ・社会的産物としての「第二の自然」 ・「永遠の今」という自然・環境	・「汝」としての自然観 ・主体的な人間存在の客体的表現としての自然科学的な自然・環境 ・人間の社会的肉体としての風土

人間観、環境観を考察したわけである。今までの考察を踏まえ、西田・和辻の環境思想を次の四点に絞って総括したい。

自己実現の環境倫理

本書の中でわれわれは、ディープ・エコロジーのエコロジカルな自己実現思想と、西田・和辻思想にみられる自己実現の倫理とを、様々な点から比較・考察してきた。

ディープ・エコロジーのネスらが提唱する自己実現思想は、人間が自然への直観的な共感を通じて自己の感覚を拡張し、自然と一体化したエコロジカルな存在になるべきだと唱える。彼らの自己実現説は、小さな個的自己（self）から大きな有機体的全体としての自己（Self）へと向うベクトルを指示する。図式化するなら、self→Selfのベクトルを持った自己実現がディープ・エコロジーの主張なのである。

これに対し西田は、双方向的なベクトルを持つ自己実現を考えたといえる。西田の自己実現は、人間（self）が宇宙の統一的自己（Self）へ帰一しゆくベクトルとともに、統一的自己が人間を通じて自身を顕わにするベクトルをも併せ持っている。例えば、「我々の人格とは直に宇宙統一力の発動である」（1・152）との西田の言は、後者のベクトルを言い表していよう。self→Selfと同時にSelf→selfのベクトルを持った自己実現を西田は説く。したがって西田の自己実現は、self⇄Selfの自己実現、またはself / Self-realizationと表現されるべきである。もっとも、西田においてSelfなるものを探すならば、それは宇宙的自己を意味し、ディープ・エコロジーが一般的に言うような有機体レベルのSelfとは質的に異なるかもしれない。けれども、個的自己の枠を超え自然と一体化したエコロジカルな自己という点で、両者はともに一致する。

そして、ディープ・エコロジーと西田のこうした自己実現観の違いこそ、倫理に対する両者の好対照な態度を生むのである。self→Selfの自己実現は、現実的自己の変革を意味するから、当然そこには何らかの努力が必要である。一般的に考えれば、それは倫理的努力であろう。ところがself→Selfの自己実現は、倫理主体となる個人を否定するベクトルしか持たない。ネスは、そこで倫理実践を否定し、人間の共感能力に頼ろうとする。彼によると、他者や自然との直観的な一体化によって「拡張された自己感覚」が得られるならば、もはや環境倫理による強制など必要なくなるという。

一方、西田の双方向（self⇄Self）の自己実現においては、Self→selfのベクトルにおいて倫理主体の個を確保できるため、self→Selfのベクトルにおける現実変革への努力は倫理的なものとなる。西田が「自己実現の倫理」を説くことができたのは、その自己実現が双方向性を持つからである。西田は、われわれが真の自己を実現するには、人格の完成たる「主客合一」の境地に達しなければならないと言う。この境地は、後期西田哲学においても「行為即直観」「直観即行為」という「行為的直観」の立場として表される。主客合一や行為的直観の境地に至る実践は「艱難辛苦の事業」であり、それゆえ道徳・倫理などの修養が必要と説かれる。

では、和辻の場合はどうだろうか。和辻も、実践なき直観のみによる全体性（空）の認識などありえないとし、「実践即直観」による絶対空の実現が仏教の「実践哲学」の立場であると主張する。絶対空とは宇宙の本来的全体性であるから、これを宇宙的自己と呼ぶことができよう。和辻は、絶対空という宇宙的全体性の実現を理想としたわけである。であれば、偏狭な個的自己を捨てて広大な宇宙的自己に帰するというself→Selfの自己実現を和辻は考えたことになり、ディープ・エコロジーのそれと同じベクトルを有することがわかる。

ところが和辻は、ディープ・エコロジーと違って倫理実践を強調する。その理由として、和辻も西田同様、自己実現の完成の困難さを想定したことが考えられる。西田・和辻は、自己実現の状態を単なる感覚的な共感と考えず、人格や人間の本源的な主体性を実現する至高の境地とみなした。よって、人間が自己実現の境地へ至るにはそれなりの修養なり道徳的実践が必要であるとし、彼らはそれぞれに独自の倫理学を勘案したのである。

西田・和辻にみられる自己実現思想は、あくまで実践と直観が相即不離であるような境地を目指している。そして、自己の理想を実現した状態では倫理・道徳の助けも不要となる。これは非道徳的というより、超道徳的な境地を意味していよう[1]。西田・和辻の倫理観はここにおいて、共感的な自己実現説に基づくディープ・エコロジーの倫理不要論と一致する。しかしながら、その倫理不要の境地へ至るためには、まず倫理的実践が必要と強調するのである。ネスの言うエコロジカルな自己実現が「直観から始まる」のに対し、西田・和辻の考える自己実現の方は「実践（倫理）から始まる」といえる。「実践即直観」「直観即実践」という自己実現の境地に至る前段階では、何よりも「実践」が重視されねばならない。こうして西田や和辻は、自己実現の思想を倫理学化する。ネスの言うような直観的な全体性の把握は、いわば自己実現の出発点ないしは途上であって、決して完成ではない。真の自己実現は至難の目標、仏教に言う「悟り」の境地である。西田・和辻は、そうした見地から〝自己実現の完成を目指す道としての倫理〟を説いたわけである。和辻は、一般的道徳と仏教の倫理との違いについて、次のように説明する。

滅の体現が理想の体現であるということによって、この体現の努力が当為としての意義を伴なってくる。ここにいわゆる「道諦」の倫理的意義が存するのである。……自然的立場より見て自利・利他と分別せらるることは、無我の立場においてはただ真理それ自身の実現である。このやむことなき当為、真理実現の努力こそ、無我の立場においての道徳の根拠でなくてはならない(2)

「滅の体現」という仏教的な自己実現は、「真理それ自身の実現」である。それは理想の体現である。自然的立場における利他の道徳と異なり、仏教の無我の道徳は、求道者の「やむことなき当為、真理実現の努力」を言うのであり、倫理的強制をともなわない内発的な動機づけに基づく倫理である。

このような仏教の倫理観を環境思想として考えた場合、ネス等の「エコロジカルな自己実現」の場合と異なり、当然、環境倫理が重視されることになる。大乗仏教的な環境思想は、〝環境倫理の実践を通じたエコロジカルな自己実現の完成〟を目指す立場を取るであろう。ディープ・エコロジーの説く自己実現は静的であり、なおかつ「完成を目指す」という理想を欠いていた。彼らは、自己実現を「生き方」と定義し、理想や努力といった言葉を拒否する。それが、単なる自然への共感と修養を積んだ人格者の自己実現との同一視につながり、いよいよ倫理的実践は不要ということになる。ネスが言うような、直観的な一体化による自己感覚の拡大は、一時的なものに留まりがちであり、持続的であるとは考えにくい。現実の人間には様々な欲望がある。エコロジカルな自己実現の状態を維持するのは、ネス等が言うほど簡単ではない。完成された自己実現の状態に至るには、どうしても道徳的実践が必要である。ある程度の倫理的強制が課せられるのは、致し方ないといえよう。西田や和辻にみられる自己実現思想は、実践の中で自己実現を深め、確固たるものにしようとする。〝自己実現を目指す環境倫理〟の視座を持つ環境思想を、西田・和辻の倫理観から提起することは十分に可能であろう。

ディープ・エコロジーと環境倫理学は対立し、論争し合うが、必ずしも互いの理論の発展に結びついていない。それを思うと、西田・和辻の倫理思想が自己実現思想と環境倫理の結合を示唆することは、一考に価するのではなかろうか。彼らが展開したのは〝内発的動機づけによる倫理〟であり、いわゆる道徳的強制とは異なる。ゆえに、ディープ・エコロジーの「生き方の変革」と重なり合う部分も多いように思われる。いずれにしても〝自己実現と環境倫理〟という問題は、現在の環境倫理・思想における大きなテーマとなりつつある。

一九九六年、アメリカの哲学者E・ライタン（Reitan）は、自己実現思想と環境倫理の共通点を探る論文を発表した。彼は「エコロジカルな自己の達成は真に道徳的な人格であるための前提条件である」として、「ネスやフォックスのエコロジカルな哲学は、道徳哲学の大きな伝統の中では環境倫理である」と主張する。その理由として、カント倫理学における道徳法の尊重やアリストテレス倫理学における徳の概念を挙げ、「カントの尊重（respect）は狭い自己を超越し、他者と一体化することによって示される」「アリストテレスの徳（virtue）は、道徳行為をそうすることへの本当の愛から行うという堅固な気質（disposition）の中に見出される」と述べている。[3] ライタンが指摘するように、カントやアリストテレスは「自己実現」に言及しなかったものの、自己実現の完成者による自発的な道徳行為を理想と考えたともいいうる。このことは東洋の倫理思想にもあてはまり、仏教以外の教えでも、天地自然と合一した境地は、やはり倫理道徳の理想とされる。

してみれば、自己実現思想は洋の東西を問わず、一つの倫理的理想だったと言っても過言ではない。ネスやフォックスは、その理想を、倫理的実践によらず、エコロジカルな自己感覚の拡張による「生き方」の変革を通じて達成できる、と主張するわけである。ディープ・エコロジーの主張は、他者や自然と一体化した自己実現という古今の理想への一つのアプローチにすぎない。これまで多くの哲学者・宗教者・実践者たちが自己実現の理想に取り組み、様々なアプローチを提唱してきた。ディープ・エコロジーの自己実現思想は、他の多くの自己実現的な思想と比較する中で論じられ、深められねばならない。そうすれば、自己実現思想と環境倫理を結びつける議論もさらに出てくるだろう。

もしディープ・エコロジーの自己実現思想が環境倫理を持てば、社会問題などで現実的な対応が可能になり、今よりも一般化されたエコロジー思想となることができる。反対に、現在アメリカで盛んな環境倫理学も、自己実現思想を取り入れるならば、より哲学的な深みを持った倫理思想となることができよう。要するに、自己実現思想と環境倫理の結合は双方の理論的成熟・発展をもたらすと期待される。西田・和辻の環境思想は、それを可能にする理論的基盤を有するのである。

ただし、西田・和辻の自己実現思想を環境倫理として展開するには、それぞれに解決すべき課題もある。まず西田の場合、自己実現や行為的直観の倫理は「最も厳粛なる内面の要求に従う」[4] ことを目指す道徳で多分に内面的であり、瞑想的な側面が強調されている。そのため、西田の倫理を環境倫理

図7　ネス・西田・和辻にみられる自己実現思想の特徴

	self	Self	自己実現のベクトル	自己実現の倫理
ネス	個的自己	有機体的全体性	self → Self	否定
西田	個的自己	宇宙の統一的自己	self ⇄ Self	肯定
和辻	個的自己	絶対空＝国家社会	self → Self	肯定

に用いるとすれば、われわれの内面の変革が環境問題の改善のような外的な実践行動に結びつきにくいという難点を持つであろう[5]。この問題を解決するには、西田の自己実現説における宇宙的自己の無媒介性・発出性をなくし、現実世界を否定的媒介として個人の自己実現が社会の変革に直結するような理論構築を行う必要がある。周知のごとく、この問題は後期西田哲学に至って鮮明となり、田辺元によって手厳しく指弾されたところである。

また和辻に関しては、個的自己を滅失する方向に「無我」の道徳を説く点が問題となる。ディープ・エコロジーの自己実現と同じく、和辻の「絶対空の実現」はself→Selfの一方向的な自己実現であって倫理主体としての個は否定される。それゆえに本来、和辻思想において倫理を説くことなど不可能なはずである。ところが和辻は、絶対空という宇宙的な全体性概念を国家・社会という現実的全体性と同一視することで、普遍的真理への宗教的帰一を社会奉仕としての倫理実践へと巧妙に置換した。和辻の手にかかれば、大乗仏教における悟りへの修行は、社会倫理の実践に置きかえられてしまう。和辻は、アショーカ王の慈悲の実践に言及したり、原始仏教の八正道の実践、あるいは菩薩道を強調したりしたが、彼の仏教観は、在家的立場での日常的な社会倫理の実践を通じて「悟り」に至るという独特のものである。(6)

このような和辻による全体性（Self）の世俗化あるいは国家社会化は、しかし、「無我の倫理」を成立せしめるのに一応成功したものの、他面において所属国家への国民の帰属を絶対化するという国家主義の危険性をはらんでいた。それは和辻自身が戦時中、大政翼賛思想を推進する理論的支柱の一人になったという事実が何よりも雄弁に物語っていよう。和辻は、仏教的な全体性概念を社会の枠内に押し込めることによって宗教的な自己実現思想を社会倫理化するのではなく、むしろ西田のように双方向的な自己実現思想を展開して倫理主体を確保すべきだったのではないか、と思われるのである。

以上の考察から、西田の双方向的な自己実現思想における宇宙的なSelfの発出性を克服し、それを「自己実現の環境倫理」として展開するのが最も妥当な試みである、との結論に至った。ネス・西田・和辻の自己実現思想には、それぞれ一長一短がある。だが、現今の地球環境問題の解決を目指す環境倫理として自己実現を考える限り、西田の自己実現説に最も理論的な可能性を見出すことができるであろう。

宇宙論的ヒューマニズム

概して、自然の固有価値を容認する立場の環境思想は、人間と他の生物が平等の本質的価値を有すると考えている。彼らは、人間が他の生物よりも価値的に優れているわけではないと訴え、近代文明を支えている人間中心主義や人間優先主義の規範を拒絶する。ところが、そうした「生命中心主義」

の信条を具体化することは、われわれが歴史的に形成してきた人間共同体の諸制度を真っ向から否定し、生存に関する人間の優先権すら奪うことを意味する。したがって、その革命的信念はおよそ現実性を欠き、人間の尊厳性を損なうものであると警戒され、批判されてきた。

これに対し、生命中心主義的な平等論者たちは、必要最小限の人間優先を「例外」として容認することで、自分たちの理想を何とか現実化しようとする。ディープ・エコロジーのネスは、「原則として」の「生命圏平等主義」を唱え、人間の生存のために動植物を殺戮することを例外的に認める。T・リーガンも、生存権に関する人間の優先を「例外的ケース」とみる。しかし、人間優先の現実を「例外」と処理すること自体、「生命中心主義」の理論的破綻を示していよう。そこでP・テイラーは、「例外」論を一歩進めて「優先原理」を提示し、人間の利益が優先される様々なケースを原則化したが、これとて倫理的指針を示したにすぎず、「なぜ人間が他の生物よりも優先されるのか」という問いに対し、理論的に答えるものではない。結局、「生命中心主義的平等」の理念は、理想として掲げられても、そのままでは現実世界に適用できないのである。

ならば、同じく自然の固有価値を認める立場で、「価値の位階制」を説くプロセス神学の環境思想はどうだろうか。人間の都合に左右されない自然の固有価値を尊重し、なおかつ人間を頂点とした「固有価値の階層」を説くこの理論は、エコロジカルでありながら、現実の人間優先主義を理論的に説明している。けれども、「固有価値の階層理論」の欠点は「冷たさ」である。Aは価値的に劣るから、より豊かな価値を有するBの犠牲になるべきだ、という考えは、理屈は通っていても感情的に割り切ることが難しい。それでは、自然愛護の感情も必要ないし、果たして自然の固有価値を真に尊重することにつながるのかどうか、はなはだ疑問である。

以上のごとき議論を踏まえ、筆者はここで、西田・和辻にみられるエコロジカルな人間観や自然観を新たな環境思想として提示したい。彼らの人間観・自然観は、プロセス神学の「固有価値の階層理論」に近い考え方を有する。西田は人間と自然を一元論的に捉えつつも、「統一的自己」が発現する度合に応じて〈人間（人格）←人間以外の生物←植物←無機物〉といった価値序列を考えた。また和辻は、一切存在が「空においてある」という意味で、すべての自然の中に絶対的価値を認める立場を取る。けれども他面において、「菩薩および菩薩よりいずるものが価値あるものである」[7]という実践面での差別的価値観も持ち、人間（菩薩）を頂点とする現実的な価値のヒエラルキーは認めたといえる。すなわち、二人とも一切存在の本質的平等性と現実的差別性を考えたわけであり、現代の環境倫理・思想でいえば「固有価値の階層理論」の考え方に最も親近性がある。

しかしながら、西田や和辻の自然・環境観に基づき「固有価値の階層論」を再検討するならば、決してプロセス神学のような「冷たさ」をともなわないだろう。なぜかと言えば、彼らは固有価値の階層の頂点に「人格」「菩薩」の概念を置くからである。西田の「人格」や和辻の「菩薩」は、カント的な「理性的存在者」とは異なる。それはいわば、西田が力説したような「宇宙的人格」であり、大乗仏教で言う「自他不二」の境涯を指す。宇宙論的な「自己実現」に達した人間のことである。「自他不二」の人格からは、他者や自然に対する「愛」や「慈悲」の感情が迸《ほとばし》り出る。これを環境思想の文脈から「エコロジカルな人格」と捉え、エコロジカルな人格主義を「宇宙論的ヒューマニズム（cosmological humanism）」と呼びたいと思う。

哲学的課題としてのコスモロジー（宇宙論）には、小宇宙としての人間が大宇宙と照応し、調和的秩序を保っていると説く面がある。つまり、宇宙的スケールから人間を考える立場である。かたやヒューマニズムは、人間の価値と尊厳を承認し、人間を万物の尺度とする哲学である。[8] コスモロジーはヒューマニズムと対照的なパースペクティヴを取るわけだから、両者をつなげて一つの術語を作るのは論理的矛盾かもしれない。けれども西田が追求したのは、まさにそうした絶対矛盾的な現実世界の論理であり、倫理であった。彼の哲学は、宇宙的自己（Self）への帰一を説く点からいえばコスモロジーだが、個的自己（self）の完成を重視する点ではヒューマニズムの倫理といえる。西田哲学は、コスモロジーにしてヒューマニズム、ヒューマニズムにしてコスモロジーなのである。

晩年、西田は「人間的存在」という論文で、西洋の人間中心主義を批判した。彼は、近代のヒューマニズムを「内在的人間主義」とみる。近代は理性を人間に内在する特性と考え、理性的であることは創造的であるがゆえに、人間が創造者であるという人間主義が生まれた。しかし、それは「人間の堕落」であり、「理性の客観性を失うこと」であり、「歴史的生命の行詰」に他ならない。「内在的人間主義」は、自然と人間の相互的形成という歴史的世界の現実を忘れている。そこには「自然の死」とともに「人間の死」も待ち受けている。

ゆえに、人間理性が本来の「創造的世界の創造的要素」の立場へと帰るべきだと西田は力説し、「理性というものは人間に内在するのではなく、超越的なるものによって媒介せられる所に、理性があるのである」[9]という認識に立った「新しい人間」[10]を提唱する。すなわち、人間理性を尊重しながらも、人間理性の根拠を超越的な「世界」に求める「内在的超越」の立場が西田の唱える新しい人間主義であった。

晩年の西田が標榜した「新しい人間」主義の萌芽は、『善の研究』にみられる双方向の自己実現思想にあったといえないだろうか。いずれにせよ、筆者は西田のコスモロジカルな人間観を「宇宙論的ヒューマニズム」と呼びたいのである。

さて、かかる宇宙論的ヒューマニズムの実践者は、いかにしてエコロジカルなヒューマニストたりうるのか。彼らとて、自らの生を維持するためには、他の動植物を殺して自身の血肉とせざるをえない。宇宙的な人格は、地上の存在者における価値の階層の頂点に立ち、その生存は他のいかなる生物よりも優先される。それが正当化されるゆえんは、宇宙的人格があらゆる生物を慈しみ、いわば生態系の調整者、万物共生のオーガナイザーとなりうる唯一の存在という点に存する。また宇宙的人格は、宇宙根源の統一力の高度な発現である人間の文化を尊重し、動植物の利害との衝突が不可避な場合には、やむをえず人間の文化的生活の方を優先させるだろう。

けれども、そうした人間優先は、プロセス神学の「固有価値の階層理論」のように冷たい理屈ではなく、「自他不二」の慈悲の感情に基づいて行われる。宇宙的人格の人は、動植物を己の分身として食し、感謝しつつ、犠牲になった動植物の分まで自らが「宇宙的人格」を実現しようと努力する。そうなれば、人間の食用に供される動植物の死すら、「宇宙の統一的自己」の実現に寄与するわけであり、生存権に関する人間優先は決して「必要悪」とはいえない。西田が言うように、「食物を消化するということは、食物を消化するものを生産すること[11]」という意義を有する。

反面、宇宙的人格の人は、時として自己自身を犠牲にしても、愛する他者や自然を守ろうとするであろう。和辻は、このような「道徳的人格」こそ大乗仏教で説く「菩薩」であると考えた。菩薩の人格は「空を体現せんとするはたらきになり切っている[12]」状態であると、和辻は述べている。無差別平等という空の理想を実現するために、菩薩は自己犠牲を厭わず、利他の実践、動物愛護、自然保護に邁進する。和辻が示した「菩薩道の倫理学」の第一原則は、「人は己れの幸福、己れの解脱を目指してでなく、人類生物一切の解脱を目指して行為しなくてはならぬ[13]」である。

このように宇宙論的ヒューマニズムでは、人間と自然が「不二」の関係にあると捉え、愛と慈悲の念をもって自然に接することを説く。その一方で、人間の人格の持つ固有価値の大きさ、人格の尊厳を尊重し、「空」という全体性の実現に向けて人格が果たす唯一無二の役割を重視する。現実の人間優先主義や人間中心主義をやみくもに否定するのではなくして、むしろ慈愛のこもったもの、地球的な全体性を配慮したものに変えていこうとするのである。

結局、ネスやリーガン、テイラー等が唱える生命中心主義的な平等論も、人間の「慈愛」を通じてのみ実践化されるのであり、その現実的な形態は宇宙論的なヒューマニズムとならざるをえない。すなわち、生命中心主義的平等という「理論」を「実践」の中で読み直すならば、「宇宙論的ヒューマニズム」となるのである。生命中心主義の理論によれば、すべての生物は本質的に平等である。けれども、われわれが暮らす現実世界では、弱肉強食の生存競争を避けることができない。この理論と現実との絶望的懸隔を埋めるのは、一にかかって人間の愛や慈悲——すなわち人格の力——による以外にない。西田・和辻思想に基づく環境倫理は、「生命中心主義的平等」の理論を実践的人格の中で現実化しようとする。ネスは、生存のために生物を殺生する際、殺す側の人間の「無念さ（regret）」を強調するが、彼が言いたいのも実践的人格の重要性であろう。「怒り（＝殺す心）を斬り殺せ」といった仏教の実践倫理は、新しいエコロジーの黄金律となりうる。

けだし、「生命中心主義」や「固有価値の階層理論」は、個体の平等と差異という問題を、理論的に解決しようとしすぎる嫌いがあった。環境倫理は実践の領域であり、理論だけでは説明できない矛盾も多々ある。そうした矛盾を「例外」と切り捨てたり、あくまで理論で割り切ったりしたがために、現代の環境倫理・思想はアポリアを抱えることになったのではなかろうか。環境倫理は、実践的な認識を通じて形成すべき学問であろう。西田・和辻思想における「人格」「菩薩」の主張は、実践的認識を基盤に置いている。それは、現代の環境倫理・思想が抱える「理論と現実の乖離」という難題に対し、新たな観点を提供しうるように思われるのである。

環境創造の思想

近代西洋文明の思想パラダイムであるデカルト的二元論への批判から出発した環境倫理・思想において、「主体」である人間が「客体」としての自然に働きかけ、自然を改造していくという行為は、自然破壊につながるものとして否定的に捉えられがちである。しかしながらA・ゲーレンが言うように、人間は他の生物と違って、自然を改造しなければ生きていけない一種の欠陥動物である。それゆえ、人間にとって自然の改造は不可避であり、むしろ自然破壊につながらないような自然改造のあり方を問題にした方が現実的であろう。

そこで参考になるのが、西田の考える自然観である。西田は近代の人間中心主義を批判する中で、自然を質量的・使用価値的に見るような「与えられたもの」としての自然観を批判し、「作られたもの」としての「創造的自然」観に帰ることを主張した。しかし、それはプレモダンの自然観への回帰ではなく、近代の機械論的自然観を止揚するために、今一度人間が謙虚に「自然の声」を聞き、新たな世界を創造しゆくことを意味していた。あくまで機械論的世界観の中で、人間は自然と対話し、自然からの応答を通じて超越的なものに接する。それによって、超近代の新しい自然観を形成していくのである。

このような場合、西田は「自然」よりも「環境」という言葉を好んで用いる。「人間が環境を作り環境が人間を作る」[14]等と、彼は所々で述べている。たしかに、「作られたもの」としての自然の中には、人間の営為の結晶としての社会的産物＝文化が含まれるゆえに、もはや単なる「自然」のままではない。西田が社会制度や風俗等を「第二の自然」と呼んだ記述もあるが、人間を取り巻く自然的・文化的な「環境」と言った方が、彼の思想をより的確に表現することになるだろう。してみると、西田哲学における人間と創造的自然との相互作用・相互形成の思想は、「自然改造」ではなくして「環境創造」の思想と呼ぶのがふさわしい。

われわれの住む都市空間を見てもわかるとおり、現代では自然と文化が渾然一体となって人間の「環境」を形成している。とすれば、西田哲学における環境創造の観点は、ポスト産業社会における人間と自然の関係を考えるうえで示唆に富むといえないだろうか。西田は、「作られたものから作るものへ」という世界観の中で、人間が「自然改造」ではなく「環境創造」を行うことにより、近代の人間中心主義の行詰りを打開すべきことを勧める。

高度に機械化された都市に住み、グローバルな情報通信化社会に生きる現代人にとって、自然以外の文化的環境が持つ重要性は、前近代とは比較できないほど大きくなった。今道友信氏は、現代は自然だけを環境と考えるわけにはいかず、「アスファルトや軌道や電車、信号機、電話のように、一連の技術的な環境」「技術連関という環境」を考えなければならないと主張する。[15]また、本書の序論で指摘したように、経済的・社会的な諸システムが自然システムとともに複合的環境を形成するという事態が生じている。現代では「自然＝環境」という図式は成り立たず、自然といえども人間の環境の一部にすぎない。近代産業社会の出現は、人間の自然改造を環境創造に高めたといえる。

ところが近代人の「環境創造」は自然破壊的であり、引いては人間や生物の環境世界の破壊へとつながっている。この傾向が指摘されて久しい。いまや「環境創造」の方向性が問われているのだが、「自然保護」を強調する現在の環境思想は「環境創造」を主題とするに至っておらず、ために有効な指針を提出しえない。

これに対し、西田哲学においては、環境創造の思想のみならず、主客合一の「自己実現」によって「自他一致」の愛の感情に基づきつつ、環境創造を自然尊重へ、万物の共生へと方向づけるべきことも示唆されている。「創造はいつも愛からでなければならない。愛なくして創造というものはないのである」[16]と西田は訴えた。すなわち、大乗仏教的な環境思想は、「自己実現(愛)による環境創造」を説くのである。

思えば、マルクスの生産力の理論やソーシャル・エコロジーの「弁証法的自然主義」も、同様に「自然への働きかけによって人間自身を開発する」という観点を持っていた。しかしながら、人間の「自己実現」に関しては、ともに十分な考察に欠ける嫌いがあった。そのせいか、環境創造の行為を「人格の完成」との関連性で方向づけることができず、結局は有効な環境倫理を示していないように見受けられる。環境創造の思想は、自己実現思想と結びつかなければ、エコロジカルなものにならない。反対に、自己実現思想は、環境創造の観点を取り入れることで環境倫理と結合でき、一般性、現実性を獲得する。

いずれにせよ、ポスト産業社会を展望するとき、近代人の特質である「環境創造」をどのように捉え、方向づけるかが、今後のエコロジー思想の大きな課題となっていくことは間違いない。

内発的な環境的責任の倫理

現代の環境思想において、ディィープ・エコロジーの「自己実現」の哲学とソーシャル・エコロジーの「弁証法的自然主義」は、それぞれ違った角度から、人間と自然の一元論的アプローチを説いている。また哲学者のH・ヨーナスも、同様の一元論的アプローチを試みている。こうしたアプローチは、自然の中に人間の自己を同化させていくことを目指したり（ディィープ・エコロジー）、人間の営為を自然の働きとして捉えたりする（ソーシャル・エコロジー）もので、ともに「自然主義的な一元論」の立場といえる。「自然主義的な一元論」においては、人間による価値づけは自然の働きとみなされ、自然（存在）が主体として価値（当為）の担い手になる。いわゆる「自然主義的誤謬」の批判に対しては、自然主義そのものの正当性を唱える。こうしたアプローチは、人間の利益と自然の利益との一致を目指すことになるので、エコロジーにおける人間中心主義と自然中心主義の対立を克服する可能性が開けてくる。現代の環境思想における、一種の理想形を提案するといってよい。

しかしながら、自然を主体とした一元論的アプローチの問題点は、人間の義務や責任という観点が軽視されることである。すべてが自然の仕業であるならば、なぜ人間だけが自然保護の義務や責任を負わねばならないのか。そもそも人間による自然破壊すら、自然の働きの結果ではないのか。義務や責任という発想は本来、主意主義に属し、自然主義にはなじまないはずである。そこでディィープ・エコロジーは、人間の自己感覚の自然への拡張を説き、義務や責任の原理——根源的には人間の主体性——を排除しても、自然保護が成立つような思想を展開しようとする。けれども、自己感覚の拡張というエコロジカルな境地を現実社会の中で常人が体得することは困難であり、非現実的であるとの批判が絶えない。またソーシャル・エコロジーのブクチンは、「自由な自然」の実現へと向かう人間の自己意識と自由性を強調することで、自然主義の中に人間中心主義の倫理を組み込もうとしているが、人間中心の理論的根拠はどこにも示されておらず、環境倫理としては未成熟な観を呈している。

さらにヨーナスは、人間中心主義の倫理の超克をテーマに掲げ、シェリング型の自然哲学を踏襲しつつ新しい「責任の原理」を打ち立てようとしたが、やはり責任の根拠が曖昧であるという感は否めない。彼は、「責任における〈べき〉の根源」が人間の「力能（Macht）」にあると主張する。「人間の力能のみが、知識と恣意的意志を通して、全体から開放されている」のであり、「人間の能力は彼の運命（Schicksal）であって、ますます一般的な運命となる」。他の生物と違い、人間だけが力能を恣意的に行使できる特権を持つということは運命的である。それゆえ、「彼（人間）は、その力能の支配下にある、他のすべての目的それ自体を信託された者（Treuhänder）となる」とするのである[17]。ヨーナスは、「意志と義務とを第一義的に結合するもの――力能、これこそまさに、責任観念を道徳の中心に移すものである」と言い、時代の動向はそうなるだろう、と予測さえしている[18]。

自由な力能が責任の遂行にとって不可欠であることは、誰しも理解できよう。しかし、それは責任の根拠ではなく、ただ必要条件にすぎないのではないか。自然主義の立場を取る限り、いくら人間の自由な力能を強調しても、主体的な責任には結びつかないように思われる。ヨーナスは、責任の根拠を「人間の運命」に委ねようともする。が、人間の主体性にかかわる責任の観念を説明するために、「運命」という自然主義的な言説を用いざるをえないところに、彼の責任論の限界を見る思いがする。

またヨーナスは、自然が人間の存在を目的とした目的論的体系であるとし、人間という「理性的主体の無制約的な自己価値（Selbstwert）」を認めようとする。しかし、その根拠の説明は「形式的原理」によってではなく、「直観」「判断し観察する者の価値感覚（Wertsinn）」によって与えられるとする。[19]人間が自然の中で最高の価値を持つ存在であると言いながらも、それを論理的に説明することはできないのである。こうして価値論の上から人間の行為の責任を根拠づけようとする試みも、理論的に成功したとは言い難い。[20]

以上の考察から、「自然主義的な一元論」の環境思想――自然を主体とした、人間と自然の一元論的アプローチ――では、人間の環境的責任の観念を説明できないことが明らかになった。仏教も、一種の自然主義であるとする説がある。[21]そうだとすると、西田・和辻の仏教的な自然観や人間観も同じような欠陥を有する可能性があるが、ここで注目すべきは、和辻における人間主体的な環境観である。和辻哲郎の風土論は、彼の「絶対空の倫理学」体系を構成する重要な一部分になっている。それは、人間の社会的身体として風土を規定するというもので、「人間を主体とした、人間と自然の一元論的アプローチ」と呼んでも差し支えないであろう。前述した自然主義の環境思想と同じく一元論的世界観であるが、人間を主体とするところが大きく異なる。いわば「人間主体的な一元論」である。[22]一方、晩年、大乗仏教の「内在的超越」の世界観を支持し、人間の中に宇宙の根源的統一性を見る立場を重視した西田も、やはり人間主体的な一元論の世界観に到達したと考えてよい。

人間主体的な観点から人間と自然を一元論的に把握することのメリットは、人間の環境的責任の根源が明確になるという点である。すなわち、人間存在の主体性こそが責任の根拠となる。和辻において、人間の主体性は即、空の全体性であった。人間存在の根源は空という全体性であり、しかもそれが人間の主体性なのである。和辻のように、自然を人間存在の主体性の構造契機として捉えるならば、人間が自然を守る「べき」であるという環境的責任の観念も無理なく引き出せる。人間の主体性は、すなわち全体性である。比喩的な表現が許されるならば、人間存在は宇宙全体を主体的に包み込んでいる。それゆえ、人間は全体に配慮し、人類や生物、自然に対する主体的な責任を果たすべき存在である。「空に帰る運動」としての和辻の倫理観を、環境倫理における責任の問題に応用するならば、かくのごとき立論は可能であろう。要するに、人間の環境的責任の根拠は、人間存在の主体性即全体性のうちに求められるのである。

さて、このような見地から導出される責任の観念は、人間の感受性を全面に押し出した、極めて内発的なものとなろう。責任の源泉は、ここでは人間の主体的な感受性に帰属せしめられるといってよい。和辻によれば、われわれが自然の美を感ずるのは、風土における自己自身を了解できるか否かにかかっている。その点、詩人や芸術家などは鋭い感受性で自然の中に人間存在の深みを把捉し、その美しさを作品に表現する。したがって、和辻風土論から自然保護を考えるならば、人間が自然を自己自身として了解する中で、自然を愛護する責任を主体的に感受し、行動するという思想が浮び上がる。大乗仏教の菩薩は、自他不二の慈悲心から一切衆生救済の責任を担わんと誓願する者であるが、そうした姿とまさに重なり合うものがあろう。また、「主客合一」の人格の実現を目指し、愛の感情から行為すべきことを説く西田の倫理学も、内発的な責任感受の倫理思想と見ることができる。

先に取り上げたヨーナスは、責任の意味を形式的なものと実質的なものとに分類しているが、後者の実質的責任を「責任の感情（Verantwortungsgefühls）」とも表現している。彼は「愛着を持って味方をすることは、一般的な責任の観念（Idee）にはなく、物それ自身の善（Güte）を認識することに由来している」と述べ、存在する物（Sache）は善性を有する、と見ることを通じて「責任の感情」

が生れると主張する。そして、「もし愛がまた存在するならば、責任は、人間の献身（Hingebung）――存在の価値が認められ（Seinswürdigen）、愛されてもいるものの運命（Los）を案ずることを学び知る人間の献身――によって勢いづく」と述べている。[23] 自然の固有価値の認識、内発的な責任の観念といった点において、ヨーナスの「責任の感情」論は和辻の人間存在論と呼応し合う。ヨーナスは、こうした形式的ではない「責任の感情」が、今日求められている「未来世代への責任（Zukunftsverantwortung）」にとって必要であると訴える。和辻や西田にみられる責任の内発的感受の思想は、未来世代や自然に対するわれわれの責任の根拠が問題となっている状況下にあって、すぐれて今日的な意義を持つといえよう。

さらに内発的な責任倫理を説く環境倫理・思想は、今後、経済・社会システムのエコロジカルな改革を真に実効あらしめるために、重要な役割を担うようになると考えられる。今日、国際舞台で地球環境問題に取り組む専門家や運動家たちの関心の大半は、いかにして持続可能な社会・経済システムをグローバルに構築すべきかという点にあり、したがって環境倫理学や環境教育の役割も、システムの環境合理性の一般的啓蒙にあるとみられる傾向が強い。こうした意味における環境倫理の問題点は、一般大衆が倫理的主体者ではないところである。すなわち民衆が環境倫理を学ぶ意味は、決して内発的に環境的責任を引き受けるためではなく、I・イリイチが言うところの「専門家的権力（professional powers）」によってコントロールされることを「自助（self-help）」や「啓蒙された自己利益（enlightened self-interest）」といった標語のもとに理解するためにすぎないのである。専門家的権力が構築した近代の社会・経済システムの中で、人々の自然環境に対する内発的な責任の感情は圧迫されてきた。厳密にいえば、地球上の自然環境が危機的に破壊された根本原因は、近代的システムを確立した――自然科学、社会科学における——専門家集団の社会支配であり、解決すべき本質的問題は、そうした専門家的権力に一般大衆が従属し、内発的な自然への責任感を剝ぎ取られてしまったことなのである。

イリイチは、エコロジーを志向する「R＆D（Research and Development）」が、実は「人々が自分自身のために強いてみずから何をなさねばならないかということを定めようとしている」と言う。このことは、民衆を自律させ、内発的な環境的責任の倫理を喚起するようにもみえる。しかしながらイリイチは続けて、それは「外的な自然を制御しようとするサイエンスから、人々に対して自己規制を巧妙かつ効果的に押しつけうる方法の探究へと転じてきた」ことに他ならないと述べている。民衆は依然として、専門家権力によるコントロールの対象とされたままである。それゆえ、「人間とはまずもって労働者と消費者であり、彼らのために専門家は専門的な調査研究を行わねばならない、とするイメージを逆転させ」ない限り、真にエコロジカルな「民衆によるサイエンス」はない、とイリイチは訴える(24)。

また彼は、近代史を市場経済の「埋め込まれた状態からの離床（disembedding）」として理解し、市場経済を社会の中に再び埋め込む（re-enbed）ことを主張するK・ポランニーから影響を受けつつ、社会から離床した経済システムの影の部分——女性の家事労働のような「シャドウ・ワーク」——に着目する。そして近代以降、人間生活の自立と自存（subsistence）の基盤が破壊されたことに重大な関心を寄せている(25)。

要するにイリイチは、システムのエコロジカルな変革よりも、民衆の主体性や感性の復権を通じて人間と自然が生き生きと共生する生活世界——彼の言う「ヴァナキュラー（vernacular）な領域」——の奪還を呼びかけたとみることができよう。

翻って、西田・和辻にみられる〝人間存在に包まれる環境〟という思想も、かかる文脈から理解するならば、現在盛んに行われているエコロジカルな社会・経済システム変革論に対して、環境倫理が補完すべきもの――一人一人の人間の存在論的自立とそこから来る内発的な環境的責任感――の重要性を示唆するのではなかろうか。そして、かかる内発的な環境倫理は、支配イデオロギーの転換を目指すのではなく、一人一人の精神の内面的変革による自立を促すものであるがゆえに、地道な環境教育や啓蒙活動を重視し、環境政策においては漸進主義（gradualism）を採用するであろう。すなわち、思想的にラディカルでありながら、方法論的には漸進的な環境倫理を、西田や和辻の倫理思想は志向するのである。

西田・和辻の自然、環境観に基づく環境思想について、その主な特徴を四点にわたって整理した次第である。四つの特徴は、どれか一つ欠けると他のすべても成立しなくなる関係にあるが、根本的には宇宙論的ヒューマニズムの観念がすべての土台となっている。人間存在の中にマクロ・コスモスを包み込むというヒューマニズム思想――それは、人間に自己実現の実践とエコロジカルな環境創造を促し、内発的な責任の観念を教える環境思想でもある。

このような環境思想が、もし体系化されるならば、現代の「ラディカル・エコロジー」の諸理論を統合する可能性は、十分に認められるであろう。「自己実現と環境倫理（固有価値の階層理論）との結合」の可能性、そして「自己実現と環境創造との相補的関係」を、西田・和辻の思想は示している。

西田・和辻における自然、環境観の問題点

ただし、西田・和辻各々の自然、環境観には、克服すべき課題も多く見受けられた。そうした問題点を整理しておくことも重要であろう。本論考を通じて浮び上がった諸問題を三点に集約し、総括的な見解を提示したい。

①生態学的自然観の欠如

和辻風土論については、人間に先立つ客観的自然の観念がなく、環境創造の思想となりえない点が批判されている。和辻思想にみられる人間主体的な一元論は、人間中心主義と自然中心主義を融合し、かつ環境的責任を人間の主体性において根拠づける。けれども彼の風土論が批判されたように、人間主体的な一元論の環境観は、人間に先立つ客観的自然の観念を持たないために、環境創造という弁証法的世界を持たず、それゆえ逆説的に人間の主体性が発揮されなくなるという問題点があった。

一方、後期西田哲学の「創造的自然」は、近代人を「新しい人間」へと再生させる超越的・客観的な自然であった。しかしながら、当然のごとく、十九世紀以降に生れた生態学的な自然観は持ち合わせていない。このことは、現代の環境思想として見れば、大きな欠点となってしまう。というのも、現代の複合社会では、環境問題にかかわる様々な人々の主観性の相違が問題になるからである。環境問題において、被害の当事者、環境保護団体、加害者と目される企業などの諸見解は、それぞれの利害も絡み、食い違いを見せることが多い。そんなとき、政府当局には、様々な個人・団体の主観性を

考慮したうえで、すべての人々が納得するような客観的見解を示すことが求められる。その客観的見解の基準となるものは、何よりも生態学的知見であろう。西田が示したような超越的自然観も、形而上学的には客観的であるが、いかんせん反証不可能なため、すべての人の合意を得ることは難しい。

西田・和辻の自然、環境観を現代の地球環境問題の解決に役立てるには、まず生態学的自然観を導入して科学的客観性を付与し、エコロジー的に展開することである。A・ベルクは、この試みの先駆的存在といえよう。彼は、和辻の「風土」概念と生態学的な自然認識とのあいだに共通性を見出し、両者を一体化して「生態象徴」の自然観を作り上げ、ユニークなエコロジー理論を構築した。ベルクによれば、和辻は風土を人間の身体と見て、人間と自然を同一化したが、それと同じことを同じ時期に、生態学者のA・G・タンスリーが行っていたという。第二章で述べたが、タンスリーは一九三五年、生態学者として初めて「生態系」というシステム論的視座を確立した人である。人間と自然を、ともに生態系という全体を構成する不可欠な部分と見る「生態系」の理論は、和辻が人間と風土を不可分な関係において捉えたのと同じだ、とベルクは指摘している。

たしかに、人間と自然との不可分な一体性を説くという点で、和辻の風土論と生態学的自然観は一致しており、両者を一体化することは可能である。けれどもしかし、和辻の風土論は、生態系における人間、動植物、土壌、大気などの循環までは論じていないし、食物連鎖などを通じて動植物が相互依存しているという認識もない。さらには、生態系の全体論的な均衡を維持するという考え方もない。この意味からいえば、和辻風土論は生態学的自然観の一部——人間と自然との不可分・一体性——において一致するにすぎないのである。ベルクは、この部分的な相同性を頼りに生態学的自然と和辻の風土を統合し、主観と客観を通態した「風土《ミリュー》」の概念を打ち立てたのだが、異質な両思想を結びつけるには、いかにも性急で付け焼き刃的な理論操作ではないだろうか。ベルクの「風土《ミリュー》」の理論には、一つの体系をなす世界観が欠けている。つまり、「風土《ミリュー》」が主観的かつ客観的であるとするならば、それを成立せしめる世界観とは何か、この点が明らかにされていないのである。

かくして、西田・和辻の自然観が生態学的自然観を取り入れるということは、彼らの世界観の中で生態学的自然観を承認するということでなければならない。この点に関する可能性は未知数である。しかし、西田・和辻の世界観が、自然科学的な自然観の客観性をある程度まで承認することは付記しておきたいと思う。

西田の説く「主客合一」の世界は、環境創造的な弁証法的世界であるが、そこにおける自然は人間の創造のパートナーとして、創造的・超越的な自然であった。したがって、自然科学的に捉えられた自然に関しては、人間の意識を通して見ることにともなう主観性とともに、あくまで超越的なものに根ざした客観性もあるのである。西田は、「科学的対象は歴史的実在として何処までも客観的たると共に主観的でなければならない[26]」と言う。ベルクの通態的自然観と同じ考えであるが、通態的な自然観が弁証法的世界観の中から導き出されるところが大きな違いである。

また和辻は、人間主体的に捉えた「自他不二」の世界観を説いている。彼は、自然科学的に捉えられた自然といっても、自然科学活動を営む人間存在の主体性を構成する一契機であって、人間存在の主体性の表現に他ならないとする。ところが現代では、人類の大半が、少なくとも科学技術の恩恵に浴して生活するという意味では自然科学活動を営む人間存在といえる。とすれば、自然科学的な自然観は、人間の主観によって抽象化された自然とはいえ、他面では人類の意識一般において成立つような一定の普遍性――間主観的な客観性――をも有する。和辻が言うところの「間主観的な、従って意識一般に於て成り立つ自然界[27]」が、自然科学的対象としての自然である。してみれば、今問題にしている生態学的な自然もまた、間主観的な意味での客観性を持つ概念といえるわけである。

以上のごとく、西田・和辻は「主客合一」「自他不二」といった仏教的世界観に基づいて自然科学的な世界観を解釈したが、自然科学的知識には一定の客観性を認めようとしている。これによって、西田・和辻の自然観と生態学的自然観との理論的統合を目指すのは、決して不可能ではないと思われる。

②個の主体性を軽視する傾向性

大乗仏教の思想は、日本の歴史上、個の主体性や自由性を育む契機にはならなかった。日本に限らず、大乗仏教思想は、伝統的に「自他不二」的な自己否定をあまりに強調しすぎたといえる。それゆえ、西田は「因襲的仏教にては、過去の遺物たるに過ぎない[28]」と、伝統仏教を厳しく批判し、真の大乗仏教的世界観を、個物と一者とが等根源的に尊重される「絶対矛盾的自己同一的世界」として表現したのだった。

ところが、そうした西田においてすら、田辺元が批判したごとく、絶対無の無媒介性による発出論的傾向が指摘されている。すなわち、「矛盾的自己同一[29]」における「自己同一」の側面の方が重視されてしまい、個の主体性を軽視する思想になりがちである。和辻の「間柄」の倫理学に至っては尚更《なおさら》であって、「人間」の個性は共同体における役柄の中に埋没してしまう。ことほど左様に、大乗仏教思想において個の主体性を理論的に強調することは難事である。そこで、大乗仏教はおよそ静的な世界観を説くとの見方が定着し、現実逃避や安易な現実肯定の姿勢に陥ってしまう危険性も度々指摘されてきた。

しかし、そもそも大乗仏教の、例えば華厳思想の「一即多・多即一」の世界観において、「一」の根源性に対して「多」の個別性が軽視されるようになれば、もはや「即」の意義はなきに等しいだろう。本来、大乗仏教思想は、個の主体性を認めるはずである。西田も、われわれの自己は宇宙の根源的一者と一体化してその中に埋没するのではなく、一者と話し合い、面接する関係において主体性を保つと主張している。

いわゆる宇宙的感情と言うごときものにおいて人は大宇宙と合一すると考えられる。しかし単に我が宇宙と合一しこれに没入すると考えるならば、我というものはない。斯《か》く考えれば単なる無意識と択《えら》ぶ所がない（万有神教の弱点は此にあるのである）。そこに大宇宙を一つの人格としてこれと話し合うという意味がなければならない。我々は無意識となることによって大宇宙と合一するのではなく、我々の人格的自己限定の尖端において宇宙的精神と面々相接するという意味でなければならぬ[30]

主客合一の人格の実現は、西田の倫理学の基本原理であり、大乗仏教で言うところの悟りの状態である。その境地は、日本の近代化以前における「天人合一」的な世界観を西洋哲学の言葉を借りて表現したものといえる。だが、それは同時に西洋近代の二元論的な自我を否定し、もう一度、近代以前の一元論的な世界観へと逆行する危険性もはらんでいた。もちろん、西田の意図は西洋の近代的世界観の超克であり、決して近代の否定や旧態依然の世界観への復古ではなかった。だから、主客の「合一」を無意識的な一体化ではなく、主観と客観とが二極として面接しつつも合一する境地として示したのである。この考え方は、晩年の宗教的世界観に至るまで一貫している。

ところが、こうした個我の主体性の強調も、絶対無の立場から一切を考える後期西田哲学の体系全体から見ると、途端に色褪せ、最終的にはやはり発出論的な傾向を帯びてしまうのである。西田の場合、東洋的な主客合一の理想に軸足を置いたうえで西洋近代の二元論を包越しようとしたのだが、その試みが成功したとは言い難いものがある。西田は超越的自然の観念を強調し、人間と自然との弁証法的な相互限定による歴史的世界の形成を説くが、根源の絶対無が非弁証法的な直接態であることにより、個物たる人間の主体性はどうしても薄れてしまう。一方、和辻風土論は人間主体的一元論であるが、客観的自然の観念がなく、人間と自然との弁証法的対立に欠けるために、結局は人間の自律的な主体性を確立できていない。西田の超越的自然観と和辻の人間主体的な自然観を結合すれば、個の主体性を確保できるかもしれないが、この課題には機会を改めて取り組むことにしたい。

すでに見てきた通り、近代人間中心主義の行詰《いきづま》りを打破するためには、単なる自然保護、単なる自然改造の次元を超え、環境創造の立場に立つことが肝要である。それには、人間が個としての本源的主体性を確立しなければならない。西田・和辻のような東洋的一元論を基盤にした自然・環境観が、現代の環境思想として貢献しうるか否かは、環境創造に深くかかわる個の主体性を、いかに理論的に確立するかにかかってくるといえよう。

③「自然の怒り」に対して無自覚的になる危険性

西田や和辻の自然、環境観は、仏教とりわけ日本仏教の影響を強く受けて成立した。日本の仏教は自然主義的であり、人間と自然との一体化を説くといわれる。が、しかし、梅原猛氏は、その自然主義的傾向こそが日本人の「自然への甘え」を増長し、現代日本において欧米以上の自然支配や自然破壊をもたらしたのではないかとの疑念を抱く。自然主義に基づく「自然への甘え」とは、「自然の子」である人間が「母なる自然」に依存し、感性的に一体化している状態である。「母」として人間（子）の振舞いを慈悲深く見守る自然――そのイメージから、人間の自然破壊に対する「自然の怒り」という発想は起りにくい。

この危険性は、仏教に限らず、人間と自然を一元論的に把握する思想全般にあてはまるだろう。例えば、ディープ・エコロジーは、自然破壊的な人間中心主義の二元論を批判し、ネイティヴ・インディアンの素朴な自然中心主義のごときを賛嘆している。だが、一元論的な自然主義は、まかり間違えば「自然と一体化した人間なら、何をやっても許される」として、二元論以上に自然破壊的になる危険性もあるのである。自然主義的伝統を有する非西欧世界の諸国に、西欧近代の自然支配の哲学が輸入され、結果として欧米以上の自然破壊を引き起こしているケースは少なくない。デカルト的二元論は、たしかに自然支配の哲学である。しかしながら反面では、自然を対象化して分析し、生態学的認識をもたらし、「自然の怒り」をわれわれに知らしめるというメリットを持つことも忘れてはならない。

では、仏教的な自然哲学を真にエコロジカルな思想として新生させるにはどうすればよいのか。換言すれば、「自然の怒り」に対して自覚的な自然哲学とするにはどうすべきか。一つの方途として、一部の自然中心主義のエコロジストが注目しているシステム論的な世界観を通じて、仏教の世界観を再構成するということが考えられる。システム論的世界観は、部分と全体の相即関係を強調し、一元論と二元論の対立を解消しようとする。ディープ・エコロジーは、この立場を支持するが、どちらかといえば一元論に傾く印象が拭《ぬぐ》えない。他方、大乗仏教の縁起的世界観は、部分と全体の相互依存関係を説き[31]、元々システム論的な世界観と共通するところが多いように思われる。理論的可能性としては、むしろディープ・エコロジーより開かれていると言っても過言ではない。

さて第二には、弁証法的な自然観の導入という方法もあるだろう。ソーシャル・エコロジーは、一元論的な自然主義の中に弁証法的対立の概念を融合させた「弁証法的自然主義」を提唱する。これによって、人間の自然改造が自然主義の文脈において正当化されたのだが、人間と自然とを弁証法的に対立させ、自然を対象化するわけだから、「自然の怒り」に対して自覚的な自然主義となることも可能である。この観点から振り返ると、西田も、大乗仏教的な「一即多、多即一」の世界観にヘーゲル的弁証法を取り入れている[32]。西田の「弁証法的世界」においては、主観と客観が相対立したうえで、しかも弁証法的に統一されるものとする。

主観と客観とは絶対に相対立するものでなければならない。しかも我々の行為という如きものにおいては、主観が客観を限定し、客観が主観を限定する。主観即客観、客観即主観として、弁証法的過程というものが考えられるのである[33]

主観と客観の相互限定を通じて弁証法的に発展し、統一に向かう過程が人間の世界（歴史的世界）であると西田はみる。そこにおいて、われわれは客観的なものを対象化すると同時に、われわれの主観の根源であるところの歴史的生命を客観の中に見出す。客観的な「物」は、主観的な歴史的生命の自己表現に他ならない。これが西田の言う「物を生命の表現として見る」[34]ということであろう。かかる弁証法的な一元論に立つならば、われわれが破壊された自然を見て、自然の中に潜む歴史的生命の表現としての「自然の怒り」を看取することもできるように思われる。

要するに、西田・和辻のような仏教的自然観が、自然破壊の反動としての「自然の怒り」に自覚的であるためには、単に一元論的な自然哲学だけではなく、何らかの形で近代認識論の二元論的な観点を取り入れなくてはならないのである。前述したような、生態学的自然観の導入という問題も、まず近代認識論を受け入れることが前提となるし、個の主体性は近代的自我の確立なくしては保障されない。

西田や和辻は、仏教、儒教、道教などの日本思想に伝統的な一元論的自然観が西洋近代の二元論的自然観の移入によって突き崩されるという、明治以降の日本人における精神的苦悶を背負いつつ、東西の自然観の統合によってそれを突破しようと悪戦苦闘した。彼らの試みは、十分な思弁的反省に基づいた哲学的展開という点で、ディープ・エコロジーなど現代西洋の環境思想からの東洋思想へのアプローチに比べ、より理論的な成熟性が感じられる。しかしながら彼らは、近代的自我を日本思想の一元論的自然観の中に包容することで超克しようとした。そのために個の主体性が軽視されがちであったことは否めない。西田や和辻も例に漏れず、仏教や儒教など日本思想の近世的伝統を基盤に置いて西洋近代を超克しようとした思想家であった(35)。

ともあれ、仏教的自然観に西洋近代の認識論が入り込む余地をいかに、またどの程度認めるかというのは、非常に難しい問題である。しかしこの問題こそ、仏教の可能性に注目する現代の環境思想家にとって重要な課題の一つであることは間違いない。われわれが西田や和辻の苦心の足跡を辿《たど》ることは、その課題に対する基礎作業の意義を持つともいえないだろうか。

註

序論

（1） Merchant, Carolyn, *Radical Ecology: The Search for a Liveable World*, Routledge, Chapman & Hall, New York, 1992, p.1. 川本隆史他訳『ラディカルエコロジー』産業図書 1994 p.1.

（2） *Ibid*., p.14. 川本他訳 p.21.

（3） *Ibid*.

（4） *Ibid*.

（5） 上田閑照『西田哲学への導き』岩波書店 1998 p.171.

（6） 今道友信『自然哲学序説』講談社学術文庫 1993 p.14ff.

（7） 社会学者の正村俊之氏は、システムの複合性という視点から今日の地球環境の危機を考えている。それによると、地球環境問題の原因は「人間の自然支配」ではなく、社会システムがエコシステムとしての自然から構造的に遊離し、それと不整合的な発展を遂げたことにあるという（正村俊之「自己組織システム」、岩波講座『社会システムと自己組織性』所収 岩波書店 1994 p.76ff.）。

（8） Scheler, Max, *Die Stellung des Menschen im Kosmos* (1928), Bouvier Verlag, Bonn, 1995, S.40. 亀井裕他訳「宇宙における人間の地位」（シェーラー著作集 13）白水社 1977 p.50ff.

（9） トゥーレ・フォン・ユクスキュルは、S・フィッシャー社刊行のConditio humana叢書に再録された*Streifzüge durch die Umwelten von Tieren und Menschen*に寄せた序文（1970）において、J・ユクスキュルの環境世界説を人間に適用することの是非について、次のように論じている。すなわち、環境世界説を無批判に人間の領域へと拡大してゆくことは、M・シェーラーらの言うように「人間と動物との相違に目をおおうことになるし、同時に人間生成の基本的問題を隠してしまうことになる」。しかしながら、「われわれはみな主体的な世界に閉じこめられており、その世界についての情報は『内省』のみが与えてくれるのだという事実を、われわれは経験によって教えられている」ということも、また「人間存在の根本的事実」である。このようにT・ユクスキュルは、人間が世界へと解放された存在でありながら、なおかつ世界にも閉じこめられていると見ている（トゥーレ・フォン・ユクスキュル「環境世界の研究――主体と客体とを含む自然研究として」、日高敏隆・野田保之訳『生物から見た世界』所収 思索社 1973 p.297）。

（10） Gehlen, Arnold, *Man: His Nature and Place in the World* (translated by Clare Mcmillan & Karl Pillemer), Colombia University Press, New York, 1988, p.29. Originally published as Arnold Gehlen, *Der Mensch: Seine Natur und seine Stellung in der Welt*, Athenäum, Frankfurt, 1966 平野具男訳『人間 その本性および世界における位置』法政大学出版局 1985 p.37.

（11） *Ibid.*, p.29. 平野訳 p.37.

（12） 荒木峻他編『環境科学辞典』東京化学同人 1991 p.443.

（13） 竹山重光「誰がどういう自然を守るのか」、加茂直樹他編『環境思想を学ぶ人のために』所収 世界思想社 1994 p.25.

（14） Passmore, John, *Man's Responsibility for Nature: Ecological Problems and Western Traditions,*

Gerald Duckworth & Co.Ltd., London, 1974, p.27. 間瀬啓允訳『自然に対する人間の責任』岩波書店 1979 p.43.

(15) 渡辺正雄氏は、環境破壊の責任をすべて西洋世界に帰そうとする論が日本にあることを取り上げ、「我々が、そういった西洋世界で生み出されたものを全面的に取り入れて全面的に使っている以上、我々には責任がないなどとは到底言えない」と述べている(渡辺正雄「近代における日本人の自然観」、伊東俊太郎編『日本人の自然観』所収 河出書房 1995 p.363)。

(16) 藤原邦達『21世紀・人間と環境の危機』日本評論社 1997 p.89.

(17) 末木文美士『仏教――言葉の思想史』岩波書店 1996 p.125.

(18) 阿部正雄「比較思想とは何か――主体性自覚の視点から」、峰島旭雄他編『比較思想のすすめ』所収 ミネルヴァ書房 1979 p.140ff.

(19) 福井文雅氏は、「実証性」の視点から比較思想研究を批判するが、その論点は以下の九項目である。①対比する研究対象を選択する基準の恣意性 ②結論の先行性 ③研究者個人の力量の限界 ④結論の自己完結・閉鎖性 ⑤相違点の軽視 ⑥性急な概括化 ⑦対比する対象が変わったり、学問が進歩するに伴なっておこる結論の変質 ⑧翻訳を通さなければならない為に、その結果としておこる概念のズレ ⑨東洋対西洋という区分は、便宜的であって、学問的には成立し難い(前掲『比較思想のすすめ』p.106)。

福井氏の批判は、比較思想研究を志す者にとって傾聴に値するものばかりである。これらの点を最大限に考慮することは、学問としての必要条件であるといえよう。しかしながら、氏のように否定的になるのではなく、新しい哲学思想を創造する場としての比較思想研究の意義を認めたいと思う。福井氏によれば、「哲学すること」は、それ自体がもはや「哲学の研究者」の態度でないとされている。

「哲学者（に成ること）と、哲学の研究者（に成ること）とを混同してはいけない」（同 p.115）と氏は訴えるのであるが、哲学者と哲学の研究者を切り離して論ずるのは、講壇哲学的な見方に偏るものと言わざるをえない。比較思想という新しい学問が、我が国の伝統的な講壇哲学と異なる立場に立つからといって、一概に学問的でないと規定することはできないであろう。

第一章　地球環境問題と近代の思想パラダイム

（1）Devall, Bill and Sessions, George, *Deep Ecology*, Gibbs M. Smith, Layton, Utah, 1985, p.243.
（2）Naess, Arne, "The Shallow and the Deep, Long-Range Ecology Movement. A Summary," *Inquiry* 16, 1973, p.96.
（3）広松渉他編『岩波哲学・思想辞典』岩波書店 1998 pp.1332-1334.
（4）Nash, Roderick, *The Rights of Nature: A History of Environmental Ethics*, The University of Wisconsin Press, Madison, 1989, p.18. 松野弘訳『自然の権利――環境倫理の文明史』ＴＢＳブリタニカ 1993 p.36.
（5）Devall and Sessions, *op. cit.*, p.53.
（6）*Ibid.*, p.54.
（7）平凡社『哲学辞典』（1971）によれば、anthropocentrismの意味には「ヒューマニズムを原理とする近代思想の特徴をさす場合」がある（p.1070）。
（8）Devall and Sessions, *op. cit.*, p.98.

（9）Heidegger, Martin, *Über den Humanismus*, Vittorio Klostermann, Frankfurt am Main, 1949, S.27. 佐々木一義訳『ヒューマニズムについて』理想社 1974 p.60.

（10）A.a.O., S.11-13. 佐々木訳 pp.25-29.

（11）Heidegger, Martin, *Die Zeit des Weltbildes*（1938）, Vittorio Klostermann, Gesamtausgabe Band 5, Frankfurt am Main, 1977, S.87. 桑木務訳『世界像の時代』理想社 1962 p.25.

（12）A.a.O., S.99. 桑木訳 p.48.

（13）A.a.O., S.108ff. 桑木訳 pp.63-65.

（14）A.a.O., S.88. 桑木訳 p.26.

（15）A.a.O., S.91. 桑木訳 p.32.

（16）A.a.O., S.94. 桑木訳 p.37.

（17）A.a.O., S.93. 桑木訳 p.35.

（18）ハイデッガーは『ヒューマニズムについて』の中で、「存在の真理を考えることは同時に、人間らしい人間の人間性（die humanitas des homo humanus）を考えることでもあります。存在の真理には奉仕するが、形而上学的な意味でのヒューマニズムを持たない人間性が大切なのです」（Heidegger, *Über den Humanismus*, S.37ff. 佐々木訳 p.81）と述べ、存在論の立場からのヒューマニズムの可能性を示唆している。

（19）Hobbes, T., *Leviathan*, in *English Works*, Vol.iii,（Molesworth）, 1838, pp.41-44. 水田洋・田中浩訳、ホッブズ『リヴァイアサン』世界の大思想 河出書房 1966 pp.38-41.

（20）Locke, J., *Two Treatises of Government*, Peter Laslett（2nd ed.）, Cambridge University Press,

London, 1967, p.304.

（21）今日、ロックを資本主義的所有の観念を生み出した先駆とする見方は一般的であるが、一部の環境倫理学者は、ロックの所有権論にエコロジカルな部分があることを指摘している。例えば、K・S・フレチェットは、「歴史上の」ロックと「概念上の（conceptual）」ロックを区別すべきであるとし、「ロック自身の言葉は、土地や他の自然資源の所有権を制限もしくは否定するための原理を提供している」とする、修正主義的なロック解釈を発表している（See Shrader-Frechette, K., "Locke and Limits on Land Ownership," *Journal of the History of Ideas* 54(2), April 1993）。また市川達人氏は、ロック研究者の田中正司氏がロックのプロパティー概念を「パーソンの拡大」と解釈したことを紹介しながら、「ロックの所有論は伝統的な人間・環境関係を労働と生産にもとづくそれへと転換させていく分岐点に位置するが、それだけに『身体の延長』の論理にみられる、人間と自然・環境・大地との同一性に安らう所有の観念を残していたといえる」と主張している（市川達人「環境、所有、風土」『環境哲学の探求』所収 大月書店 1996 p.131）。

（22）Spinoza, *Tractatus Politicus II-5*, in: *Spinoza Opera III*, im Auftrag der Heidelberger Akademie der Wissenschaften, Carl Gebhardt（Hrsg.）, Heidelberg, C. Winter, 1925（Rep. 1972）, S.277. 畠中尚志訳『国家論』岩波文庫 1976 p.19.

（23）A.a.O.

（24）Spinoza, *Tractatus Theologico-Politicus XVI*, in: *Spinoza Opera III*, S.176. 畠中尚志訳『神学・政治論——聖書の批判と言論の自由』下巻 岩波文庫 1944 p.164.

（25）Spinoza, *Tractatus Politicus II-4*, in: *Opera III*, S.277. 畠中訳 p.19.

（26）河井徳治氏は『スピノザ哲学論攷』の中で、スピノザの延長的自然について考察しているが、ロビンソンやバルトゥシャット（W. Bartuschat）の説を紹介しつつ、「スピノザがデカルトの自然学を踏襲したとする見解」が今日でも根強く存在していることを指摘している（河井徳治『スピノザ哲学論攷』創文社 1994 p.81ff.）。

（27）例えば、カリフォルニア大学名誉教授のN・ブラウンは、「ホワイトヘッドの自然学と比較して、スピノザの自然学を有機体の哲学と呼んでもよいかもしれないが、それは、徹底したポスト・アリストテレス的、反目的論的な、有機体の哲学である」と主張している（Brown, Norman, "The Turn to Spinoza," in *Apocalypse and/or Metamorphosis*, Regents of the Univ. of California, 1991, 田代真訳「スピノザへの転回」、『現代思想』臨時増刊号 第二四巻第十四号所収 青土社 1996 p.249）。

（28）Merchant, Carolyn, *The Death of Nature: Women, Ecology, and the Scientific Revolution*, Harper Collins Publisher, San Francisco, 1983（Originally published in 1980）, Introduction, p.21. 団まりな他訳『自然の死』工作舎 1985 p.16. ただしマーチャントは、近年、再評価の動きが出ているニュートンについて「宇宙の機械化によってひきおこされる有機的生命の危機に深い関心を抱いていた」との認識を示し、ニュートンがデカルト的な機械論を「ひいきめに見積もっても部分的にしか正しくないともっていた」とする見解を取っている（See Merchant, *The Death of Nature*, pp.275-289. 団他訳 pp.508-534）。

（29）Also see Merchant, *The Death of Nature*, pp.1-41. 団他訳 pp.20-89.

（30）*Ibid.*, p.192ff. 団他訳 pp.358-360.

（31）*Ibid.*, Introduction, p.23. 団他訳 p.18.

(32) Capra, Fritjof and Callenbach, Ernest, 霍田栄作訳『ディープエコロジー考』佼成出版社 1995 p.18.（筆者注：同書の「訳者まえがき」によると、同書の出版は日本で企画された。まず訳者の霍田氏がCallenbach氏に頼んで、Capra氏とCallenbach氏の講演原稿の中からいくつかを送ってもらい、さらに両氏が来日した折りのインタビューや鼎談を組み合わせて本の体裁を整えたという。したがって同書は、日本語版のみの出版である）。

(33) Capra, Fritjof, *The Turning Point: Science, Society, and the Rising Culture*, Fontana Paperbacks, 1983, p.52ff. 吉福秀逸他訳『ターニングポイント』工作舎 1984 p.97ff. ここでカプラは、マーチャントと異なって、ニュートンが「デカルトの夢をかなえ、科学革命を完成させた人物」であり、「機械論的自然観に対する完全な数学的記述を展開」したと描写している（*Ibid.*, p.48. 吉福他訳 p.92）。

(34) 尾関周二氏は、『自然の死』におけるマーチャントの近代科学批判は前近代的なアニミズムの賛美であるとして、「科学的思考のもつ意義を重視する人びとからは、まったく問題にされない可能性もある」と評している（尾関周二「環境問題と人間・自然観」、『環境哲学の探求』所収 大月書店 1996 pp.22-25）。

(35) Merchant, *Radical Ecology*, p.100. 川本他訳 p.134.

(36) このような見解を言明したものとして、藤原保信『自然観の構造と環境倫理学』（御茶の水書房 1991）がある。藤原氏は、「機械論か有機体論かという問題に帰るならば、このことはすでに述べたようにこの両者を二者択一的にとらえるのではなく、有機体論が機械論を包摂していくという形でとらえることを意味する。それは機械論的な自然の運動と、自然への人間の働きかけを認めつつ、それを全体としての有機体の枠のなかに位置づけ、方向を選択していくようなあり方を意味する」（同書

p.173）と述べている。

（37） Merchant, *Radical Ecology*, p.59. 川本他訳 p.82.

（38） *Ibid.*, p.62, 64. 川本他訳 p.84, 86. なおマーチャントは、「自己中心主義の倫理」に基づく環境倫理の代表例として、G・ハーディンの「救命ボート倫理（Lifeboat Ethics）」を挙げている。

（39） Singer, Peter, *Animal Liberation*, New York Review, New York, 1975, p.200. 戸田清訳『動物の開放』技術と人間 1988 p.250.

（40） Ferry, Luc, *The New Ecological Order*（translated by Carol Volk）, The University of Chicago Press, 1995, p.21. Originally published as Luc Ferry, *Le nouvel ordre écologique, l' arbre, l' animal et l' homme*, Grasset & Fasquelle, 1992 加藤宏幸訳『エコロジーの新秩序』法政大学出版局 1994 p.60.

（41） Nash, *op. cit.*, pp.18-32. 松野訳 pp.37-66.

（42） Berque, Augustin, 篠田勝英訳『地球と存在の哲学――環境倫理を超えて』筑摩書房 1996 p.21.（筆者注：本書はベルク氏が「ちくま新書」のために書き下ろしたものであり、現在のところ、日本語版のみが出版されている）。

（43） White, Lynn, "The Historic Roots of Our Ecological Crisis,"（*Science* 155〔3767〕, 1967）, in Louis P. Pojman, ed., *Environmental Ethics*, Jone and Bartlett Publishers, Boston, 1994, p.13. 青木靖三訳「現在の生態学的危機の歴史的根源」、『機械と神―現在の生態学的危機の歴史的根源』所収 みすず書房 1972 p.92.

（44） *Ibid.*, p.11. 青木訳 p.86.

（45） 関根正雄訳『旧約聖書 創世記（第六九刷改版）』岩波文庫 1999 p.11.

(46) White, "The Historic Roots of Our Ecological Crisis," p.12. 青木訳 p.87.
(47) *Ibid.*, p.14. 青木訳 p.95.
(48) *Ibid.*, p.13. 青木訳 p.91.
(49) *Ibid.*, p.14. 青木訳 p.96.
(50) See Dubos, René Jules, "The Genius of the Place," Tenth Annual Horace M. Albright Conservation Lectureship, University of California at Berkeley, School of Forestry and Conservation, February 26, 1970.
(51) Passmore, *Man's Responsibility for Nature*, p.12. 間瀬訳 p.17.
(52) *Ibid.*, p.20. 間瀬訳 p.31.
(53) *Ibid.*, p.17. 間瀬訳 p.25.
(54) *Ibid.*, p.15. 間瀬訳 p.23.
(55) *Ibid.*, p.21. 間瀬訳 p.32.
(56) P・シンガーも動物観に関連して、パスモアと同じく、キリスト教がギリシャ思想を受け継いだとの主張をしている。しかしシンガーの場合、それはストア学派ではなく、プラトン・アリストテレスの学派を意味していた。彼は「アリストテレスは、創世紀の作者とちがって、人間と動物界のその他の部分とのあいだに深淵（deep gulf）をもうけることはしなかったけれども、動物は人間の目的に仕えるために存在するのだと考えていた」（Singer, *Animal Liberation*, p.188. 戸田訳 p.235）と述べ、ユダヤの創世紀とギリシャのアリストテレス学派がともに人間の動物支配を正統化しているとの考えを表明した後、「キリスト教は、やがては、動物についてのユダヤ人の思想とギリシャ人の思想を統一することとなった」（*Ibid.*, p.189. 戸田訳 p.236）と説明している。なお、シンガーはローマ帝国以後の新約聖書について、旧約聖書以上に動物虐待的であるとの見方を持っている（*Ibid.*, p.191. 戸田訳 p.239）。

（57） Passmore, *op. cit.*, p.29. 間瀬訳 p.50.

（58） 加藤隆氏は、「社会思想としてのキリスト教と環境問題」（『生命・環境・科学技術倫理研究資料集続編』所収 千葉大学 1996）においてリン・ホワイト論文を取り上げ、聖書からは自然についての様々な立場が引き出せるとして、ホワイトの立場に反論している。この点はパスモアの主張と同轍であるが、氏はさらに、キリスト教の社会思想の性格に着目している。それによれば、新約聖書のルカ福音書と使徒行伝（ルカ文書）の内容において「キリスト教的な世界の構想として示されている社会構造」は「上自由下共同体型」であり、それは世界的に適用されている現代の西洋文明的な社会構造に他ならない。「上自由下共同体型」とは、「一番上に極めて自由で独立した領域があって、下へ行くほど上の領域に従属した共同体的な傾向が強まっていく」（同資料集続編 p.192）である。この社会類型において自由の領域を下へ下へと拡大する歴史の中で、環境汚染の活動が世界的に広がっていったと加藤氏はみている。したがって、厳密な因果関係はともかく、「もしキリスト教が現在の環境問題との関連で問題視されなければならないとするならば、それはこの『上自由下共同体型』の西洋文明的な社会構造との関連においてであろう」（同資料集続編 p.195）と氏は述べている。加藤氏の所論は、キリスト教が社会思想として環境問題の一因となった可能性を示唆するものであるが、近代西洋文明とキリスト教思想が親和的な関係にあったことを示す論文ともいえよう。

（59） Shrader-Frechette, K., "Frontier Ethics and Lifeboat Ethics," in her *Environmental Ethics* (2nd ed.), The Boxwood Press, 1991 p.32. 浜岡剛訳「『フロンティア（カウボーイ）倫理』と『救命ボート倫

理』」、シュレーダー・フレチェット編『環境の倫理』上 晃洋書房 1993 p.56.

(60) Merchant, *Radical Ecology*, p.63. 川本他訳 p.88ff.

(61) Klöcker, Michael und Tworuschka, Udo (Hrsg.), *Ethik der Religionen—Lehre und Leben*, Band 5 Umwelt, Vandenhoeck & Ruprecht, München, 1986, S.37. 石橋孝明他訳『環境の倫理』(『諸宗教の倫理学——その教理と実生活』第五巻) 九州大学出版会 1999 p.52.

(62) Weber, Max, *Gesammelte Aufsätze zur Religionssoziologie II* (1921), J.C.B. Mohr Verlag, Tübingen, 1988, S.278. 池田昭他訳『アジア宗教の基本的性格』勁草書房 1970 p.50ff.

(63) Passmore, *op. cit.*, p.26. 間瀬訳 p.40ff.

(64) 湯浅赳男『環境と文明——環境経済論への道』新評論 1993 pp.18-20.

(65) 古川久雄「生態征服の近代」、岩波講座 開発と文化5『地球の環境と開発』所収 精興社 1998 p.156.

(66) 安藤精一『近世公害史の研究』吉川弘文館 1992.

(67) 丸山真人「世界資本主義と地球環境」、前掲書『地球の環境と開発』所収 p.42ff.

(68) 熊沢蕃山「集義外書」、滝本誠一編『日本経済大典』第五一巻所収 明治文献 1971 p.223.

(69) 熊沢蕃山「宇佐問答」、正宗敦夫編『蕃山全集 第五冊』所収 蕃山全集刊行会 1942 p.295.

(70) Leopold, Aldo, *A Sand County Almanac*, Oxford University Press, 1987 (first published in 1949), Foreword [vii] 新島義昭訳『野生のうたが聞こえる』講談社学術文庫 1997 p.3.

(71) Carson, Rachel, *Silent Spring*, Penguin Books, 1965 (first published in 1962), p.219. 青木簗一訳『沈黙の春』新潮社 1974 p.291.

(72) 日本人の自然観においては自然が対象化されない、という問題に関しては、渡辺正雄氏の「近代における日本人の自然観」（前掲、伊東俊太郎編『日本人の自然観』pp.329-370）が示唆に富んでいる。

（73）間瀬啓允「環境問題に宗教はどうかかわるか」、加藤尚武編『環境と倫理』所収 有斐閣 1998 p.173ff.

（74）梅原猛著作集 7『哲学の復興』集英社 1983 p.485.

（75）渡辺正雄「近代における日本人の自然観」、前掲、伊東俊太郎編『日本人の自然観』p.367.

（76）前掲、安藤精一『近世公害史の研究』p.159.

（77）「仏教から自然科学的精神は生れるか」という命題について、源了円氏は否定的な見解を示している。源氏は、道元などの仏教において「外なる自然」と「内なる自然」とが「物我一如」的に未分離なものと考えられていると述べ、それゆえに「キリスト教の場合のように仏教の中から自然科学的思惟が生まれる可能性はほとんどなかった」と主張している（源了円「日本人の自然観」、『新・岩波講座 哲学5 自然とコスモス』所収 岩波書店 1985 p.357ff.）。

（78）間瀬啓允、前掲論文、p.174.

（79）中村元『宗教と社会倫理』岩波書店 1959 p.445.

（80）数江教一「鎌倉時代の倫理思想――鎌倉新仏教を中心に――」、相良亨編『東洋倫理思想史』所収 学文社 1977 p.110.

（81）中村元『大乗仏教の思想』（『中村元全集』第二一巻）春秋社 1995 p126.

（82）大乗仏典の『大般涅槃経』では、「無我」が我の非存在を意味しないことを「説いて諸法無我と言うも、実は我無きに非ず。何者か我なる。もしも法が実、真、常、主、依にして、その性が変易せずば、これを名づけて我と為す」（『大正新修大蔵経』第十二巻 p.618c）などと説明している。

（83）前掲、中村元『大乗仏教の思想』p.125.

（84） 同前 p.128.

（85） 同前 p.137.

（86） Hegel, G. W. Friedrich, *Vorlesungen über die Philosophie der Geschichte*, G. W. Friedrich Hegel Werke 12, Suhrkamp, Frankfurt am Main, 1986, S.166.

（87） 圭室文雄『日本仏教史 近世』吉川弘文館 1987 p.232.

（88） 吉田久一『日本の近代社会と仏教』（日本人の行動と思想 6）評論社 1970 p.29.

第二章 ラディカル・エコロジーの生態系保護思想

（1） 加藤尚武氏は『環境倫理学のすすめ』（丸善ライブラリー 1991 pp.1-12）において、環境倫理学の基本的主張として、「世代間倫理」「自然の生存権」「地球有限主義」の三点を挙げている。本章で私が挙げた二つの基本的問題のうち、「個々の自然物の権利と価値をどのように考えるか」は「自然の生存権」に、また「生態系の保護と人間の利益の対立をいかに解決するか」は「地球有限主義」に、それぞれ対応している。なお「世代間倫理」に関しては、この主張が生態学的な観点からの環境保護、あるいは資源の有限性の認識に端を発しているので、ここでは「生態系の保護と人間の利益の対立をいかに解決するか」の問いの中に含めて論じている。

（2） Naess, Arne, "The Shallow and the Deep, Long-Range Ecology Movement: A Summary," *Inquiry* 16, 1973.

（3） McIntosh, R. P., *The Background of Ecology: Concept and Theory*, Cambridge University Press,

1985, p.7ff. 大串隆之他訳『生態学――概念と理論の歴史』思索社 1989 p.17ff.

（4） 梅沢忠夫・吉良竜夫編『生態学入門』講談社学術文庫 1976 p.33.

（5） See Tansley, A. G., “The Use and Abuse of Vegetational Concepts and Terms,” *Ecology* 16(3), 1935, pp.284-307.

（6） Leopold, Aldo, *A Sand County Almanac,* p.221. 新島訳 p.343.

（7） *Ibid.*, p.223. 新島訳 p.346.

（8） *Ibid.*, p.204. 新島訳 p.319.

（9） *Ibid.*, p.202ff. 新島訳 pp.316-318.

（10） *Ibid.*, p.223. 新島訳 p.347.

（11） Singer, P., “Animal Liberation,” in Shrader-Frechette, K. S. (2nd ed.), *Environmental Ethics,* The Boxwood Press, 1991, p.104. 村上弥生訳「動物の解放」、前掲、フレチェット編『環境の倫理』上 p.189.

（12） *Ibid.*, p.106. 村上訳 p.195.

（13） Callicott, J. B., “Animal Liberation: A Triangular Affair,” in his *In Defense of the Land Ethic: Essays in Environmental Philosophy*, State University of New York Press, Albany, 1989 p.25. 千葉香代子訳「動物解放論争――三極対立構造」、小原秀雄監修『環境思想の多様な展開』（環境思想の系譜 3）東海大学出版会 1995 p.72.

（14） *Ibid.*, p.37. 千葉訳 p.79.

（15） Callicott, J. B., “The Metaphysical Implication of Ecology,” in his *In Defense of the Land Ethic,* pp.101-114.

（16）Ferry, Luc, *The New Ecological Order*, p.73. 加藤訳 p.134ff.

（17）Regan, Tom, *The Case for Animal Rights*, University of California Press, 1983 p.362 青木玲訳「動物の権利の擁護論」、前掲書『環境思想の多様な展開』p.35.

（18）キャリコットは、この点に関して「人間以外の生物共同体の成員は〝人権〟を持たない。というのも、当然ながら、かれらは人間共同体の成員ではないからである。ただし、生物共同体の成員としては、かれらは尊重に値する」（Callicott, *In Defense of the Land Ethic*, p.94）と述べている。

（19）Callicott, *In Defense of the Land Ethic*, p.94.

（20）前掲、ベルク『地球と存在の哲学』p.142.

（21）Fox, Warwick, *Toward a Transpersonal Ecology: Developing New Foundations for Environmentalism*, State University of New York Press, 1995（Originally published in 1990）, p.179. 星川淳『トランスパーソナル・エコロジー』平凡社 1994 p.236.

（22）Hume, David, *A Treatise of Human Nature: Being an Attempt to Introduce the Experimental Method of Reasoning into Moral Subjects*, Vol.III, Thomas Longman, London, 1740, p.25.

（23）Rolston, Holmes, III, *Philosophy Gone Wild: Essays in Environmental Ethics*, Prometheus Books, Buffalo, 1986, p.20.

（24）*Ibid.*, p.19.

（25）例えば、ワシントン大学哲学学部のR・ワトソンは、啓蒙された自己利益の観念があれば、自然保護は可能であると主張する。ワトソンは、「われわれが他の種や環境を破壊するような行動を慎むべきだという理由の一つは、最終的にそれが人類の破滅にもつながるからである」と述べ、人類の生存のために自然保護が不可欠であるとの認識を示している（Watson, Richard, "A Critique of Anti-Anthropocentric Biocentrism," in *Environmental Ethics* 5(3), Fall 1983, p.254）。「啓蒙された人間中心主義」の代表的な主張は、このようなものであるが、一方、キリスト教のスチュワードシップの環境思想では、R・デュボスのように、神が所有するものとしての自然への配慮を説くという意味での「啓蒙された人間中心主義」という見方も存在する。いずれにしても、人間中心主義に自然保護を加味した立場なので、ここでは「生態系保護を考慮した人間中心主義」を「啓蒙された人間中心主義」と規定しておく。

（26）Thant, U., *International Planned Parenthood News*, No.168 (February 1968), p.3.

（27）Hardin, Garrett, "The Tragedy of the Commons," in Shrader-Frechette, K.S.（2nd ed.）, *Environmental Ethics*, pp.244-246. 桜井徹訳「共有地の悲劇」、前掲、フレチェット編『環境の倫理』下 p.451ff.

（28）*Ibid.*, p.250. 桜井訳 p.464.

（29）Hardin, G., "Lifeboat Ethics,"（*Bioscience* 24, 1974）, in Louis P. Pojman（ed.）, *Environmental Ethics*, Jone and Bartlett Publishers, 1994, p.283.

（30）*Ibid.*, p.284.

（31）*Ibid.*, p.285.

（32）*Ibid.*, p.289.

（33）Murdoch, W. & Oaten, A., "Population and Food: A Critique of Lifeboat Ethics,"（*Bioscience* 25,

1975), in Louis P. Pojman (ed.), *Environmental Ethics*, p.291.

（34） *Ibid*., p.294.

（35） Shrader-Frechette, K., "'Frontier Ethics' and 'Lifeboat Ethics,'" in her *Environmental Ethics* (2nd eds.), p.42. 浜岡剛訳「『フロンティア（カウボーイ）倫理』と『救命ボート倫理』」、前掲、フレチェット編『環境の倫理』上 p.76.

（36） Shrader-Frechette, K., "Spaceship Ethics," in her *Environmental Ethics* (2nd ed.), p.50. 浜岡剛訳「宇宙船倫理」、前掲、フレチェット編『環境の倫理』上 p.91.

（37） *Ibid*., p.51. 浜岡訳 p.93.

（38） *Ibid*., p.54. 浜岡訳 p.98.

（39） 生物学者の今西錦司氏は「地球中心主義」に立脚し、前世紀の前半にいち早く、地球を一つの「豪華船」とみなす世界観を展開していた。今西は、生物を船客、自然環境を船の材料にたとえ、両者の関係性を次のように説明している。「地球自身の生長過程において、そのある部分は船の材料となり、船となっていった。残りの部分はその船に乗る船客となっていった。だから船がさきでも船客がさきでもない。船も船客も元来一つのものが分化したのである。それも無意味に分化したのではない。船は船客を乗せんがために船となったのであり、船客は船に乗らんがために船客となっていったということは、船客のない船や、船のない船客の考えられないことから当然の帰結である。」（『今西錦司全集』第一巻 講談社 1974 p.8.）。今西氏のような一元論的地球観、世界観は、フレチェットの「人間と自然の相互的福利」という主張に、一つの哲学的基盤を与えるものであるといえよう。

（40） Golding, M. P., "Obligations to Future Generations," *The Monist*, 56, No.1 (January 1972), p.91.

（41） Wagner, W. C., "Futurity Morality," *The Futurist* 5 (October, 1971), pp.197-199.

（42） Shrader-Frechette, K., "Technology, the Environment, and Intergenerational Equity," in her *Environmental Ethics* (2nd ed.), p.70. 丸山徳次訳「テクノロジー・環境・世代間の公平」、前掲、フレチェット編『環境の倫理』上 p.125.

（43） ただしフレチェットは、たとえ世代間の相互性が成り立たなくとも、現在世代と未来世代との社会契約は可能であると主張し、J・ロールズの正義論における「原初状態」の議論やD・カラハンの「両親—子供関係」の例を挙げている。彼女によれば、ロールズは社会契約が相互性ではなく道徳的推論に基づくことを示したし、カラハンは親の子供に対する義務の例を通じ、契約は一方の当事者が義務を受け入れることを選ぶがゆえに存在することを明らかにしたという（Shrader-Frechette, *Environmental Ethics*, p.71ff. 丸山訳 pp.127-129）。

（44） See Glover, Jonathan, "How Should We Decide What Sort of World Is Best?," in his *Ethics and Problems of the 21st Century*, University of Notre Dame Press, 1979, pp.79-92.

（45） Shrader-Frechette, K., "Technology, the Environment, and Intergenerational Equity," p.74. 丸山訳 p.132.

（46） Feinberg, Joel, "The Rights of Animals and Unborn Generations," in William T. Blackstone (ed.), *Philosophy & Environmental Crisis*, University of Georgia Press, Athens, 1974, p.65.

（47） 前掲、加藤尚武『環境倫理学のすすめ』p.114.

（48） 『大正新修大蔵経』第三巻 p.297c.

（49） Macy, Joanna, *World As Lover, World As Self*, Parallax Press, California, 1991, p.215. 星川淳訳『世

界は恋人 世界は私』筑摩書房 1993 p.235.

（50） *Ibid.*, p.232. 星川訳 p.266.

（51） リチャード・エバノフ「アースファースト！（地球優先）」、小原秀雄監修『環境思想の系譜 2 環境と社会』東海大学出版会 1995 p.18.

（52） Ferry, Luc, *The New Ecological Order*, p.67. 加藤訳 p.126.

（53） Naess, Arne, *Ecology, Community and Lifestyle*,（translated by David Rothenberg）Cambridge University Press, 1989, p.166. 斎藤直輔・関龍美訳『ディープエコロジーとは何か』文化書房 1997 p.263.

（54） Fox, *Toward a Transpersonal Ecology*, p.232. 星川訳 p.305.

（55） R・ナッシュは、このディープ・エコロジーの考え方が「啓蒙された自己利益」の概念に他ならず、修正的な人間中心主義のエコロジストと同じであると述べている。

（56） Naess, *op. cit.*, p.165. 斎藤他訳 p.262ff.

（57） Fox, *op. cit.*, p.232. 星川訳 p.305.

（58） Koestler, Arthur, *The Ghost in the Machine*, The Macmillan Company, New York, 1968, p.48. 日高敏隆・長野敬訳『機械の中の幽霊』ぺりかん社 1969 p.71.

（59） *Ibid.*, p.56. 日高他訳 p.81.

（60） Devall, Bill and Sessions, George, *Deep Ecology*, Gibbs M Smith, 1985, p.66.

（61） Naess, “The Shallow and the Deep, Long-Range Ecology Movement: A Summary,” *Inqviry* 16, p.95ff.

（62）Devall and Sessions, *Deep Ecology*, p.67ff.

（63）Devall, Bill,（1992）"Deep Ecology and Radical Environmentalism," in Riley E. Dunlap and Angela G. Mertig（eds.）, *American Environmentalism: The U.S. Environmental Movement, 1970-1990*, Taylar & Francis, New York, p.52.

（64）Devall and Sessions, *op. cit.*, p.67.

（65）フォックスは、ネスが「一九三〇年以来、流血の衝突においても非暴力直接行動を貫いたガンディーの崇拝者（admirer）であり、生徒（student）である」（Fox, *op. cit.*, p.108）と自らの心情を吐露した一文を引用した後、「ネスは自己実現哲学の手本（exemplar）としてガンディーを選んだ」（*Ibid.*, p.109, 111）と述べている。

（66）*Ibid.*, p.236. 星川訳 p.311. 引用文は、フォックスがローゼンバーグの言葉として書中に紹介する箇所から取った。

（67）Naess, *Ecology, Community and Lifestyle*, p.173. 斎藤他訳 p.275.

（68）*Ibid.*, p.200. 斎藤他訳 p.321.

（69）Devall and Sessions, *op. cit.*, p.70.

（70）Naess, *Ecology, Community and Lifestyle*, p.170. 斎藤他訳 p.271.

（71）*Ibid.*, p.168. 斎藤他訳 p.267.

（72）こうした考え方は、仏教的とも言えよう。例えば、原始仏典の『サンユッタ・ニカーヤ』には「怒りを斬り殺して安らかに臥す。怒りを斬り殺して悲しまない。毒の根である最上の蜜である怒りを殺すことを、聖者は称讃する」（中村元訳『ブッダ 悪魔との対話』岩波文庫 1986 p.291）などと記されている。

（73） ネスは、一九八二年に行われたあるインタビューで、「百年前にあった文化の多様性を有するには、せいぜい十億ぐらいの人口がいいでしょう」と述べている（Naess, Arne, "Simple in Means, Rich in Ends: An Interview with Arne Naess," in George Sessions (ed.), *Deep Ecology for the Twenty-First Century*, Shambhala, Boston, 1995, p.29. 鈴木美幸訳「手段は質素に、目標は豊かに」、前掲書『環境思想の多様な展開』p.121）。

（74） Naess, "The Shallow and the Deep, Long-Range Ecology Movement. A Summary," *Inquiry* 16, p.96.

（75） Merchant, *Radical Ecology*, p.35ff. 川本他訳 p.52.

（76） See *Ibid.*, p.142. 川本他訳 p.191.

（77） Horkheimer, Max and Adorno, Theodor W., *Dialektik der Aufklärung* (1947), S. Fischer Verlag, Frankfurt, 1969, S.45.

（78） Bookchin, Murray, *Remaking Society: Pathways to a Green Future*, Black Rose Books, Montreal, 1989, p.32. 藤堂麻理子他訳『エコロジーと社会』白水社 1996 p.43.

（79） *Ibid.*, p.12. 藤堂他訳 p.13ff.

（80） Salleh, Ariel, "Deeper than Deep Ecology: Eco-Feminist Connection," *Environmental Ethics* 6(4), Winter 1984, p.340ff.

（81） Bookchin, *Remaking Society*, p.22. 藤堂他訳 p.28.

（82） *Ibid.*, p.24. 藤堂他訳 p.30.

（83） Naess, *Ecology, Community and Lifestyle*, p.23. 斎藤他訳 p.41.

（84） *Ibid.*, p.170. 斎藤他訳 p.270.

（85） *Ibid.*, pp.183-189. 斎藤他訳 pp.292-302.

（86） Bookchin, Murray, "What is Social Ecology?" in his *The Modern Crisis*（2nd ed.）, Black Rose Books, Montreal, 1987, p.71.

（87） Bookchin, *Remaking Society*, p.201. 藤堂他訳 p.269.

（88） ブクチンは、自らの自然哲学的立場について「ソーシャルエコロジーは、人類自身と同じく、人間の精神（mind）をも自然の文脈（context）の内に捉え、それ自身の自然誌（natural history）に関する探究を行う」と説明している（Bookchin, *The Modern Crisis*, p.55）。

（89） Bookchin, *Remaking Society*, p.203. 藤堂他訳 p.272.

（90） *Ibid.*, p.203. 藤堂他訳 p.271.

（91） Bookchin, Murray, "The Concept of Social Ecology," *CoEvolution Quarterly*（Winter 1981）, p.20.

（92） Bookchin, *Remaking Society*, p.203. 藤堂他訳 p.271ff.

（93） Merchant, *Radical Ecology*, p.154. 川本他訳 p.207.

（94） *Ibid.*, p.153. 川本他訳 p.206.

（95） Bookchin, *Remaking Society*, p.201. 藤堂他訳 p.269.

第三章　ラディカル・エコロジーにおける「自然の価値・権利」論

（1） 山村恒年「アマミノクロウサギに代わって訴訟」（前掲、加藤尚武編『環境と倫理』p.83）を参照。

(2) Nash, Roderick, *The Rights of Nature*, p.4. 松野訳 p.4.

(3) *Ibid.*, p.6ff. 松野訳 pp.8-10.

(4) 前掲、ベルク『地球と存在の哲学』p.71.

(5) Serres, Michel, *Le contrat naturel*, François Bourin, Paris, 1990, p.62ff. 米山親能他訳『自然契約』法政大学出版局 1994 p.56ff.

(6) *Ibid.*, pp.64-67. 米山他訳 pp.58-62.

(7) *Ibid.*, p.69. 米山他訳 p.64.

(8) ベルク『地球と存在の哲学』p.71.

(9) Ferry, Luc, *The New Ecological Order*, p.72. 加藤訳 p.133.

(10) *Ibid.*, p.132. 加藤訳 p.214.

(11) Serres, *op. cit.*, p.185. 米山他訳 p.200.

(12) 以上の経過については、『現代思想』(青土社 一九九〇年十一月号、pp.94-98) 所収のストーン論文の解説(畠山武道氏)に依った。

(13) Stone, Christopher D., "Should Trees Have Standing?—Toward Legal Rights for Natural Objects," *Southern California Law Review* 45(2), 1972, p.464. 岡嵜修・山田敏雄訳「樹木の当事者適格」、『現代思想』一九九〇年十一月号所収 青土社 p.65.

(14) See Nash, *op. cit.*, p.133ff. 松野訳 pp.265-268.

(15) Stone, *op. cit.*, p.471. 岡嵜他訳 p.68ff.

(16) Nash, *op. cit.*, p.134. 松野訳 p.268.

(17) Feinberg, Joel, "The Rights of Animals and Unborn Generations," in W. T. Blackstone (ed.), *Philosophy & Environmental Crisis,* University of Georgia Press, Athens, 1974, p.52ff.

(18) *Ibid.*, p.54.

(19) Taylor, W. Paul, *Respect for Nature: A Theory of Environmental Ethics,* Princeton University Press, Princeton, 1986, p.62.

(20) シンガーは、『実践の倫理』の中で、功利主義的見解として、多くの生命を救うための動物実験を肯定している。「一匹または一ダースであっても構わないが、それらの動物が数千の人々の命を救うために実験を受けねばならないとすれば、動物が実験を受けることは正しいし、『利益に対する平等(equal consideration of interests)』に適っている、と私は考える」(Singer, Peter, *Practical Ethics* (2nd ed.), Cambridge University Press, Cambridge, 1993, p.67. 山内友三郎他訳『実践の倫理』昭和堂 1991 p.77)。

(21) Regan, Tom, *The Case for Animal Rights*, p.235.

(22) *Ibid.*, p.236.

(23) *Ibid.*, pp.151-154.

(24) *Ibid.*, p.243.

(25) *Ibid.*, p.247.

(26) *Ibid.*, p.134.

(27) Regan, Tom, "Animal Rights," in Peter Singer (ed.), *In Defence of Animals,* Basil Blackwell, Oxford, 1985, p.23ff. 戸田清訳『動物の権利』技術と人間 1986 p.53.

(28) Feinberg, *op. cit.*, p.50.

（29）『実践の倫理』第七章「命を奪う（Taking Life: Humans）」の前半部分において、シンガーは安楽死を「自発的安楽死（Voluntary Euthanasia）」「非自発的安楽死（Non-voluntary Euthanasia）」「反自発的安楽死（Involuntary Euthanasia）」の三種類に分け、「自発的安楽死」「非自発的安楽死」については功利主義的見地から正当化できると論じている（Singer, *Practical Ethics*, pp.175-201. 山内他訳 pp.168-194）。

（30）Regan, "Animal Rights," p.23. 戸田訳 p.52ff.

（31）Regan, Tom, *All That Dwell Therein: Essays on Animal Rights and Environmental Ethics*, University of California Press, Berkeley, 1982, pp.184-205.

（32）Regan, *The Case for Animal Rights*, pp.324-325.

（33）Taylor, *Respect for Nature*, p.219.

（34）*Ibid.*, p.99ff.

（35）*Ibid.*, p.120.

（36）*Ibid.*, p.121.

（37）*Ibid.*, p.122.

（38）テイラーの言うinherent worthは、リーガンのinherent valueと同義である。テイラー自身、「彼（リーガン）のinherent valueの概念と私のinherent worthは、本質的には同一である」と述べている（Taylor, *Respect for Nature*, p.75）。

（39）Taylor, *Respect for Nature*, p.79.

（40）*Ibid.*, p.71.

（41） *Ibid*., p.224.
（42） *Ibid*., p.226.
（43） *Ibid*., p.18.
（44） *Ibid*., p.260.
（45） 森岡正博『生命学への招待』勁草書房 1988 p.77ff.
（46） Cf. Taylor, *Respect for Nature*, pp.264-269.
（47） *Ibid*., p.295.
（48） *Ibid*., p.15.
（49） *Ibid*., p.267.
（50） *Ibid*., p.280ff.
（51） Nash, *op. cit*., p.18ff. 松野訳 pp.36-39.
（52） 土山秀夫他編『カントと生命倫理』晃洋書房 1996 p.240.
（53） Kant, Immanuel, *Grundlegung zur Metaphysik der Sitten*, Verlag von Felix Meiner, Leipzig, 1920, S.53. 深作守文訳「人倫の形而上学の基礎づけ」、『カント全集』第七巻 理想社 1965 p.74.
（54） A.a.O., S.64. 深作訳 p.87.
（55） A.a.O., S.54．深作訳 p.75.
（56） Kant, Immanuel, *Die Metaphysik der Sitten*, Suhrkamp, Immanuel Kant Werkausgabe Band VIII, 1977, S.577. 尾田幸雄訳「徳論の形而上学的基礎論」、『カント全集』第十一巻 理想社 1969 p.359.
（57） A.a.O., S.578ff. 尾田訳 p.360ff.

（58）Kant, Immanuel, *Eine Vorlesung Kants über Ethik*, Paul Menger（Hrsg.）, Pan Verlag, Berlin, 1924, S.302. 小西国夫・永野ミツ子訳『カントの倫理学講義』三修社 1968 p.307.
（59）A.a.O., S.302. 永野訳 p.306.
（60）Regan, *The Case for Animal Rights*, p.182.
（61）*Ibid.*, pp.182-185.
（62）Kant, *Die Metaphysik der Sitten*, S.552. 尾田訳『カント全集』第十一巻 p.325.
（63）田中伸司「カントと生命倫理学」（宇都宮芳明他編『カント哲学のコンテクスト』所収 北海道大学図書刊行会 1997）は、人間の尊厳性の中にカントの「目的それ自体」の意義を見出そうとする論文である。田中氏は同論文の「むすび」において、人間を目的として扱うように、とのカントの言葉が命じているのは、「われわれが善い意志の主体であることが可能であり、尊厳を有することができるようになる、そのような人と人との交わり」であると述べ、その交わりとは「自己意識や理性などの、人間にそなわる何らかの特性にではなく、すべての他人を等しくかけがえのない存在であると認め、それゆえに人間として、目的それ自体として扱うようになる人と人との交わり」であると結論づけている。
（64）Jonas, Hans, *Das Prinzip Verantwortung: Versuch einer Ethik für die technologische Zivilisation*, Suhrkamp Verlag, Frankfurt am Main, 1979, p.156ff. なお、同書については二〇〇〇年、『責任という原理』（加藤尚武監訳 東信堂）と題して邦訳が出版された。
（65）ただし、ヨーナスは、生物内の消化器官にも目的が内在しているなどと論じつつ、原理的には自然の存在そのものに「目的」を認めようとする。「目的はかくしてあらゆる意識的存在、人間、動物を超え、その本来的原理（ursprünglich eigenes Prinzip）として物理的世界にまで拡張される」（A.a.O.,

S.144ff.）

（66）A.a.O., S.157.

（67）Ferry, *The New Ecological Order*, p.81. 加藤訳 p.145.

（68）*Ibid.*, p.140. 加藤訳 p.225.

（69）*Ibid.*, p.79. 加藤訳 p.143.

（70）*Ibid.*, p.131. 加藤訳 p.213.

（71）*Ibid.*, p.55. 加藤訳 p.110.

（72）*Ibid.*, p.143. 加藤訳 p.230.

（73）*Ibid.*

（74）*Ibid.*, p.141. 加藤訳 p.226.

（75）*Ibid.*, p.142. 加藤訳 p.229.

（76）*Ibid.*, p.141. 加藤訳 p.227.

（77）Watson, "A Critique of Anti-Anthropocentric Biocentrism," *Environmental Ethics* 5(3), p.255.

（78）See Nash, *op. cit.*, pp.87-120.（Chapter 4 "The Greening of Religion"）松野訳 pp.177-242.

（79）Passmore, *Man's Responsibility for Nature*, p.28. 間瀬訳 p.48.

（80）R・ナッシュは、生態学的なスチュワードシップ思想を提唱した神学者として、リチャード・A・ベアー・ジュニアの名を挙げている。ベアーは、一九六六年、「大地の誤用――神学的懸念」と題する論文を発表したが、ナッシュによれば、ベアーの原理は生態学的知識に依るところが大きい。「生態学と神学を融合させることによってベアーは、『われわれの環境がもっている相互連関的な全体論的特質を人間の気まぐれで壊すことは、神が創られた世界の構造そのものに対する罪である』という倫理を引き出した。」(Nash, *The Rights of Nature*, p.101. 松野訳 p.203)。

(81) C・マーチャントは、「管理人の倫理は基本的に人間中心的である」と述べ、スチュワードシップ思想を「人間中心の倫理」の中に分類している。(See Merchant, *Radical Ecology*, p.72. 川本他訳 p.98)。

(82) 神の似姿性によって人間は地の支配を付与されているとの見方に対し、そうした支配の観念が堕罪によって失われたという解釈も古くから存在する。しかしここでは、環境問題におけるキリスト教の思想的責任を考えたうえで、キリスト教が人間と自然を二元論的に差別してきたという大方の見解を支持したいと思う。「プロセス神学」を提唱するJ・B・カブJrは、次のように述べている。「聖書は、人間を神の創造物の一部として認めていた。しかしまた聖書は、人間を神のイメージに似た唯一のものとして区別している。……キリスト教では伝統的に、『堕落』によってこのイメージがいかに歪められ打ち砕かれてしまうかを強調してきた。しかしキリスト教徒は、すべての人間の運命は他のすべての創造物の運命とは異なった種類のものであると信じてきた。このような背景があったからこそ、キリスト教神学は、世界の機械論的概念を含んでいたデカルトの二元論をきわめて容易に受け入れたのである」(Birch, Charles and Cobb, John B., Jr., *The Liberation of Life: From the Cell to the Community*, Environmental Ethics Books, Denton, 1990 (first published in 1981), p.99. 長野敬他訳『生命の開放』(上) 紀伊国屋書店 1983 p.178ff.

(83) Cobb, John B., Jr. and Griffin, David R., *Process Theology: An Introductory Exposition*, The Westminster Press, Philadelphia, 1976, pp.14-16. 延原時行訳『プロセス神学の展望』新教出版社 1993 pp.18-21.

（84） *Ibid.*, pp.16-18. 延原訳 pp.21-24.

（85） Whitehead, Alfred N., *Process and Reality*, The Macmillan Company, New York, 1929, p.83.

（86） *Ibid.*, p.271.

（87） Cobb and Griffin, *Process Theology*, p.56. 延原訳 p.79.

（88） *Ibid.*, p.25. 延原訳 p.35.

（89） *Ibid.*, pp.69-71. 延原訳 pp.98-101.

（90） *Ibid.*, p.63ff. 延原訳 p.90.

（91） Birch and Cobb, *The Liberation of Life*, p.205. 長野敬他訳『生命の開放』（下）紀伊国屋書店 1984 p.384.

（92） Cobb, John B., Jr., *Is It Too Late?: A Theology of Ecology*, Revised ed., Environmental Ethics Books, Denton, Texas, 1995, p.35.

（93） Cobb and Griffin, *Process Theology*, p.150ff. 延原訳 pp.215-217.

（94） *Ibid.*, p.155. 延原訳 p.222.

（95） *Ibid.*, p.154ff. 延原訳 p.221ff.

（96） *Ibid.*, pp.156-158. 延原訳 pp.223-227.

（97） Macy, *World As Lover, World As Self*, pp.186-192. 星川訳 pp.214-217.

（98） Nash, *The Rights of Nature*, p.151. 松野訳 p.299.

（99） Fox, *Toward a Transpersonal Ecology*, p.183. 星川訳 p.240ff.

（100） Cobb and Griffin, *Process Theology*, p.155. 延原訳 p.222.

（101） Birch and Cobb, *op. cit.*, p.205. 前掲、長野他訳『生命の開放』（下）p.385.

(102) *Ibid*., p.205. 長野他訳 p.385.
(103) *Ibid*., p.151. 前掲、長野他訳『生命の開放』(上) p.271ff.
(104) *Ibid*., p.152ff. 長野他訳 pp.273-276.
(105) *Ibid*., p.162. 長野他訳 p.291.
(106) *Ibid*., p.155. 長野他訳 p.278.
(107) *Ibid*., p.160. 長野他訳 p.288.
(108) *Ibid*., p.164. 長野他訳 p.294.
(109) リーガンが人間と動物の道徳的権利の平等を説くことに関して、平石隆敏氏は「おそらく現実のわれわれの直観にもっともうまく適合するのは、むしろ『動物も尊重しなければならないが、しかし人間のほうが優先されるべきだ』という立場であろう」と述べている(平石隆敏「動物開放の理論」、前掲、加茂他編『環境思想を学ぶ人のために』p.196)。
(110) Birch and Cobb, *op. cit*., p.174. 前掲、長野他訳『生命の開放』(上) p.313.
(111) *Ibid*., p.175. 長野他訳 p.313ff.
(112) *Ibid*., pp.166-168. 長野他訳 pp.299-302.
(113) *Ibid*., p.168. 長野他訳 p.302.
(114) Naess, *Ecology, Community and Lifestyle*, p.167ff. 斎藤他訳 p.266ff.
(115) Nash, *op. cit*., p.107. 松野訳 p.214.
(116) Birch and Cobb, *op. cit*., p.165. 長野他訳『生命の開放』(上) p.296.
(117) W・フォックスは、ネスの「自己実現」思想を「〝できるかぎり拡張された自己感覚の獲得〟(realization-

of-as-expansive-a-sense-of-self-as-possible）というトランスパーソナルなアプローチ」として理解している（Fox, *op. cit.*, p.224. 星川訳 p.293）。

（118）この点に関して、E・ライタンは以下のように述べている。「私がとくに言及したいのは次のようなことである。すなわち、フォックスのようなディープ・エコロジストたちは、明らかにエコロジカルな意識の発展が善いこと――フォックスは明らかに自己実現に価値を置いている。もっとも彼は、価値を語ることを拒んでいるのだが――であると信じている。それゆえ、倫理を価値に関係するものとして広く認知するならば、ディープ・エコロジーは倫理的に中立ではない」（Reitan, Eric H., "Deep Ecology and the Irrelevance of Morality," *Environmental Ethics* 18(4), Winter 1996, p.412）。

（119）Fox, *Toward a Transpersonal Ecology*, p.216ff. 星川訳 p.282.

（120）See Fox, *Ibid.*, pp.217-247. 星川訳 pp.283-326.

（121）Maslow, Abraham H., *Toward a Psychology of Being*, D. Van Nostrand Co., Princeton, New Jersey, 1962, p.24. 上田吉一訳『完全なる人間――魂のめざすもの』誠信書房 1964 p.46.

（122）トランスパーソナル心理学の研究者である小川芳男氏は、超個的な自己実現の大前提として個性の実現が必要になるとし、その個性の実現において、個性間の対立・葛藤を調整・解消させるところに倫理が果たす役割があると論じている。「人間の本質の究極的意味は、われわれが統一意識（開悟）のレベルに到達することであるといえるのである。したがって、そこにおいては、他人やものとの真の意味での対立・葛藤は自ら解消することになり、その結果、他人やものとの関係を規制する倫理は不用な存在となる。このことはまた、裏からみるならば、倫理というものは、個性を実現しつつある人間にとっては、不可欠な要因であることを意味する。実際上、大脳生理学の知見にあるように、個性の実現には、つねに対立・葛藤が付随するのである」（小川芳男『在り方の心理学——人間主義的倫理の心理学的探求』北樹出版 1991 p.219）。

(123) Reitan, "Deep Ecology and the Irrelevance of Morality," *Environmental Ethics* 18(4), p.412.

(124) *Ibid.*, p.420.

(125) Fox, *op. cit.*, p.258. 星川訳 338ff.

(126) Merchant, *Radical Ecology*, p.239ff. 川本他訳 p.328.

第四章　西田幾多郎の自然・環境観とラディカル・エコロジー

* 原則として、西田幾多郎の著作からの引用は、その都度、本文中において『西田幾多郎全集』増補改訂第三版（岩波書店、一九七八～一九八〇年）の巻数と頁数を英数字にて表記する。例えば、西田全集の第1巻の三頁を引用する場合、引用文の後に（1・3）と示すことにする。

(1) 前掲、上田閑照『西田哲学への導き』p.171. なお西田は、自己の思想と大乗仏教の関係について、「私の考え方は大乗仏教に依って考えたわけではないが、それに通じたものである」（14・408）と記している。

(2) 渡辺和靖氏は『明治思想史——儒教的伝統と近代認識論』（ペリカン社 1978）の中で、「グリーンの所説は、儒教的伝統のうちに育った人々にとって、きわめてなじみやすいものであった」と述べている（同書 p.287）。

（3）『西田幾多郎全集』第十三巻所載の下村寅次郎による「後記」には、山本良吉宛の西田の書簡がいくつか紹介されているが、そこに西田自身が記したグリーン説に対する評価が散見される。例えば、西田は明治二七年（一八九四年）十月二四日付の書簡の中で、グリーンについて「大体小生の意に合い頗《すこぶ》る面白く候が どうも尚曖昧なる処有之候 且つ大抵カントとヘーゲルによれるものの如く左程斬新奇抜なるものとも思われず」と書き綴っている。これによると、西田は自らの意図するところに合致するものとして、グリーンの自我実現説を評価したが、理論の曖昧さとカント・ヘーゲル哲学の踏襲が多いという点では不満を持っていたようである（13・502）。

（4）『今西錦司全集』第一巻 講談社 1974 p.14.

（5）同前 p.10.

（6）同前 p.20.

（7）同前 p.14.

（8）同前 p.53.

（9）Fichte, Johann Gottlieb, *Grundlage der gesamten Wissenschaftslehre*, in: *Fichtes Sämtliche Werke*, I. H. Fichte（Hrsg.）, Berlin, Veit und Comp, 1845, Bd. I, S.96.

（10）峰島旭雄氏によれば、「現象即実在論」という言葉は、明治期の哲学思想家・井上哲次郎が自らの立場を表現するために考えた造語で、井上はこれをドイツ語で"Identitäts realismus"と言い表している。峰島氏は、井上哲次郎だけでなく井上円了、清沢満之の哲学思想も「現象即実在論」の立場に立つものであると述べている（峰島旭雄『比較思想をどうとらえるか』北樹出版 1988 p.73）。ちなみに西田は東大選科生の頃、日本人初の文科大学の哲学教授に任ぜられた井上哲次郎の講義を受講して以来、井上の「現象即実在論」の影響を少なからず受けたものと思われる。

（11）西田の若き日の研究ノートとされる「純粋経験に関する断章」の中に、「大乗仏教は現象即実在論なり。具体的一元論なり。真如と生滅とは水と波の如くに同一なり。差別即無差別、無差別即差別にして、三法印は遂に一実相印に帰す。禅、密、浄土皆其主意は厭世にあらずして活動なり」（16・498）とある。

（12）引用された文は、唐代の禅僧・臨済義玄の言葉である。仏法は何も特別なものではない、大小便をし、衣を着、飯を食い、疲れたら横になるなど、無造作な日常生活を離れて仏法はないと教えている。

（13）水野弥穂子校注『正法眼蔵（一）』岩波文庫 1990 p.54.

（14）対談「日本文化の特質――西田幾多郎博士との一問一答――」、『三木清全集』第十七巻 岩波書店 1968 p.486. なお、京都学派の「近代の超克」論に関しては、広松渉『〈近代の超克〉論』（講談社 1989 第九章「京都学派と世界史的統一理念」）がよくまとまっている。

（15）もっとも後期の西田は、努めて自己実現的な表現を避けているようにも見受けられる。その理由を知るための具体的な記述は残されていないが、一つには自己実現的な表現方法自体に、なお主観主義の残滓が感じられるからではないだろうか。後期の西田は、例えばフィヒテの「絶対我の自己実現」を評して、「なお主観主義を脱したものではない」（9・65）と述べている。西田が「自己を実現」「自己の発展完成」といった表現を使わなくなったのは、主観主義の立場を脱し、あくまで世界の立場に立つことを強調したいがためと推察される。

（16）『田辺元全集』第六巻 筑摩書房 1963 p.472.

（17）同前 p.467.

(18)『田辺元全集』第四巻 筑摩書房 1963 p.309.
(19)同前 p.310.
(20)『田辺元全集』第六巻 p.485.
(21)同前 p.401.
(22)同前 p.436.
(23)同前 p.231.
(24)同前 pp.491-492.
(25)同前 p.510.
(26)同前 p.232ff.
(27)同前 p.163.
(28)同前 p.165.
(29)大乗仏教等にみられる「具体的にして直観的な理解の仕方」を、京都学派の哲学者・山内得立は「レンマ」と名づけた（『ロゴスとレンマ』岩波書店 1974 p.68）。レンマの論理は、排中律を逆転して容中律を認めるインド人の考え方に由来するとされ、「肯定」「否定」の他に「肯定にして否定」「肯定でも否定でもない」立場をも認めるところに特徴がある。山内によると、龍樹の「不生不滅」「中」は「肯定でも否定でもない」レンマの論理を説くものに他ならない。そして、これによってもたらされるのが「即」の論理なのである（同前 p.307）。
(30)『田辺元全集』第五巻 筑摩書房 1972 p.91ff.
(31)『田辺元全集』第六巻 p.79.

(32) 玉野井芳郎『生命系の経済に向けて』学陽書房 1990 p.147.
(33) 同前 p.17.
(34) 同前 p.18.
(35) 同前 p.15.
(36) 同前 p.20.
(37) 玉野井芳郎『生命系のエコノミー』新評論 1982 p.334.
(38) 玉野井、『生命系の経済に向けて』p.151.
(39) 同前 p.20.
(40) 同前 p.26.
(41) Merchant, *Radical Ecology*, p.14. 川本他訳 p.21.
(42) Cf. *Ibid.*, p.153. 川本他訳 p.206.
(43)『環境白書(総説)』(平成十一年度版) 環境庁 1999 p.341.
(44) Naess, *Ecology, Community and Lifestyle*, p.172. 斎藤他訳 p.273ff.
(45) Naess, Arne, "Self-Realization: An Ecological Approach to Being in the World," in John Seed, Joanna Macy, Pat Fleming, and Arne Naess (eds.), *Thinking Like a Mountain: Towards a Council of All Beings*, New Society Publishers, Philadelphia, 1988, p.28.
(46) Naess, *Ecology, Community and Lifestyle*, p.86. 斎藤他訳 p.139.
(47) 森岡正博「ディープエコロジーの環境哲学」、『環境倫理と環境教育』所収 朝倉書店 1996 p.65.
(48) Fox, *Toward a Transpersonal Ecology*, p.259. 星川訳 p.339.

（49） *Ecology, Community and Lifestyle*の 英訳者D・ローゼンバーグによる序論「エコソフィーT—直観から体系へ—」中のネスの発言から転用した（Naess, *Ecology, Community and Lifestyle*, p.9. 斎藤他訳 p.16)。

（50） Whitehead, *Process and Reality*, p.83.

（51） 現代におけるプロセス神学の中心的指導者J・B・カブJrは、ホワイトヘッドの形而上学と西田の純粋経験論の類似性に着目し、両者の比較研究を精力的に進めている。また神学者の延原時行氏は、訳書『プロセス神学の展望』（新教出版社 1993）の「再版のためのあとがき」の中で、アメリカ宗教学会内にProcess Thought, the Nishida School of Buddhist Philosophy in Comparative Perspectiveと題する共同部会が一九八五年に発足したことを伝えている（『プロセス神学の展望』p.289)。我が国でも、山本誠作『ホワイトヘッドと西田哲学』（行路社 1985）、田中裕『逆説から実在へ——科学哲学・宗教哲学論考』（行路社 1993）などの出版物の中で、ホワイトヘッドと西田との比較研究が発表されており、日米両国でプロセス思想と西田哲学の類似性に注目する気運が高まっている。

（52） 大橋良介他編『西田哲学選集』第一巻 燈影社 1998 p.306.

（53） 西田は、昭和八年（一九三三年）に行った「現実の世界の論理的構造」と題する講演の中で、「環境」という日本語がドイツ語のUmgebung（周囲環境）に対応する言葉であるとしている（14·474)。

（54） 前掲、湯浅赳男『環境と文明』p.18.

第五章　和辻哲郎の自然・環境観とラディカル・エコロジー

＊和辻哲郎の著作からの引用について、その都度、本文中において『和辻哲郎全集』（岩波書店、第一次一九六一〜一九六三年）の巻数と頁数を英数字で表記する。例えば、和辻全集の第一巻の三頁を引用する場合、引用文の後に（1・3）と示すことにする。ただし、和辻全集の別巻に限っては、第三次の増補版全集（岩波書店、一九八九〜一九九二年）を参照した。

（1）中村元氏によれば、彼が和辻の「仏教倫理思想史」と題する未刊の講義ノートを四冊発見し、調査したところ、和辻はこの講義ノートに従って大正十四〜十五年（一九二五〜一九二六年）にかけ、京大で講義を行ったことが判明したという（中村元『和辻哲郎全集』第十九巻の「解説」p.379を参照）。

（2）『和辻哲郎全集』第十九巻 p.381.

（3）「大智度論」、『大正新修大蔵経』第二五巻 p.323.

（4）和辻における「人間存在の主体性」とは、「空」の絶対的全体性を意味するものと思われる。この点に関して、湯浅泰雄氏の次の説明は参考になる。「彼（和辻）のいう主体的人間存在は常に超個人的な全体性を意味するのであって、個人はその内部で一定のペルソナを与えられているにすぎない。したがって『人間』という全体性がある（存在する）ことが主体性の本来の意味なのであって、個人がある（実存する）と思うのは仮象にすぎないのである」（湯浅泰雄『和辻哲郎』筑摩書房 1995 p.338）。

（5）Naess, *Ecology, Community and Lifestyle*, p.171ff. 斎藤他訳 p.273.

（6）*Ibid.*

(7) 例えば、和辻は「仏教倫理思想史」の中で、「真理の理解が全生活全人格をもってするところの実現の努力として現わるるところに仏教倫理の特質が存する」「衣食住において自然的立場の止揚を実現する」(19·151) などと述べ、日常の社会生活における倫理的努力が、真理(原始仏教では滅、大乗仏教では空) の実現につながることを力説している。

(8) 市倉宏祐「和辻倫理学における人間の概念をめぐって」、『超近代の指標：西田と和辻の場合』所収 専修大学人文科学研究所 1986 p.97.

(9) 同前 p.98.

(10) R・N・ベラーの「和辻哲郎論」では、戦後の和辻が『倫理学』の見直しに取り組んだことに触れ、「彼は一九四二年に出した中巻の国家のところを大きく改訂した。個人が国家のために自らを犠牲にするという絶対的義務についてのいろいろな叙述を削除したのである」と述べている(湯浅泰雄編『人と思想・和辻哲郎』三一書房 1973 p.99)。

(11) 岩田慶治『草木虫魚の人類学』講談社学術文庫 1991 p.295ff.

(12) 同前 p.311.

(13) 同前 pp.312-314.

(14) リチャード・エバノフ「宗教・芸術と環境観(解説)」(前掲書『環境思想の多様な展開』pp.211-223)を参照。

(15) 戸坂潤「和辻博士・風土・日本」、『戸坂潤選集』第五巻(社会と文化)伊藤書店 1948 p.146.

(16) 同前 p.152.

(17) 同前 p.154.

(18) 前掲、ベルク『地球と存在の哲学』p.156.
(19) 『戸坂潤選集』第五巻 p.154.
(20) 高島善哉「風土に関する八つのノート」、『高島善哉著作集』第四巻 こぶし書房 1998 p.274.
(21) 生松敬三「和辻風土論の諸問題」、『理想』一九七一年一月号所収 理想社 p.18.
(22) 竹内良知「思想と風土」、『理想』一九七一年一月号所収 理想社 p.9.
(23) 同前 p.9.
(24) Berque, Augustin, 日本語版序文、三宅京子訳『風土としての地球』筑摩書房 1994 p.2.
(25) Berque, Augustin, *Médiance, de milieux en paysages*, GIP Reclus, Montpellier, 1990, p.9. 三宅訳『風土としての地球』p.15.
(26) *Ibid.*, p.48. 三宅訳 p.15.
(27) Berque, Augustin, *Le Sauvage et l'artifice—les Japonais devant la nature*, Gallimard, Paris, 1986, p.130. 篠田勝英訳『風土の日本』筑摩書房 1992 p.155.
(28) *Ibid.*, p.153. 篠田訳 p.191.
(29) Berque, *Médiance*, p.41. 三宅訳 p.50.
(30) *Ibid.*, p.52ff. 三宅訳 p.65.
(31) *Ibid.*, p.75ff. 三宅訳 p.88ff.
(32) ベルク『地球と存在の哲学』p.110.
(33) Berque, *Médiance*, p.142. 三宅訳 p.160.
(34) ベルク『地球と存在の哲学』p.85.

(35) 同前 p.9.
(36) Berque, *Médiance*, p.137. 三宅訳 p.153.
(37) ベルク『地球と存在の哲学』p.114.
(38) 同前 p.117.
(39) 同前 p.124.
(40) 同前 p.211.
(41) 同前 p.208.
(42) 同前 p.130.
(43) 同前 p.160.
(44) Berque, *Médiance*, p.147. 三宅訳 p.166.
(45) *Ibid.*, p.154. 三宅訳 p.174.
(46) *Ibid.*, p.31. 三宅訳 p.38.
(47) ベルク『地球と存在の哲学』p.236ff.
(48) 西田がドイツ語のUmgebungを「環境」と考えていた節があることは、第四章の註で触れたが、和辻の場合は渡欧してハイデッガーの存在論に接して以降、Umweltを環境概念としていたようである。『風土』の原型となった京大での講義草案「『国民性の考察』ノート」には、「それはDaseinがそのSorge〔関心〕としての本質を欠いて観照的になることを意味する。その立場で見留められる外界もentweltlichen〔脱世界化〕されたnur vorhandenes〔単に手前にあるもの〕となる。ここに人間とUmweltの対立が〔挟み込み別紙――人間と自然との対立として摑《つか》まれるのである。ここに在来の

Ontologie〔存在論〕の誤謬の出発点がある……〕だからこの立場からはDaseinに於ける本来のUmweltの意義は解せられない」（第三次『和辻全集』別巻1・382-383）と記された箇所がある。すなわち和辻は、環境・自然を人間に対立させたハイデッガーの存在論を批判し、新たに人間主体の内に包まれた風土概念を構築したのである。こうして『風土』の冒頭で和辻は、客観的な「自然環境」なるものの誤謬を指摘するに至るわけである。

（49）須田豊太郎氏は、和辻思想にみられる自然を、①自然科学的自然②風土としての自然③道具としての自然④「汝」となり「彼」となる主体としての自然、の四つに分類して論じている（須田豊太郎「主体的自然」、『倫理学年報第六集——和辻哲郎先生 文化勲章受賞 記念論文集』所収 有斐閣 1957）。筆者の分類とほぼ同じであるが、須田氏が挙げた「道具としての自然」について、本書では取り上げなかった。そのゆえんは、須田氏が「博士の取扱ったものは専ら風土としての自然であり、時に道具としての自然に言及されることがあっても、それは道具としての自然における風土性に注目するためである」（同論集 p.37）と述べている通り、和辻思想の文脈において、「道具としての自然」は風土概念の中に包容されるからである。すなわち、「道具としての自然」を風土から区別して論ずるのは、須田氏自身の着眼によるものと思われる。

結章

（1）西田は、「仏教の救済は非道徳的ではなく超道徳的である」と述べている（増補改訂第三版『西田幾多郎全集』第十五巻 岩波書店 p.376. 以下、「『西田全集』第○巻」と略称する）。

（2）第一次『和辻哲郎全集』第十九巻 岩波書店 p.142ff. 以下、「『和辻全集』第〇巻」と略称する。

（3）Reitan, "Deep Ecology and the Irrelevance of Morality," *Environmental Ethics* 18（4）, p.424.

（4）『西田全集』第一巻 p.155.

（5）西田哲学の研究者である小坂国継氏は、西田の実践概念がきわめて観想的・心境的な「心の論理」であり、それゆえに西田が主張するような歴史的形成的実践という性格が稀薄になっていると論ずる。小坂氏は次のごとく述べている。「たしかに西田は自己の自覚（変革）は世界の自覚（変革）であり、後者の根底には前者がなければならないということを強調してはいるけれども、結局のところ、後者についての具体的な見取り図を示すことはできなかった。いいかえれば、それは『心の論理』であって、この『心の論理』は論理的には『物の論理』と相即的関係にあるはずなのだが、実際には前者は後者から遊離する傾向にあった」（『西田幾多郎――その思想と現代』ミネルヴァ書房 1995 p.296）。

（6）湯浅泰雄氏は、「仏教史的にみると、和辻の見方は大乗仏教的解釈を徹底したときにゆきつく在家仏教的見方に近いといえよう」と評している（前掲、湯浅泰雄『和辻哲郎』p.131）。

（7）『和辻全集』第十九巻 p.350.

（8）ヒューマニズムの哲学的定義としては次のようなものがある。「ヒューマニズムとはまた、人間の価値あるいは尊厳を認識し、人間を万物の尺度とし、人間の本性、限界もしくは関心を主題とする哲学全般のことである」（See Paul Edwards（ed.）, *The Encyclopedia of Philosophy,* Vol.4, The Macmillan Company & The Free Press, New York, 1967, p.70）。

（9）『西田全集』第九巻 p.54.

（10）同前 p.63.

（11）『西田全集』第八巻 p.501.

（12）『和辻全集』第十九巻 p.347.

（13）同前 p.350.

（14）『西田全集』第八巻 p.500.

（15）今道友信『エコエティカ』講談社学術文庫 1990 p.184ff.

（16）『西田全集』第十一巻 p.437.

（17）Jonas, *Das Prinzip Verantwortung*, S.232.

（18）A.a.O., S.233.

（19）A.a.O., S.170.

（20）青木隆嘉氏は、ヨーナスの目的論的形而上学の最終根拠が「直観」であるとする点を捉えたうえで、ヨーナスの責任論へのアプローチについて、「意図に反して責任の根拠そのものを曖昧にしてしまっている」と評している（青木隆嘉「現代におけるエートス・実践・幸福」、大森荘蔵他編『行為 他我 自由』〔新・岩波講座 哲学 10〕所収 岩波書店 1985 pp.229-231）。

（21）仏教の自然主義的傾向に関しては、前掲、梅原猛『哲学の復興』（p.484ff.）を参照。

（22）「人間主体的な一元論」という表現について、若干の補足説明をしておく。ここで言う「人間主体的」とは、「人間存在の中に世界の根源を置く」という意味で用いている。したがって、英語で言い換えるならば、「人間主体的な一元論」をthe monism based on human subjectivityあるいはhuman centered monismとも表現しうるだろう。

（23）Jonas, *Das Prinzip Verantwortung*, S.175.

（24） Illich, Ivan, *Shadow Work*, Marion Boyars Publishers, Boston, 1981, p.94-95. 玉野井芳郎・栗原彬訳『シャドウ・ワーク』岩波書店 1990 p.201-202.

（25） *Ibid.*, p.1-2. 玉野井他訳 p.4-5.

（26）『西田全集』第八巻 p.216.

（27）『和辻全集』第十巻 p.188.

（28）『西田全集』第十一巻 p.462.

（29） 西田の「矛盾的自己同一」について、仏教学者の田村芳朗氏は「矛盾的といっても、自己同一であるかぎりは、矛盾は消滅し、抽象的な同一性の論理と化する恐れがある」と指摘する（田村芳朗・梅原猛『仏教の思想５ 絶対の真理〈天台〉』角川書店 1970 p.122）。また、田村氏は同書（pp.122-124）の中で、西田の「矛盾的自己同一」が華厳思想の流出論的考え方に傾くものとし、田辺の「絶対媒介」の方は天台円教の相即論に近いと述べている。

（30）『西田全集』第六巻 p.393.

（31） 例えば、『華厳経』の「重々無尽縁起」「四種法界」の教えなどは、一は一切を映し、一切は一におさまる、という「一即多、多即一」の世界観であるとされる。部分（多）と全体（一）との相互依存関係を説くわけであり、一元論・二元論という区別が不可能な世界である。なお、いわゆるニューサイエンスの科学者たちが、現代物理学の量子論や相対性理論の物質像・時空概念、さらにはホログラフィー理論などと大乗仏教の世界観が相似している、と指摘していることも付記しておきたい。

（32） 西田の京都大学での講義をまとめた「哲学概論」の中で、西田は一元論と多元論の双方を批判し、「一元論も多元論も共に難点があるのであるが、思うにそれは一と多は別のものではなく、真実在は一にして多、多にして一であることに基づくのではないか」という所感を披瀝している。そして、「近世ではヘーゲルの考えがそれに近い。真実在は一にして多、多にして一、動にして静、静にして一なる動的統一 dynamische Einheit である」（『西田全集』第十五巻 p.138）と述べ、ヘーゲルの弁証法的な論理を評価している。

（33）『西田全集』第七巻 p.312.

（34）『西田全集』第八巻 p.351.

（35）明治思想史を研究する渡辺和靖氏によれば、西田ら明治維新後の青年たちが、近代認識論の克服のために「人間主体（認識主観）を、それを超えた客観的なもののうちに位置づけよう」としていた。彼らの「超越への感覚」は、ある根源的なものへの回帰という性格を帯びており、渡辺氏は「西田の、そうした源初的世界への執着は、彼が、最終的に、儒教を中核とする近世的伝統と無縁ではなかったことを示している」と主張する（前掲、渡辺和靖『明治思想史』p.338）。ところが、この渡辺氏や相良亨氏などが西田に対する儒教の影響を指摘する一方で、西田哲学が禅を中心とした大乗仏教を基盤に形成されたということも、多くの関係者が証言している。結局のところ、西田は、儒教と仏教の教えの究極がともに「主客合一」であるとし、同一視したようである。初期に記された「倫理学草案」において、西田は「無我も至誠も同一である」（西田全集第十六巻 p.256）と述べている。少壮期の西田は、とくに大乗仏教の直接的影響下（参禅体験等）にありつつも、「万教同根」（『善の研究』）的見方を取ることで、儒教を中核とする近世的伝統を存分に吸収したと解することができよう。

あとがき

仏教哲学の著述・研究を行っている私が、なぜ京都学派やエコロジー思想に関する本を出したのか。不審に思われる方もいるだろう。ここでは、本書の成り立ちを包み隠さず述べてみたい。

本書の冒頭に記したとおり、この本は、私が早稲田大学の大学院に提出した修士論文を土台とする。社会哲学研究室にいた私は、新しい文明のパラダイムを追求する田村正勝教授の元で、当初は比較文明論的な研究を志していた。毎週の大学院ゼミでは、近代文明の認識・思考方法、人間観、社会観、自然・技術観などが自由活発に議論され、田村先生のスケールの大きな思想論や個性豊かで優秀な院生たちの発言から、実に多くの刺激を受けたものである。

そのうちに、一切の社会哲学的な議論の根底には「自己」の問題があると考えるようになり、近代的な自己を問い直す二つの思想的潮流が私の中で存在感を増していった。一つは自己の拡大を唱えるディープ・エコロジーの環境思想、もう一つは東西文明の性急な融合を迫られた近代日本で自己とは何かを考え抜いた西田幾多郎、和辻哲郎等の哲学である。思案を重ねたあげく、現代のラディカルなエコロジー思想と西田ら京都学派の自然・環境観を比較思想的に考察することに決め、一九九九年に修士論文を提出した。主査が田村教授、環境政策に詳しい政治学者の坪郷實教授が副査となり、審査の通例として厳しい指摘を受けたものの、何とか無事に学位を取得できた。

修士課程を修了する年、さらに研究を深めようと思った私は、同じ研究室の博士課程を受験したが、不合格になってしまった。修了式の謝恩会で、田村先生から〝試験の結果は合格基準を超えていたが、定員の関係で先輩の院生を優先した〟と事情を説明され、詫びる恩師の誠意に恐縮しながらも、前途暗澹たる気持ちになったことが昨日の事のように思い出される。

研究を続けるため浪人を覚悟した、ちょうどその頃、東京大学が環境学を含む独立研究科を立ち上げるという情報を耳にした。説明会に行ったところ、「学融合」を掲げるユニークさに心惹かれ、修士課程の募集しかなかったが、試験を受けて入学を許可された。私はこうして東大の新領域創成科学研究科・環境学研究系の第一期生となったのである。

新しい大学院とはいえ、教授陣には環境ジャーナリストの石弘之氏等、第一線で活躍される環境学者たちが顔を揃え、環境問題にかかわる諸分野を体系的に学ぶことができた。環境系の専攻には建築学科の教員も在籍していて、どこか垢ぬけた彼らが主催する「ワインを飲む会」に出席し、建築家ならではの環境談義を聞けたのも懐かしい思い出の一つである。当時の新領域創成科学研究科は東大の本郷キャンパスにあり、学際的な研究のインスピレーションを得るには格好の学問空間が醸成されていたように思う。

もっとも、そこで私のもう一つの課題である京都学派の研究を深めるのは難しく、いきおい東大の他の大学院にも顔を出すようになった。文学部の竹内整一教授や教養学部の黒住真教授の院ゼミに出て、西田や和辻の原典講読に参加したが、とくに黒住先生にはお世話になった。じつは修士論文作成の頃より、京都学派の哲学、環境倫理学、引いては学問の作法まで、黒住先生から事細かに電子メール等で指導してもらっていた。先生にとって私は外部の院生であり、何の指導義務もないにもかかわらず、である。しかも、私の進路のことまで考え、西洋哲学と東洋思想の両方に詳しい方として社会哲学の山脇直司教授を紹介して下さった。

そのまま環境学の大学院で博士課程に進もうと思っていたが、黒住先生、山脇先生の人柄と識見に強い魅力を感じ、山脇先生に指導教授をお願いして教養学部の博士課程（総合文化研究科）を受験した。合否判定の教授会のとき、自分が責任を持って指導すると山脇先生が声を強めたことで私の合格が決まったと、後に黒住先生からうかがった。その入学審査の折に提出した論文「ラディカル・エコロジーと西田・和辻の自然、環境観――比較環境思想的考察――」の題名を変え、書籍の体裁をとったのが本書である。したがって本書の随所には、黒住・山脇両先生の懇切な指導が反映されている。年月を経ての出版に際し、二人の先生に改めて深く御礼申し上げたい。

さて、何とか博士課程への入学を果たした後、私はさっそく先の論文の一部を所属学科が発行する学術誌『相関社会科学』に投稿した。ところが、投稿論文は掲載を却下され、返送されてきた。そこには、査読に当った社会学者の佐藤俊樹先生による酷評も添えられていた。今思うに、大部の論考の断片を切り取って投稿したため、まとまりなく新鮮味にも欠けると映ったのだろう。要は、安易な気持ちで論文を投稿した方が悪いのである。しかし、当時は大きな挫折感を味わい、それによって結局、私の環境思想研究の奥底にあった仏教への関心が、前面に押し出される結果となった。やがて私は、近代日蓮主義を主題とする博士論文の執筆に取りかかり、大学院を出てからは仏教思想の研究者として今日に至っている。

そういうわけで、この環境思想に関する論文は長い間、自宅のロッカーの片隅に所在なく横たわっていたのだが、昨年ふとしたきっかけから話が出て、出版にこぎつける運びとなった。仲介の労を取ってくれた昌平黌出版会の佐々木利明編集長、旧知である論創社の森下社長には、いつもながら感謝に堪えない。

執筆の時期からいえば、本書は私の第一作目にあたる。丁寧に読み返すと、勇み足や言葉足らずな記述も目についた。ただ、当時は三十代後半であり、物事を考え抜く気力と体力だけは充実していたように思う。本書が読者に何かを与えられるとしたら、第一に荒削りなエネルギーの刻印ではないかと考え、原文の勢いを残そうと努めたことを記しておきたい。

今日の環境倫理がわれわれに切実に要求しているのは、欲望のコントロールであろう。けれども、人は大なり小なり、自分の欲望をコントロールしようと日々生きている。本当の問題は、わかっていてもできないことなのである。どんなに卓越した理論も、それが実践と結びつかなければ、絵に描いた餅で終わってしまう。そう考えるにつけ、環境倫理の普及のためには、人間の主体的な力をいかに培うかが根本的な課題となるように思えてならない。

欲望を制御する内的な力は、知的な刺激よりも優れた人格からの感化を通じて得られることが多い。人間と人間とが魂の共感で結ばれ、真摯に対話し、毎日を共に生き、人間的な精神を高め合う――そのような場が世界中に現出してこそ、環境の倫理は現実性を獲得できるものと信ずる。

二〇一三年二月十一日　東京四谷の仕事場にて

松岡幹夫

文献目録（アルファベット順）

安藤精一〔1992〕『近世公害史の研究』吉川弘文館。

青木隆嘉〔1985〕「現代におけるエートス・実践・幸福」大森荘蔵他（編）『行為他我自由』（新・岩波講座　哲学10）岩波書店。

荒木峻他（編）〔1991〕『環境科学辞典』東京化学同人。

Berque, Augustin〔1990〕*Médiance, de milieux en paysages*, Montpellier: GIP Reclus＝〔1994〕ベルク、三宅京子訳『風土としての地球』筑摩書房。

——〔1996、篠田勝英訳〕『地球と存在の哲学——環境倫理を超えて』筑摩書房。

Brown, Norman〔1991〕“The Turn to Spinoza,” in *Apocalypse and/or Metamorphosis*, Regents of the University of California＝〔1996〕ブラウン、田代真訳「スピノザへの転回」『現代思想』臨時増刊号第二四巻第十四号 青土社。

Birch, Charles and Cobb, John B., Jr.〔1990/1981〕*The Liberation of Life: From the Cell to the Community*, Denton: Environmental Ethics Books＝〔1983〕バーチ、カブ、長野敬他訳『生命の開放』（上・下）紀伊国屋書店。

Bookchin, Murray〔1981〕“The Concept of Social Ecology,” *CoEvolution Quarterly* (Winter).

——〔1987〕*The Modern Crisis* (2nd ed.), Montreal: Black Rose Books.

——〔1989〕*Remaking Society: Pathways to a Green Future*, Montreal: Black Rose Books＝〔1996〕ブクチン、藤堂麻理子他訳『エコロジーと社会』白水社。

Callicott. J. B.〔1989〕*In Defense of the Land Ethic: Essays in Environmental Philosophy,* Albany: State University of New York Press.

Capra, Fritjof and Callenbach, Ernest〔1995〔霍田栄作訳〕『ディープエコロジー考』佼成出版社。

Capra, Fritjof〔1983〕*The Turning Point: Science, Society, and the Rising Culture,* London: Fontana Paperbacks＝〔1984〕カプラ、吉福秀逸他訳『ターニングポイント』工作舎。

Carson, Rachel〔1965〕*Silent Spring,* Harmondsworth: Penguin Books＝〔1974〕カーソン、青木簗一訳『沈黙の春』新潮社。

Cobb, John B., Jr.〔1995〕*Is It Too Late?: A Theology of Ecology*, Revised ed., Denton, Texas: Environmental Ethics Books.

Cobb, John B., Jr. and Griffin, David R.〔1976〕*Process Theology: An Introductory Exposition,* Philadelphia: The Westminster Press＝〔1993〕カブ、グリフィン、延原時行訳『プロセス神学の展望』新教出版社。

Devall, Bill and Sessions, George〔1985〕*Deep Ecology,* Layton, Utah: Gibbs M. Smith.

道元〔1990〕水野弥穂子校注『正法眼蔵（1）』岩波文庫。

Dubos, René Jules〔1970〕"The Genius of the Place," Tenth Annual Horace M. Albright Conservation Lectureship, University of California at Berkeley, School of Forestry and Conservation, February 26.

Dunlap, Riley E. and Mertig, Angela G.（eds.）〔1992〕*American Environmentalism: The U.S. Environmental Movement, 1970-1990*, New York: Taylor & Francis.

Feinberg, Joel〔1974〕"The Rights of Animals and Unborn Generations," in William T. Blackstone (ed.), *Philosophy & Environmental Crisis,* Athens: University of Georgia Press.

Ferry, Luc〔1995/1992〕*The New Ecological Order* (translated by Carol Volk), Chicago: The University of Chicago Press. Originally published as Luc Ferry, *Le nouvel ordre écologique, l'arbre, l'animal et l'homme,* Paris: Grasset & Fasquelle＝〔1994〕フェリ、加藤宏幸訳『エコロジーの新秩序』法政大学出版局。

Fichte, Johann Gottlieb〔1845〕*Grundlage der gesamten Wissenschaftslehre,* in: *Fichtes Sämtliche Werke,* I. H. Fichte (Hrsg.), Bd. I, Berlin: Veit und Comp.

Fox, Warwick〔1995/1990〕*Toward a Transpersonal Ecology: Developing New Foundations for Environmentalism,* State University of New York Press＝〔1994〕フォックス、星川淳訳『トランスパーソナル・エコロジー』平凡社。

藤原邦達〔1997〕『21世紀・人間と環境の危機』日本評論社。

藤原保信〔1991〕『自然観の構造と環境倫理学』御茶の水書房。

Gehlen, Arnold〔1988/1966〕*Man: His Nature and Place in the World* (translated by Clare Mcmillan and Karl Pillemer), New York: Columbia University Press. Originally published as Arnold Gehlen, *Der Mensch: Seine Natur und seine Stellung in der Welt,* Frankfurt: Athenäum＝〔1985〕ゲーレン、平野具男訳『人間 その本性および世界における位置』法政大学出版局。

Hardin, Garrett〔1994〕"Lifeboat Ethics," (*Bioscience* 24,1974), in Louis P. Pojman (ed.), *Environmental Ethics*, Boston: Jones and Bartlett Publishers.

Glover, Jonathan〔1979〕*Ethics and Problems of the 21st Century*, University of Notre Dame Press.
Golding, M. P.〔1972〕"Obligations to Future Generations," *The Monist* 56(1).
Hegel, G. W. Friedrich〔1986/1837〕*Vorlesungen über die Philosophie der Geschichte*, G. W. Friedrich Hegel Werke 12, Frankfurt: Suhrkamp Verlag.
Heidegger, Martin〔1949〕*Über den Humanismus*, Frankfurt: Vittorio Klostermann＝〔1974〕ハイデッガー、佐々木一義訳『ヒューマニズムについて』理想社。
――〔1977/1938〕*Die Zeit des Weltbildes*, Frankfurt am Main: Vittorio Klostermann, Gesamtausgabe Band 5＝〔1962〕ハイデッガー、桑木務訳『世界像の時代』理想社。
広松渉〔1989〕『〈近代の超克〉論』講談社。
広松渉他（編）〔1998〕『岩波哲学・思想辞典』岩波書店。
Hobbes, Thomas〔1838〕*Leviathan*, in *The English Works*, Vol.iii（Molesworth), London＝〔1966〕ホッブズ、水田洋・田中浩訳『リヴァイアサン』世界の大思想 河出書房。
Horkheimer, Max and Adorno, Theodor W.〔1969/1947〕*Dialektik der Aufklärung*, Frankfurt am Main: S. Fischer Verlag.
Hume, David〔1740〕*A Treatise of Human Nature: Being an Attempt to Introduce the Experimental Method of Reasoning into Moral Subjects*. Vol.III, London: Thomas Longman.
市倉宏祐他〔1986〕『超近代の指標：西田と和辻の場合』専修大学人文科学研究所。
生松敬三〔1971〕「和辻風土論の諸問題」『理想』一九七一年一月号 理想社。
Illich, Ivan〔1981〕*Shadow Work*, London: Marion Boyars Publishers＝〔1990〕イリイチ、玉野井芳

郎・栗原彬訳『シャドウ・ワーク』岩波書店。

今道友信〔1990〕『エコエティカ』講談社学術文庫。

――〔1993〕『自然哲学序説』講談社学術文庫。

今西錦司〔1974〕『今西錦司全集』第一巻 講談社。

伊東俊太郎（編）〔1995〕『日本人の自然観』河出書房。

岩田慶治〔1991〕『草木虫魚の人類学』講談社学術文庫。

Jonas, Hans〔1979〕*Das Prinzip Verantwortung: Versich einer Ethik für die technologische Zivilisation,* Frankfurt am Main: Suhrkamp Verlag ＝〔2000〕ヨーナス、加藤尚武監訳『責任という原理』東信堂。

加茂直樹他（編）〔1994〕『環境思想を学ぶ人のために』世界思想社。

Kant, Immanuel〔1920/1785〕*Grundlegung zur Metaphysik der Sitten,* Leipzig: Verlag von Felix Meiner ＝〔1965〕カント、深作守文訳「人倫の形而上学の基礎づけ」『カント全集』第七巻 理想社。

――〔1924〕*Eine Vorlesung Kants über Ethik,* Paul Menger (Hrsg.), Berlin: Pan Verlag ＝〔1968〕カント、小西国夫・永野ミツ子訳『カントの倫理学講義』三修社。

――〔1977/1797〕*Die Metaphysik der Sitten,* Berlin: Suhrkamp Verlag ＝〔1969〕カント、尾田幸雄訳「徳論の形而上学的基礎論」『カント全集』第十一巻 理想社。

加藤尚武〔1991〕『環境倫理学のすすめ』丸善ライブラリー。

加藤尚武（編）〔1998〕『環境と倫理』有斐閣。

加藤隆〔1996〕「社会思想としてのキリスト教と環境問題」『生命・環境・科学技術倫理研究資料集 続編』千葉大学。

川田順造他（編）〔1998〕『地球の環境と開発』（岩波講座 開発と文化5）精興社。

河井徳治〔1994〕『スピノザ哲学論攷』創文社。

Klöcker, Michael und Tworuschka, Udo（Hrsg.）〔1986〕*Ethik der Religionen – Lehre und Leben* Band 5 Umwelt, München: Vandenhoeck & Ruprecht＝〔1999〕クレッカー、トゥヴォルシュカ、石橋孝明他訳『環境の倫理』（『諸宗教の倫理学――その教理と実生活』第五巻）九州大学出版会。

Koestler, Arthur〔1969〕*The Ghost in the Machine*, New York: The Macmillan Company＝〔1969〕ケストラー、日高敏隆・長野敬訳『機械の中の幽霊』ぺりかん社。

小坂国継〔1995〕『西田幾多郎――その思想と現代』ミネルヴァ書房。

Leopold, Aldo〔1987/1949〕*A Sand County Almanac*, New York: Oxford University Press＝〔1997〕レオポルド、新島義昭訳『野生のうたが聞こえる』講談社学術文庫。

Locke, John〔1967〕*Two Treatises of Government*, Peter Laslett（2nd ed.）, London: Cambridge University Press.

Macy, Joanna〔1991〕*World As Lover, World As Self*, Berkeley, CA: Parallax Press＝〔1993〕星川淳訳『世界は恋人 世界は私』筑摩書房。

正宗敦夫（編）〔1942〕『蕃山全集 第五冊』蕃山全集刊行会。

Maslow, Abraham H.〔1962〕*Toward a Psychology of Being*, Princeton, New Jersey: D. Van Nostrand Co.＝〔1964〕マズロー、上田吉一訳『完全なる人間――魂のめざすもの』誠信書房。

McIntosh, R. P.〔1985〕*The Background of Ecology: Concept and Theory*, Cambridge: Cambridge University Press＝〔1989〕マッキントッシュ、大串隆之他訳『生態学――概念と理論の歴史』思索

社。

Merchant, Carolyn〔1980〕*The Death of Nature: Women, Ecology and the Scientific Revolution*, San Francisco: Harper Collins Publishers ＝〔1985〕マーチャント、団まりな他訳『自然の死』工作舎。

――〔1992〕*Radical Ecology: The Search for a Liveable World*, New York: Routledge, Chapman & Hall ＝〔1994〕マーチャント、川本隆史他訳『ラディカルエコロジー』産業図書。

三木清〔1968〕『三木清全集』第十七巻 岩波書店。

峰島旭雄〔1988〕『比較思想をどうとらえるか』北樹出版。

森岡正博〔1988〕『生命学への招待』勁草書房。

――〔1996〕「ディープエコロジーの環境哲学」伊東俊太郎（編）『環境倫理と環境教育』（講座 文明と環境14）朝倉書店。

Naess, Arne〔1973〕“The Shallow and the Deep, Long-Range Ecology Movement: A Summary,” *Inquiry* 16.

――〔1988〕“Self-Realization: An Ecological Approach to Being in the World,” in John Seed, Joanna Macy, Pat Fleming, and Arne Naess (eds.), *Thinking Like a Mountain: Towards a Council of All Beings*, Philadelphia: New Society Publishers.

――〔1989〕*Ecology, Community and Lifestyle*, Cambridge: Cambridge University Press＝〔1997〕ネス、斎藤直輔・関龍美訳『ディープエコロジーとは何か』文化書房。

中村元〔1959〕『宗教と社会倫理』岩波書店。

――〔1995〕『大乗仏教の思想』（『中村元全集』第二一巻）春秋社。

Nash, Roderick〔1989〕*The Rights of Nature: A History of Environmental Ethics*, Madison: The University of Wisconsin Press＝〔1993〕ナッシュ、松野弘訳『自然の権利――環境倫理の文明史』TBSブリタニカ。

西田幾多郎〔1978-1980〕増補改訂第三版『西田幾多郎全集（全十九巻）』岩波書店。

小原秀雄監修〔1995〕『環境思想の多様な展開』（環境思想の系譜３）東海大学出版会。

――〔1995〕『環境と社会』（環境思想の系譜２）東海大学出版会。

小川芳男〔1991〕『在り方の心理学――人間主義的倫理の心理学的探求』北樹出版。

大橋良介他（編）〔1998〕『西田哲学選集』第一巻 燈影社。

大森荘蔵他（編）〔1985〕『自然とコスモス』（新・岩波講座 哲学５）岩波書店。

尾関周二（編）〔1996〕『環境哲学の探求』大月書店。

Passmore, John〔1974〕*Man's Responsibility for Nature: Ecological Problems and Western Traditions*, London: Gerald Duckworth & Co. Ltd. ＝〔1979〕パスモア、間瀬啓允訳『自然に対する人間の責任』岩波書店。

Regan, Tom〔1982〕*All That Dwell Therein: Essays an Animal Rights and Environmental Ethics*, Berkeley, CA: University of California Press.

――〔1983〕*The Case for Animal Rights*, Berkeley, CA: University of California Press.

――〔1985〕"Animal Rights," in Peter Singer (ed.), *In Defence of Animals*, Oxford: Basil Blackwell ＝〔1986〕リーガン、戸田清訳『動物の権利』技術と人間。

Reitan, Eric H.〔1996〕"Deep Ecology and the Irrelevance of Morality," *Environmental Ethics* 18(4),

Winter.
Rolston, Holmes, III〔1986〕*Philosophy Gone Wild: Essays in Environmental Ethics*, Buffalo, NY: Prometheus Books.
相良亨（編）〔1977〕『東洋倫理思想史』学文社。
Salleh, Ariel〔1984〕"Deeper than Deep Ecology: The Eco-Feminist Connection," *Environmental Ethics* 6(4), Winter.
関根正雄訳〔1999〕『旧約聖書 創世記（第六九刷改版）』岩波文庫。
Serres, Michel〔1990〕*Le contrat naturel*, Paris: François Bourin ＝〔1994〕セール、米山親能他訳『自然契約』法政大学出版局。
Sessions, George (ed.)〔1995〕*Deep Ecology for the Twenty-First Century*, Boston, MA: Shambhala.
Shrader-Frechette, K. (ed.)〔1991〕*Environmental Ethics* (2nd ed.), Pacific Grove, CA: Boxwood Press ＝〔1993〕シュレーダー・フレチェット編、京都生命倫理研究会訳『環境の倫理』上 晃洋書房。
——〔1993〕"Locke and Limits on Land Ownership," *Journal of the History of Ideas* 54(2), April.
Singer, Peter〔1975〕*Animal Liberation*, New York: New York Review ＝〔1988〕シンガー、戸田清訳『動物の開放』技術と人間。
——〔1993/1979〕*Practical Ethics* (2nd ed.), Cambridge: Cambridge University Press ＝〔1991〕シンガー、山内友三郎他訳『実践の倫理』昭和堂。
Spinoza, Baruch〔1944/1670〕*Tractatus Theologico-Politicus*, in: *Spinoza Opera III*, Carl Gebharbt (Hrsg.), Heidelberg: Carl Winter ＝〔1944〕スピノザ、畠中尚志訳『神学・政治論——聖書の批判と言

論の自由』下巻 岩波文庫。

——〔1972/1925〕*Tractatus Politicus*, in: *Spinoza Opera III*, Carl Gebhardt（Hrsg.）, Heidelberg: Carl Winter ＝〔1976〕スピノザ、畠中尚志訳『国家論』岩波文庫。

Stone, Christopher D.〔1972〕"Should Trees Have Standing?: Toward Legal Rights for Natural Objects," *Southern California Law Review* 45(2) ＝〔1990〕ストーン、山田敏雄他訳「樹木の当事者適格」『現代思想』一九九〇年十一月号 青土社。

須田豊太郎〔1957〕「主体的自然」『倫理学年報第六集——和辻哲郎先生 文化勲章受賞 記念論文集』有斐閣。

末木文美士〔1996〕『仏教——言葉の思想史』岩波書店。

高島善哉〔1998〕『高島善哉著作集』第四巻 こぶし書房。

竹内良知〔1971〕「思想と風土」『理想』一九七一年一月号 理想社。

滝本誠一（編）〔1971〕『日本経済大典』第五一巻 明治文献。

圭室文雄〔1987〕『日本仏教史 近世』吉川弘文館。

玉野井芳郎〔1982〕『生命系のエコノミー』新評論。

——〔1990〕『生命系の経済に向けて』学陽書房。

田村芳郎・梅原猛〔1970〕『仏教の思想 5 絶対の真理〈天台〉』角川書店。

田辺元〔1963-1964〕『田辺元全集（全十五巻）』筑摩書房。

田中裕〔1993〕『逆説から実在へ——科学哲学・宗教哲学論考』行路社。

Tansley, Arthur G.〔1935〕"The Use and Abuse of Vegetational Concepts and Terms," *Ecology* 16(3).

Taylor, Paul W.〔1986〕*Respect for Nature: A Theory of Environmental Ethics*, Princeton, NJ: Princeton

University Press.

Thant, U.〔1967〕“Thirty Governments Review Human Rights Appeal,” *International Planned Parenthood News,* No.168 (February 1968).

戸坂潤〔1948〕『戸坂潤選集』第五巻（社会と文化）伊藤書店。

土山秀夫他（編）〔1996〕『カントと生命倫理』晃洋書房。

上田閑照〔1998〕『西田哲学への導き』岩波書店。

梅原猛〔1983〕『哲学の復興』（梅原猛著作集 7）集英社。

梅沢忠夫・吉良竜夫（編）〔1976〕『生態学入門』講談社学術文庫。

宇都宮芳明他（編）〔1997〕『カント哲学のコンテクスト』北海道大学図書刊行会。

Uexküll, von, Jacob und Kriszat, Georg〔1970〕*Streifzüge durch die Umwelten von Tieren und Menschen,* Frankfurt am Main: Fischer Verlag =〔1973〕ユクスキュル、クリサート、日高敏隆・野田保之訳『生物から見た世界』思索社。

Wagner, W. C.〔1971〕“Futurity Morality,” *The Futurist* 5(5).

渡辺和靖〔1978〕『明治思想史――儒教的伝統と近代認識論』ぺりかん社。

Watson, Richard〔1983〕“A Critique of Anti-Anthropocentric Biocentrism,” *Environmental Ethics* 5(3), Fall.

和辻哲郎〔1961-1963〕『和辻哲郎全集（全二〇巻）』岩波書店。

Weber, Max〔1988/1921〕*Gesammelte Aufsätze zur Religionssoziologie II,* Tübingen: J. C. B. Mohr Verlag =〔1970〕ヴェーバー、池田昭他訳『アジア宗教の基本的性格』勁草書房。

White, Lynn〔1967〕"The Historic Roots of Our Ecological Crisis," *Science* 155(3767)=〔1972〕ホワイト、青木靖三訳『機械と神―現在の生態学的危機の歴史的根源』所収 みすず書房。

Whitehead, Alfred N.〔1929〕*Process and Reality*, New York: The Macmillan Company.

山本誠作〔1985〕『ホワイトヘッドと西田哲学』行路社。

山之内靖他（編）〔1994〕岩波講座『社会システムと自己組織性』岩波書店。

山内得立〔1974〕『ロゴスとレンマ』岩波書店。

吉田久一〔1970〕『日本の近代社会と仏教』（日本人の行動と思想6）評論社。

湯浅赳男〔1993〕『環境と文明――環境経済論への道』新評論。

湯浅泰雄〔1995〕『和辻哲郎』筑摩書房。

湯浅泰雄（編）〔1973〕『人と思想・和辻哲郎』三一書房。

〔著者略歴〕
松岡　幹夫（まつおか　みきお）
1962年、長崎県生まれ。早稲田大学大学院社会科学研究科地球社会論専攻修士課程修了、東京大学大学院新領域創成科学研究科環境学研究系修士課程中退、東京大学大学院総合文化研究科国際社会科学専攻博士課程修了。博士（学術）。群馬大学非常勤講師などを経て、現在、東日本国際大学東洋思想研究所所長。
著書に『日蓮仏教の社会思想的展開——近代日本の宗教的イデオロギー』（東京大学出版会）『現代思想としての日蓮』（長崎出版）『法華経の社会哲学』（論創社）『近代日本思想を読み直す』（共著、理想社）『宗教から考える公共性』（共著、東京大学出版会）『国家と宗教——宗教から見る近現代日本』（共著、法蔵館）などがある。

京都学派とエコロジー
——比較環境思想的考察

2013年5月25日　初版第1刷印刷
2013年5月30日　初版第1刷発行

著　者　松岡幹夫
発行者　森下紀夫
発行所　論 創 社
東京都千代田区神田神保町 2 − 23　北井ビル
tel. 03 (3264) 5254　fax. 03 (3264) 5232　web. http://www.ronso.co.jp
振替口座 00160-1-155266
装幀／宗利淳一
印刷・製本／中央精版印刷
ISBN978-4-8460-1234-2　